Teubner-Reihe Wirtschaftsinformatik

O. Rauh/E. Stickel

Konzeptuelle Datenmodellierung

Teubner-Reihe Wirtschaftsinformatik

Die „Teubner-Reihe Wirtschaftsinformatik" widmet sich den Kernbereichen und den aktuellen Gebieten der Wirtschaftsinformatik.

In der Reihe werden einerseits Lehrbücher für Studierende der Wirtschaftsinformatik und der Betriebswirtschaftslehre mit dem Schwerpunktfach Wirtschaftsinformatik in Grund- und Hauptstudium veröffentlicht. Andererseits werden Forschungs- und Konferenzberichte, herausragende Dissertationen und Habilitationen sowie Erfahrungsberichte und Handlungsempfehlungen für die Unternehmens- und Verwaltungspraxis publiziert.

Konzeptuelle Datenmodellierung

Von Prof. Dr. Otto Rauh
Fachhochschule Heilbronn

und Prof. Dr. Eberhard Stickel
Europa-Universität Viadrina Frankfurt/Oder

B. G. Teubner Verlagsgesellschaft
Stuttgart · Leipzig 1997

Prof. Dr. Otto Rauh

Geboren 1947 in Nürnberg. Studium der Volkswirtschaftslehre an der Universität Erlangen-Nürnberg. Zwölfjährige Tätigkeit in einem internationalen Unternehmen. 1981 nebenberufliche Promotion an der Universität Erlangen-Nürnberg. Von 1986 bis 1992 Fachleiter an der Berufsakademie Mosbach, ab 1989 mit dem Aufbau und der Leitung der Fachrichtung Wirtschaftsinformatik betraut. Seit 1992 Professor für Informatik, insbesondere Wirtschaftsinformatik, an der Fachhochschule Heilbronn.

Arbeitsschwerpunkte: Modellierung von Informationssystemen, Datenbankanwendungen, Objektorientierte Softwareentwicklung.

Prof. Dr. Eberhard Stickel

Geboren 1958 in Stuttgart. Studium der Mathematik und Wirtschaftsmathematik an der Universität Ulm und der Syracuse University, NY, USA. Promotion und Habilitation an der Universität Ulm. Mehrjährige Praxistätigkeit in der Unternehmensberatung, daran anschließend als Fachleiter Wirtschaftsinformatik an der Berufsakademie Stuttgart tätig. Seit März 1993 Inhaber des Lehrstuhls für Allgemeine Betriebswirtschaftslehre, insbesondere Wirtschaftsinformatik, an der Europa-Universität Viadrina in Frankfurt/Oder.

Interessengebiete: Datenmodellierung, Wirtschaftlichkeit des IT-Einsatzes, Anwendungssysteme im Finanzdienstleistungsbereich.

Gedruckt auf chlorfrei gebleichtem Papier.

Die Deutsche Bibliothek – CIP-Einheitsaufnahme

Rauh, Otto:

Konzeptuelle Datenmodellierung /
Otto Rauh ; Eberhard Stickel. –
Stuttgart ; Leipzig : Teubner, 1997
(Teubner-Reihe Wirtschaftsinformatik)

ISBN 978-3-8154-2601-2 ISBN 978-3-663-01170-5 (eBook)
DOI 10.1007/978-3-663-01170-5

Umschlaggestaltung: E. Kretschmer, Leipzig

Vorwort

Die Datenmodellierung ist eine weit verbreitete Technik innerhalb der Entwicklung rechnergestützter Informationssysteme. Sie ist in den zwei Jahrzehnten ihrer Existenz Gegenstand intensiver Forschungstätigkeit gewesen, so daß sie heute nicht nur als eine erprobte, sondern auch als eine theoretisch fundierte Methode bezeichnet werden kann.

Welche Gründe kann ein Autor haben, ein Lehrbuch zu einem Thema zu schreiben, das bereits so stark bearbeitet wurde, und welchen Nutzen kann der Leser aus einem solchen Buch ziehen? Die Antwort ist nicht in einem Satz zu geben. Ein Punkt ist, daß einige wichtige Aspekte der Datenmodellierung die Aufmerksamkeit der Forschung erst recht spät auf sich gezogen haben. Hierzu gehört insbesondere die Frage, was gute Datenmodellierung überhaupt bedeutet und wie man gute Modelle konstruiert. Die Ergebnisse dieser Untersuchungen sind bislang nur in der Originalliteratur zugänglich und kaum in Lehrbücher eingeflossen. Weiterhin haben neue Anwendungsformen neue Fragen aufgeworfen, die wiederum zu neuer Forschungstätigkeit geführt haben. Insbesondere die Konstruktion großer und sehr großer Modelle, z.B. im Rahmen der Unternehmensmodellierung, ist ein Problem, für das keine simplen Lösungen bekannt sind und noch wenig empirische Befunde vorliegen. Von besonderer Bedeutung ist aber der Paradigmenwechsel in der Softwareentwicklung: die herkömmliche, prozedurale Entwicklung wird immer mehr von der objektorientierten Softwareentwicklung abgelöst. Die Datenmodellierung kommt damit zu einer neuen Blüte, denn sie gliedert sich hervorragend in die Analysephase der objektorientierten Entwicklung ein. Noch sind viele Fragen in Bezug auf die Abstimmung mit anderen objektorientierten Methoden offen, so daß sich hier ein weiteres Feld für die Forschung auftut.

Die Datenmodellierung ist also nicht nur eine Methode mit Vergangenheit, sie hat auch eine Zukunft. Es war die Absicht der Autoren, eine umfassende Darstellung der konzeptuellen Datenmodellierung auf dem neuesten Stand zur Verfügung zu stellen und dabei auch die künftige Entwicklung mit einzubeziehen, soweit sich hierzu hinreichend sichere Aussagen machen lassen. Das Buch entstand aus einer Reihe von Vorlesungen und Seminaren, welche die beiden Autoren in den letzten Jahren abgehalten haben. Im ersten Teil führt Otto Rauh in die Grundlagen der konzeptuellen Datenmodellierung ein. Den Zwiespalt, einerseits eine theoretisch fundierte Technik zu vermitteln, andererseits aber auch für alle potentiellen Anwender der Methode eine gut lesbare Darstellung zu bieten, hat er im Zweifelsfall zu Gunsten der Anschaulichkeit gelöst. Dieser erste Teil enthält auch eine Anzahl von Übungen, von denen viele mit Lösungen versehen sind. Leser, die ein tiefes Verständnis der konzeptuellen Modellierung erwerben wollen, sollten zumindest einen Teil dieser Aufgaben lösen.

Der zweite Teil (Datenmodellierung im Großen) wurde von Eberhard Stickel verfaßt. Er diskutiert darin die Probleme, die sich bei der Konstruktion großer und sehr großer Modelle ergeben, und die Strategien, mit denen diese Probleme angegangen werden können. Vorschläge zur Aufbau- und Ablauforganisation der Modellierung ergänzen diesen Teil.

Obwohl die beiden Teile zusammen eine geschlossene Darstellung des Themas bieten sollen und auf einer einheitlichen Notation beruhen, sind sie doch eigenständige Beiträge des jeweiligen Autors. Es ist deshalb nicht verwunderlich, wenn hin und wieder unterschiedliche Formulierungen auftauchen oder gar differierende Ansichten durchschimmern.

Das Buch wendet sich sowohl an Studenten der Informatik und der Wirtschaftsinformatik im Haupt- und Nebenfach als auch an alle in der Praxis Tätigen, die im Rahmen der Softwareentwicklung, der strategischen Informationssystemplanung oder der Datenadministration aus der konzeptuellen Datenmodellierung Nutzen ziehen können.

Die Autoren danken den Herausgebern der Reihe, insbesondere Wolffried Stucky, für die Möglichkeit, dieses Buch zu veröffentlichen, und für die fachliche Betreuung während seiner Entstehung. Andrea Rauh hat viele Bilder des ersten Teils gezeichnet, Uta Schulz hat die Formatierung und die grafische Gestaltung des zweiten Teils übernommen. Viele Studenten und Seminarteilnehmer haben uns mit ihren Fragen dazu gebracht, unsere Aussagen deutlicher zu formulieren. Ihnen allen sei gedankt.

Heilbronn und Frankfurt/Oder
im April 1997

Otto Rauh
Eberhard Stickel

Inhalt

Teil I: Grundlagen der konzeptuellen Datenmodellierung
(von Otto Rauh)

1 Einführung

1.1 Motivation und Vorausschau

Die Geschichte der konzeptuellen Datenmodellierung begann 1976 mit der Veröffentlichung eines Aufsatzes von Peter Chen über **das Entity-Relationship-Modell (ERM)**. Mittlerweile ist die konzeptuelle Datenmodellierung eine der wichtigsten Methoden der Informatik geworden, und ihre Bedeutung scheint weiter zuzunehmen. Immer mehr setzt sich nämlich die Erkenntnis durch, daß ein unternehmensweites Datenmodell innerhalb einer langfristigen Planung ein wesentlicher Grundstein für eine integrierte und nutzbringende Datenverarbeitung ist. Die bereits vorher weit verbreitete, mittelfristig orientierte projektbezogene Datenmodellierung ist damit keineswegs hinfällig geworden, sondern wird lediglich auf ein solides Fundament gestellt.

Ein Indiz dafür, daß es sich bei der konzeptuellen Datenmodellierung um eine natürliche Methode mit großem Einsatzpotential handelt, ist ihre Eignung für die objektorientierte Softwareentwicklung. Noch mehr als bei der klassischen prozeduralen Entwicklung verspricht die konzeptuelle Datenmodellierung in der objektorientierten Entwicklung eine zentrale Methode zu werden, weil sie erlaubt, die Objekte so abzubilden, wie wir sie im täglichen Umgang sehen ('real world modeling').

Die Bedeutung der konzeptuellen Datenmodellierung spiegelt sich in einer Fülle von Veröffentlichungen wider. Neben diversen Varianten und Erweiterungen, die zum Teil nur Verwirrung bei den Anwendern hervorriefen, wurden auch viele Arbeiten publiziert, die zur theoretischen Fundierung der Methode beitrugen. Ein Thema, das in den letzten Jahren besonders Beachtung fand, ist die Frage, was einen guten Modellentwurf auszeichnet. Da die Qualitätssicherung in der Datenmodellierung heute noch recht intuitiv betrieben wird, ist von diesen Arbeiten eine wesentliche Verbesserung der Modellierungsergebnisse in der Praxis zu erwarten.

Ebenfalls viel diskutierte Themen sind die Entwurfsmethodik und die Organisation der Datenmodellierung. Es wurde schnell deutlich, daß die Konstruktion umfangreicher Modelle, insbesondere die von Unternehmensmodellen, nur gelingen kann, wenn geeignete organisatorische Regelungen hierfür getroffen werden und eine Entwurfsstrategie angewandt wird, welche auf die spezielle Modellierungsaufgabe zugeschnitten ist. Mittlerweile liegen diverse Vorschläge für solche Strategien vor. Nur ein Teil davon ist in der Praxis getestet, was angesichts der Kosten und des Risikos eines solchen Tests nicht verwunderlich ist.

Das Ziel dieses Buchs ist, dem Leser eine solide Grundlage für eine qualitätsorientierte Datenmodellierung zu vermitteln. Im einzelnen zählen wir dazu folgende Teilaufgaben:

- Eine praxistaugliche Fassung der Modellierungssprache ERM zu beschreiben. Hierzu müssen wir uns, um die Anwendung zu erleichtern, auf die unbedingt notwendigen Beschreibungsmittel beschränken, andererseits aber für alle Informationen, die im Modell ausgedrückt werden müssen, Beschreibungsmittel vorsehen.
- Ein System von Qualitätsmerkmalen für die Modellierung zu definieren und zu zeigen, wie ein unzweckmäßiges Modell in ein besser geeignetes verwandelt werden kann. In vielen Fällen liegt die Lösung auf der Hand, wenn man sich der Qualitätskriterien bewußt ist. In den übrigen Situationen kann ein Modellierer jedoch sehr von vorgedachten, allgemeinen Lösungen profitieren.
- Zu beschreiben, wie die Datenmodellierung mit anderen Methoden der Softwareentwicklung gekoppelt werden kann, und wie die Ergebnisse der verwendeten Methoden aufeinander abgestimmt werden können.
- Eine zweckmäßige Organisation der Datenmodellierung zu beschreiben. Wichtig sind in diesem Zusammenhang neben der Frage der Einbettung in die Aufbauorganisation einer Unternehmung vor allem praxistaugliche Strategien zur Konstruktion großer Modelle.

Der erste Teil des Buches (Grundlagen der konzeptuellen Datenmodellierung) vermittelt dem Leser die Kenntnisse und Fertigkeiten, die er benötigt, um ein System begrenzter Größe zu modellieren und Modelle verstehen zu können. Die konzeptuelle Datenmodellierung wird in den ersten vier Kapiteln dieses Teils weitgehend isoliert betrachtet, abgesehen von einer einführenden Einordnung, die dem Leser erleichtern soll, ihr Wesen und ihre Bedeutung zu erfassen. Das fünfte Kapitel ist dann ganz der Frage gewidmet, wie die Datenmodellierung mit anderen Entwicklungsmethoden kombiniert werden kann, wobei zwischen der herkömmlichen, prozeduralen Entwicklung und der objektorientierten Entwicklung unterschieden wird.

Im zweiten Teil (Datenmodellierung im Großen) werden Strategien behandelt, mit denen sehr umfangreiche Systeme modelliert und verwaltet werden können. Und weil die Modellierung großer Systeme auch große organisatorische Probleme aufwirft, werden zum Schluß Vorschläge zur Aufbau- und Ablauforganisation unterbreitet.

Natürlich haben wir versucht, die Gliederung des Buchs möglichst logisch zu gestalten, jedoch erzwingt der Aufbau des Buchs kein lückenloses Lesen vom Anfang bis zum Ende. Weder werden ungewöhnliche Notationen verwendet noch sind die einzelnen Kapitel stark voneinander abhängig. Ausgenommen davon ist das vierte Kapitel, dessen Verständnis durch die Lektüre des dritten Kapitels sehr vereinfacht wird. Je nach Ziel und Vorkenntnissen des Lesers sind unterschiedliche Vorgehensweisen zweckmäßig:

Leser, die vorwiegend an den organisatorischen Aspekten der Datenmodellierung interessiert sind und selbst nicht modellieren wollen, können sich damit begnügen, vom ersten Teil nur das erste Kapitel eingehend zu studieren und das fünfte Kapitel zu überfliegen. Anschließend werden sie sich gleich dem zweiten Teil zuwenden.

Der Anfänger, der selbst modellieren will, sollte mit dem ersten Kapitel anfangen und unmittelbar nach Abschluß dieses Kapitels die dazugehörigen Übungen machen. Vom zweiten Kapitel kann er die Abschnitte 2.5 bis 2.9 zunächst überschlagen. Das dritte Kapitel wird sich ihm leicht erschließen, wenn er die Übungen des zweiten Kapitels absolviert hat. Kapitel vier sollte er im ersten Durchgang übergehen und später nachholen. Alle Kapitel des zweiten Teils können dann je nach Interesse und Bedarf konsultiert werden.

Der fortgeschrittene Modellierer kann das erste Kapitel sicherlich übergehen oder nur diagonal lesen. Im zweiten Kapitel wird er sich je nach Bedarf mit einigen Abschnitten im Detail beschäftigen, von anderen wird er sich dagegen nur einen Überblick verschaffen. Kapitel drei, vier und fünf erfordern dann eine gründliche Lektüre. Die Kapitel des zweiten Teils können unabhängig von denen des ersten gelesen werden, und zwar in beliebiger Reihenfolge.

Jedes Kapitel des ersten Teils enthält einige Übungsaufgaben zur Vertiefung des Stoffs. Für einen großen Teil dieser Übungen sind im Anhang Lösungsbeispiele enthalten. Der Leser erkennt diese Aufgaben an einem Sternchen (*) vor der Aufgabennummer.

Bei den Literaturhinweisen haben wir uns an ein Verfahren gehalten, das in vielen englischsprachigen Lehrbüchern bereits mit Erfolg angewandt wird: Die Hinweise sind jeweils am Ende des Kapitels in einem eigenen Abchnitt „Literaturhinweise und Kommentare“ zusammengefaßt. Wir erhoffen uns davon eine bessere Lesbarkeit des Texts, der nun weitgehend frei von Anmerkungen ist.

1.2 Begriff und Zweck der konzeptuellen Datenmodellierung

Unter **Modellierung** wollen wir die vereinfachte Darstellung eines Systems verstehen. Das Ergebnis der Modellierung wird gewöhnlich als **Modell** bezeichnet, in manchen Zusammenhängen auch als **Schema**. Zur Konstruktion eines Modells bedient man sich einer **Modellierungs-** oder **Modellbeschreibungssprache**. Viel benutzte Beschreibungssprachen sind z.B. Gleichungssysteme und die mathematische Logik. In der Softwareentwicklung werden häufig auch graphische Beschreibungssprachen oder Kombinationen aus graphischer und textueller Darstellung verwendet. Bekannte Vertreter dieser Art sind z.B. Petrinetze, die Datenflußmodellierung mit Hilfe der Strukturierten Analyse und nicht zuletzt auch die Entity-Relationship-Modellierung.

Am Beginn einer Softwareentwicklung haben wir oft nur eine vage Vorstellung des künftigen Systems (Abb. 1.2-1). Wenn man in dieser Situation unmittelbar daran ginge, Programme zu schreiben, würde man von der Komplexität der Aufgabe buchstäblich erschlagen. Die Modellierung ermöglicht uns, uns die komplexen Zusammenhänge Schritt für Schritt zu erschließen. Hierfür sind insbesondere folgende Eigenschaften von Nutzen:

- Gegenüber einem realen System ist ein Modell dahingehend vereinfacht, daß es nur die relevanten Zusammenhänge enthält. Diese **Abstraktion** hilft dem Systementwickler, sich auf das Wesentliche zu konzentrieren und die Komplexität des Systems zu bewältigen.

- Die Verwendung **formaler Modellierungssprachen**, also von Sprachen, deren Ausdrucksmittel gegenüber der natürlichen Sprache eingeschränkt und deren Syntax und Semantik genau definiert sind, ist eine wichtige Voraussetzung der Modellierung. Sie schafft die notwendige Präzision und trägt dazu bei, Mißverständnisse zu vermeiden, wie sie bei natürlichsprachlicher Formulierung auftreten können.
- Schließlich kann anhand eines Modells ein System analysiert und getestet werden, bevor es als reales System implementiert wird.

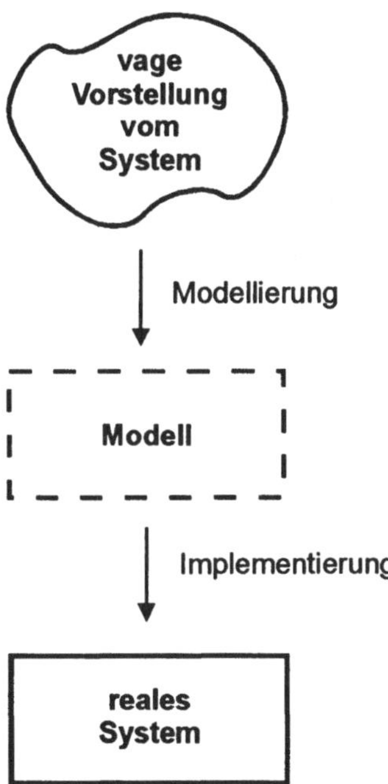

Abb. 1.2-1: Modellierung

Nicht immer reicht ein einziges Modell aus, um ein System in allen interessanten Aspekten zu beschreiben. Deshalb werden besonders in der Softwareentwicklung gewöhnlich mehrere Modelle konstruiert, welche das System unter verschiedenen Aspekten beleuchten.

In vielen Fällen ist auch eine Modellierung über mehrere Stufen hinweg nützlich. In der Softwareentwicklung ist es üblich, zunächst die dv-technischen Gesichtspunkte bei der Entwicklung eines Informationssystems zu vernachlässigen. In einer Analysephase modelliert man das Informationssystem, ohne auf die Art der Realisierung bezug zu nehmen. Auf diese Weise kann man sich auf die Grundzusammenhänge konzentrieren und sich verschiedene Realisierungsmöglichkeiten offenhalten. Erst in der zweiten Phase, der Designphase, werden aus den Modellen der Analyse weitere Modelle entwickelt, welche die technische Realisierung einbeziehen. Sowohl in der Analyse als auch im Design sind jeweils mehrere Modelle notwendig, um das Informationssystem unter allen wichtigen Aspekten darzustellen.

Nach diesen allgemeinen Überlegungen zur Modellierung wollen wir nun eine erste Charakterisierung der **konzeptuellen Datenmodellierung** versuchen: Die konzeptuelle Datenmodellierung wird in den frühen Phasen der Entwicklung von Informationssystemen eingesetzt. Diese Systeme sind meist datenbankunterstützt, aber dies ist nicht zwangsläufig so. Die Ergebnisse der konzeptuellen Datenmodellierung zeigen die Datenobjekte des Systems und die Beziehungen zwischen ihnen. Als Modellierungssprache wird gewöhnlich das Entity-Relationship-Modell eingesetzt; daneben gibt es noch einige andere, weniger verbreitete Ansätze. Gleichgültig, welcher Ansatz gewählt wird, muß die konzeptuelle Datenmodellierung meist durch andere Modelle des Systems, welche andere Aspekte betonen, ergänzt werden.

Die konzeptuelle Datenmodellierung ist eine wichtige Grundlage zur Bestimmung des Inhalts und des Aufbaus der Datenbank des Informationssystems. Die relationalen Datenbanken, die innerhalb der herkömmlichen, prozeduralen Softwareentwicklung meist benutzt werden, sind in ihrem Grundaufbau zwar verschieden vom Aufbau des konzeptuellen Modells, jedoch kann dieses recht einfach in die Form übersetzt werden, die in der relationalen Datenbank gebraucht wird. Dies gilt auch für die objektorientierte Softwareentwicklung, soweit relationale Datenbanken benutzt werden. Wird eine objektorientierte Datenbank verwendet, so ist der enge Zusammenhang zwischen dem konzeptuellen Modell und der Datenbankgliederung zwar auch gegeben, aber er ist weniger direkt.

Die Diskrepanz zwischen der datenbankspezifischen Darstellung und der ERM-Darstellung ist der Grund für den Zusatz „konzeptuell" im Begriff „konzeptuelle Datenmodellierung". Mit Hilfe dieses Zusatzes können wir die vorgelagerte, datenbankunabhängige ER-Modellierung von der folgenden Umsetzung in die datenbankspezifische Form unterscheiden.

Wir werden im nächsten Abschnitt die Zusammenhänge zwischen konzeptueller Datenmodellierung, Datenbankentwurf und Softwareentwicklung vertiefen. Vorher müssen wir allerdings noch einige klärende Worte zum Gebrauch des Begriffs „Modell" machen.

Dem aufmerksamen Leser wird bereits aufgefallen sein, daß dieses Wort in zwei verschiedenen Bedeutungen gebraucht wurde. Einerseits bezeichneten wir damit das Ergebnis einer Modellierung, wie z.B. in dem Wort Unternehmensdaten*modell*, andererseits nennen wir die Modellbeschreibungssprache selbst das Entity-Relationship-*Modell*. Während unmittelbar einsichtig ist, daß das Ergebnis einer Modellierung ein Modell ist, bedarf der andere Gebrauch des Wortes einer Erläuterung. Er hängt mit dem Begriff des **Datenmodells** zusammen. Man versteht darunter ein Grundmuster zur Gliederung von Daten und zur Manipulation dieser Daten, also zum Speichern, Ändern, Lesen und Löschen. Jedem Datenbanksystem bzw. jeder Datenbank liegt solch ein Datenmodell zugrunde. Im **Relationenmodell**, das den relationalen Datenbanksystemen als Grundlage dient, besteht die Gliederung der Daten aus einer Anzahl von Tabellen. Zur Manipulation der Daten gibt es gleich zwei Grundansätze: eine prozedurale Sprache, die **Relationenalgebra** genannt wird, und den deskriptiven **Relationenkalkül**, der die Standardsprache SQL wesentlich beeinflußt hat.

Auch das ERM ist ein Datenmodell in diesem Sinne. Zwar waren die Operationen, die Chen in seiner Originalarbeit zur Manipulation der Daten vorschlug, nur bruchstückhaft definiert, weil aber das ERM ohnehin nicht als Basis von Datenbanksystemen benutzt wurde, sondern nur als Beschreibungssprache für die vorgelagerte Modellierung der Datenstruktur, ist das Fehlen der Operationen zunächst nicht allzusehr vermißt worden. Wir werden jedoch sehen, daß man das ERM durchaus um Operationen ergänzen kann und daß man diese auch dann mit Gewinn einsetzen kann, wenn man das ERM nur zur Modellierung benutzt.

Um die Doppeldeutigkeit des Worts Modell zu umgehen, kann man für das Ergebnis der Modellierung auch den Begriff **Schema** verwenden. Das werden wir im folgenden häufig tun; in Wortverbindungen, die sich eingebürgert haben, wie z.B. in „Unternehmensmodell“, werden wir allerdings bei „Modell“ bleiben.

Außerdem werden wir künftig einfach von Datenmodellierung sprechen anstatt von konzeptueller Datenmodellierung, wenn keine Fehldeutungen zu befürchten sind.

1.3 Einordnung der Datenmodellierung in den Prozeß der Softwareentwicklung

Weil die konzeptuelle Datenmodellierung den Einsatz von Datenbanken bzw. Datenbanksystemen vorbereitet, werden wir diese beiden Begriffe häufig benutzen. Von den beiden ist **Datenbanksystem** der umfassendere (Abb. 1.3-1). Wir verstehen darunter ein System, bestehend aus Software und Daten, das Daten für eine größere Anzahl von Benutzern verwalten kann. „Verwalten“ bedeutet dabei, daß es die Daten speichert, gewünschte Änderungen daran vollzieht und sie auf Abruf zur Verfügung stellt. Weil nicht nur ein Benutzer auf die Daten zugreifen will, muß das System außerdem parallele Zugriffe koordinieren. Weiterhin muß es die Daten vor unberechtigten Zugriffen schützen und mit geeigneten Hilfsmitteln sicherstellen, daß sie nicht durch unsachgemäße Handhabung oder sonstige Einflüsse in Unordnung geraten („Bewahrung der Datenintegrität“).

Die Hauptarbeit bei der Datenverwaltung übernimmt ein Programm namens **Datenbankmanager**, das manchmal auch als Datenbank-Management-System (DBMS) bezeichnet wird. Der Datenbankmanager nimmt die Aufträge der Benutzer entgegen und führt sie mit Hilfe des Betriebssystems aus. Benutzer, die nicht mit Anwendungsprogrammen arbeiten, sondern direkt und interaktiv auf die Daten zugreifen wollen, bedienen sich hierzu verschiedener Hilfsprogramme, welche die Aufträge entgegennehmen und in geeigneter Form an den Datenbankmanager weiterleiten. Beispielsweise verfügen die meisten relationalen Datenbanksysteme über ein Hilfsprogramm, das den Endbenutzern gestattet, Aufträge in der Sprache SQL zu formulieren und ausführen zu lassen.

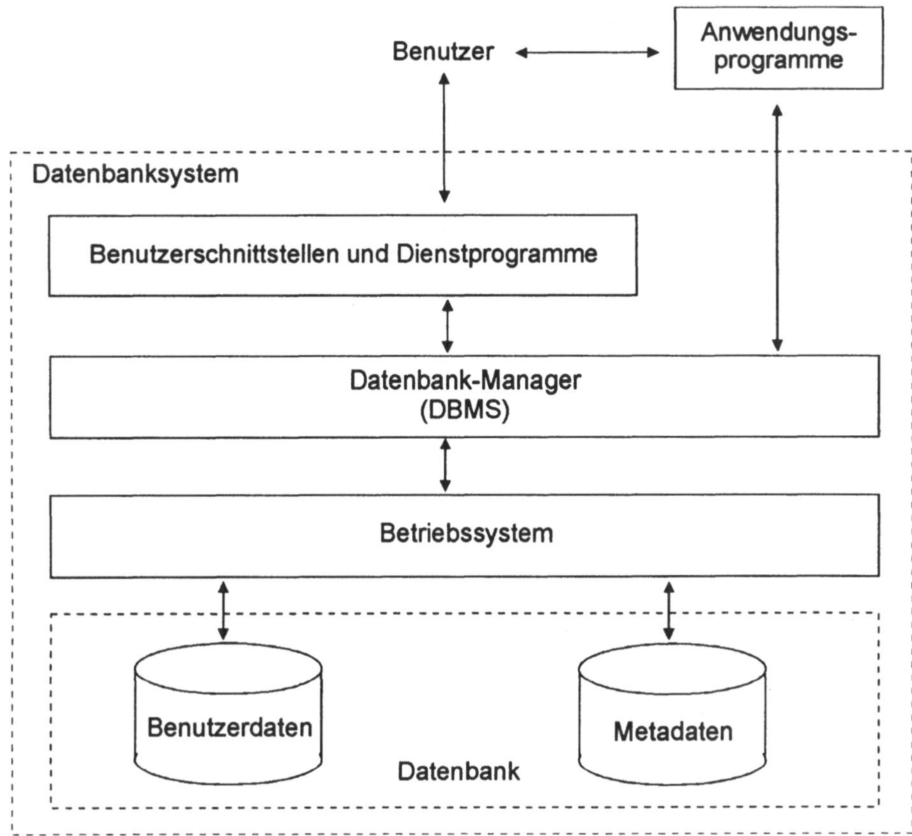

Abb. 1.3-1: Aufbau eines Datenbanksystems

Die **Datenbank** besteht aus den Daten, welche für die Benutzer verwaltet werden, und weiteren Daten, die das Datenbanksystem zur Durchführung seiner Arbeit benötigt. Zu diesen **Metadaten** gehören die Beschreibung der Art und der Gliederung der Benutzerdaten, Daten zur Verwaltung der Zugriffsrechte und zur Koordination der konkurrierenden Zugriffe auf das System.

Die sog. **Drei-Ebenen-Architektur** für Datenbanksysteme sieht vor, daß die Daten einer Datenbank unter drei Aspekten definiert werden (Abbildung 1.3-2):

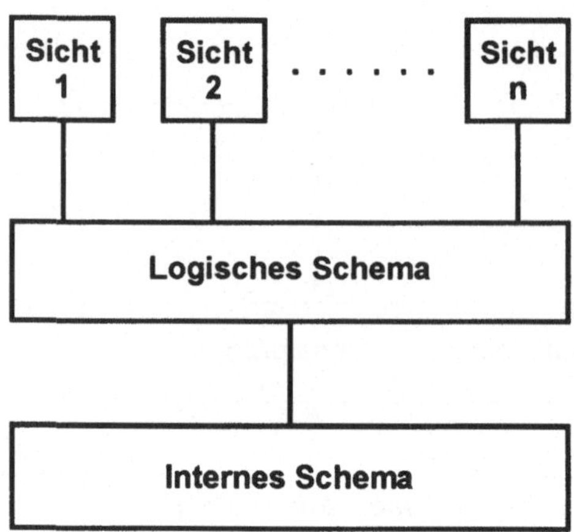

Abb. 1.3-2: Drei-Ebenen-Architektur für Datenbanksysteme

- Das **logische Schema** ist die inhaltliche Beschreibung der gesamten Datenbank. Darin ist festgelegt, welche Arten von Daten in der Datenbank abgelegt werden, wie sie gegliedert sind, welche Wertebereiche sie besitzen und welche Integritätsbedingungen für sie gelten. Die Art und Weise, wie die Daten gegliedert werden, richtet sich dabei nach dem Datenmodell, das dem benutzten Datenbanksystem zugrunde liegt. Zum logischen Schema einer relationalen Datenbank gehört z.B. eine Feststellung wie die, daß die Datenbank eine Tabelle *Kunde* enthält, daß diese die Attribute *Kdnnr*, *Name* und *Ort* umfaßt, und daß die Werte von *Kdnnr* positive Ganzzahlen sind.
- Im **internen Schema** ist festgelegt, mit welchen Zugriffsorganisationen die Daten gespeichert und wiedergefunden werden und auf welchen Datenträgern sie sich befinden. Häufig benutzte Zugriffsorganisationen sind die *Indizierung* und das *Hashing*.
- Die **Sichten** oder **externen Schemata** sind die Zusammenstellungen aus den Daten, welche den einzelnen Anwendern bzw. den Anwendungsprogrammen zur Verfügung gestellt werden.

Bevor eine Datenbank benutzt werden kann, müssen Inhalt und die Gliederung der drei Schemata geplant werden. Dieser Planungsvorgang wird auch als **Datenbankentwurf** bezeichnet. Da alle drei Ebenen im Idealfall getrennt definiert werden können, umfaßt der Datenbankentwurf drei Hauptaufgaben: einen **logischen Entwurf**, einen Entwurf des internen Schemas, der manchmal auch **physischer Entwurf** genannt wird, und den **Entwurf der Sichten**. Es ist nicht möglich, eine allgemeingültige Reihenfolge zwischen diesen Teilaufgaben herzustellen, da eine Datenbank normalerweise viele Programme mit Daten versorgt und sich der Entwurf über entsprechend viele Projekte erstrecken wird. Sicher ist nur, daß man ein logisches Schema braucht, bevor man entscheiden kann, welche Zugriffsorganisationen dazu verwendet werden und welche Sichten daraus zusammengestellt werden sollen.

Konzeptuelle Datenmodellierung und Datenbankentwurf sind zwar überlappende Aktivitäten, jedoch ist keine der beiden vollständig in der anderen enthalten. Konzeptuelle Datenmodellierung stellt einerseits die Hauptleistung innerhalb des Entwurfs des logischen Datenbankschemas dar, vermittelt darüber hinaus aber ein grundlegendes Verständnis des Systems, das für dessen gesamte Entwicklung von Bedeutung ist. Andererseits schließt der Datenbankentwurf auch den physischen Entwurf ein, zu dem die Datenmodellierung nichts beiträgt.

Wir wollen nun im Detail zeigen, wie sich die Datenmodellierung und die Teile des Datenbankentwurfs auf den Prozeß der Softwareentwicklung verteilen. Abbildung 1.3-3 zeigt die Hauptabschnitte des Entwicklungsprozesses mit den datenorientierten Aktivitäten darin. Wir wollen zunächst annehmen, daß das prozedurale Entwicklungsparadigma angewandt wird.

Der gesamte Entwicklungsprozeß läßt sich in zwei Hauptabschnitte unterteilen. Innerhalb der strategischen Planung (erster Hauptabschnitt) wird ein **Unternehmensmodell** konstruiert, das die gesamte Informationsverarbeitung des Unternehmens unter verschiedenen Aspekten darstellt. Für die einzelnen Aspekte werden Teilmodelle erstellt. Übliche Teilmodelle sind das mit dem ERM erarbeitete **Unternehmensdatenmodell** (UDM), das **Unternehmensfunktionsmodell** (UFM), das **Ablaufmodell** und das **Organisationsmodell**. Zusätzlich werden Darstellungen gebraucht, um die Verbindungen zwischen diesen Modellen aufzuzeigen. Das Unternehmensmodell setzt einen Rahmen für die späteren Entwicklungsprojekte und stellt sicher, daß die entwickelten Systeme integriert sind.

Die Realisierung der Systeme in Form von Programmen und deren Aufbau spielt bei der Unternehmensmodellierung noch keine Rolle. Mit dieser Beschränkung auf ein implementierungsunabhängiges Basissystem erreicht man, daß nicht die volle Komplexität des Systems auf einmal bewältigt werden muß.

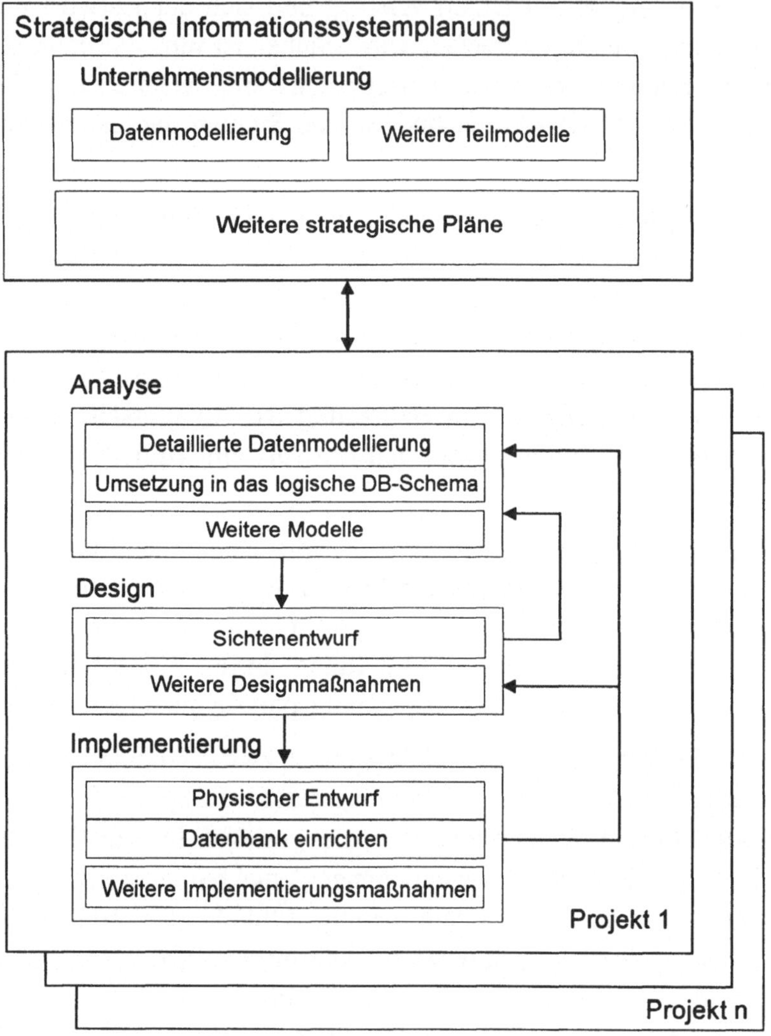

Abb. 1.3-3: Datenmodellierung und Datenbankentwurf im Softwareentwicklungsprozeß

Im zweiten Hauptabschnitt der Entwicklung werden im Rahmen von Projekten die DV-Systeme im Detail geplant und realisiert. Die Beschränkung auf das Basissystem wird auch in der Analysephase dieser Projekte noch beibehalten. Es werden die Bereiche des Unternehmensmodells, welche das Projekt betreffen, wieder aufgegriffen und weiterentwickelt. Zur Fortführung des Unternehmensdatenmodells wird man sich zunächst weiterhin des ERM bedienen. Das logische Datenbankschema kann danach mit Hilfe einer automatisch durchführbaren Umsetzung aus dem ER-Schema gewonnen werden. Gibt es bereits eine Datenbank, so kann deren logisches Schema so erweitert werden, daß es das laufende Projekt einschließt. Wie bei der strategischen Unternehmensmodellierung, wird auch in der Analysephase die Datenmodellierung gewöhnlich mit anderen Methoden kombiniert. Es kann sich dabei um dieselben Methoden handeln wie in der Unternehmensmodellierung, aber dies ist nicht zwangsläufig so. Häufig wird die Datenmodellierung zusammen mit Datenflußdiagrammen eingesetzt.

Aufbauend auf dem logischen Datenbankschema und den übrigen, während der Analyse gewonnenen Modelle können dann in der Designphase die Sichten bestimmt werden. Dies geschieht parallel zur Modularisierung der Software, denn die Sichten werden in den Moduln gebraucht, die auf die Datenbank zugreifen. Im Rahmen der Implementierungsphase wird das interne Schema der Datenbank entworfen bzw. angepaßt. Im Anschluß daran kann dann die Datenbank eingerichtet werden oder aber, falls bereits eine Datenbank vorhanden ist, diese umgestaltet werden. In manchen Fällen wird es nötig sein, auch am logischen Schema noch Änderungen vorzunehmen, um eine Verbesserung der Verarbeitungsgeschwindigkeit zu erreichen.

Konzeptuelle Datenmodellierung mit dem ERM findet in diesem Prozeß also an zwei Stellen statt: innerhalb der langfristig orientierten Unternehmensmodellierung und der projektbezogenen Analyse. Das Phasenschema von Abb. 1.3-3 kann grundsätzlich auch bei objektorientierter Entwicklung angewandt werden. Die Stellung der Datenmodellierung verändert sich dabei nicht; sie wird lediglich mit anderen Methoden kombiniert als bei der prozeduralen Entwicklung. Wird allerdings eine relationale Datenbank benutzt anstelle einer objektorientierten, so entsteht das logische Datenbankschema erst in der Designphase, weil die Definition dieses Schemas mit der Bildung der Klassen der objektorientierten Programme zusammenfällt. Diese werden zwar zum Teil bereits in der Analysephase gefunden, verändern sich aber erfahrungsgemäß in der Designphase noch.

Grundsätzlich ist bei beiden Entwicklungsparadigmen die Datenmodellierung eine zentrale Methode in der langfristigen Planung und der Analysephase. Unterschiede bestehen hinsichtlich der Kombination mit weiteren Methoden und in Bezug auf die Gewinnung des logischen Datenbankschemas. Wir werden im fünften Kapitel näher auf diese Fragen eingehen.

1.4 Eine informale Beschreibung des Entity-Relationship-Modells (ERM)

1.4.1 Grundbestandteile eines ER-Schemas

Der bekannteste, in manchen Büchern auch ausschließlich gezeigte, Bestandteil eines ER-Schemas ist das **ER-Diagramm**. Abb. 1.4-1 zeigt das ER-Diagramm für einen kleinen Ausschnitt aus dem Schema eines Betriebs. Das vollständige Schema ist sehr viel größer; es kann gut den tausendfachen Umfang des abgebildeten Ausschnitts annehmen.

Das ER-Diagramm kann nicht alle Einzelheiten eines Schemas ausdrücken, so daß man eine zusätzliche Darstellungsmöglichkeit benötigt. Wir werden im nächsten Kapitel darauf zurückkommen und uns jetzt mit dem Diagramm begnügen. Offensichtlich sagt es etwas über die Objekte der betrieblichen Realität aus und welche Beziehungen zwischen ihnen bestehen. Wir sehen auch, daß die Objekte und ihre Beziehungen nicht im einzelnen beschrieben werden, sondern als **Objektarten** bzw. **Beziehungsarten**.

Da eine Objektart in einem Informationssystem stets auch eine Menge von Objekten dieser Art repräsentiert, spricht man anstatt von Objektarten auch von **Objektmengen** (entity sets). Objektarten werden im Diagramm als Kästchen dargestellt, Rauten stehen für Beziehungsarten (relationship sets). Die mit den Kästchen oder Rauten verbundenen Ovale heißen **Attribute**. Sie geben die Aspekte bzw. Eigenschaften an, die uns von den Objekten bzw. Beziehungen interessieren und die wir deshalb speichern wollen.

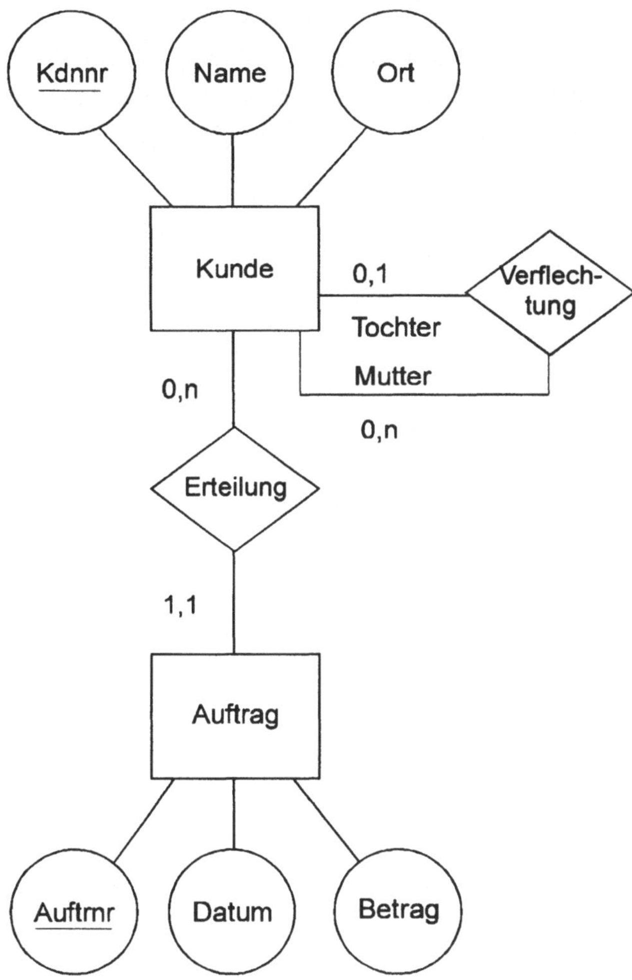

Abb. 1.4-1: Entity-Relationship-Diagramm

Unterstrichene Attribute sind **Identifikatorattribute**. Alle Identifikatorattribute einer Objektart bilden zusammen den **Identifikator** oder **Schlüssel** dieser Objektart. Er dient dazu, die einzelnen Objekte zu identifizieren. Im Gegensatz zu Objektarten benötigen Beziehungsarten keinen Identifikator, weil jede Beziehung durch die Objekte gekennzeichnet ist, die an ihr beteiligt sind.

Hin und wieder werden wir auch den Begriff des **ER-Konstrukts** bzw. **Konstrukts** verwenden. Damit meinen wir eine Objektart oder eine Beziehungsart. Wir erleichtern uns mit diesem Begriff das Formulieren von Aussagen, die sowohl Objekt- als auch Beziehungsarten betreffen.

Die Einträge zu beiden Seiten der Rauten werden **Kardinalitäten** der Beziehungsarten genannt. Das linke Element eines solchen Wertepaares gibt eine Untergrenze an, das rechte eine Obergrenze, wobei *n* für *mehrere* steht. Die Kardinalität (1,1) der Beziehungsart *Erteilung* auf der Seite der Objektart *Auftrag* sagt aus, daß jeder Auftrag mindestens eine und höchstens eine (also genau eine) Beziehung der Art *Erteilung* eingeht. Mit anderen Worten, jeder Auftrag wird von genau einem Kunden erteilt. Die Kardinalität (0,*n*) auf der anderen Seite besagt, daß jeder Kunde an mindestens null, höchstens mehreren Beziehungen beteiligt ist, also null oder mehrere Aufträge erteilt hat.

In Abb. 1.4-2 sind auf der linken Seite in einem sog. **Instanzendiagramm** eine Menge von Kunden, eine Menge von Aufträgen, sowie eine Menge von Beziehungen der Art *Erteilung* dargestellt. In Übereinstimmung mit den Kardinalitäten ist jeder Auftrag an genau einer Beziehung beteiligt, während es Kunden gibt, die nicht an einer Beziehung teilhaben.

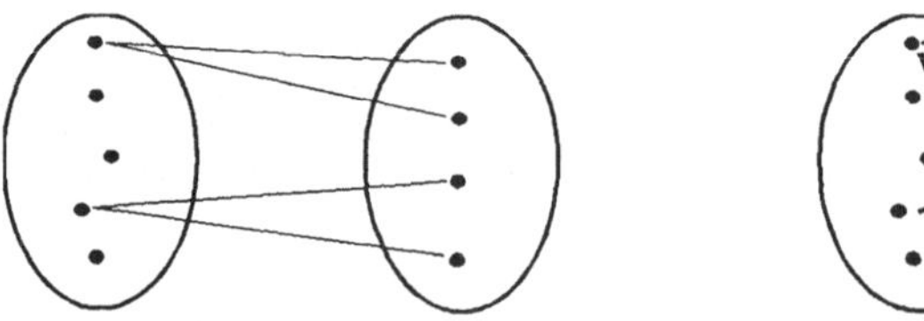

Abb. 1.4-2: Instanzendiagramme

Offensichtlich liegt hier eine Definition von *Kunde* zugrunde, welche auch potentielle Kunden einschließt. Würden wir Kunden so definieren, daß sie mindestens einen Auftrag erteilt haben müssen, so müßte die Kardinalität auf der Seite von Kunde mit (1,*n*) angegeben werden.

Es gibt auch Beziehungsarten, bei denen an einer Beziehung mehr als zwei Objekte beteiligt sind. Man spricht von drei-, vier-, fünf- und *n*-stelligen Beziehungsarten, je nach der Anzahl der Objekte, die an einer Beziehung teilnehmen. Weitaus am häufigsten sind **zweistellige (binäre)** Beziehungsarten. Eine besondere Form der Beziehungsart ist die **rekursive**, bei der an einer Beziehung mehr als ein Objekt derselben Art beteiligt ist. Die Beziehungsart *Verflechtung* in Abb. 1.4-1 ist eine solche rekursive Beziehungsart. In einer Verflechtungsbeziehung sind jeweils zwei Kunden miteinander verbunden. Der eine hat dabei die **Rolle** des Mutterunternehmens, der andere die des Tochterunternehmens. Nur wenn die Rollen bekannt und jeweils einer Seite zugeordnet sind, kann man die Kardinalitäten einer rekursiven Beziehungsart interpretieren. Wie man aus Abb. 1.4-1 ersehen kann, darf ein Kunde in der Rolle der Mutter null oder mehr Töchter haben, in der Rolle der Tochter höchstens eine Mutter. Abb. 1.4-2 zeigt auf der rechten Seite ein Instanzendiagramm für diese Beziehungsart. Damit die Rollen sichtbar werden, sind die Beziehungen als Pfeile eingezeichnet. Die Pfeilspitze weist dabei auf das Mutterunternehmen.

Wir sind jetzt soweit, daß wir den Sachverhalt, der in dem ER-Diagramm von Abb. 1.4-1 dargestellt ist, auch verbal umreißen können:

> Aufträge werden von Kunden erteilt, wobei ein bestimmter Auftrag nur von einem einzigen Kunden stammen kann. Ein Kunde kann mehrere Aufträge erteilen. Kunden werden mit Hilfe der Kdnnr identifiziert. Weiterhin sind ihr Name und der Ort, an dem sie ansässig sind, von Bedeutung. Zur Identifikation der Aufträge dient die Auftrnr. Außerdem sollen Datum und Betrag der Aufträge festgehalten werden. Zwischen verschiedenen Kunden kann es Verflechtungsbeziehungen geben. Dabei treten Kundenunternehmen in der Rolle der Mutter oder der Tochter auf. Ein Unternehmen kann die Mutter von mehreren Töchtern sein. Umgekehrt kann eine Tochter nur eine Mutter haben.

Bereits an diesem kleinen Beispiel erkennen wir den Nutzen der Modellierung. Anhand des ER-Diagramms erfassen wir die wesentlichen Zusammenhänge erheblich schneller als mit Hilfe der ungegliederten verbalen Beschreibung. Allerdings wird ein ER-Diagramm in der abgebildeten Art unübersichtlich, wenn Objektarten sehr viele Attribute besitzen. In der Praxis sind Objektarten mit fünfzig oder mehr Attributen keine Seltenheit. Man wird in solchen Fällen die Attribute nicht in das Diagramm aufnehmen, sondern in einer separaten Liste führen. Daneben sind noch weitere Aspekte interessant, die im Schema festgehalten werden sollen, aber nicht gut in das

Diagramm passen, wie z.B. die **Wertebereiche** der Attribute. Da das ER-Schema die Grundlage für die spätere Gestaltung der Datenbank ist, möchte man gerne wissen, welche Werte die einzelnen Attribute annehmen dürfen. Weiterhin gibt es viele Zusammenhänge zwischen den Attributen des Schemas, die nicht verletzt werden dürfen. Diese **Integritätsbedingungen** müssen ebenfalls festgehalten werden, damit das Datenbanksystem sie später überwachen kann. Im zweiten Kapitel werden wir eine Form für eine vollständige Beschreibung von ER-Schemata vorstellen, die alle diese Aspekte einschließt. Das ER-Diagramm dient dann nur noch der Veranschaulichung.

1.4.2 Wie findet man die Objektarten, Beziehungsarten und Attribute?

Ein kleines Schema zu konstruieren, erfordert keine besondere Strategie. Gewöhnlich bestimmt man zuerst die Objekt- und Beziehungsarten, dann die Identifikatoren der Objektarten, anschließend die Kardinalitäten der Beziehungsarten und die weiteren Attribute sowie die Wertebereiche. Entscheidend für die Verständlichkeit und die Aussagekraft des Schemas wird sein, daß man die Objekt- und Beziehungsarten so wählt und bezeichnet, wie man sie aus dem täglichen Umgang bzw. aus der Fachsprache kennt. Dies bedeutet, daß man keine neuen Objekt- und Beziehungsarten erfinden muß, sondern nur erkennen muß, welche der bereits bekannten Objektarten involviert sind und wie sie zueinander stehen.

Dem Anfänger in der Datenmodellierung fällt oft die Entscheidung schwer, ob er einen Begriff als Objektart, Beziehungsart oder als Attribut berücksichtigen soll. Gewöhnlich gibt es mehr als eine formal korrekte Darstellung einer Sachlage. Da diese verschiedenen Möglichkeiten keineswegs alle gleichwertig im Hinblick auf die Zweckmäßigkeit des Schemas sind, müssen den Modellierern Richtlinien an die Hand gegeben werden, die ihnen helfen, die zweckmäßigste Kategorie zu wählen. Wir werden im dritten Kapitel des öfteren Beispiele diskutieren, bei denen die Wahl zwischen den Kategorien die Qualität des Schemas mitbestimmt.

1.4.3 Benennung von Objekt- und Beziehungsarten

Als Name für eine Objektart wird gewöhnlich ein Substantiv gewählt, das den Inhalt dieser Objektart hinreichend genau bezeichnet. Dabei muß stets ein Kompromiß zwischen der Genauigkeit und der Handlichkeit eingegangen werden. Im Beispiel des vorhergehenden Abschnitts hätten wir anstelle des Namens *Kunde* auch einen genaueren Namen wie *PotentiellerOderTatsächlicherKunde* verwenden können. Im täglichen Umgang mit dem Schema und der späteren Datenbank hätte sich dieser Name jedoch sicherlich als unhandlich erwiesen.

Wenn sich bereits eine Fachsprache auf dem betreffenden Gebiet herausgebildet hat, sollten die Namen der Objektarten dieser Fachsprache entlehnt sein. Auf diese Weise wird das Schema für alle Beteiligten leicht lesbar. Nicht angebracht sind daher Abkürzungen, wie „AMV-34509“, selbst wenn sie in einem Anhang erläutert werden.

In manchen Entwürfen findet man auch Objektartennamen wie „Auftragsdaten“, „Bestelldaten“ oder „Abwicklungsdaten“. Werden solche Benennungen benutzt, so liegt meist ein grundlegendes Mißverständnis über den Zweck der Datenmodellierung vor. Anstatt die Realität selbst im Modell abzubilden, stellt der Entwerfende Dateien dar und wie sie miteinander verbunden werden können. Die beabsichtigte Abfolge wird damit umgedreht: nicht die Speicherstruktur wird aus dem Modell abgeleitet, sondern das Modell aus einer Speicherstruktur.

Zur Benennung von Beziehungsarten gibt es unterschiedliche Konventionen. Man kann ebenfalls Substantive verwenden, wie in unserem Beispiel in Abb. 1.4-1, es können aber auch Verbformen oder andere Wortarten gewählt werden. Abb. 1.4-3 zeigt drei alternative Benennungen für die Beziehungsart *Erteilung*. Nimmt man allerdings Präpositionen wie „von“, so hat man in größeren Schemata das Problem, daß man nicht leicht genügend eindeutige Namen für alle Beziehungsarten findet. Namenseindeutigkeit ist jedoch im Hinblick auf die spätere Umsetzung des Schemas in ein relationales Datenbankschema wünschenswert.

Läßt sich kein geeigneter Name finden, der den Inhalt möglichst treffend beschreibt, so besteht immer noch die Möglichkeit, ein Kunstwort zu bilden, das auf die beteiligten Objektarten hinweist (Abb. 1.4-3, rechts).

Besonders wenn der Inhalt der Beziehungsart der „naheliegende“ ist, treten dabei kaum Mißverständnisse auf.

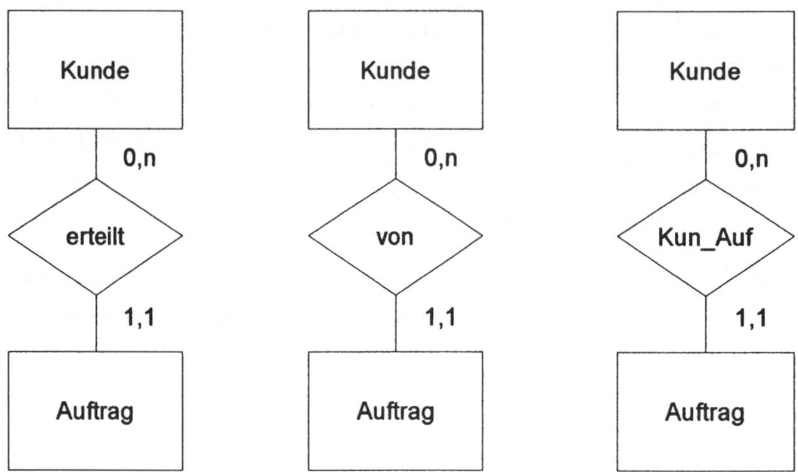

Abb. 1.4-3: Alternative Benennungen einer Beziehungsart

1.5 Qualitätsziele der konzeptuellen Datenmodellierung

Wie bei jeder anderen Sprache auch, sind bei einer Modellierungssprache wie dem ERM Vorschriften notwendig, die festlegen, welche Sprachkonstrukte erlaubt sind und welche nicht. Hält sich ein Modellierer an diese Festlegungen, so ist sein Entwurf auch für andere Personen leicht lesbar, vorausgesetzt, diese kennen das ERM und das betreffende Sachgebiet ist ihnen nicht fremd.

Aber auch wenn solche Vorschriften existieren und von den Modellierern befolgt werden, gibt es immer noch sehr viel Spielraum bei der Modellierung einer Sachlage. Dieser Spielraum wird von erfahrenen Modellierern häufig besser genutzt als von unerfahrenen. Sie finden zu zweckmäßigeren Schemata, weil sie, bewußt oder unbewußt, im Verlauf ihrer Modellierungstätigkeit Kriterien für gute Modellierung entwickelt haben.

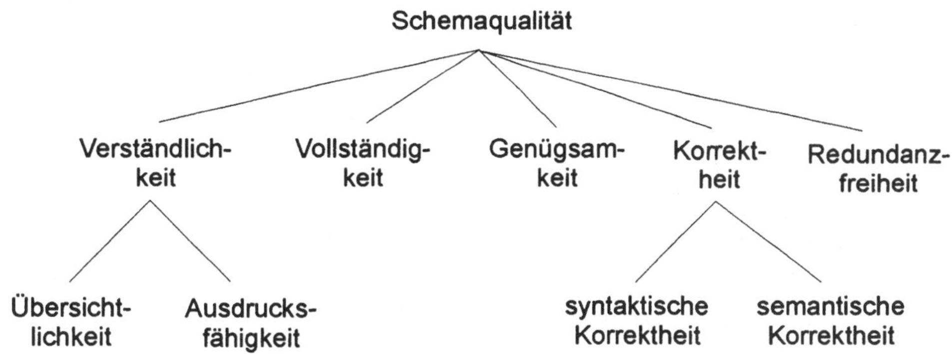

Abb. 1.5-1: Qualitätskriterien für ER-Schemata

Der Anteil, den die Erfahrung an einer erfolgreichen Modellierung hat, ist immer auch ein Indiz für das Theoriedefizit der Methode. Die zusätzlichen Qualitätskriterien explizit zu formulieren und zu systematisieren, ist der erste Schritt, die Bedeutung der Erfahrung zugunsten der Beherrschung einer Entwurfstheorie zurückzudrängen. In einem weiteren Schritt muß dann aufgezeigt werden, wie diese Qualitätsziele im einzelnen erreicht werden können.

In Abbildung 1.5-1 ist ein System von Qualitätszielen dargestellt, an dem wir die Güte von ER-Schemata beurteilen wollen. Diese Ziele sind größtenteils nicht nur für die ER-Modellierung relevant, sondern für jegliche Art von Modellierung. Spezifisch für die ER-Modellierung ist allerdings eine bestimmte Gewichtung und die Ausgestaltung dieser globalen Ziele.

Das Ziel **Verständlichkeit** ist für die ER-Modellierung von besonderer Wichtigkeit, weil ER-Schemata, und darin speziell die ER-Diagramme, der Kommunikation und der Koordination zwischen Fachleuten der Datenverarbeitung und der übrigen Abteilungen dienen. Das Unterziel **Ausdrucksfähigkeit** verlangt, daß die Schemata dem Benutzer die wesentlichen Zusammenhänge anschaulich und und in der notwendigen Detailliertheit präsentieren sollen. **Übersichtlichkeit** ist notwendig, damit der Benutzer überhaupt ein Bild der Zusammenhänge erwerben kann und damit dies schnell geschehen kann.

Ein Schema muß **vollständig** in dem Sinne sein, daß die daraus abgeleitete Datenbank alle relevanten Daten des Informationssystems speichern kann, so daß dieses in der Lage ist, seine Aufgaben zu erfüllen. Die **Genügsamkeit** bildet einen Gegenpol zur Vollständigkeit, stellt jedoch keinen Gegensatz dar. Während die Vollständigkeit den Mindestumfang des Schemas bestimmt, prägt die Genügsamkeit den Höchstumfang.

Korrektheit im Gebrauch der Beschreibungsmittel ist die Voraussetzung dafür, daß die Schemata das aussagen, was sie aussagen sollen, und daß sie im Sinne des Modellierers interpretiert werden. ER-Schemata lassen sich in dieser Hinsicht mit einem Satz in der deutschen Sprache vergleichen. Ein solcher Satz kann nur verstanden werden, wenn er entsprechend den Regeln der Grammatik gebildet wird und wenn der Sprecher den einzelnen Worten auch die Bedeutung zuordnet, die ihnen normalerweise zugeordnet werden. Ein Satz, wie „Katze mag Hund nicht Knochen, mein dagegen meine“ ist auch (oder besonders) dem Kenner der deutschen Sprache unverständlich. Formuliert man dagegen syntaktisch richtig: „Mein Hund mag Knochen, meine Katze dagegen nicht“, so weiß jeder sofort, was gemeint ist.

Allerdings können auch syntaktisch richtige Sätze Verwirrung stiften. Eine Aussage wie „Meine Katze bellt, mein Hund miaut“ ist zwar offensichtlich syntaktisch richtig, widerspricht aber der von uns wahrgenommenen Realität. Für die unpassende Aussage kommen zwei Gründe in Frage: entweder hat der Urheber die Realität nicht richtig erfaßt oder er verwendet die Sprache anders, als dies gewöhnlich getan wird. Mag sein, daß er mit „meine Katze“ seinen Hund meint und mit „mein Hund“ seine Katze. Gleichgültig, welcher Grund vorliegt, ist die Aussage im Sinne der allgemein anerkannten Bedeutung falsch. Wir bezeichnen sie als semantisch inkorrekt. Sie gibt die tatsächlichen Verhältnisse nicht richtig wieder.

Bezogen auf die ER-Modellierung heißt das: Wenn die Schemata allgemeinverständlich sein sollen, muß eine bestimmte Syntax eingehalten werden (**syntaktische Korrektheit**), und die Realität muß zutreffend wiedergegeben sein (**semantische Korrektheit**).

Redundanzfreiheit bedeutet, daß weder das ER-Schema noch die davon abgeleitete Datenbank Daten mehrfach enthalten. Redundanz in Datenbanken ist aus zwei Gründen schädlich: erstens braucht eine redundante Datenbank mehr Speicherplatz als eine nichtredundante, zweitens sind mit Redundanz stets auch Abhängigkeiten zwischen den gespeicherten Daten verbunden, die irrtümlich oder durch unsachgemäße Benutzung verletzt werden könnten.

1.6 Übungen

*1-1 Küchen-Informationssystem

Zeichnen Sie ein ER-Diagramm für ein Küchen-Informationssystem (KIS) nach den folgenden Angaben. Falls nötig, ergänzen Sie die Beschreibung durch eigene (plausible) Annahmen. Notieren Sie alle diese Annahmen:

Ein Menü wird anhand seiner Menünr identifiziert und hat als weiteres Attribut eine Menüart. Jedes Menü besteht aus mindestens drei Gerichten. Von jedem Gericht sollen die folgenden Fakten festgehalten werden: die Gerichtsnr, die Bezeichnung und die Preisklasse. In die Gerichte gehen Materialien als Zutaten ein. Von jedem Material soll die Materialnr, seine Bezeichnung und die Mengeneinheit festgehalten werden. Außerdem soll gespeichert werden, wieviel davon als Zutat für die einzelnen Gerichte benötigt wird. Jedem Gericht soll außerdem mindestens ein Getränk zugeordnet werden. Von allen Getränken halten wir die Getränkenr, den Namen und die Getränkeart fest.

*1-2 Variante

Ergänzen Sie die Angaben von Übung 1.1 um folgenden Satz: „Manche Getränke werden auch als Material für Gerichte benötigt“. Vervollständigen Sie das Schema.

1-3 Instanzendiagramme

Zeichnen Sie für jedes der vier unten abgebildeten Schemata ein zulässiges Instanzendiagramm.

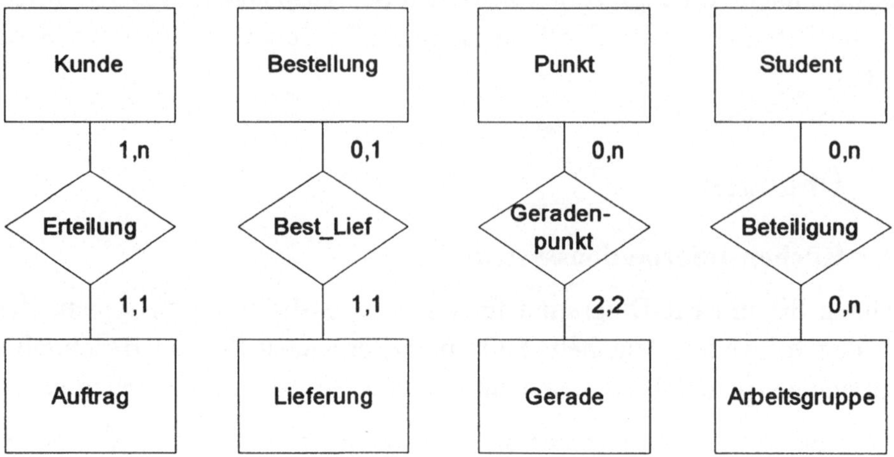

*1-4 Instanzendiagramme

Zeichnen Sie jeweils ein zulässiges Instanzendiagramm für die beiden folgenden Schemata.

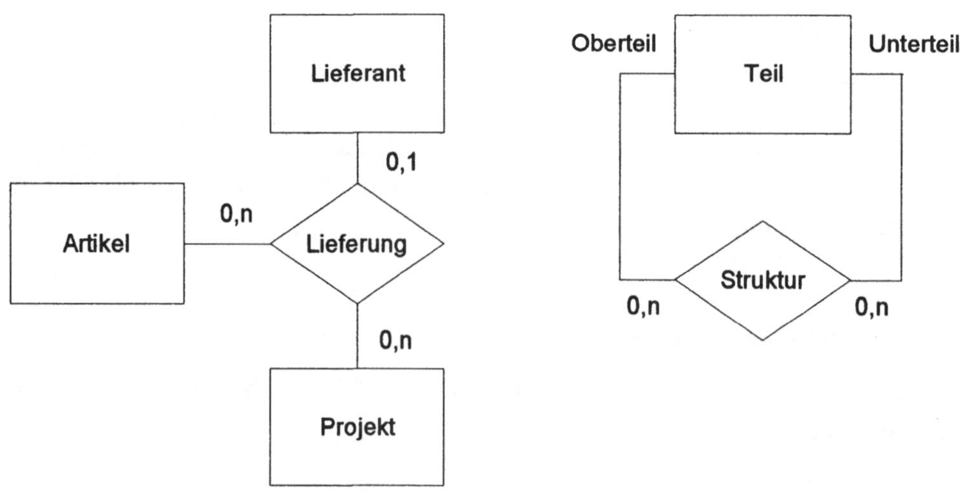

*1-5 Tennis-Informationssystem

Das untenstehende Schema ist Grundlage für ein Informationssystem zur Verwaltung einer Tennisveranstaltung.

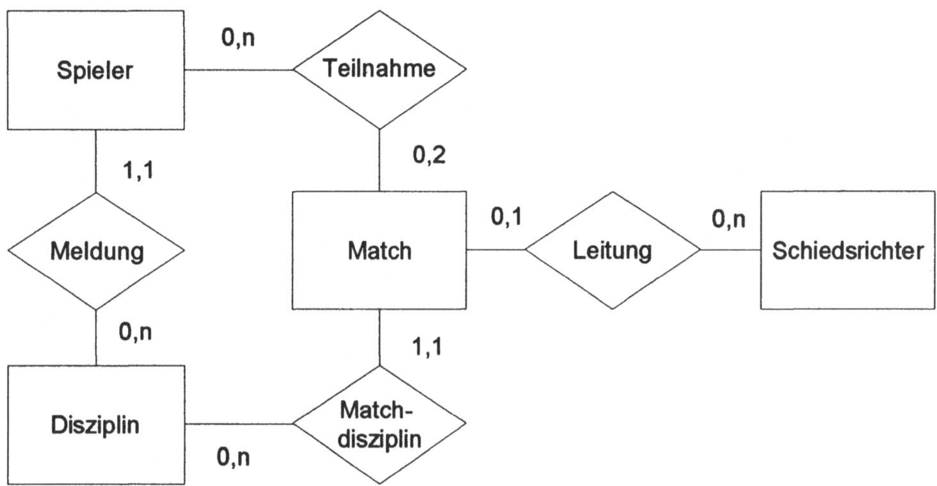

a) Welche Arten von Tennisveranstaltungen können mit diesem Schema nicht verwaltet werden?

b) Statten Sie die Objektarten und, falls nötig, auch die Beziehungsarten mit Attributen aus.

c) Verändern Sie das Schema so, daß Sie auch Linienschiedsrichter und Ballkinder zu den Matches einteilen können.

d) Verändern Sie nun das Schema so, daß alle Arten von Tennisveranstaltungen damit verwaltet werden können.

e) Erweitern Sie jetzt das Schema so, daß mehrere Veranstaltungen gleichzeitig verwaltet werden können.

1.7 Literaturhinweise und Kommentare

[Chen 76] ist die Erstveröffentlichung zum ERM. Bereits vorher wurde in [ScSw 75] ein „grundlegendes semantisches Modell“ (basic semantic model) vorgeschlagen, das, abgesehen von der Terminologie, dem ERM sehr ähnlich ist.

[Baum 90] behandelt im Detail den Begriff des Modells und geht auch auf die Unterschiede zwischen dem Modell „im Sinne einer formalen Spezifikation“ (wie er unserem Modellbegriff zugrundeliegt) und dem Modell im Sinne der mathematischen Logik ein. Er beschreibt den Nutzen der Modellierung anschaulich anhand eines Beispiels.

Die Phasen des Softwareentwicklungsprozesses werden in vielen Lehrbüchern des Software-Engineering behandelt. Darstellungen, die auch die Datenmodellierung in den Entwicklungsprozeß einordnen, finden sich u.a. in [PaSi 94] und [Dene 91].

Die Drei-Ebenen-Architektur für Datenbanksysteme wurde von der ANSI/X3/ SPARC Study Group on Data Base Management Systems entwickelt [ANSI 75]. Sie ist in vielen Standardwerken zu Datenbanksystemen dargestellt, z.B. [Date 95], [ElNa 94], [ScSt 83], [Ullm 88].

Der Gedanke der Unternehmensmodellierung wurde in Deutschland besonders von [Sche 88, 94] vertreten. Gute Überblicke zum Thema Integrierte Datenverarbeitung finden sich in [Mert 91] und [Mert 91a]. Die Einbettung der Unternehmensmodellierung in die strategische DV-Planung und ihre Bedeutung für die Integration wird in [Rauh 90] behandelt.

Qualitätskriterien für ER-Schemata propagieren [BaLN 87]. Sie nennen im einzelnen Vollständigkeit, Verständlichkeit und Minimalität (minimality). Unter Minimalität verstehen sie eine bestimmte Form der Redundanzfreiheit (s. Kapitel 3). [BaCN 92] schlagen Vollständigkeit, Korrektheit, Minimalität, Ausdrucksfähigkeit, Lesbarkeit, Selbsterklärung (self-explanation), Erweiterungsfähigkeit und Normalität als Gütekriterien vor. Der Ausdruck Normalität kennzeichnet hierbei eine weitere Form der Redundanzfreiheit, welche durch Normalisierung im Sinne der relationalen Datenbanktheorie erreicht wird.

2 Das Entity-Relationship-Modell

2.1 Vorbemerkungen

Vom ERM gibt es heute viele Varianten, die sich zum Teil lediglich in der Art der Darstellung, zum Teil aber auch in der Ausdrucksfähigkeit unterscheiden. Ein Standard existiert bislang nicht. Wir wollen deshalb in diesem Kapitel ein praxistaugliches ERM beschreiben und dieses Modell den Ausführungen in den folgenden Kapiteln zugrundelegen.

Zu diesem Zweck müssen wir aus den Beschreibungsmitteln, welche die verschiedenen Varianten bieten, auswählen, so daß sich die Frage stellt, nach welchen Kriterien wir eine solche Wahl treffen sollten.

Die Qualitätskriterien, die im ersten Kapitel für die Schemata genannt wurden, haben indirekt auch einen Einfluß auf die Gestaltung der Modellbeschreibungssprache. Sie sollte so beschaffen sein, daß es dem Benutzer leicht fällt, damit vollständige, genügsame, ausdrucksfähige, übersichtliche, korrekte und redundanzfreie Schemata zu konstruieren. Die Forderungen nach Vollständigkeit und Ausdrucksfähigkeit verlangen nach einer ausdrucksstarken, mächtigen Sprache, mit der alle relevanten Aspekte des Systems ausgedrückt werden können. Im Interesse der Übersichtlichkeit und Korrektheit sollte die Sprache so einfach zu benutzen sein, wie nur irgendwie möglich. Und dies erreichen wir nicht mit einer üppigen Sprachdefinition, die verschiedene Ausdrucksmöglichkeiten für denselben Sachverhalt hat, sondern nur mit einer sparsamen Verwendung der Beschreibungsmittel. Unsere Modellbeschreibungssprache sollte also einerseits so ausdrucksstark sein wie nötig, andererseits so karg wie möglich.

Daß es hinsichtlich der Sprachmittel angesichts der vielen Varianten unterschiedliche Meinungen gibt, liegt auf der Hand. Um den Leser nicht mit einer Diskussion der verschiedenen Positionen zu verunsichern, gehen wir folgendermaßen vor: zunächst stellen wir eine Fassung des ERM vor, von der wir glauben, daß sie unseren Anforderungen gerecht wird, anschließend (im Abschnitt 2.9) stellen wir einige Varianten vor und diskutieren die Auswahlentscheidungen, die zu unserer Fassung geführt haben. Leser, die sich neu in die Thematik einarbeiten, können Abschnitt 2.9 zunächst überschlagen.

Auch für viele fortgeschrittene Leser werden die Abschnitte über die ER-Sprache ERC, die Formulierung von Integritätsregeln und die Definition ableitbarer Daten (Abschnitte 2.5 bis 2.7) viel neues Wissen enthalten. Weniger fortgeschrittenen Lesern sei empfohlen, von diesen Abschnitten zunächst nur die einführenden Passagen zu lesen, den Rest jedoch nur zu überfliegen und später darauf zurückzukommen.

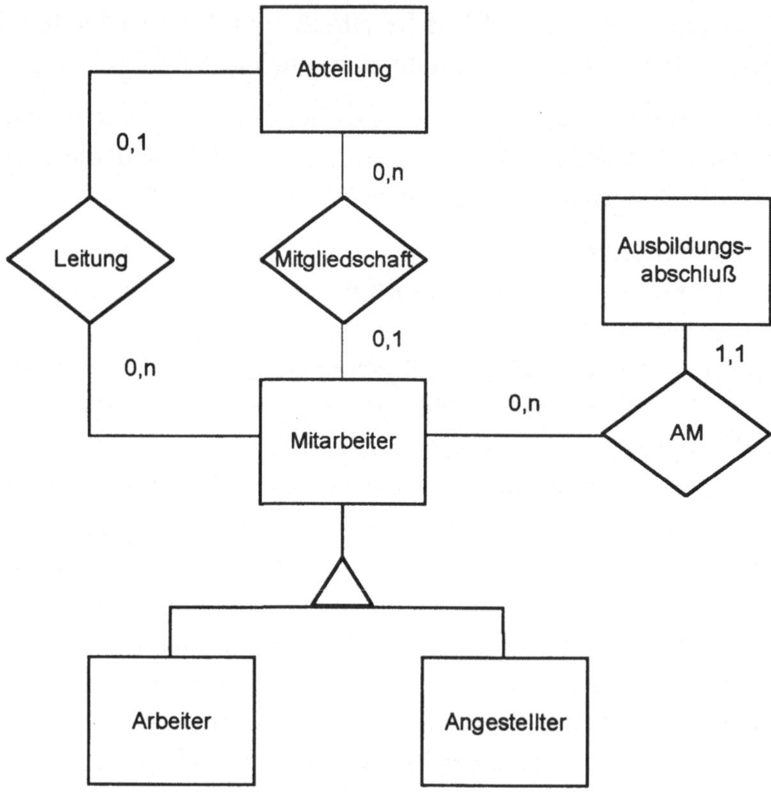

Abb. 2.2-1: ER-Diagramm eines Mitarbeiter-Informationssystems

2.2 Erweiterung: Spezialisierung und Vererbung

Abbildung 2.2-1 enthält ein ER-Diagramm zu einem Ausschnitt eines Mitarbeiter-Informationssystems, das wir in diesem Kapitel als Beispiel für die Formulierung einer Schemadefinition verwenden wollen. Gegenüber dem

Diagramm aus dem Beispiel des ersten Kapitels ist das Dreieckssymbol hinzugekommen. Es kennzeichnet einen bestimmten Typus von Beziehungsarten. Die Objektarten, die mit einer Verlängerung der Basis verbunden sind (in der Abbildung *Angestellter* und *Arbeiter*), sind **Teilmengen** der Objektart, welche an der gegenüberliegenden Ecke liegt (*Mitarbeiter*).

Alternativ zu der Bezeichnung Teilmengenbeziehung werden auch die Begriffe **Spezialisierung** bzw., in umgekehrter Richtung gesehen, **Generalisierung** verwendet. Dem liegt der Gedanke zugrunde, daß den Objekten der Teilmengen, die wir innerhalb eines ER-Schemas bilden, stets eine besondere Eigenschaft zueigen ist, die sie gegenüber den Objekten der Obermenge auszeichnen. Die Objekte der Teilmenge *Angestellter* haben z.B. die Eigenschaft, daß sie Angestellte sind, was für die Mitarbeiter im allgemeinen nicht zutrifft. Mit anderen Worten: sie sind spezielle Mitarbeiter.

Im Unterschied zu einer regulären Beziehungsart verknüpfen Teilmengenbeziehungen stets identische Objekte. Wir betrachten auf den verschiedenen Ebenen einer Spezialisierungshierarchie lediglich unterschiedliche Aspekte, d.h. Attribute und Beziehungsarten, dieser Objekte. In unserem Beispiel werden den Objekten auf der Ebene der Mitarbeiter alle Attribute und Beziehungsarten zugeordnet, die für Mitarbeiter im allgemeinen gelten. Auf der Ebene darunter werden jeweils die zusätzlichen Aspekte geführt, die für Angestellte und Arbeiter im besonderen gelten, also jeweils für die eine der Teilmengen, nicht aber für die andere. Wollen wir also umfassende Informationen über einen Arbeiter haben, so müssen wir seine Attributwerte und Beziehungen auf der unteren Ebene mit denen auf der oberen Ebene zusammen betrachten.

Mit der Verwendung des Dreieckssymbols wird dokumentiert, daß die Eigenschaften der oberen Ebene auch in den darunterliegenden gelten, also von oben nach unten vererbt werden. Diese Annahme der **Vererbung** erspart dem Modellierer, Attribute und Beziehungsarten auf den unteren Ebenen nochmals zu definieren.

Die Verwendung von Spezialisierungen hat mehrere Vorteile:

- Sie erlaubt eine differenzierte Darstellung von Begriffen, ohne daß damit Redundanz geschaffen würde.

- Integritätsbedingungen, welche an die Teilmengenzugehörigkeit gebunden sind, lassen sich damit direkt im ER-Diagramm zeigen. Angenommen, in unserem Unternehmen können nur Angestelle zum Abteilungsleiter ernannt werden, nicht aber Arbeiter. Wir würden in diesem Fall die Beziehungsart *Leitung* direkt von *Abteilung* zu *Angestellter* legen.
- Bei objektorientierter Softwareentwicklung werden damit Vererbungsbeziehungen gefunden, die in späteren Entwicklungsphasen weiter ausgebaut werden können.

2.3 Hauptbestandteile eines ER-Schemas

Ein ER-Schema kann in unterschiedlicher Form dargestellt werden. Im ersten Kapitel wurde bereits das ER-Diagramm vorgestellt. Aber auch eine Textdarstellung ist möglich und üblich. Wir wollen auf die Frage, welche Arbeitsteilung zwischen den beiden Formen die günstigste ist, gleich eingehen, aber vorher noch kurz die Hauptbestandteile unabhängig von der Darstellungsform betrachten. Ein ER-Schema besteht aus

1. der Schemabezeichnung,
2. ein oder mehr Objektarten-Deklarationen,
3. null oder mehr Beziehungsarten-Deklarationen,
4. null oder mehr Integritätsregeln und
5. null oder mehr Ableitungsregeln.

Da die ersten drei Bestandteile zusammen die Struktur des Schemas ausmachen, können wir sie auch als **Strukturteil** der Beschreibung bezeichnen. Integritätsregeln drücken Abhängigkeiten zwischen den gespeicherten Daten aus. Zum Beispiel kann es in einem Unternehmen eine Regelung geben, die besagt, daß kein Mitarbeiter einer Abteilung mehr verdienen darf als der Abteilungsleiter. Fixiert man diese Regel bei der Modellierung, so ist damit sichergestellt, daß später keine Daten aufgenommen werden können, welche dagegen verstoßen. Ableitungsregeln drücken ebenfalls Abhängigkeiten zwischen Daten aus. Während aber Integritätsregeln die Bedingungen festlegen, unter denen bereits bekannte Daten miteinander harmonieren, geben Ableitungsregeln Vorschriften vor, mit deren Hilfe noch nicht bekannte Daten aus anderen Daten abgeleitet werden können.

Zieht man den Umfang großer Schemata in Betracht, so ist leicht einzusehen, daß die genannten Bestandteile nicht alle in einem ER-Diagramm untergebracht werden können. Wir wollen uns deshalb an folgende Arbeitsteilung zwischen den Darstellungsformen halten:

- mit einer Textdarstellung wird das gesamte Schema definiert,
- beliebig viele ER-Diagramme werden zusätzlich zur Veranschaulichung benutzt.

Diese Arbeitsteilung gibt uns die Freiheit, ER-Diagramme im Rahmen der zeichnerischen Konventionen nach Belieben zu gestalten. Der Veranschaulichung dienen sie dann am besten, wenn sie nur das enthalten, was gerade gezeigt werden soll.

Für die Textdarstellung des Strukturteils werden wir im nächsten Abschnitt eine Konvention in Form einer Grammatik vorstellen. Wie Integritäts- und Ableitungsregeln formuliert werden können, wird in den darauf folgenden Abschnitten behandelt.

2.4 Schemastrukturdarstellung

2.4.1 Syntax

In diesem Abschnitt soll eine Grammatik für die Textbeschreibung der Schemastruktur vorgestellt werden. Bevor wir uns dieser formalen Beschreibung zuwenden, wollen wir die wichtigsten Teile daraus anhand von Beispielen betrachten. Abb. 2.2-1 dient dabei als Grundlage.

Am Anfang einer Schemabeschreibung nennen wir den Namen des Schemas nach dem Schlüsselwort schema. Wir schreiben zunächst zur besseren Übersicht alle Schlüsselwörter klein, die vom Modellierer vergebenen Eigennamen mit großen Anfangsbuchstaben. Prinzipiell ist es aber unerheblich, ob diese Wörter groß oder klein geschrieben werden.

schema *Personal*;

Die Deklaration einer Objektart wird durch das Schlüsselwort *entityset* eingeleitet. Dahinter werden die Spezifika der Objektart zwischen runden Klammern aufgeführt. Von jedem Attribut werden Name und Wertebereich angegeben, wobei als Wertebereiche der Einfachheit halber Standarddatenformate relationaler Datenbanken benutzt werden können. Zusätzlich kann noch angegeben werden, ob das betreffende Attribut stets mit einem Wert besetzt sein muß (*not null*). Von den Attributen des Identifikators nehmen wir an, daß sie stets besetzt sein müssen, ohne daß wir mit einem *not null* explizit darauf hinweisen müssen:

```
entityset Ausbildungsabschluß
( attributes:   Persnr          integer     not null,
                Abschluß        char(20)    not null;
  identifier:   Persnr, Abschluß );
```

Bei Objektarten, die Teilmengen anderer Objektarten sind, weisen wir mit dem Schlüsselwort *subsetof* auf diesen Umstand hin. In die Attributeliste werden nur die zusätzlichen Attribute dieser Teilmenge aufgenommen, nicht aber die der Obermengen. Da auch der Identifikator von den Obermengen übernommen wird, kann auf seine Deklaration ebenfalls verzichtet werden:

```
entityset Arbeiter
( subsetof      Mitarbeiter;
  attributes:   Lohnsatz        real );
```

In der Deklaration einer Beziehungsart ist für jeden Partizipanten, d. h. für jeden Ast der Beziehungsart im ER-Diagramm, ein Eintrag vorgesehen, bestehend aus dem Namen der Objektart, der Rolle, die sie innerhalb der Beziehungsart innehat, und dem Kardinalitätseintrag:

```
relationshipset Leitung
( participants: (Mitarbeiter, Leiter, (0,n)),
                (Abteilung, GeleiteteAbteilung, (0,1)));
```

Wird bei der Angabe eines Partizipanten auf die Nennung der Rolle verzichtet, so dient der Name des Partizipanten auch als Rollenname. Da eine Objektart auch mehrfach partizipieren kann, kann sie in mehreren Partizipanteneinträgen erscheinen, jedoch mit unterschiedlichen Rollen. In solchen Fällen müssen die Rollen stets explizit aufgeführt werden. Hat eine Beziehungsart Attribute, so ist zusätzlich eine Liste dieser Attribute enthalten. Sie ist aufgebaut wie die entsprechende Auflistung bei Objektarten.

Abbildung 2.4-1 enthält eine Grammatik in der **erweiterten Backus-Naur-Form (EBNF)**, aus der sich die Zusammensetzung einer vollständigen Schemabeschreibung ersehen läßt. Die gesamte Grammatik besteht aus einer Anzahl von **Produktionen**. Jede Produktion besteht aus einem **Kopf** (linke Seite), dem Symbol ::= in der Mitte, und einem **Rumpf** (rechte Seite). Das Symbol '::=' steht für 'besteht aus'. Eine Produktion beschreibt also, aus welchen Bestandteilen der auf der linken Seite genannte Schemabestandteil zusammengesetzt ist. Wörter in < > heißen **syntaktische Kategorien**, Wörter ohne diese Klammern oder in Anführungszeichen werden **terminale Symbole** genannt. Dies sind die Symbole, die vom Modellierer tatsächlich hingeschrieben werden.

Die eckigen Klammern [und] schließen **optionale Symbole** ein, also solche, die auch weggelassen werden können. Mit den geschweiften Klammern { und } kennzeichnen wir null oder mehr Vorkommen des eingeschlossenen Symbols. Der Trennstrich | steht für Wahlmöglichkeiten. Stehen solche Wahlmöglichkeiten zwischen runden Klammern, so ist genau eines der zur Wahl gestellten Symbole zu nehmen.

Die oberste Regel zählt genau die Bestandteile des Schemas auf, die im vorherigen Abschnitt aufgezählt wurden, mit dem einzigen Unterschied, daß anstelle von Ableitungsregeln Symbole der Art < assignment > aufgeführt sind. Weiter unten werden wir zeigen, daß **Zuweisungen** (assignments) eine Möglichkeit sind, Ableitungsregeln auszudrücken. In Abbildung 2.4-1 sind die syntaktischen Kategorien < integrity rule > und < assignment > nicht weiter erklärt, weil wir uns zunächst auf die Strukturbeschreibung konzentrieren wollen.

```
< schema >                    ::=  schema  < schemaname > ;
                                   < entity set >  { ; < entity set > }
                                   { ; < relationship set > }
                                   { ; < integrity rule > }
                                   { ; < assignment > } .
< schemaname >                ::=  < name >
< entity set >                ::=  entityset  < entity set name >
                                   '(' attributes:  < attribute >
                                   {, < attribute > } ;
                                    identifier:  < identifier >
                                   {, < identifier > } ')'
                               |   entityset  < entity set name >
                                   '(' < subset declaration >
                                   [; attributes: < attribute > { , < attribute > }
                                   [; identifier: < identifier >
                                   {, < identifier >}]]')'
< subset declaration >        ::=  subsetof < entity set name >
< entity set name >           ::=  < name >
< relationship set >          ::=  relationshipset  < relationship set name >
                                   '(' participants:  < participant > ,
                                   < participant > {, < participant >}
                                   [; attributes:  <attribute>
                                   {, < attribute > }]')'
< attribute >                 ::=  < attribute name >  < domain >  [not null]
< identifier >                ::=  < attribute name >
< attribute name >            ::=  < name >
< relationship set name >     ::=  < name >
< participant >               ::=  '(' < entity set name >  [ , < role > ] ,
                                   < cardinality > ')'
< role >                      ::=  < name >
< cardinality >               ::=  '(' < mincard > , < maxcard > ')'
< mincard >                   ::=  < nonneg_integer >
< maxcard >                   ::=  < nonneg_integer >  |  n
< domain >                    ::=  char'(' <  nonneg_integer > ')' | integer
                               |   float | date | ...
```

< nonneg_integer > ::= 0 | 1 | ...

< name > ::= (< letter > | _) { < letter > | < digit > | _ }

< letter > ::= a | b | ... | z | A | B | ... | Z

< digit > ::= 0 | 1 | 2 | ... | 9

Abb. 2.4-1: Syntax der ER-Schema-Deklaration

Leider kann eine Grammatik in EBNF nicht alle Möglichkeiten der Formulierung verhindern, die wir als inkorrekt betrachten wollen. Deshalb müssen wir noch folgende Zusatzbedingungen hinzufügen:

1. Kein Objektartenname (< entity set name >) darf im Schema für mehr als eine Objektart verwendet werden. Dasselbe gilt analog für Beziehungsartennamen (< relationship set name >).
2. Innerhalb einer Objektart darf kein Attributename (< attribute name >) für mehr als ein Attribut angewandt werden. Für Beziehungsarten gilt sinngemäß dasselbe.
3. Jeder Objektartenname, der innerhalb der Partizipantendeklaration (< participant >) einer Beziehungsart genannt wird, muß auch als Objektartenname (< entity set name >) in einer Objektartendeklaration (< entity set >) vorkommen.
4. Bei der Deklaration rekursiver Beziehungsarten dürfen die Rollennamen (< role >) nicht weggelassen werden. Innerhalb der Partizipantendeklarationen muß für jedes Vorkommen einer Objektart ein anderer Rollenname angegeben werden.
5. Innerhalb einer Kardinalitätsangabe (< cardinality >) ist die Untergrenze < mincard > stets kleiner oder gleich der Obergrenze < maxcard >. Falls die Obergrenze *n* ist, kann als Untergrenze jede beliebige Ganzzahl eingesetzt werden, die größer oder gleich null ist.

Abb. 2.4-2 enthält die vollständige Beschreibung unseres Beispielschemas:

```
schema      Personal;
entityset Mitarbeiter
( attributes:   Persnr          integer,
                Nachname        char(25)   not null,
                Vorname         char(20)   not null,
                Leistung        smallint,
                Geburtstag      date,
                Alter           smallint;
  identifier:   Persnr );
entityset Arbeiter
( subsetof      Mitarbeiter;
  attributes:   Lohnsatz        real );
entityset Angestellter
( subsetof      Mitarbeiter;
  attributes:   Gehalt          real );
entityset Ausbildungsabschluß
( attributes:   Persnr          integer,
                Abschluß        char(20)   not null;
  identifier:   Persnr, Abschluß );
entityset Abteilung
( attributes:   Abtnr           smallint,
                Abtname         char(20)   not null;
  identifier:   Abtnr );
relationshipset Mitgliedschaft
( participants: (Mitarbeiter, Mitglied, (1,1)),
                (Abteilung, Arbeitsstelle, (0,n)));
relationshipset Leitung
( participants: (Mitarbeiter, Leiter, (0,n)),
                (Abteilung, GeleiteteAbteilung, (0,1)));
relationshipset AM
( participants: (Mitarbeiter, (0,n)),
                (Ausbildungsabschluß, (1,1))).
```

Abb. 2.4-2: Schemabeschreibung

2.4.2 Bedeutung und Gebrauch der syntaktischen Kategorien

Mit Hilfe der Syntax haben wir festgelegt, welche Schemata überhaupt zulässig sind. Sinnvolle Schemata kann man allerdings nur dann formulieren, wenn man sich über die Bedeutung der Beschreibungsmittel im klaren ist. Wir verzichten hier auf einen Versuch, diese Bedeutung mit Hilfe einer formalen Semantik vollständig zu beschreiben. Stattdessen greifen wir uns einige Beschreibungsmittel heraus, bei denen die Bedeutung entweder nicht offensichtlich ist oder aber unterschiedliche Interpretationen verbreitet sind. Aus der Bedeutung der Beschreibungsmittel ergeben sich wiederum einige Konsequenzen für die Art und Weise, wie bestimmte Sachverhalte modelliert werden können.

Attribute als Funktionen

Einem Objekt darf für ein bestimmtes Attribut nicht mehr als ein Wert zugeordnet werden. Wir sprechen von **einwertigen Attributen**. Die Attributwerte sind dabei den einzelnen Objekten eindeutig zugeordnet. In mathematischer Sicht ist ein Attribut eine Abbildung einer Objektmenge in eine Menge von Werten. Abb. 2.4-3 verdeutlicht diesen Zusammenhang für zwei Attribute der Objektart *Mitarbeiter*. Attribut *Geburtstag* ist eine Abbildung der Menge der Mitarbeiter in die Menge *date* der Datumswerte. *Persnr* ist eine Abbildung der Mitarbeitermenge in die Menge *integer* der ganzen Zahlen.

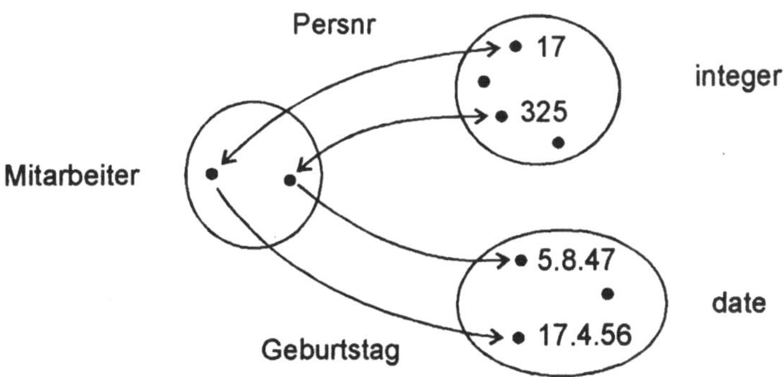

Abb. 2.4-3: Attribute sind Abbildungen

Die zuletzt genannte Abbildung ist insofern eine Besonderheit, als sie eineindeutig ist. Es kann also nicht nur einem bestimmten Objekt eine Personalnummer eindeutig zugeordnet werden, sondern es kann auch umgekehrt von der Personalnummer auf das Objekt geschlossen werden. Diese Eigenschaft der eineindeutigen Zuordnung zur Objektmenge zeichnet einen Identifikator aus. Wegen der Möglichkeit des Hintereinanderschaltens (Verkettung) der Abbildungen sind durch den Identifikatorwert eines Objekts dessen übrige Attributwerte eindeutig bestimmt (Abb. 2.4-4).

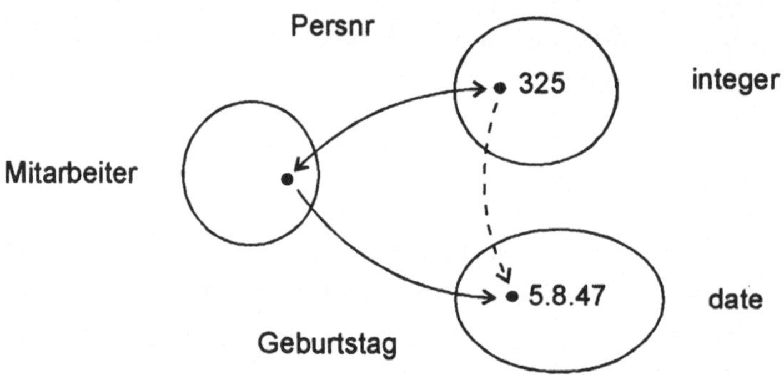

Abb. 2.4-4: Zuordnung der Attributwerte zum Wert des Identifikators

Die Annahme, daß Attribute Abbildungen sind, gilt grundsätzlich auch für die Attribute von Beziehungsarten. Solche Attribute sind Abbildungen einer Menge von Beziehungen in eine Menge von Werten. Anders als bei Objektarten benötigen wir jedoch keine eineindeutige Abbildung für einen Identifikator, da wir Beziehungen über die daran beteiligten Objekte identifizieren können.

Darstellung mehrwertiger Fakten

Die Beschränkung auf einwertige Attribute hat interessante Konsequenzen für die Modellierung. Zweifellos kommen in der Realität häufig Fälle vor, bei denen man einem Objekt mehrere Werte für ein Attribut zuweisen möchte. Beispielsweise kann ein Mitarbeiter mehrere Ausbildungen abgeschlossen haben. Zur Darstellung solcher Situationen stehen uns zwei Ausdrucksmöglichkeiten zur Verfügung:

- Wir können die betreffenden Werte in eine separate Objektart auslagern.
- Wir können mehrere Attribute vorsehen, von denen jedes einen Wert aufnehmen kann.

Die erste Lösung ist die, die in der Schemadefinition des vorherigen Abschnitts gewählt wurde. Zur Speicherung der Abschlüsse wurde eine Objektart *Ausbildungsabschluß* angelegt und mit der Objektart *Mitarbeiter* über eine Beziehungsart *AM* verbunden. Die Untergrenze der Kardinalität (1,1) auf der Seite von *Ausbildungsabschluß* drückt hier aus, daß ein Objekt dieser Art ohne ein Objekt der Art *Mitarbeiter*, mit dem es verbunden ist, keinen Sinn ergibt. Man nennt dies auch eine **Existenzabhängigkeit**.

Objektarten wie *Ausbildungsabschluß*, die lediglich als Anhängsel anderer Objektarten gedacht sind, werden auch als **schwache Objektarten** bezeichnet, und in manchen Varianten des ERM gibt es dafür ein spezielles Symbol. Wir wollen von diesem Symbol keine Verwendung machen, sondern diese Objektarten als reguläre Objektarten behandeln. Stattdessen empfehlen wir die Technik der „**geborgten Attribute**", um die starke Abhängigkeit zwischen den betreffenden Objektarten herauszustellen. Dabei erhält die schwache Objektart als Identifikator den Identifikator der zugehörigen „starken" Objektart zuzüglich eines weiteren Attributs, so daß die einzelnen schwachen Objekte unterschieden werden können. In unserem Beispiel haben wir als Identifikator für *Ausbildungsabschluß* die Vereinigung der Attribute *Persnr* und *Abschluß* gewählt.

Bei der zweiten Lösung werden anstelle eines nicht zugelassenen mehrwertigen Attributs mehrere einwertige definiert. In unserem Beispiel hätten wir diese Attribute *Abschluß1*, *Abschluß2* usf. nennen können. Diese Lösung bietet sich an, wenn die Anzahl der Attributwerte je Objekt klein ist und ein zusätzliches Kriterium vorhanden ist, das die Zuordnung eines Werts zu einem der definierten Attribute möglich macht. So könnte man z.B. den zuerst erreichten Abschluß dem Attribut *Abschluß1* zuordnen, den zweiten dem Attribut *Abschluß2* usw.

Wertebereiche von Attributen

Der Einfachheit halber verwenden wir zur Eingrenzung der Wertebereiche die für relationale Datenbanken üblichen Standarddatentypen integer, smallint, numeric, decimal usw. Da mit der Angabe eines solchen Typs der Wertebereich eines Attributs manchmal nicht hinreichend definiert ist, besteht die Möglichkeit, zur weiteren Eingrenzung Integritätsbedingungen zu formulieren.

Die zusätzliche Angabe *not null* bei der Nennung des Wertebereichs besagt, wie bei relationalen Datenbanken auch, daß das betreffende Attribut stets mit einem Wert besetzt sein muß. Bei numerischen Wertebereichen kann dieser Wert auch 0 sein. Für Attribute, die im Identifikator der betreffenden Objektart vorkommen, soll „not null" in jedem Fall gelten, auch wenn dies nicht explizit erwähnt ist.

Ist bei einem Attribut zugelassen, daß der Wert nicht besetzt ist (d.h. ist *not null* nicht angegeben), so kann dies unterschiedliche Bedeutungen haben. Beispielsweise kann die Annahme zugrundeliegen, daß zwar grundsätzlich jedes Objekt der betreffenden Art einen Wert bei diesem Attribut hat, aber bei manchen Objekten dieser Wert zur Zeit der ersten Speicherung noch nicht bekannt ist. Eine andere mögliche Annahme ist, daß ein Teil der Objekte einen Wert besitzt, der andere Teil aber nicht. Auch eine Kombination dieser Annahmen kann zutreffen.

Ungegliederte Attribute

In Bezug auf Attribute wollen wir weiterhin annehmen, daß sie ungegliedert sind, daß also kein Attribut aus Unterattributen zusammengesetzt ist. Wir können demnach nicht ein Attribut *Adresse* innerhalb der Objektart *Mitarbeiter* definieren, das aus den Unterattributen *PLZ, Ort* und *Straße* besteht. Im Gegensatz zu unserer Fassung sind in der Originalversion des ERM gegliederte Attribute zugelassen. Wir werden die Gründe für und wider die Berücksichtigung gegliederter Attribute im Abschnitt 2.9 ausführlich diskutieren.

Auch wollen wir nicht zulassen daß Objekte als Werte von Attributen auftreten. Es ist also nicht möglich, Objektarten zu definieren, die andere Objektarten enthalten. Objektarten im ERM sind in diesem Sinne **primitiv**, nicht **komplex**. Die einzige Möglichkeit, eine Objektart einer anderen zuzuordnen, ist die über eine reguläre Beziehungsart. Bitte beachten Sie, daß dies nicht etwa eine Schwäche des ERM ist, sondern eine Stärke. Indem wir nur primitive Objektarten zulassen, erhalten wir uns die Möglichkeit, Objektarten frei mit allen anderen Objektarten zu verbinden. Wir haben eine Art Bausteinsystem zur Verfügung, mit dem wir Gebilde jeder Art darstellen können. Diese Möglichkeit hätten wir nicht mehr mit geschachtelten Objektarten.

Plazierung von Attributen

Abschließend wollen wir noch darauf eingehen, welchen Einfluß das Verständnis des Attributs als Abbildung auf die Plazierung der Attribute hat. Zwar entspricht der Begriff der Abbildung dem intuitiven Begriff der Eigenschaft eines Objekts bzw. einer Beziehungsart, und wir begehen normalerweise keinen Fehler, wenn wir einer Objektart einfach ihre Eigenschaften als Attribute zuordnen, jedoch gibt es in manchen Fällen Wahlmöglichkeiten. Betrachten wir hierzu noch einmal das Schema in Abb. 1.2-1. Das Attribut *Datum* der Objektart *Auftrag* können wir genauso gut als eine Eigenschaft der Beziehung *Erteilung* auffassen; das Datum der Auftragserteilung ist ihr selbstverständlich eindeutig zugeordnet. Allerdings ist die Zuordnung zu *Auftrag* genauso berechtigt, wie eine kurze Überlegung verdeutlicht. An einer Erteilungsbeziehung ist genau ein Auftrag beteiligt. Andererseits geht entsprechend der Kardinalitätsobergrenze jeder Auftrag nur höchstens eine Beziehung dieser Art ein. Aufträge und Erteilungsbeziehungen sind einander also wechselseitig eindeutig (eineindeutig) zugeordnet. Attribute, die einem Auftrag eindeutig zugeordnet sind, sind damit auch der mit ihm verbundenen Erteilungsbeziehung eindeutig zugeordnet und umgekehrt. Da wir die Attribute in solchen Fällen nicht zweifach zuordnen wollen, müssen wir uns entscheiden, wo wir sie plazieren. Wir werden sie in allen solchen Fällen der Objektart zuordnen und damit Beziehungsarten so weit wie möglich von Attributen freihalten.

Objektarten, Beziehungsarten und assoziative Objektarten

Bereits im ersten Kapitel hatten wir darauf hingewiesen, daß der Modellierer manchmal vor der Frage steht, ob er einen Begriff als Objektart oder als Beziehungsart darstellen soll. Verhältnismäßig leicht fällt die Entscheidung bei den Grundakteuren des betrieblichen Geschehens, wie Kunden, Mitarbeitern oder Lieferanten. Solche Begriffe wären nur auf sehr unnatürliche Weise als Beziehungsarten darstellbar. Es gibt jedoch viele Fälle, bei denen beide Lösungen in Frage kommen. Wir wollen nun anhand von Beispielen zunächst einen solchen Fall betrachten und dann die Frage diskutieren, ob es Gesichtspunkte gibt, eine der Lösungen der anderen vorzuziehen.

Abb. 2.4-5 zeigt ein Schema, in dem der Begriff der *Freundschaft* als Beziehungsart modelliert wurde. Vereinfachend wollen wir annehmen, daß die Objekte der Partizipanten *Mann* und *Frau* jeweils anhand der Vornamen identifiziert werden können. Unterhalb des Schemas ist ein Instanzendiagramm abgebildet, das mit den eingetragenen Kardinalitäten vereinbar ist.

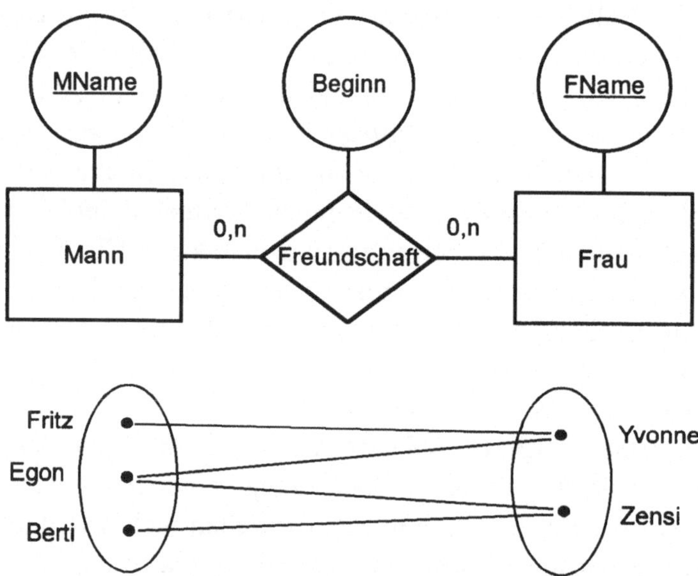

Abb. 2.4-5: *Freundschaft* als Beziehungsart

Die alternative Modellierung als Objektart findet sich in Abb. 2.4-6. Anstatt einer Beziehungsart werden nun eine Objektart und zwei Beziehungsarten zur Darstellung des Sachverhalts benötigt. Das Attribut *Beginn* der früheren Beziehungsart *Freundschaft* ist nun auf die gleichnamige Objektart übergegangen. Jeder Beziehung gemäß dem ersten Schema entspricht ein Objekt nach dem zweiten Schema. Das bedeutet auch, daß ein solches Objekt jeweils durch ein Objekt der Art *Mann* und ein Objekt der Art *Frau* geprägt ist. Dementsprechend sind die Kardinalitäten der beiden Beziehungsarten *MF* und *FF* beide (1,1) auf der Seite von *Freundschaft*. *Freundschaft* ist sowohl von Mann als auch von Frau existenzabhängig. Auf der Seite von *Mann* bzw. *Frau* entsprechen die Kardinalitäten denen der früheren Beziehungsart *Freundschaft* an derselben Stelle.

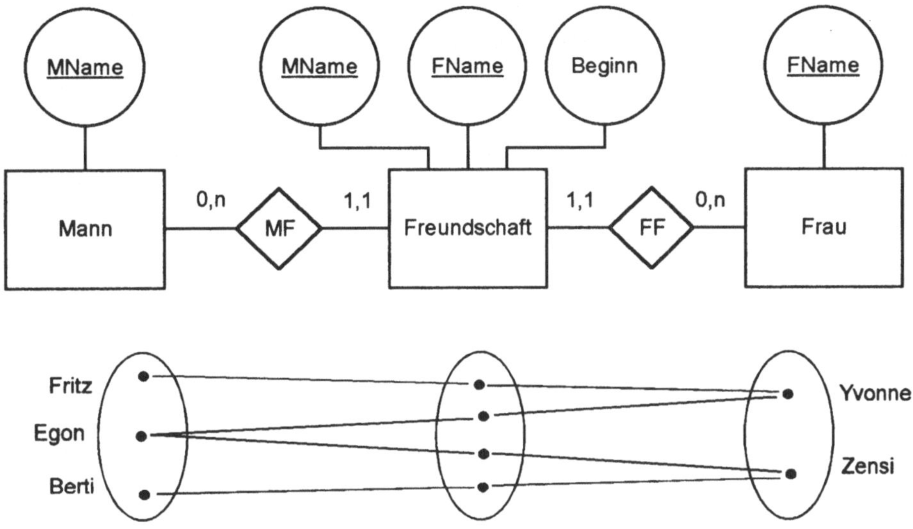

Abb. 2.4-6: *Freundschaft* als Objektart

Als Identifikator für die Objektart *Freundschaft* könnte man eine laufende *Freundschaftsnr* vergeben, es ist aber auch möglich, die Technik der geborgten Attribute anzuwenden, die auch bei den schwachen Objektarten verwendet wird. Da jedes Freundschaftsobjekt von einem *Mann/Frau*-Paar geprägt wird, kann man die Vereinigung der Identifikatoren von *Mann* und *Frau* als Identifikator einsetzen.

Objektarten dieses Typs werden auch als **assoziative Objektarten** bezeichnet. Mit diesem Namen soll ausgedrückt werden, daß sie eine Beziehungsart (eine Assoziation) vertreten. In einigen Varianten des ERM ist hierfür ein besonderes Symbol vorgesehen. Wir verzichten jedoch darauf, weil die damit gewonnene Ausdruckskraft die Aufblähung der Beschreibungsmittel unseres Erachtens nicht rechtfertigt.

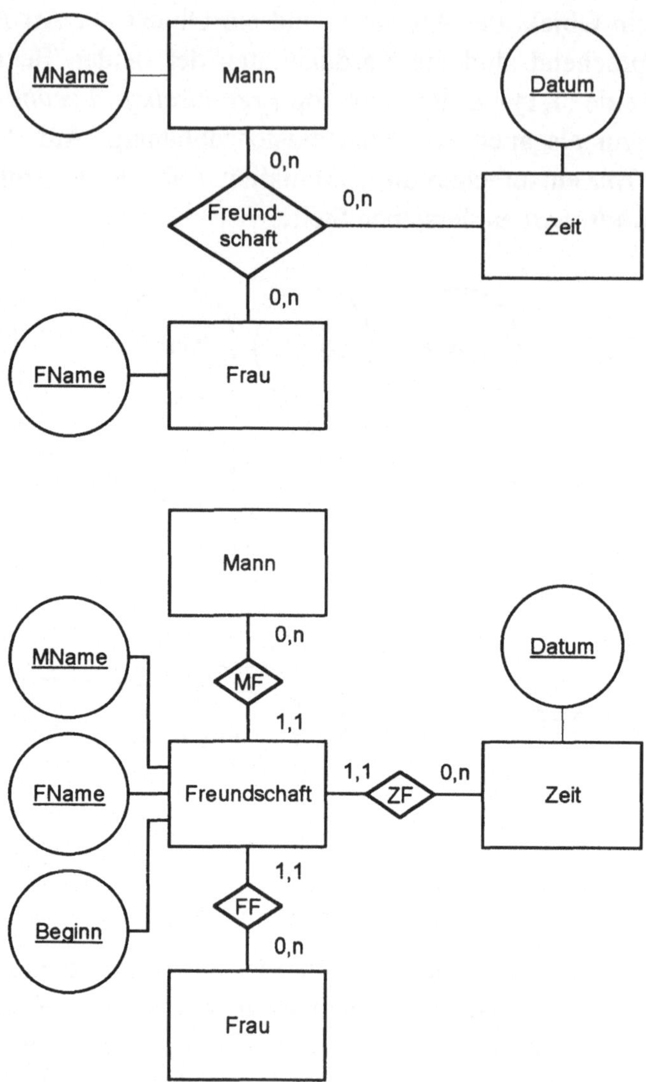

Abb. 2.4-7: Erweitertes Freundschaftskonzept

Dem aufmerksamen Leser wird vielleicht bereits aufgefallen sein, daß beide Schemata (Abb. 2.4-5 und 2.4-6) nur sehr eingeschränkte Möglichkeiten zur Aufzeichnung von Freundschaften vorsehen. Da in beiden Schemata eine Freundschaft jeweils durch ein Mann/Frau-Paar identifiziert wird, ist es nicht möglich, für ein solches Paar mehr als eine Freundschaft zu speichern.

Es könnte aber durchaus vorkommen, daß eine Freundschaft eine Zeit lang besteht und später wieder auflebt. Bitte beachten Sie, daß das Attribut *Beginn* nicht ausreicht, um die Speicherung mehrerer Freundschaften zwischen demselben Paar zu ermöglichen, da es nichts zur Identifizierung der Beziehung bzw. des Objekts beiträgt.

Abb. 2.4-7 enthält zwei in diesem Sinne leistungsfähigere Schemata. Im oberen ist *Freundschaft* zu einer dreistelligen Beziehungsart erweitert worden, die nun die *Zeit* als dritten Partizipanten dazubekommen hat. Damit ist das Attribut *Beginn* überflüssig geworden. Die entsprechende Modellierung mit einer Objektart *Freundschaft* zeigt das untere Schema. Der Identifikator besteht auch hier aus der Vereinigung der Identifikatoren aller Partizipanten. Damit ist es möglich, mehrere Freundschaften (mit verschiedenen Beginnterminen) zwischen einem Paar zu identifizieren und zu speichern.

Während bei dem oberen Schema die Zeit unbedingt als Partizipant auftreten muß, könnten wir bei der Verwendung der assoziativen Objektart auch darauf verzichten, die Zeit als eigenständige Objektart darzustellen. Allerdings muß sie bei der Bildung des Identifikators der assoziativen Objektart unbedingt berücksichtig werden.

Hinsichtlich der Bildung des Identifikators für die assoziative Objektart beschreibt Abb. 2.4.7 insofern einen Spezialfall, als sämtliche Zweige der Beziehungsart die Kardinalitätsobergrenze *n* besitzen. In diesem Fall werden die Identifikatoren aller Partizipanten benötigt, um ein Objekt der assoziativen Objektart zu identifizieren, so daß der Identifikator aus der Vereinigung aller Partizipantenidentifikatoren bestehen sollte. In manchen Fällen ist jedoch nur eine Teilmenge dieser Identifikatoren nötig. Wir wollen hierzu annehmen, daß in dem unteren Schema von Abb. 2.4-7 die Obergrenze der Kardinalität auf dem Zweig von *Mann* 1 sei. Jeder Mann kann dann nur höchstens eine Beziehung eingehen. Da auf der anderen Seite an jeder Beziehung genau ein Mann beteiligt ist, lassen sich Beziehungen und Männer eineindeutig zuordnen, und ein Objekt der Art *Mann* genügt zur Identifizierung der Beziehung, an der es beteiligt ist. Verallgemeinernd können wir feststellen:

> Als Identifikator für eine assoziative Objektart *O*, welche eine Beziehungsart *B* ersetzt, eignet sich die Vereinigung aller Identifikatoren der Partizipanten, wenn auf allen Zweigen von *B* die Kardinalitäten-

obergrenze größer als 1 ist. Gibt es Zweige mit einer Obergrenze von 1, so genügt der Identifikator des Partizipanten an einem dieser Zweige als Identifikator für *O*.

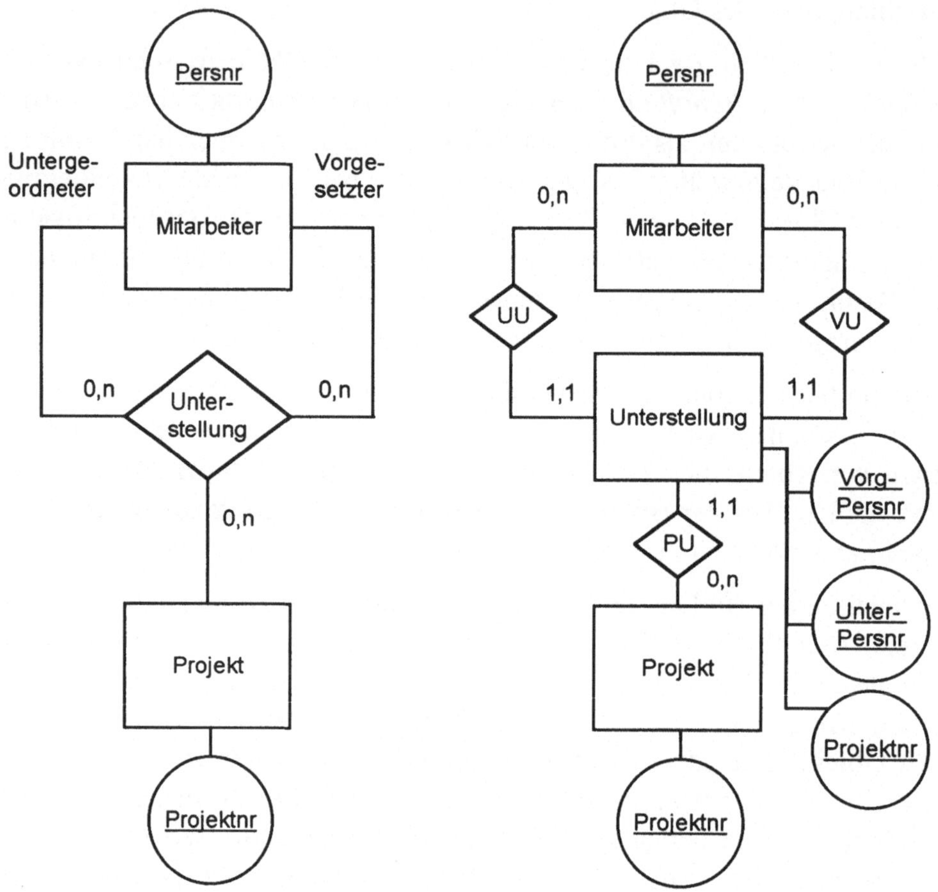

Abb. 2.4-8: Identifikatorbildung mit Rollennamen

Eine Ergänzung dieser Regel brauchen wir für jene Beziehungsarten, an denen eine Objektart mehrfach partizipiert. Das Schema auf der linken Seite von Abb. 2.4-8 erlaubt, Unterordnungsbeziehungen zwischen Mitarbeitern im Rahmen von Projekten zu speichern. Wenn wir die obige Regel unverändert anwendeten, ginge in den Identifikator der assoziativen Objektart im rechten Schema das Attribut *Persnr* zweimal ein, und die beiden Vorkommen könnten nicht voneinander unterschieden werden. Zur Differenzierung werden deshalb diese Identifikatorbestandteile durch Rollenzusätze ergänzt. Unserer obigen Regel fügen wir hinzu:

> Partizipiert eine Objektart mehrfach an *B* und kommt ihr Identifikator deshalb mehrfach im Identifikator von *O* vor, so werden diese Vorkommen zur Unterscheidung mit Rollenzusätzen versehen.

Vergleicht man die Bildung des Identifikators bei assoziativen Objektarten mit der für schwache Objektarten, so fällt auf, daß bei ersteren die geborgten Attribute zur Identifizierung ausreichen, während bei letzteren mindestens ein zusätzliches Attribut notwendig ist. Tatsächlich sind viele schwache Objektarten „verkümmerte" assoziative Objektarten. Betrachten wir hierzu nochmals die schwache Objektart *Ausbildungsabschluß* in Abb. 2.2-1. Fügen wir in das Schema eine zusätzliche Objektart *Abschluß* ein, welche alle möglichen Abschlüsse enthält, die von Mitarbeitern erworben werden können, so lassen sich die Abschlüsse der einzelnen Mitarbeiter entweder mit Hilfe einer Beziehungsart zwischen *Mitarbeiter* und *Abschluß* oder aber mit einer entsprechenden assoziativen Objektart zwischen diesen beiden Objektarten darstellen.

Bachman-Darstellung des ERM

Fügt man in einem Schema für alle nichtbinären Beziehungsarten eine assoziative Objektart ein, so enthält das resultierende Schema nur noch binäre Beziehungsarten. Wenn man weiterhin jede binäre Beziehungsart, deren Maximalkardinalität an beiden Zweigen größer als 1 ist, durch eine assoziative Objektart zerlegt, so bleiben nur noch Beziehungsarten übrig, die an mindestens einem Zweig die Maximalkardinalität 1 haben. Diese Sonderform eines binären ERM wird auch Bachman-Darstellung genannt. Sie hat eine interessante Eigenschaft: Da nämlich Attribute einer Beziehungsart stets auch einem Partizipanten an einem Zweig mit Maximalkardinalität 1 zugeschrieben werden können (s. oben), können auf diese Weise Beziehungsarten völlig von Attributen freigehalten werden. Nur Objektarten enthalten Attribute, Beziehungsarten dagegen nicht.

Beziehungsart oder assoziative Objektart?

Nach diesen mehr entwurfstechnischen Überlegungen wollen wir uns der Frage zuwenden, ob es Gesichtspunkte gibt, die generell für oder gegen die Verwendung assoziativer Objektarten sprechen. Ein erster Punkt betrifft die Übersichtlichkeit des Schemas. Verwendet man assoziative Objektarten, so braucht man insgesamt mehr Konstrukte im Schema als bei der Darstellung durch Beziehungsarten. Das Schema wird umfangreicher und unübersichtlicher. Wir werden diesen Aspekt im Abschnitt 2.9 im Zusammenhang mit dem sog. binären ERM noch einmal aufgreifen.

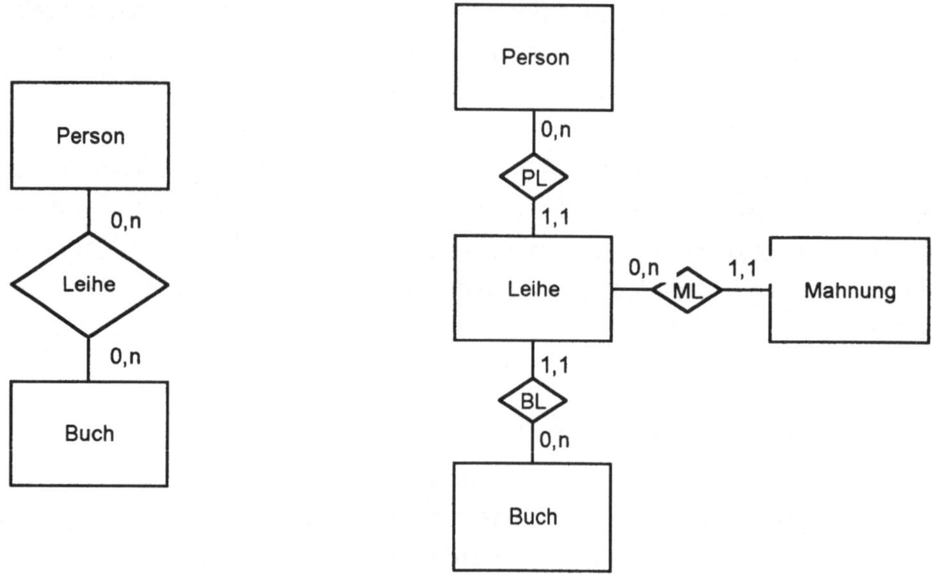

Abb. 2.4-9: Einbeziehung einer assoziativen Objektart in eine weitere Beziehungsart

Wie die Beispiele gezeigt haben, läßt sich in beiden Darstellungsformen grundsätzlich dasselbe ausdrücken, solange man sie isoliert betrachtet. Zieht man dagegen auch die Verbindungen zu den übrigen Konstrukten des Schemas in Betracht, so gibt es durchaus Unterschiede. Betrachten wir hierzu Abb. 2.4-9. Beide Schemata gestatten, Leihvorgänge zu speichern. In der oberen Lösung kann *Leihe* jedoch keine Beziehungsart zu Mahnung eingehen, weil es keine Objektart ist. Wollen wir einen Begriff eine Beziehungsart eingehen lassen, so müssen wir ihn als Objektart modellieren, weil nur Objektarten Beziehungsarten eingehen dürfen, Beziehungsarten aber nicht. Allerdings ist es nicht nötig, von vornherein assoziative Objektarten zu verwenden. Es genügt, die assoziative Objektart dann einzusetzen, wenn sich herausstellt, daß sie als Partizipant einer Beziehungsart gebraucht wird.

Objektart oder Attribut?

Ob ein Begriff eine Objektart oder ein Attribut ist, läßt sich gewöhnlich leicht entscheiden. Attributwerte können wir auf dem Bildschirm oder dem Drucker ausgeben und betrachten oder vielleicht auch akustisch vernehmen. Dagegen können wir von Objekten zwar alle gespeicherten Attributwerte ausgeben, aber damit haben wir nicht das Objekt als Ganzes sichtbar gemacht. Es ist durchaus möglich, daß wir im Verlauf eines Entwurfs oder sogar erst später beim Gebrauch eines Informationssystems feststellen, daß wir weitere, bislang noch nicht erfaßte Eigenschaften bestimmter Objekte einbeziehen müssen. Die Objekte selbst bleiben dabei dieselben.

Ein Problem, das im Verlauf eines Entwurfs häufig auftritt, betrifft die Art und Weise, wie man bestimmte Objekte der Realität im Schema berücksichtigt. Soll man eine eigene Objektart für sie vorsehen, oder soll man sie nur mit einem Attribut innerhalb einer anderen Objektart führen? In Abb. 2.4-10 sind zwei Schemata abgebildet, in denen die Kraftfahrzeuge, die den Mitarbeitern zugeordnet sind, auf unterschiedliche Weise berücksichtigt wurden. Während im linken Schema lediglich ein Attribut innerhalb von *Mitarbeiter* auf das Fahrzeug des Mitarbeiters verweist, ist im rechten Schema eine eigenständige Objektart vorgesehen.

Bei der Entscheidung für die eine oder die andere Lösung müssen wir berücksichtigen, daß die beiden Schemata unterschiedlich leistungsfähig in Bezug auf die Speicherung von Kfz-Daten sind. Ein Unterschied ist offensichtlich: im rechten Schema sind mehr Eigenschaften des Fahrzeugs erfaßt als im linken. Hinzu kommt aber noch, daß in einer Datenbank nach dem rechten Schema Kraftfahrzeuge als eigenständige Objekte festgehalten werden können, auch wenn sie keinem Mitarbeiter zugeordnet sind. Dies ist nach dem linken Schema nicht möglich. Fahrzeuge können dort nur innerhalb von Mitarbeiterobjekten geführt werden.

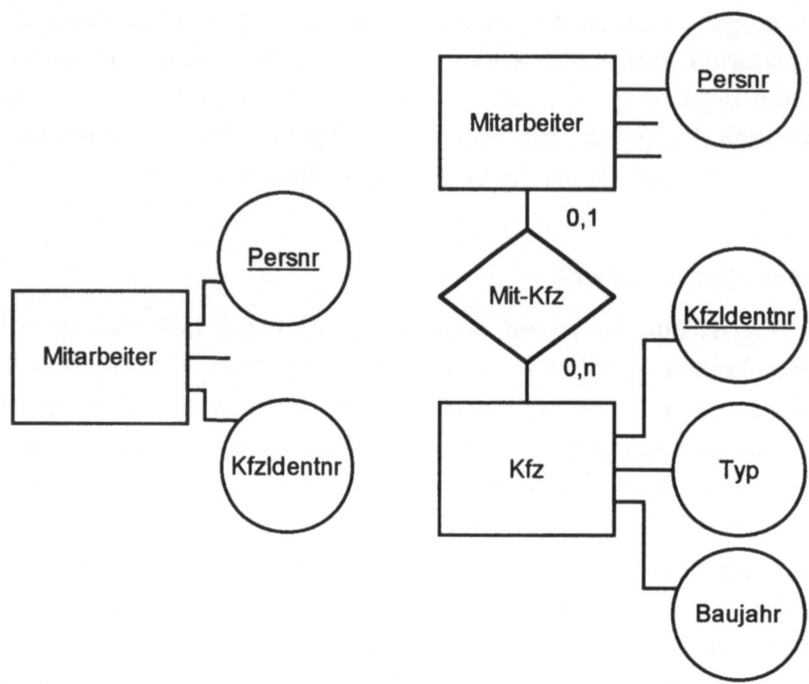

Abb. 2.4-10: Unterschiedliche Berücksichtigung von Objekten der Realität bei der Modellierung

Kardinalitäten der Beziehungsarten

Für jeden Ast einer Beziehungsart bzw., gleichbedeutend, für jede Rolle, wird ein Kardinalitätenpaar festgelegt, welche aus einer Untergrenze (Minimalkardinalität) und einer Obergrenze (Maximalkardinalität) besteht.

Hat die Objektart *E* innerhalb einer Beziehungsart *B* in der Rolle *R* die Kardinalität (*min*, *max*), so soll dies bedeuten, daß jedes Objekt der Art *E* in der Rolle *R* an mindestens *min*, höchstens *max* Beziehungen der Art *B* teinimmt. Diese Interpretation wird sowohl auf binäre als auch höherstellige Beziehungsarten angewandt.

Rollen müssen zur Definition der Kardinalitäten herangezogen werden, weil eine Objektart an einer Beziehungsart mehrmals partizipieren kann. Es genügt also nicht, eine Kardinalität einfach einer Objektart zuzuschreiben.

Bei der Festlegung der Kardinalitäten für eine Beziehungsart muß man berücksichtigen, daß diese Kardinalitäten zu jedem Zeitpunkt gelten müssen, in dem das künftige Informationssystem betrieben wird. Man darf also nicht auf einen „Normalzustand" abstellen, der sich irgendwann einstellen wird. Betrachten wir hierzu nochmals Abb. 2.2-1. Würden wir unter dem Gesichtspunkt, daß jede Abteilung einen Leiter braucht, die Minimalkardinalität der Beziehungsart *Leitung* auf der Seite von *Abteilung* auf 1 setzen, so wären wir gezwungen, unmittelbar bei der Aufnahme einer Abteilung in das Informationssystem ihr auch einen Leiter zuzuordnen. Falls dies nicht möglich ist, und von dieser Annahme sind wir ausgegangen, muß als Minimalkardinalität 0 gewählt werden.

2.5 ERC: eine Abfragesprache für das ERM

Als Grundlage für die Formulierung von Ableitungs- und Integritätsregeln in einem ER-Schema brauchen wir eine Abfragesprache für ER-Datenbanken. Die meisten bisher vorgeschlagenen ER-Sprachen beruhen auf dem **Relationenkalkül**, einer Sprache für relationale Datenbanken. Bei allen ER-Sprachen bereitet die Frage der **Abgeschlossenheit** Probleme. Darunter verstehen wir, daß die Ergebnisse der Abfragen denselben Datentyp haben sollen wie die Ausgangsdaten. Auf diese Weise ist es dann möglich, Abfrageergebnisse wieder als Ausgangsdaten für weitere Abfragen zu verwenden. Bei relationalen Datenbanksprachen ist diese Abgeschlossenheit durchwegs gegeben, denn die Abfrage geht von Tabellen aus und ihr Ergebnis ist stets wieder eine Tabelle. Da die Ausgangsdaten in ER-Datenbanken sowohl aus Objektarten als auch aus Beziehungsarten stammen können, sollte eine ER-Sprache diese beide Konstrukttypen als Ergebnis zulassen. Damit handelt man sich allerdings mehrere Probleme ein:

- Das Ergebnis einer Abfrage ist hinsichtlich seines Typs nicht eindeutig festgelegt, denn viele Sachverhalte lassen sich gleichermaßen als Objektarten oder Beziehungsarten darstellen.
- Das Ergebnis muß in das ursprüngliche Schema eingebettet werden, wenn es mit diesem zusammen als Basis für weitere Abfragen verwendet werden soll. Ist das Resultat einer Abfrage eine Objektart, so muß diese

über mindestens eine Beziehungsart mit dem Rest des Schemas verbunden werden.

- Das Ergebnis einer Abfrage ist nicht unmittelbar ausdruckbar, wenn es aus einer Beziehungsart besteht.

Die meisten Sprachvorschläge gehen diesen Problemen aus dem Weg, indem sie, wie bei relationalen Sprachen auch, Ergebnisse in Form von Tabellen produzieren. In vielen Fällen können solche Ergebnisse dann zusammen mit den ursprünglichen Bestandteilen des Datenbankschemas zu weiteren Abfragen verwendet werden. Die Verbindung kann dann aber nur, wie bei relationalen Datenbanken, über gemeinsame Attributwerte geknüpft werden. Zur Formulierung von Integritätsregeln und für Abfragen, deren Ergebnisse unmittelbar ausgedruckt werden sollen, reicht ein solcher Ansatz aus. Zur Formulierung von Ableitungsregeln brauchen wir allerdings einige Erweiterungen.

Wir stellen nun eine ER-Sprache vor, welche sowohl zur Formulierung von Integritätsregeln als auch zur Definition von Ableitungsregeln verwendet werden kann. Da es sich um eine Abwandlung des bekannten **Tupel-Relationenkalküls** (Tuple Relational Calculus, TRC) handelt, nennen wir diese Sprache **Entity-Relationship Calculus** oder kurz ERC. ERC kann in derselben Weise benutzt werden wie die übrigen bisher vorgeschlagenen ER-Sprachen, also so, daß das Ergebnis einer Abfrage eine Tabelle ist. Wir wollen dies die **eingeschränkte Benutzungsform** nennen. Es gibt jedoch auch eine **erweiterte Benutzungsform**, die bei Abfragen Objekt- oder Beziehungsarten erzeugt. Diese erweiterte Form werden wir zur Formulierung von Ableitungsregeln verwenden.

Wir betrachten hier zunächst die eingeschränkte Benutzungsform. Eine vollständige ERC-Grammatik beider Formen ist im Anhang zu finden.

Abfragen in der eingeschränkten Benutzungsform haben eine der drei folgenden Grundgestalten:

1. { < value list > | < condition > }
2. [< value list > | < condition >]
3. < value expression > .

Die erste Grundgestalt entspricht der Formulierung mit Hilfe eines **Mengenkonstruktors** (set builder), wie er auch im TRC gebräuchlich ist. Den Teil links des | bezeichnen wir, wie auch im TRC üblich, mit **Zielliste**, den rechten Teil als **Bedingung**. Das Symbol < value list > steht für eine durch Kommata getrennte Liste von Ausdrücken, von denen jeder für jede Zeile der Ergebnistabelle einen Wert ergibt. Die ausgegebenen Zeilen müssen die in < condition > aufgeführte Bedingung erfüllen. Es handelt es sich hierbei um einen prädikatenlogischen Ausdruck. Eine in geschweifte Klammern gesetzte Abfrage erzeugt eine Tabelle, deren Zeilen eine **Menge** darstellen. Es kommen demnach keine zwei Zeilen mit übereinstimmenden Werten in allen Spalten der Tabelle vor.

Abfragen, die in eckige Klammern eingeschlossen sind (zweite Grundgestalt), erzeugen **Listen**. Die Ergebnistabelle, die ein solcher Listenkonstruktor beschreibt, kann auch mehrere Zeilen mit denselben Werten enthalten. Eine bestimmte Reihenfolge der Zeilen herzustellen, wäre grundsätzlich möglich, ist im ERC aber bislang nicht vorgesehen. Wir beschränken uns also auf Listen, bei denen es auf die Ordnung nicht ankommt. Man bezeichnet solche Listen auch als **Tüten** (engl. bags) oder als **Multimengen**.

Abfragen der dritten Grundgestalt haben nur einen einzigen Wert als Ergebnis. Wir könnten dies als einen Spezialfall einer Tabelle auffassen und zur Formulierung eine der beiden anderen Grundgestalten verwenden, meinen aber, daß die Darstellung ohne äußere Klammern klarer ist.

Für die folgenden Beispiele dient das im Abschnitt 2.4 vorgestellte Schema *Personal* als Grundlage.

1) Vornamen und Geburtstage der Mitarbeiter mit dem Nachnamen "Meier".

$$\{p[Vorname], p[Geburtstag] \mid Mitarbeiter(p) \wedge$$
$$p[Nachname] = \text{" } Meier\text{"}\}$$

Das Prädikat *Mitarbeiter*(*p*) besagt, daß *p* ein Objekt der Art *Mitarbeiter* ist, *p*[*Vorname*], *p*[*Geburtstag*] und *p*[*Nachname*] bezeichnen die Werte der entsprechenden Attribute bei dem Objekt *p*.

In der Ergebnistabelle von Abfrage 1) kann eine bestimmte Wertekombination aus Vorname und Geburtstag nur ein einziges Mal vorkommen, weil die Anfrage in geschweifte Klammern eingeschlossen ist.

2) Variante: Es sollen nun alle Daten der Mitarbeiter ausgegeben werden, die „Meier“ heißen.

$$\{p[*] \mid Mitarbeiter(p) \wedge p[Nachname] = \text{"Meier"}\}$$

Der Ausdruck $p[*]$ steht hier für „alle Attribute des Objekts p“. Eine ähnliche Kurzform ist aus SQL bekannt.

3) Name des Leiters der Abteilung „Marketing“.

$$\{p[Nachname] \mid Mitarbeiter(p) \wedge (\exists l, a)(Leitung(l) \wedge Abteilung(a) \wedge a[Abtname] = \text{"Marketing"} \wedge l{:}\,Leiter == p \wedge l{:}\,GeleiteteAbteilung == a)\}$$

Das doppelte Gleichheitszeichen = = wird verwendet, um die Identität von Objekten oder Beziehungen auszudrücken, wohingegen das einfache Gleichheitszeichen = nur für Wertegleichheit steht. Der Ausdruck *l:Leiter* bezeichnet das Objekt vom Typ *Mitarbeiter*, das an der Beziehung *l* mit der Rolle *Leiter* beteiligt ist, *l:GeleiteteAbteilung* ist dementsprechend das teilnehmende Objekt vom Typ *Abteilung*, das die Rolle *GeleiteteAbteilung* innehat. Wir nennen Ausdrücke dieser Art **Partizipantenfunktionen**.

Da die Identität von Objekten aus der Gleichheit ihrer Identifikatoren folgt, hätte die Abfrage auch folgendermaßen formuliert werden können:

$$\{p[Nachname] \mid Mitarbeiter(p) \wedge (\exists l, a)(Leitung(l) \wedge Abteilung(a) \wedge a[Abtname] = \text{"Marketing"} \wedge l{:}\,Leiter[Persnr] = p[Persnr] \wedge l{:}\,GeleiteteAbteilung[Abtnr] = a[Abtnr])\}$$

4) Personalnummern der Mitarbeiter, die Mitglied der Abteilung „Marketing“ sind, aber nicht deren Leiter.

$$\{p[Persnr] \mid Mitarbeiter(p) \wedge (\exists m,a)(Mitgliedschaft(m) \wedge Abteilung(a) \wedge a[Abtname] = \text{" Marketing"} \wedge m{:}\,Mitglied == p \wedge m{:}\,Arbeitsstelle == a \wedge \neg(\exists l)(Leitung(l) \wedge l{:}\,Leiter == p \wedge l{:}\,GeleiteteAbteilung == a))\}$$

5) Nachnamen, Vornamen und Lohnsatz aller Arbeiter in der Abteilung „Fertigung".

$$\{p[Nachname], p[Vorname], p[Lohnsatz] \mid Arbeiter(p) \wedge (\exists m)(Mitgliedschaft(m) \wedge m{:}\,Mitglied == p \wedge m{:}\,Arbeitsstelle[Abtname] = \text{" Fertigung"})\}$$

Da *Arbeiter* eine Teilmenge von *Mitarbeiter* ist, werden für Objekte dieser Art auch alle Attribute und Beziehungsarten von *Mitarbeiter* geführt.

6) Personalnummern und Nachnamen der Angestellten, welche das höchste Gehalt innerhalb der Abteilung beziehen.

$$\{p[Persnr], p[Nachname] \mid Angestellter(p) \wedge \neg(\exists m_1, m_2)(Mitgliedschaft(m_1) \wedge Mitgliedschaft(m_2) \wedge m_1{:}\,Mitglied == p \wedge \neg(m_2{:}\,Mitglied == p) \wedge m_1{:}\,Arbeitsstelle == m_2{:}\,Arbeitsstelle \wedge p[Gehalt] < m_2{:}\,Mitglied[Gehalt])\}$$

7) Anzahl der Mitglieder der Abteilung „Marketing".

$$Count[p[*] \mid Mitarbeiter(p) \wedge (\exists m)(Mitgliedschaft(m) \wedge m{:}\,Mitglied == p \wedge m{:}\,Arbeitsstelle[Abtname] = \text{" Marketing"})]$$

Die Aggregatsfunktion *Count* zählt die Anzahl der Glieder, die das Ergebnis der in eckigen Klammern eingeschlossenen Listenabfrage sind. Weitere Aggregatsfunktionen sind *Max* (maximaler Wert), *Min* (minimaler Wert), *Avg* (Durchschnitt) und *Sum* (Summe). Aggregatsfunktionen können Mengen oder Listen als Argumente haben.

8) Namen aller Abteilungen mit den Summen der Gehälter ihrer Angestellten

$$\{a[Abtname], Sum[p[Gehalt] \mid Angestellter(p) \wedge (\exists m)(Mitgliedschaft(m) \wedge m{:} Mitglied == p \wedge m{:} Arbeitsstelle == a] \mid Abteilung(a)\}$$

9) Namen aller Abteilungen, jeweils mit dem niedrigsten und dem höchsten Angestelltengehalt, das in dieser Abteilung gezahlt wird.

$$\{a[Abtname], Min[p[Gehalt] \mid Angestellter(p) \wedge (\exists m)(Mitgliedschaft(m) \wedge m{:} Mitglied == p \wedge m{:} Arbeitsstelle == a], Max[p[Gehalt] \mid Angestellter(p) \wedge (\exists m)(Mitgliedschaft(m) \wedge m{:} Mitglied == p \wedge m{:} Arbeitsstelle == a] \mid Abteilung(a)\}$$

10) Gehaltssumme, welche im Durchschnitt über alle Abteilungen bezahlt wird

$$Sum[p[Gehalt] \mid Angestellter(p)] \;/\; Count[a[*] \mid Abteilung(a)].$$

Aggregatsfunktionen können auch geschachtelt verwendet werden, so daß dieselbe Abfrage ebenso folgendermaßen formuliert werden könnte:

$$Avg[Sum[p[Gehalt] \mid Angestellter(p) \wedge (\exists m)(Mitgliedschaft(m) \wedge m{:} Mitglied == p \wedge m{:} Arbeitsstelle == a] \mid Abteilung(a)]]$$

11) wie bei 10, jedoch mit dem Unterschied, daß die auf volle 100 Mark abgerundete Gehaltssumme ausgegeben wird.

$$div(Sum[p[Gehalt] \mid Angestellter(p)] \;/\; Count[a[*] \mid Abteilung(a)], 100)$$

Die Funktion *div* (ganzzahlige Division) ist eine „gewöhnliche" Funktion, welche im Gegensatz zu den Aggregatsfunktionen ihre Argumente nicht aus den Werten mehrerer Ergebniszeilen bezieht. Wir schreiben solche Funktionen in kleinen Buchstaben, um sie von den Aggregatsfunktionen abzusetzen, und verwenden der Einfachheit halber die Präfixschreibweise. Anstatt des gebräuchlicheren *a div b* schreiben wir also *div* (*a*, *b*).

Sichere Abfragen

Zusätzlich zu den Regeln der ERC-Syntax müssen bei der Formulierung von Abfragen einige Regeln beachtet werden, wenn die Abfragen zu sinnvollen Ergebnissen führen sollen. Dieses Problem ist bereits von anderen Autoren im Zusammenhang mit den verschiedenen Varianten des Relationenkalküls eingehend behandelt worden, so daß wir die Ergebnisse dieser Vorarbeiten nur an den ERC anpassen müssen.

Die drei folgenden Abfragen genügen zwar den Regeln der ERC-Syntax, ergeben aber trotzdem keine sinnvollen Resultate. Genauer gesagt, ist das Ergebnis jedesmal eine unendliche Menge von Objekten.

1) $\{p[*] \mid p[Nachname] = \text{"Müller"}\}$

2) $\{p[*] \mid \neg Angestellter(p)\}$

3) $\{p[*] \mid Arbeiter(p) \vee p[Leistung] \geq 150\}$

Im ersten Fall fehlt jegliche Bindung der Variablen *p* an eine Objekt- oder Beziehungsart des Schemas, so daß die Grundmenge, aus der die in Frage kommenden Elemente ausgewählt werden, unendlich ist. Eine sinnvolle Abfrage wäre dagegen die folgende:

1a) $\{p[*] \mid Mitarbeiter(p) \wedge p[Nachname] = \text{"Müller"}\}$.

Auch im zweiten Beispiel ist das Resultat der Abfrage eine unendliche Menge. Zwar könnte das System die Elemente der Objektart *Angestellter* aufzählen, jedoch nicht jene des Komplements $\neg$*Angestellter*. Wir können die Abfrage „reparieren", indem wir z.B. *p* auf die Objektart *Mitarbeiter* beschränken:

2a) $\{p[*] \mid \mathit{Mitarbeiter}(p) \wedge \neg \mathit{Angestellter}(p)\}$.

Im dritten Beispiel ist p zwar als Argument des Prädikats *Arbeiter* aufgeführt, das eine Objektart des Schemas repräsentiert, jedoch kommt die damit verbundene Einschränkung gar nicht zum Zuge, wenn die zweite Teilbedingung $p[\mathit{Leistung}] \geq 150$ erfüllt ist. Daß aber eine Bedingung wie diese zweite Teilbedingung alleine kein endliches Resultat garantiert, wurde schon am ersten Beispiel deutlich. Indem wir p durch ein weiteres Prädikat beschränken und dieses Prädikat durch ein $\wedge$ mit der zweiten Teilbedingung verbinden, erhalten wir eine Abfrage mit endlichem Ergebnis:

3a) $\{p[*] \mid \mathit{Arbeiter}(p) \vee p[\mathit{Leistung}] \geq 150 \wedge \mathit{Angestellter}(p)\}$.

Abfragen mit endlichen Resultaten bezeichnen wir als *sicher*. Sichere Abfragen erhalten wir, wenn wir die folgenden Regeln beachten:

1. Jede Objekt- und jede Beziehungsvariable in der Zielliste muß auch in der Bedingung vorkommen.
2. Für jedes Vorkommen einer solchen Variablen in der Bedingung muß gelten: entweder hat es die Form eines Arguments eines nichtnegierten Schemaprädikats oder es ist mit einem solchen Prädikat durch ein $\wedge$ verbunden.
3. Wenn ein $\vee$ benutzt wird, darf in den dadurch verbundenen Formeln nur jeweils eine freie Variable vorkommen, und es muß sich um dieselbe Variable handeln.

Die ERC-Syntax erlaubt den Gebrauch des Allquantors $\forall$ in Abfragen nicht (s. Anhang). Der Verzicht auf $\forall$ mindert allerdings nicht die Ausdruckskraft der Sprache, weil aufgrund der logischen Äquivalenz von $(\forall x)F$ und $\neg(\exists x)\neg F$ jeder Ausdruck mit einem Allquantor in einen logisch äquivalenten mit einem Existenzquantor verwandelt werden kann. Der Verzicht auf den Allquantor erlaubt jedoch eine viel einfachere Formulierung der Regeln für sichere Abfragen. Aus demselben Grund sind von den logischen Verknüpfungen nur $\neg$, $\wedge$ und $\vee$ gestattet. Auch damit ist die Ausdrucksfähigkeit nicht beschnitten, weil mit Hilfe dieser Verknüpfungen alle anderen ausgedrückt werden können.

2.6 Formulierung von Integritätsregeln

Integritätsregeln haben den Zweck, die Einhaltung von Abhängigkeiten zwischen den Daten einer Datenbank sicherzustellen. Im Rahmen der konzeptuellen Datenmodellierung können wir uns darauf beschränken, diese Abhängigkeiten zu fixieren. Wie die Überwachung zur Laufzeit des Informationssystems dann tatsächlich geschehen soll, kann später entschieden werden. Dies hängt stark von den Fähigkeiten der Datenbanksoftware ab. Ist diese Software in der Lage, Integritätsregeln zu überwachen, so wird man ihr diese Aufgabe so weit wie möglich übertragen; ansonsten bleibt nur die Möglichkeit, die Überwachung der Regeln den Anwendungsprogrammen anzuvertrauen. Unabhängig davon wird man in jedem Einzelfall prüfen müssen, ob der Nutzen der Überwachung den Aufwand rechtfertigt.

Nicht alle Integritätsregeln muß man explizit formulieren. Bereits mit der Deklaration der Schemastruktur werden stillschweigende Vereinbarungen über die Daten getroffen. Sie ergeben sich aus der Bedeutung der Beschreibungsmittel. So nehmen wir z.B. an, daß die Werte von Attributen eindeutig aus dem Wert des Identifikators folgen, und daß die Werte der Identifikatorattribute niemals unbestimmt (*null*) sind. Auch die Kardinalitäten der Beziehungsarten sind Integritätsregeln, die bereits innerhalb der Schemastruktur definiert werden.

In diesem Abschnitt zeigen wir, wie Integritätsregeln formuliert werden können, die nicht aus der Schemastruktur folgen. Es ist hilfreich, diese Regeln zu systematisieren. Eine erste Klassifizierung ist in Abbildung 2.6-1 dargestellt. **Zustandsregeln** beschreiben Bedingungen, die zu jedem beliebigen Zeitpunkt gelten müssen, in dem es auf einen korrekten Zustand der Datenbank ankommt. Die Formulierung legt den Schluß nahe, daß es Zeitpunkte gibt, in denen es nicht auf einen korrekten Zustand ankommt. Die muß es in der Tat geben, solange es nicht möglich ist, die in einer Integritätsregel genannten Attribute völlig gleichzeitig zu ändern. Angenommen, eine solche Regel besagt, daß Attribut A den zweifachen Wert von Attribut B haben muß. Ändern wir zuerst B und passen unmittelbar darauf A an, so gibt es einen (möglicherweise winzigen) Augenblick, in dem die Integritätsbedingung nicht erfüllt ist. Daran ändert sich auch nichts, wenn wir in umgekehrter Reihenfolge ändern.

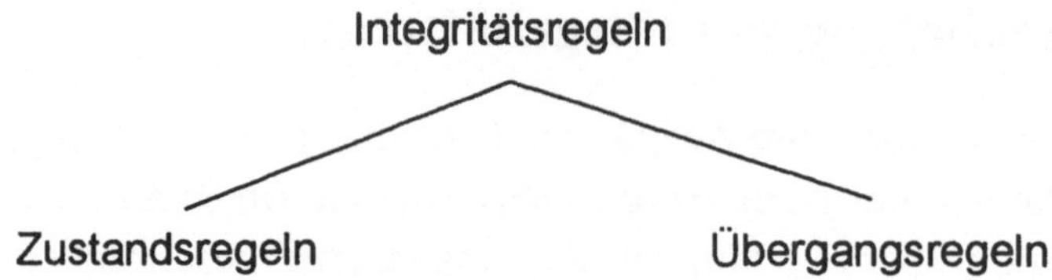

Abb. 2.6-1: Klassifizierung von Integritätsregeln (1)

Die Lösung für dieses Problem ist die **Transaktionsverarbeitung**. Beim Schreiben eines Programms können zusammengehörige Datenbankoperationen, wie die Änderungen von *A* und *B*, zu einer Transaktion zusammengefaßt werden. Aus der Sicht des Anwenders geschehen dann alle Operationen innerhalb einer solchen Transaktion gleichzeitig, denn das Datenbanksystem sorgt dafür, daß eine Transaktion niemals nur zum Teil ausgeführt wird. Der Benutzer braucht sich daher über die Integrität der Daten während der Transaktion keine Sorgen zu machen.

Wir wollen im folgenden annehmen, daß Integritätsbedingungen nur vor und nach der Durchführung der Transaktionen erfüllt sein müssen, so daß wir uns über zeitweilige Unstimmigkeiten während der Verarbeitung keine Gedanken zu machen brauchen.

Eine Integritätsbedingung, die nur jeweils einen Attributwert betrifft, kann auch bereits während einer Transaktion überprüft werden. Besagt z.B. eine solche Regel, daß Personalnummern nie kleiner als 1 sein dürfen, so könnte eine davon abweichende Eingabe des Benutzers sofort abgewiesen werden. Vom Standpunkt des Modellierers aus besteht jedoch kein Unterschied zwischen Regeln, die sofort überprüft werden können, und solchen, bei denen dies erst nach Transaktionsende möglich ist. Für ihn genügt es zu wissen, daß Integritätsregeln, welche mehr als einen Wert betreffen, definiert und überprüft werden.

Übergangsregeln beschreiben einen Zusammenhang zwischen dem alten und dem neuen Datenbankzustand. Im einfachsten Fall betrifft diese Festlegung nur den Wert eines Attributs. Beispielsweise könnte eine solche Regel besagen, daß das Gehalt eines Mitarbeiters niemals gesenkt werden darf. Ein spezieller Fall einer Übergangsregel ist das Verbot, den Wert eines Attributs überhaupt zu ändern.

Eine zweite Klassifizierung von Integritätsregeln zeigt Abbildung 2.6-2. Ordnen wir eine Regel in diese Klassifizierung ein, so gewinnen wir einen groben Eindruck von dem Aufwand, den ihre Überwachung verursachen wird. Unterscheidungskriterium ist, wieviele Konstrukte und Instanzen betrachtet werden müssen, um die Regel in einem konkreten Fall nachzuprüfen. Mit Instanz ist in diesem Zusammenhang ein einzelnes Objekt oder eine einzelne Beziehung gemeint.

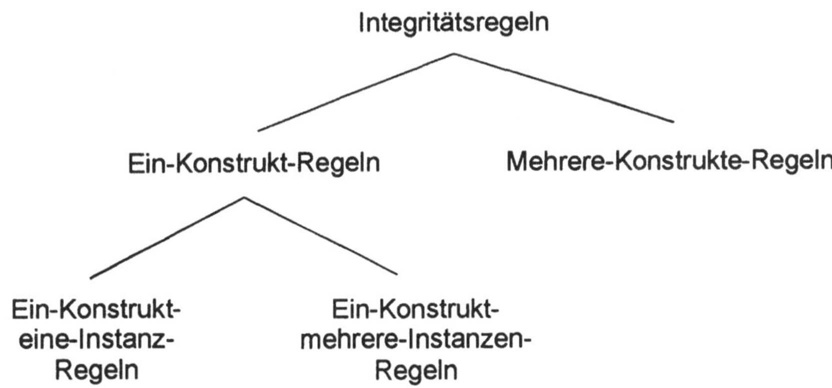

Abb. 2.6-2: Klassifizierung von Integritätsregeln (2)

Bei **Ein-Konstrukt-Regeln** müssen nur Instanzen einer einzigen Objektart oder einer Beziehungsart gelesen werden. Handelt es sich dabei um eine **Ein-Konstrukt-eine-Instanz-Regel**, dann muß sogar nur eine einzige Instanz herangezogen werden. Zur Überprüfung einer **Mehrere-Konstrukte-Regel** ist es notwendig, Instanzen aus verschiedenen Konstrukten zu lesen. Daher ist der Aufwand zur Überprüfung solcher Regeln höher.

Integritätsregeln können mit Hilfe der Sprache ERC formuliert werden. Im Gegensatz zu Abfragen handelt es sich bei Integritätsregeln um *geschlossene* Formeln. Alle darin vorkommenden Objektarten- und Beziehungsartenvariablen sind an Quantoren ($\forall$ oder $\exists$) gebunden. Damit kommt jeder Integritätsregel ein Wahrheitswert zu; mit anderen Worten: für eine gegebene Datenbank kann man sagen, ob die Regel gilt oder nicht.

Zustandsregeln

Die ersten zwei der folgenden Beispiele sind Ein-Konstrukt-eine-Instanz-Regeln, Regel 3 ist eine Ein-Konstrukt-mehrere-Instanzen-Regel, und die Regeln 4 bis 6 sind Mehrere-Konstrukte-Regeln.

1) Der Geburtstag eines Mitarbeiters darf nicht vor dem 1.1.1900 liegen.

$$(\forall p)(Mitarbeiter(p) \rightarrow p[Geburtstag] > \text{"01.01.1900"})$$

Obwohl die Regel für alle Instanzen in *Mitarbeiter* gilt, bedeutet dies nicht, daß jede Regelüberprüfung sich stets über alle Instanzen erstrecken muß. Prüft man jedes Objekt gleich bei der Eingabe auf seine Verträglichkeit mit der Regel, so ist diese automatisch für alle gespeicherten Objekte erfüllt. Bei manchen Regeln kann allerdings eine spätere Gesamtüberprüfung aller Instanzen wirtschaftlicher sein als die Einzelüberprüfung bei der Eingabe. Doch dies ist eine Frage, die bei der konzeptuellen Modellierung noch nicht entschieden werden muß.

2) Ist ein Mitarbeiter nach 1960 geboren, so ist seine Personalnummer größer als 10000.

$$(\forall p)(Mitarbeiter(p) \wedge p[Geburtstag] > \text{"31.12.1960"} \rightarrow$$
$$p[Persnr] > 10000)$$

3) Es darf keine zwei Abteilungen mit demselben Namen geben.

$$(\forall a_1, a_2)(Abteilung(a_1) \wedge Abteilung(a_2) \wedge$$
$$a_1[Abtname] = a_2[Abtname] \rightarrow a_1 == a_2).$$

oder:

$$(\forall a_1, a_2)(Abteilung(a_1) \wedge Abteilung(a_2) \wedge$$
$$a_1[Abtname] = a_2[Abtname] \rightarrow a_1[Abtnr] = a_2[Abtnr])$$

4) Ein Angestellter, der Leiter einer Abteilung ist, kann nicht weniger als 8000 Mark verdienen.

$$(\forall p)(Mitarbeiter(p) \wedge (\exists l)(Leitung(l) \wedge l{:}\,Leiter == p) \rightarrow p[Gehalt] \geq 8000)$$

5) Jeder Mitarbeiter muß Mitglied in genau einer Abteilung sein.

$$(\forall p)(Mitarbeiter(p) \rightarrow (\exists m_1)(Mitgliedschaft(m_1) \wedge m_1{:}\,Mitglied == p \wedge \neg(\exists m_2)(Mitgliedschaft(m_2) \wedge m_2{:}\,Mitglied == p \wedge \neg(m_1 == m_2))))$$

Dies ist ein Beispiel für eine Beziehungsintegritätsregel, die normalerweise nicht auf diese Weise formuliert werden muß, weil man sie bereits mit Hilfe der Kardinalitäten der Beziehungsart *Mitgliedschaft* ausdrücken kann.

6) Wird eine Abteilung von einem Arbeiter geleitet, so darf diese Abteilung nicht mehr als 5 Mitarbeiter haben.

$$(\forall a)(Abteilung(a) \wedge (\exists w,l)(Arbeiter(w) \wedge Leitung(l) \wedge l{:}\,Leiter == w \wedge l{:}\,GeleiteteAbteilung == a) \rightarrow Count\ \{p[*] \mid Mitarbeiter(p) \wedge (\exists m)(Mitgliedschaft(m) \wedge m{:}\,Mitglied == p \wedge m{:}\,Arbeitsstelle == a)\} \leq 5)$$

7) Hat ein Mitarbeiter den Ausbildungsabschluß „Promotion“, so muß er auch den Abschluß „Abitur“ haben.

$$(\forall p)(Mitarbeiter(p) \wedge (\exists a_1)(AM(a_1) \wedge a_1{:}\,Mitarbeiter == p \wedge a_1{:}\,Ausbildungsabschluß[Abschluß] = \text{"Promotion"}) \rightarrow (\exists a_2)(AM(a_2) \wedge a_2{:}\,Mitarbeiter == p \wedge a_2{:}\,Ausbildungsabschluß[Abschluß] = \text{"Abitur"}))$$

Übergangsregeln

8) Bei einer Änderung des Gehalts muß der neue Wert stets mindestens so hoch wie der alte sein.

$$(\forall p)(\mathit{Mitarbeiter}(p) \rightarrow \mathit{New}(p[\mathit{Gehalt}]) \geq \mathit{Old}(p[\mathit{Gehalt}]))$$

Der Ausdruck in der Klammer hinter *Old* beschreibt einen Attributwert vor der Transaktion, der in der Klammer hinter *New* den entsprechenden Wert nach der Transaktion.

9) Der Wert des Attributs *Persnr* darf nicht verändert werden.

$$(\forall p)(\mathit{Mitarbeiter}(p) \rightarrow \mathit{New}(p[\mathit{Persnr}]) = \mathit{Old}(p[\mathit{Persnr}])).$$

2.7 Definition ableitbarer Daten

Im ERM können ableitbare Daten in Form von Objektarten, Beziehungsarten oder als einzelne Attribute von Objekt- oder Beziehungsarten auftreten, die im übrigen originär sind. Wir wollen nun das Schema unseres Personal-Informationssystems um einige Objekt- und Beziehungsarten erweitern, um zu zeigen, wie ableitbare Daten im ERM definiert werden können. Zu der Strukturbeschreibung des Schemas *Personal* in Abschnitt 2.4 kommen nun die folgenden Deklarationen hinzu:

```
entityset BewährterMitarbeiter
( subsetof Mitarbeiter )

entitysetSpitzenverdiener
( subsetof Mitarbeiter  )

entityset Förderungsprogramm
( attributes:   ProgrId       char(3),
                Inhalt        char(200),
                Höchstalter   smallint,
  identifier:   ProgrId );
```

```
entityset Förderung
( attributes:   ProgrId        char(3)    not null,
                Persnr         integer    not null,
                Beginn         date,
                Erfolg         smallint;
  identifier:   ProgrId, Persnr );

entityset MöglicheFörderung
( attributes:   Persnr         integer    not null,
                ProgrId        char(3)    not null;
  identifier:   Persnr, ProgrId );

relationshipset Mentorschaft
( participants: (Mitarbeiter, Mentor, (0,n)),
                (Förderung, BetreuteFörderung, (0,1)));

relationshipset MF
( participants: (Mitarbeiter, Geförderter, (0,n)),
                (Förderung, Maßnahme, (1,1)));

relationshipset FP
( participants: (Förderung, (1,1)),
                (Förderungsprogramm, (0,n)));

relationshipset MöglMentor
( participants: (BewährterMitarbeiter, (0,n)),
                (MöglicheFörderung, (0,n)));

relationshipset MM
( participants: (Mitarbeiter, MöglGeförderter, (0,n)),
                (MöglicheFörderung, MöglMaßnahme, (1,1)));

relationshipset MP
( participants: (MöglicheFörderung, (1,1)),
                (Förderungsprogramm, (0,n)));

relationshipset Hierarchie
( participants: (Mitarbeiter, Vorgesetzter, (0,n)),
                (Mitarbeiter, Untergebener, (0,1)));
```

relationshipset Gesamthierarchie
(*participants*: (*Mitarbeiter*, *GVorgesetzter*, (0,*n*)),
(*Mitarbeiter*, *GUntergebener*, (0,1))).

Nur zum Teil handelt es sich hierbei um ableitbare Daten. Aus der Schemastrukturbeschreibung geht dies nicht hervor, denn ableitbare Schemakomponenten werden in ihr grundsätzlich nicht anders als originäre definiert. Sie sagt weder etwas darüber aus, welche Komponenten ableitbar sind, noch wie die ableitbaren aus den originären gewonnen werden sollen. Diese Information wird in einem speziellen Teil der Schemabeschreibung niedergelegt, der aus einer Menge von **Zuweisungen** besteht. Zuweisungen haben die allgemeine Form

< schema component > := < query >.

Auf der linken Seite steht der Name der ableitbaren Schemakomponente, in der Mitte der Zuweisungsoperator := und rechts eine ERC-Abfrage. Für jede ableitbare Komponente benötigen wir genau eine Zuweisung. Anders als in den Beispielen des Abschnitts 2.5 wird im Zusammenhang mit Zuweisungen die erweiterte Benutzungsform bei Abfragen zugrunde gelegt, d.h. das Ergebnis kann hier auch eine Objekt- oder eine Beziehungsart sein. Die Form der Zielliste hängt von der Art der ableitbaren Komponente ab.

Ableitbare Attribute

Innerhalb von originären Objekt- oder Beziehungsarten können Attribute definiert werden, welche aus anderen Attributen ableitbar sind. Die Objektart *Mitarbeiter* unseres Beispielschemas enthält ein Attribut *Alter*, das aus dem Attribut *Geburtstag* und dem aktuellen Datum ableitbar ist. Nehmen wir an, daß das aktuelle Datum in ERC unter dem Namen *Today* verfügbar ist und daß weiterhin eine Funktion *years* benutzt werden kann, welche die Anzahl von vollen Jahren zwischen zwei Datumsangaben ermittelt. Die Zuweisung lautet dann:

$$Mitarbeiter[Alter] := years(Today, Mitarbeiter[Geburtstag]).$$

Eine explizite Objektvariable wie in den Abfragen des Abschnitts 2.5 ist in diesem Fall nicht nötig. Der Name der Objektart selbst, also *Mitarbeiter*, fungiert als Objektvariable. Wenn die Zuweisung ausgeführt wird, nimmt *Mitarbeiter* nacheinander die Werte aller Mitarbeiter an. Für einen bestimmten Mitarbeiter ergibt sich jeweils nur ein Wert als Ergebnis.

Ableitbare Teilmengen von Objektarten

In Zuweisungen zu ableitbaren Objektarten, welche Teilmengen anderer, ebenfalls im Schema definierten, Objektarten sind, nimmt die Abfrage auf der rechten Seite eine der beiden folgenden Formen an:

< entity set name > := { < entity variable > | < condition > }
< entity set name > := { < entity variable > ; < value list > |
< condition > }.

Die erste Form wird angewandt, wenn die ableitbare Objektart außer den ererbten keine weiteren Attribute besitzt. Hat die abgeleitete Objektart zusätzliche Attribute, so muß die zweite Form benutzt werden.

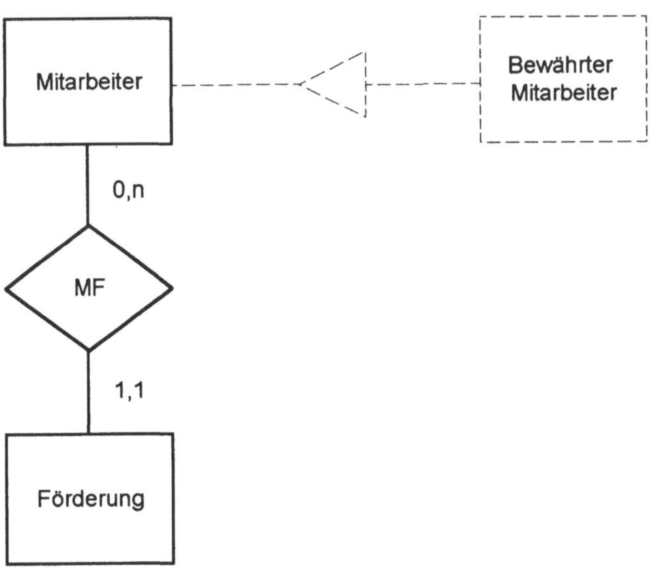

Abb. 2.7-1: Ableitbare Teilmenge *BewährterMitarbeiter*

Für ein Beispiel wollen wir annehmen, daß alle Mitarbeiter, die vierzig oder älter sind und an mindestens einem Förderungsprogramm teilgenommen haben, den Status *BewährterMitarbeiter* genießen. In Abbildung 2.7-1 ist die ableitbare Objektart zur Unterscheidung von den originären gestrichelt eingezeichnet.

Aus der Strukturbeschreibung am Anfang des Abschnitts ist ersichtlich, daß *BewährterMitarbeiter* außer den von Mitarbeiter geerbten Attributen keine weiteren hat. Demnach kann die erste der beiden Zuweisungsformen benutzt werden:

$$\begin{aligned}&BewährterMitarbeiter := \\ &\{m \mid Mitarbeiter(m) \wedge m[Alter] \geq 40 \wedge \\ &(\exists f)(MF(f) \wedge f{:}Geförderter == m)\}\end{aligned}$$

Eine ebenfalls ableitbare Teilmenge von Mitarbeiter ist *Spitzenverdiener*. Hierzu sollen alle Arbeiter zählen, deren Lohnsatz mindestens 40 beträgt, sowie alle Angestellten, die 10 000 oder mehr verdienen (Abbildung 2.7-2).

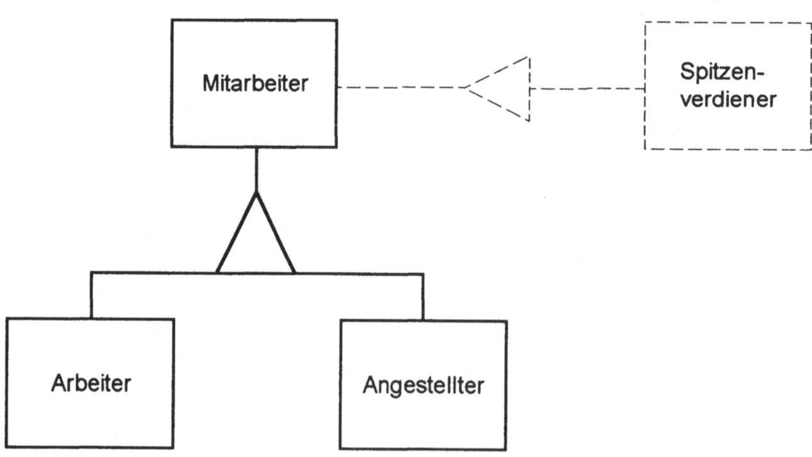

Abb. 2.7-2: Ableitbare Teilmenge *Spitzenverdiener*

Auch hier wird die erste Zuweisungsform angewandt:

$$\begin{aligned}&\mathit{Spitzenverdiener} := \\ &\{p \mid \mathit{Arbeiter}(p) \wedge p[\mathit{Lohnsatz}] \geq 40 \vee \\ &\mathit{Angestellter}(p) \wedge p[\mathit{Gehalt}] \geq 10000\}\end{aligned}$$

Ableitbare Beziehungsarten

Je nachdem, ob die ableitbare Beziehungsart Attribute besitzt oder nicht, kommt eine der beiden folgenden Abfrageformen in der Zuweisung zum Einsatz:

< relationship set name > := {< participant list > | < condition > }
< relationship set name > := {< participant list > ; < value list > | < condition > }.

Darin repräsentiert < participant list > die Liste der Objektarten, die an der Beziehungsart teilnehmen. Die Anzahl der Partizipanten muß dem Grad der Beziehungsart entsprechen. Wenn eine Objektart innerhalb einer Beziehungsart mehr als eine Rolle spielt, so enthält < participant list > ein Element für jede dieser Rollen.

Die Strukturbeschreibung unseres Schemas enthält eine Beziehungsart *Hierarchie*, welche all die Paare von Mitarbeitern enthalten soll, von denen der eine dem anderen direkt untergeordnet ist. *Hierarchie* ist rekursiv, da Mitarbeiter in zwei verschiedenen Rollen daran teilnehmen können: in der Rolle des Vorgesetzten und der Rolle des Untergebenen.

Hierarchie ist aus den beiden Beziehungsarten *Mitgliedschaft* und *Leitung* ableitbar (Abbildung 2.7-3). Mitbeiter u ist dem Mitarbeiter v untergeordnet, wenn dieser die Abteilung leitet, deren Mitglied u ist. Damit wir nicht eine Person sich selber unterordnen, müssen wir durch die Bedingung $\neg(v == u)$ sicherstellen, daß es sich bei u und v um unterschiedliche Personen handelt.

$$\begin{aligned}&\mathit{Hierarchie} := \\ &\{v,u \mid \mathit{Mitarbeiter}(v) \wedge \mathit{Mitarbeiter}(u) \wedge (\exists g,l)(\mathit{Mitgliedschaft}(g) \wedge \\ &\mathit{Leitung}(l) \wedge g{:}\mathit{Mitglied} == u \wedge l{:}\mathit{Leiter} == v \wedge \\ &g{:}\mathit{Arbeitsstelle} == l{:}\mathit{GeleiteteAbteilung} \wedge \neg(v == u))\}\end{aligned}$$

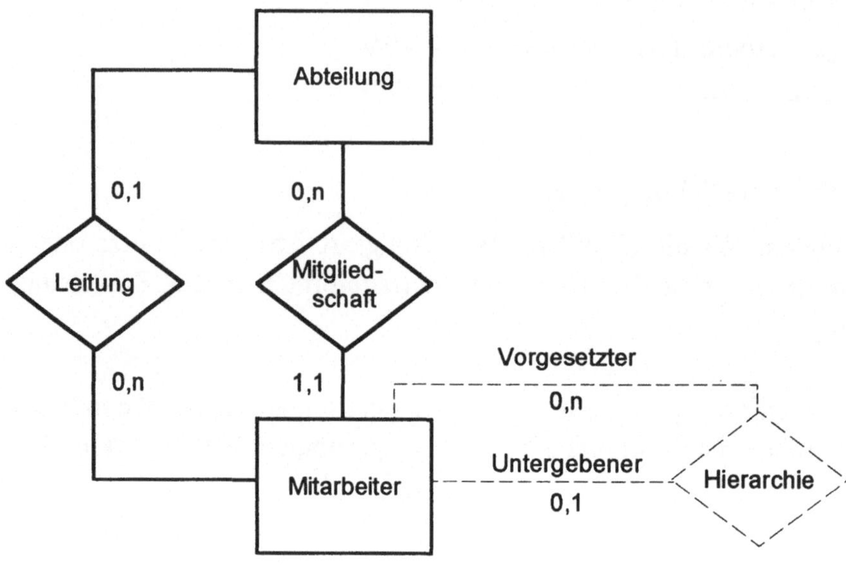

Abb. 2.7-3: Ableitbare Beziehungsart *Hierarchie*

Ableitbare Teilmengen von Beziehungsarten

Ist eine ableitbare Beziehungsart eine Teilmenge einer anderen Beziehungsart des Schemas, so ist eine Partizipantenliste in der Zielliste der Abfrage nicht nötig. Man kommt in diesen Fällen mit einer Beziehungsvariablen aus. Die folgende Zuweisung definiert eine Beziehungsart *NormaleMitgliedschaft* (Abbildung 2.7-4), welche alle die Beziehungen aus *Mitgliedschaft* enthält, bei denen der Mitarbeiter nicht Leiter der Abteilung ist.

$$NormaleMitgliedschaft :=$$
$$\{m \mid Mitgliedschaft(m) \wedge \neg(\exists l)(Leitung(l) \wedge l{:}\,Leiter == m{:}\,Mitglied$$
$$\wedge l{:}\,GeleiteteAbteilung == m{:}\,Arbeitsstelle)\}$$

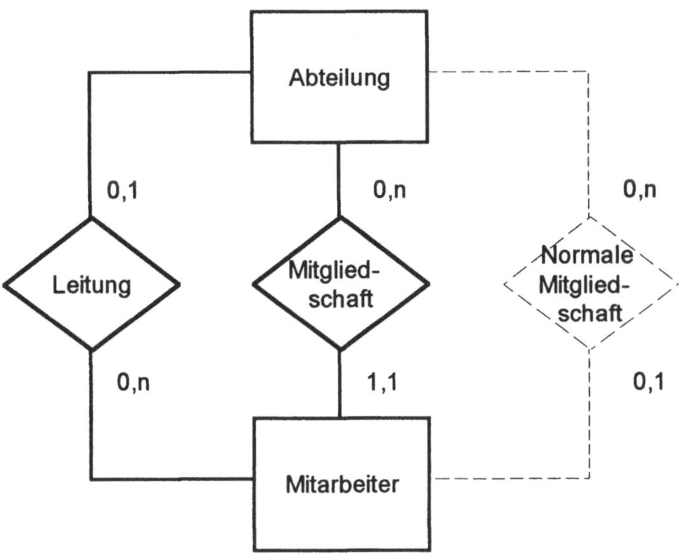

Abb. 2.7-4: Ableitbare Beziehungsart *NormaleMitgliedschaft*

Ableitbare Objektarten

Wenn wir eine ableitbare Objektart definieren, die keine Teilmenge einer anderen Objektart im Schema ist, müssen wir darauf achten, daß wir diese Objektart in das Schema einbetten. Wir brauchen also zusätzlich mindestens eine (ebenfalls ableitbare) Beziehungsart, an der neben der ableitbaren Objektart mindestens eine weitere Objektart des Schemas beteiligt ist.

Für ein Beispiel wollen wir annehmen, daß unser Unternehmen nur leistungsfähige Mitarbeiter zu Förderungsprogrammen schickt, und daß unser Informationssystem solche Angestellte vorschlagen soll. Ein Mitarbeiter wird für ein bestimmtes Förderungsprogramm als geeignet angesehen, wenn er gleichzeitig folgende Bedingungen erfüllt: (1) seine Leistungskennzahl übersteigt 150, (2) er hat das Höchstalter, welches für das Programm festgelegt ist, nicht überschritten, (3) es gibt kein Programm mit einem niedrigeren Höchstalter, für das Bedingung (2) erfüllt ist. Eine ableitbare Objektart *MöglicheFörderung* soll alle Paare von Mitarbeitern und Programmen enthalten, welche aufgrund dieser Bedingungen ausgewählt werden (Abbildung 2.7-5). *MöglicheFörderung* ist mit *Mitarbeiter* über eine ableitbare Beziehungsart *MM* und mit *Förderungsprogramm* über eine ebenfalls ableitbare Beziehungsart *MP* verbunden:

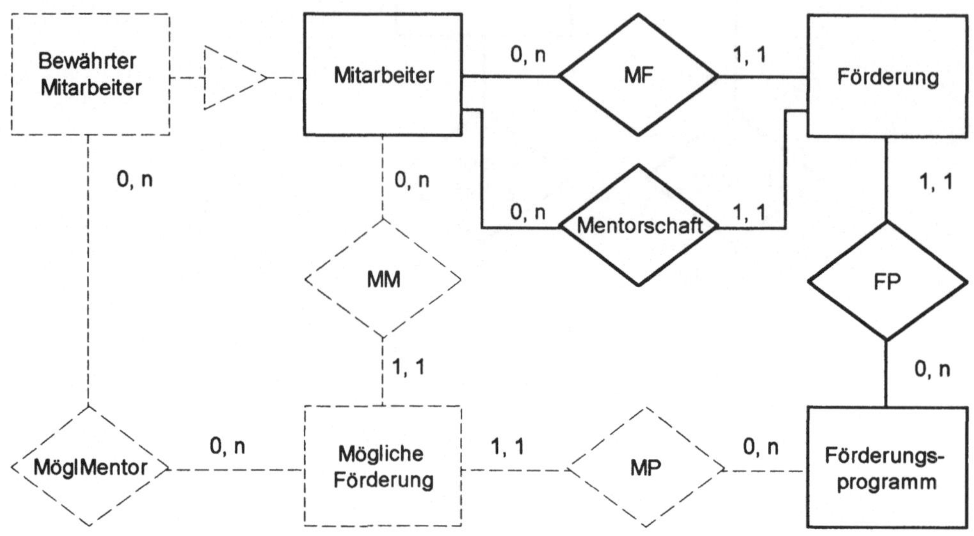

Abb. 2.7-5: ER-Schema mit ableitbaren Konstrukten

$$\begin{aligned}&MöglicheFörderung := \\ &\{p[ProgrId], e[Persnr] \mid Förderungsprogramm(p) \wedge Mitarbeiter(e) \wedge \\ &e[Leistung] > 150 \wedge e[Alter] \leq p[Höchstalter] \wedge \\ &\neg(\exists r)(Förderungsprogramm(r) \wedge e[Alter] \leq r[Höchstalter] \wedge \\ &r[Höchstalter] < p[Höchstalter])\}\end{aligned}$$

$$\begin{aligned}&MM := \\ &\{e, p \mid Mitarbeiter(e) \wedge MöglicheFörderung(p) \wedge \\ &p[EmpId] = e[EmpId]\}\end{aligned}$$

$$\begin{aligned}&MP := \\ &\{r, p \mid MöglicheFörderung(r) \wedge Förderungsprogramm(p) \\ &\wedge r[ProgrId] = p[ProgrId]\}\end{aligned}$$

Der Leser wird sich vielleicht fragen, weshalb wir nicht einfach eine ableitbare Beziehungsart zwischen *Mitarbeiter* und *Förderungsprogramm* benutzen. In der Tat ist *MöglicheFörderung* eine sogenannte assoziative Objektart, deren Objekte jeweils eine Kombination aus einem Mitarbeiter und einem Förderungsprogramm repräsentieren. Die Modellierung mit Hilfe einer Beziehungsart läge daher nahe. Der Grund für die Wahl einer Objektart ist, daß diese selbst an Beziehungsarten teilnehmen kann, eine Beziehungsart aber nicht. Um das Beispiel in diese Richtung auszuweiten, wollen wir annehmen, daß jeder Teilnehmer eines Förderungsprogramms einen bewährten Mitarbeiter als Mentor zugewiesen bekommt, der ihn in dieser Zeit anleitet und berät. Damit ein bewährter Mitarbeiter Mentor werden kann, muß er zwei zusätzliche Bedingungen erfüllen: (1) er muß mindestens fünf Jahre älter als der Teilnehmer sein und er muß (2) das betreffende Programm selbst absolviert haben. Wir benutzen eine ableitbare Beziehungsart *MöglMentor* zwischen *BewährterMitarbeiter* und *MöglicheFörderung*, die alle Zuordnungen von Mentoren zu Förderungsmaßnahmen enthalten soll, welche nach den genannten Bedingungen möglich sind:

$$
\begin{aligned}
&\mathit{MöglMentor} := \\
&\{m, g\!: \mathit{MöglicheFörderung} \mid \mathit{BewährterMitarbeiter}(m) \wedge \mathit{MM}(g) \wedge \\
&m[\mathit{Alter}] - g\!: \mathit{MöglGeförderter}[\mathit{Alter}] \geq 5 \wedge \\
&(\exists t)(\mathit{MF}(t) \wedge t\!: \mathit{Geförderter} == m \wedge \\
&t\!: \mathit{Förderung}[\mathit{ProgrId}] = g\!: \mathit{MöglicheFörderung}[\mathit{ProgrId}])\}
\end{aligned}
$$

Bitte beachten Sie, daß jede Beziehungsart, die mit einer ableitbaren Objektart verbunden ist, selbst ableitbar sein muß. Mit dieser Forderung stellen wir sicher, daß niemals originäre (und materialisierte) Daten von der Existenz ableitbarer Daten abhängig sein können.

Rekursiv abgeleitete Schemakomponenten

Eine Schemakomponente nennen wir **rekursiv abgeleitet**, wenn bei ihrer Ableitung auf sie selbst bezug genommen wird. Das kann entweder in einer einzigen Zuweisung geschehen (direkte Rekursion) oder mit Hilfe einer Kette von Zuweisungen (indirekte Rekursion). Bei direkt rekursiver

Ableitung erscheint die ableitbare Komponente sowohl auf der linken als auch der rechten Seite der Zuweisung.

Rekursive Ableitungen können benutzt werden, um **transitive Hüllen** zu erzeugen. Die bereits oben erwähnte ableitbare Beziehungsart *Hierarchie* enthält alle Paare von Mitarbeitern, zwischen denen eine direkte Unterordnungsbeziehung herrscht. Wollen wir nun alle Paare von Mitarbeitern, so daß der eine dem anderen direkt oder indirekt untergeordnet ist, so können wir dazu eine ableitbare Beziehungsart *Gesamthierarchie* benutzen, welche die transitive Hülle von *Hierarchie* enthält (Abbildung 2.7-6).

$$\begin{aligned}
&Gesamthierarchie := \\
&\{v,u \mid Mitarbeiter(v) \wedge Mitarbeiter(u) \wedge ((\exists h)(Hierarchie(h) \wedge \\
&h{:}Vorgesetzter == v \wedge h{:}Untergebener == u) \vee (\exists h,t)(Hierarchie(h) \wedge \\
&Gesamthierarchie(t) \wedge h{:}Vorgesetzter == v \wedge \\
&h{:}Untergebener == t{:}Vorgesetzter \wedge t{:}Untergebener == u))\}
\end{aligned}$$

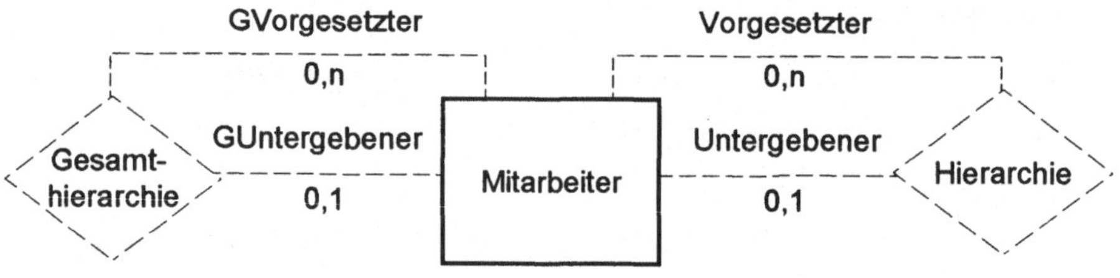

Abb. 2.7-6: Rekursiv ableitbare Beziehungsart *Gesamthierarchie*

Die Beziehungsart *Gesamthierarchie* ist offensichtlich direkt rekursiv abgeleitet, denn sie ist sowohl auf der linken als auch der rechten Seite der Zuweisung genannt.

Ob eine Menge von Zuweisungen Rekursion aufweist und von welcher Art diese ist, läßt sich gut anhand von *Abhängigkeitsgraphen* erkennen (Abbildung 2.7-7). Abhängigkeitsgraphen wurden im Rahmen der Theorie deduktiver Datenbanken entwickelt. Bezogen auf das ERM sind die Knoten eines solchen Graphen die originären und ableitbaren Schemakomponenten, welche in den Zuweisungen vorkommen. Von einem Knoten N_1 geht ein Pfeil zu einem Knoten N_2, wenn N_1 auf der rechten Seite der Zuweisung vorkommt, auf deren linker Seite N_2 steht. Abbildung 2.7-7 enthält drei typische Graphen dieser Art. Der linke Graph zeigt ein sogenanntes *hierarchisches System*, das keine Rekursion aufweist. Rekursion ist daran erkennbar, daß der Graph einen Zyklus enthält. In der Mitte der Abbildung ist ein System mit direkter Rekursion abgebildet, rechts eines mit indirekter Rekursion.

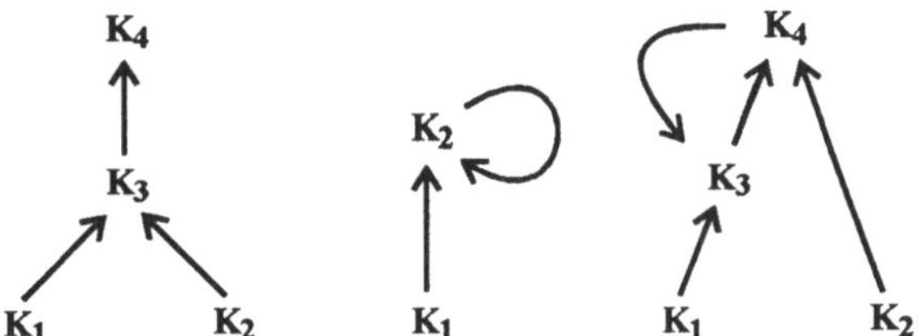

Abb. 2.7-7: Abhängigkeitsgraphen

2.8 Vorgehen bei der Modellierung

Für die Modellierung großer Schemata benötigt man besondere Strategien, um die Komplexität bewältigen zu können. Darauf kommen wir im Kapitel 6 zu sprechen. Kleinere Schemata (mit bis zu etwa 30 Objektarten) kann man ad hoc entwerfen, wobei gewöhnlich mit einer graphischen Darstellung, also einem ER-Diagramm begonnen wird. Die vollständige Textdarstellung kann im Anschluß daran konzipiert werden.

Der eigentlichen Modellierung muß eine Zweckbestimmung des Systems vorausgehen (Abb. 2.8-1). Nur wenn die Zwecke des Informationssystems bestimmt sind, kann beurteilt werden, welche Fakten relevant sind und in das Schema einbezogen werden müssen. Eine nützliche Technik hierfür ist die Funktionsanalyse. Dabei wird zunächst die Aufgabe des gesamten Systems mit wenigen Worten definiert. Anschließend wird diese Gesamtfunktion immer weiter aufgeteilt, bis die einzelnen Aufgaben in der notwendigen Detaillierung vorliegen.

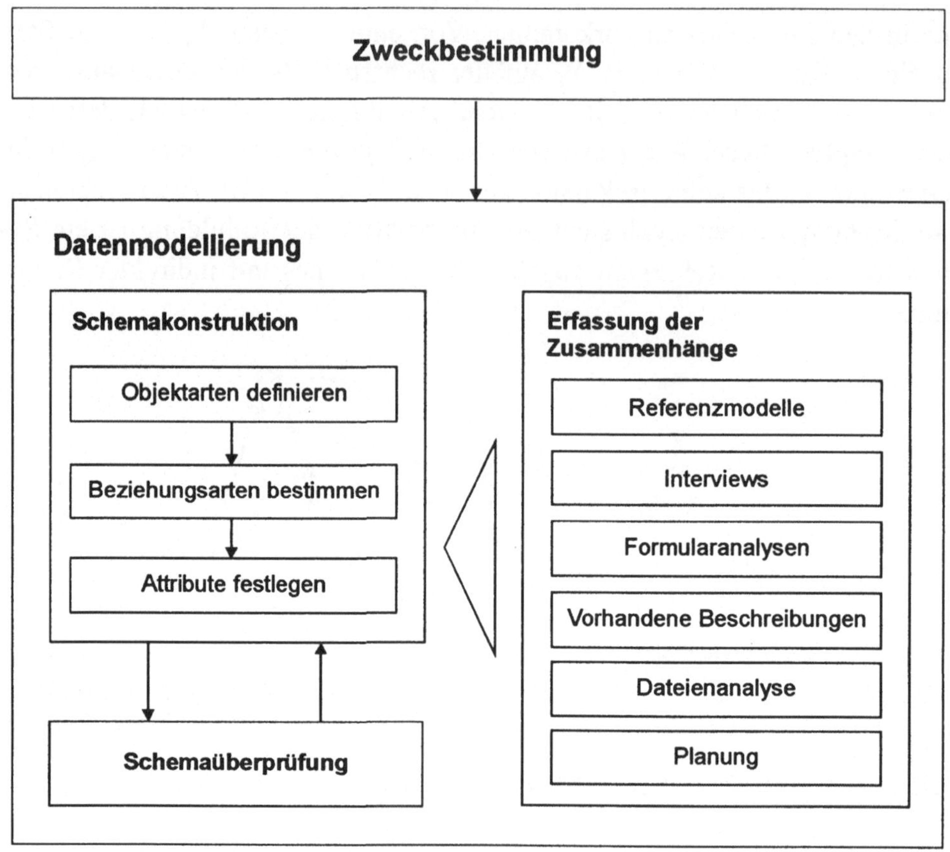

Abb. 2.8-1: Vorgehen bei der Modellierung

Die Datenmodellierung selbst geht ebenfalls vom Groben zum Feinen. Erst werden die grundsätzlichen Zusammenhänge in Form der Objektarten und Beziehungsarten bestimmt, danach erst werden die Attribute mit ihren Wertebereichen festgelegt. Es empfiehlt sich allerdings, die Identifikatoren gleich bei der Bestimmung einer Objektart festzulegen, weil hierdurch eine exakte Begriffsfassung gefördert wird.

In den meisten Fällen wird man nicht mit dem ersten Anlauf ein vollkommen befriedigendes Schema erreichen. Der anfängliche Entwurf muß vielmehr mehrmals überarbeitet und mit allen Beteiligten abgestimmt werden. Dabei müssen u. U. immer wieder zusätzliche Informationen eingeholt werden.

Im Normalfall wird man mit einer einzigen Informationsquelle nicht auskommen. Zu Beginn einer Modellierung sind Referenzmodelle sehr nützlich. Dies sind Schemata, die als Standardlösungen für die betreffende Branche konstruiert wurden. Es ist einfacher, ein solches Schema als Basis zu verwenden und es nach den Bedürfnissen des eigenen Betriebs abzuwandeln, als ein Schema von Grund auf zu entwerfen. Interviews, Formularanalysen und die Verwertung vorhandener Beschreibungen sind Techniken, die am besten in Kombination angewandt werden. Bei der Dateienanalyse ist darauf zu achten, daß keinesfalls die Gliederung herkömmlicher Dateien unverändert in das Schema übernommen werden darf, denn solche Dateien sind meist nicht objektbezogen gegliedert. Die Dateienanalyse ist aber gut brauchbar, um ein nahezu fertiggestelltes Schema auf Vollständigkeit zu überprüfen. Die Nennung der Planung als Informationsquelle soll darauf hinweisen, daß häufig nicht einfach ein Status quo in das Schema übernommen werden soll, sondern ein zu planender, verbesserter Zustand.

Die in Abb. 2.8-1 aufgeführten Informationsquellen gelten grundsätzlich auch für die Konstruktion großer Schemata.

2.9 Varianten und Erweiterungen

Es gibt inzwischen so viele Varianten des ERM, daß wir sie hier unmöglich alle diskutieren können. Gegenüber dem ursprünglichen ERM sind die Varianten teilweise um Ausdrucksmittel erweitert, zum Teil beschränken sie jedoch auch die Ausdrucksmöglichkeiten zugunsten einer leichteren Beherrschbarkeit der Sprache.

Insgesamt sind es nicht sehr viele grundlegende Veränderungen; es ist vielmehr so, daß dieselben Veränderungen in unterschiedlichen Kombinationen und Notationen in den einzelnen Varianten auftreten und auf diese Weise eine beträchtliche Anzahl davon entstanden ist.

Anstatt einzelne Varianten im Detail zu betrachten, beschreiben wir getrennt die wichtigsten Erweiterungen und Einschränkungen gegenüber dem ERM, das in den vorhergehenden Abschnitten dargestellt wurde. Daß wir sie nicht in unser Modell aufgenommen haben, soll im übrigen nicht heißen, daß wir sie für grundsätzlich unnütz halten. Je nach Anwendungsbereich kann es sinnvoll sein, die eine oder andere Erweiterung einzubeziehen.

Binäres Entity-Relationship-Modell

Das binäre ERM läßt nur zweistellige Beziehungsarten zu und stellt deshalb eine Einschränkung gegenüber dem klassischen ERM dar. Hinsichtlich der Ausdrucksmöglichkeiten sind klassisches und binäres Modell jedoch äquivalent. Grundsätzlich kann jede *n*-stellige Beziehungsart durch Einfügen einer zusätzlichen Objektart in *n* binäre Beziehungsarten zerlegt werden.

Eine spezielle Variante des binären ERM ist die bereits oben erwähnte **Bachman-Darstellung**. In der Bachman-Darstellung werden auch binäre Beziehungsarten zerlegt, wenn sie nicht auf mindestens einer Seite eine Kardinalitätenobergrenze von 1 haben. Ein Schema in der Bachman-Darstellung weist deshalb nur binäre Beziehungsarten auf, die auf mindestens einer Seite die Kardinalitätenobergrenze 1 haben. Da bei solchen Beziehungsarten die Attribute stets einem der Partizipanten zugeordnet werden können, ist es möglich, die Beziehungsarten von Attributen freizuhalten.

Ein Schema im binären ERM ist umfangreicher als ein Schema im klassischen ERM, das denselben Sachverhalt beschreibt. Einer vierstelligen Beziehungsart im klassischen Modell entsprechen eine Objektart und vier Beziehungsarten im binären ERM. Der Unterschied im Umfang ist natürlich noch größer, wenn man die Bachman-Variante des binären Modells verwendet. Besonders die Diagramme brauchen mehr Platz und werden unübersichtlicher. Das Problem wird allerdings im Diagramm gemildert, wenn die Beziehungsarten nicht mehr mit Rauten, sondern nur mit Strichen dargestellt werden.

Verfechter der Bachman-Darstellung führen an, daß ihre Schemata leichter in das logische Datenbankschema zu überführen seien, insbesondere, wenn das benutzte Datenbanksystem ein Netzwerksystem ist. Dieses Argument ist u. E. aber nicht schlüssig, weil die Umsetzung auch aus dem klassischen ERM heraus schematisch ist und zudem meist von Werkzeugen ausgeführt wird.

Ein weiteres Argument für das binäre ERM ist, daß darin die herkömmliche Interpretation der Kardinalitäten angewandt werden kann, die der Erstveröffentlichung von Chen zugrundelag. Für diese Interpretation gibt es eine sehr anschauliche zeichnerische Darstellung, die **Krähenfußnotation**.

Unterschiedliche Interpretationen der Kardinalitäten

Die Interpretation der Kardinalitäten, wie wir sie in diesem Buch benutzen, weicht von der von Chen ursprünglich vorgeschlagenen ab. Abb. 2.9-1 zeigt auf der linken Seite ein Schema mit der bereits bekannten Interpretation, auf der rechten Seite dasselbe Schema mit der Chen-Interpretation. Offensichtlich sind die Kardinalitätsangaben vertauscht. Wir betrachten einen konkreten Kardinalitätseintrag, um die Unterschiede herauszuarbeiten: Die Eintragung (0,1) im linken Schema bedeutet, daß ein Objekt der Art *Mitarbeiter* an höchstens einer Beziehung der Art *Mitgliedschaft* teilnimmt. Derselbe Eintrag im rechten Schema ist so zu interpretieren, daß einem *Mitarbeiter*-Objekt innerhalb der Beziehungsart *Mitgliedschaft* höchstens ein Objekt der Art *Abteilung* zugeordnet ist. Da die erste Interpretation an der Teilnahme von Objekten orientiert ist und die zweite an der Zuordnung von Objekten, wollen wir von der **Teilnahmeinterpretation** bzw. der **Zuordnungsinterpretation** sprechen.

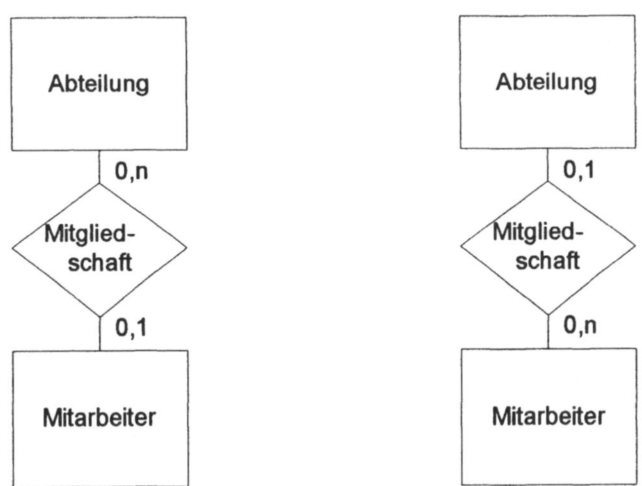

Abb. 2.9-1: Verschiedene Interpretationen der Kardinalitäten

Solange nur binäre Beziehungsarten betrachtet werden, sind die Ausdrucksmöglichkeiten beider Interpretationen gleich. Man braucht nur die Kardinalitäten aller Beziehungsarten zu vertauschen, um die eine Darstellung in die andere zu verwandeln. Kommen im Schema auch nichtbinäre Beziehungsarten vor, so gilt dieser einfache Zusammenhang nicht mehr.

Problematisch an der Zuordnungsinterpretation ist, und dies ist auch der Grund, weshalb sich die Teilnahmeinterpretation mehr und mehr durchsetzt, daß für die Kardinalitäten nichtbinärer Beziehungsarten verschiedene Deutungen möglich sind und keine einhellige Meinung vorhanden ist, welche davon zu nehmen sei. Betrachten wir hierzu ein Beispiel. Für die Kardinalität (1,*n*) auf dem Zweig des Partizipanten *Lieferant* in Abb. 2.9-2 könnten wir zwei unterschiedliche Bedeutungen annehmen:

a) Die Kardinalität gilt für Kombinationen der anderen Partizipanten. Demnach wären einer Kombination aus einem Artikel und einem Projekt mindestens ein, höchstens mehrere Lieferanten zugeordnet.

b) Die Kardinalität gilt für jede einzelne der übrigen Partizipanten. In diesem Fall wären jedem Artikel und jedem Projekt mindestens ein, höchstens mehrere Lieferanten zugeordnet.

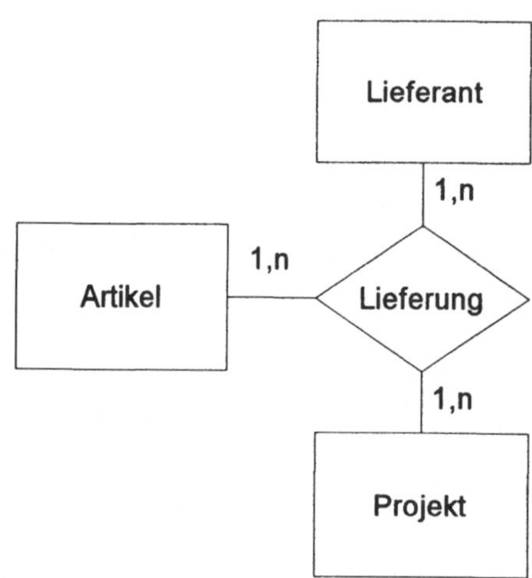

Abb. 2.9-2: Nichtbinäre Beziehungsart, Zuordnungsinterpretation

Im Fall von b) wäre zusätzlich noch festzulegen, ob es sich bei den zugeordneten Lieferanten stets um denselben handeln muß, oder ob in verschiedenen Beziehungen auch verschiedene Lieferanten zugeordnet werden können.

Bei der Teilnahmeinterpretation gibt es derartige Verständnisprobleme nicht. Sie sollte deshalb zumindest dann vorgezogen werden, wenn nichtbinäre Beziehungsarten zugelassen werden.

Weitere Kardinalitätsnotationen

Es gibt sehr viele Schreibweisen für die Kardinalitäten in beiden Interpretationen. Welche man davon verwendet, hängt von den Möglichkeiten des verwendeten Werkzeugs ab oder ist einfach nur Geschmackssache.

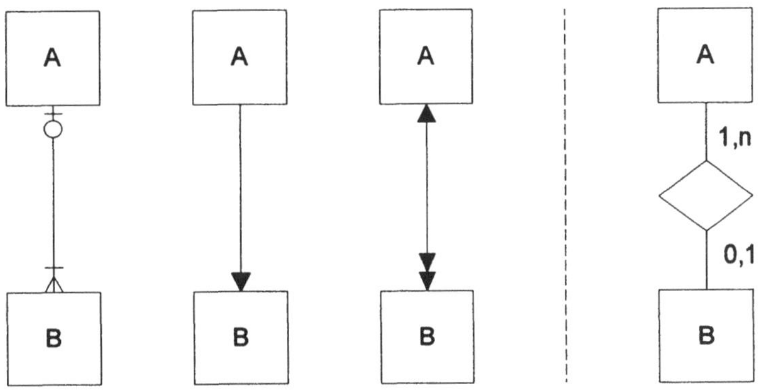

Abb. 2.9-3: Varianten der Kardinalitätsdarstellung

Abb. 2.9-3 zeigt drei verschiedene zeichnerische Darstellungen der Zuordnungsinterpretation, die häufig in binären Modellvarianten benutzt werden. Auf der rechten Seite ist die äquivalente Darstellung in der Teilnahmeinterpretation abgebildet. Das Schema ganz links zeigt die sehr anschauliche **Krähenfußnotation**, die in den meisten Entwurfswerkzeugen zur Verfügung steht. Das innere Kardinalitätssymbol steht jeweils für die Untergrenze, das äußere für die Obergrenze. Ein Kreis bedeutet eine Null, ein waagrechter Strich eine Eins, und der Krähenfuß steht für „mehrere". Die

Darstellung rechts davon ist an das **Bachman-Diagramm** angelehnt, das häufig zur Darstellung der Struktur von Netzwerkdatenbanken verwendet wird. Kardinalitätsuntergrenzen sind nicht sichtbar. Rechts davon ist eine weitere Variante abgebildet, die hinsichtlich der Ausdruckskraft dem Bachman-Diagramm gleichzusetzen ist. Auch hier sind Untergrenzen nicht erfaßt.

Bitte beachten Sie, daß das Bachman-Diagramm nicht mit der oben angesprochenen Bachman-Variante des ERM gleichzusetzen ist. In der Bachman-Variante des ERM sind binäre Beziehungsarten, die auf beiden Seiten die Obergrenze *n* haben, nicht erlaubt. Wir können aber leicht im Bachman-Diagramm solche Beziehungsarten zeichnen, indem wir beide Seiten des Verbindungsstrichs mit Pfeilspitzen versehen.

Das Symbol schwache Objektart

Schwache Objektarten (weak entity sets) werden in Chens Originalfassung des ERM dazu verwendet, die Beschreibung anderer Objektarten zu ergänzen. Insbesondere können sie dazu benutzt werden, mehrwertige Attribute darzustellen.

Objektart *Mitarbeiterabschluß* in Abb. 2.9-4 ist eine schwache Objektart, welche die reguläre Objektart *Mitarbeiter* ergänzt. Da ein Mitarbeiter mehrere Ausbildungsabschlüsse haben kann, können diese nicht direkt in *Mitarbeiter* geführt werden. Als Symbol für die schwache Objektart wird in Anlehnung an Chen ein doppelt umrandetes Kästchen verwendet.

Der Pfeil, der von *Mitarbeiter* in Richtung *Mitarbeiterabschluß* weist, ist eine weitere Besonderheit dieser Konstruktion. Instanzen einer schwachen Objektart können nicht ohne eine Instanz der übergeordneten regulären Objektart bestehen, mit anderen Worten, es gibt eine **Existenzabhängigkeit** der schwachen von der übergeordneten Objektart. Es handelt sich um eine besondere Form der Existenzabhängigkeit, da ein *Mitarbeiterabschluß*-objekt stets an genau ein Mitarbeiterobjekt gebunden ist. Dies wird auch durch die Untergrenze der Kardinalität (1,1) auf der Seite von *Mitarbeiterabschluß* ausgedrückt.

Da jedes Objekt der Art *Mitarbeiterabschluß* an genau ein Objekt der Art *Mitarbeiter* angebunden ist, kann dieses *Mitarbeiter*objekt dazu beitragen, das *Mitarbeiterabschluß*objekt zu identifizieren. Allerdings ist die Identifikation nicht vollständig, da an einen Mitarbeiter mehrere Abschlüsse angehängt sein können. Infolgedessen ist ein weiteres Schlüsselattribut nötig, das zusammen mit dem Mitarbeiterobjekt den Abschluß identifiziert. Wir haben das einzige Attribut *Bezeichnung* dafür benutzt. Es wäre aber auch möglich gewesen, ein zusätzliches Attribut *Abschlußnummer* aufzunehmen, das laufende Nummern für die Abschlüsse eines Mitarbeiters vorsieht.

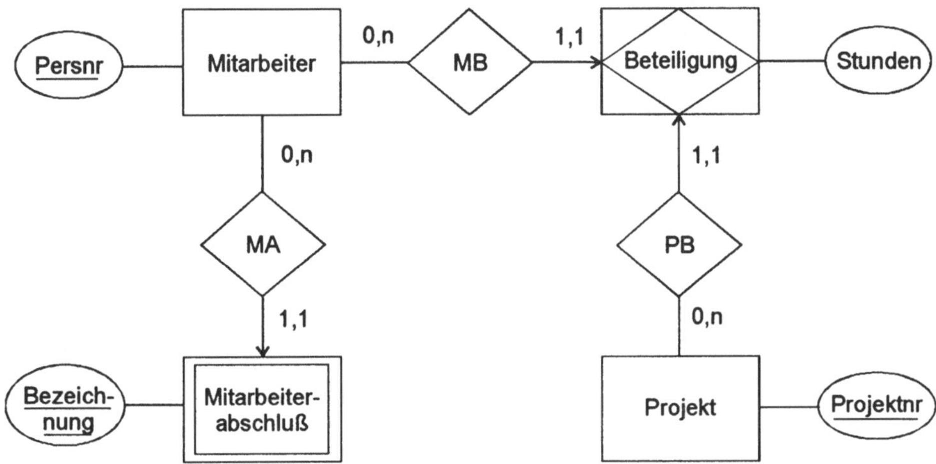

Abb. 2.9-4: Symbole für schwache und für assoziative Objektarten

Mit gutem Grund haben wir darauf verzichtet, die speziellen Symbole für die schwache Objektart und die Existenzabhängigkeit in unsere Beschreibungssprache aufzunehmen. Das besondere Abhängigkeitsverhältnis zwischen Objektarten wie *Abschluß* und *Mitarbeiter* wird nämlich hinreichend durch die Beziehungsart zwischen den beiden Objektarten und ihre Kardinalitäten ausgedrückt. Es ist deshalb nicht nötig, das ERM durch weitere Symbole aufzublähen. Wünscht man darüber weitergehende semantische Hinweise, so kann man die Technik der „geborgten Attribute" anwenden, auf die schon weiter oben hingewiesen wurde. Danach erhält Abschluß den Identifikator von *Mitarbeiter* zuzüglich eines weiteren differenzierenden Identifikatorattributs, z.B. *Bezeichnung* (Abb. 2.9-5).

Das Symbol assoziative Objektart

Assoziative Objektarten sind mit schwachen Objektarten in Bezug auf die besondere Form der Existenzabhängigkeit verwandt. Während bei schwachen Objektarten diese Existenzabhängigkeit jedoch nur gegenüber einer anderen Objektart besteht, sind es bei assoziativen Objektarten mindestens zwei, wobei wir gelten lassen, wenn eine Objektart mehrmals in verschiedenen Rollen mit der assoziativen Objektart verbunden ist. Die assoziative Objektart *Beteiligung* in Abb. 2.9-4 ist sowohl von *Mitarbeiter* als auch von *Projekt* existenzabhängig. Jedes Objekt der Art *Beteiligung* ist durch genau ein *Mitarbeiter*objekt und genau ein *Projekt*objekt geprägt. Anders als bei der schwachen Objektart sind hier die übergeordneten Objekte ausreichend, um die assoziativen Objekte vollständig zu identifizieren. Es ist also kein zusätzliches Identifikatorattribut in *Beteiligung* notwendig.

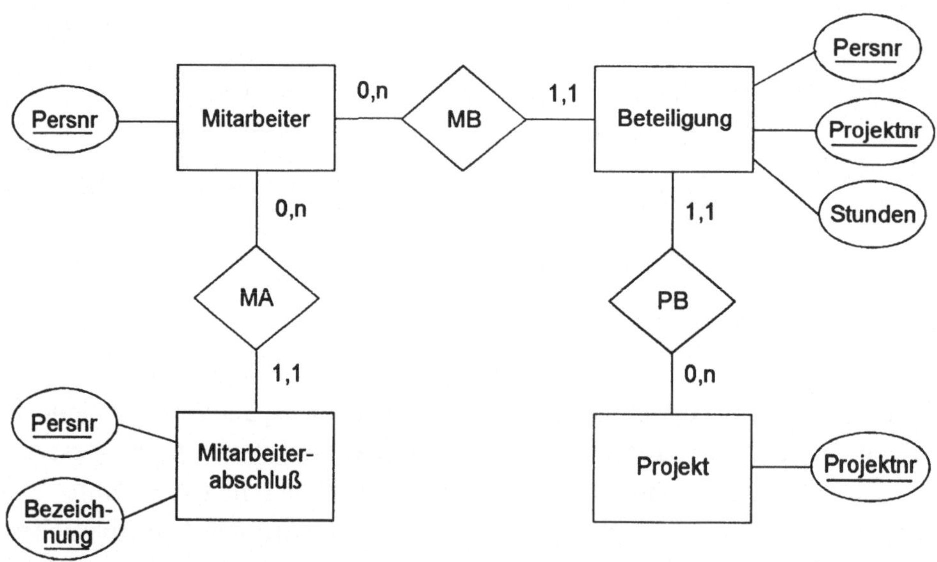

Abb. 2.9-5: Schwache und assoziative Objektarten als reguläre Objektarten

Die Bezeichnung assoziative Objektart kommt daher, daß diese Konstrukte auch wahlweise als Beziehungsarten („Assoziationen“) modelliert werden könnten. Einer Beziehung entspricht jeweils genau ein Objekt der assoziativen Objektart.

In unsere Modellbeschreibungssprache haben wir das Symbol für assoziative Objektarten aus demselben Grund nicht aufgenommen, aus dem wir auch auf das Symbol für schwache Objektarten verzichtet haben. Auch im Fall der assoziativen Objektarten kann die besondere Form der Abhängigkeit vollständig durch die Kardinalitäten der Beziehungsarten zu den Objektarten ausgedrückt werden, welche die assoziative Objektart prägen. Und wie bei schwachen Objektarten auch, können geborgte Attribute benutzt werden, um zusätzliche semantische Hinweise zu geben, ohne daß eine neue Beschreibungskategorie eingeführt werden müßte (Abb. 2.9-5).

Gegliederte und mehrwertige Attribute

Gegliederte Attribute, wie *Adresse* in Abb. 2.9-6, waren bereits in Chens Originalversion des ERM vorgesehen. Mehrwertige Attribute waren dagegen nicht erlaubt. Abb. 2.9-6 zeigt, wie die Kombination gegliederter und mehrwertiger Attribute im ER-Diagramm dargestellt werden kann. Die Kardinalitäten drücken jeweils aus, wieviele Werte des betreffenden Attributs an das Objekt bzw. das übergeordnete gegliederte Attribut gebunden sein können.

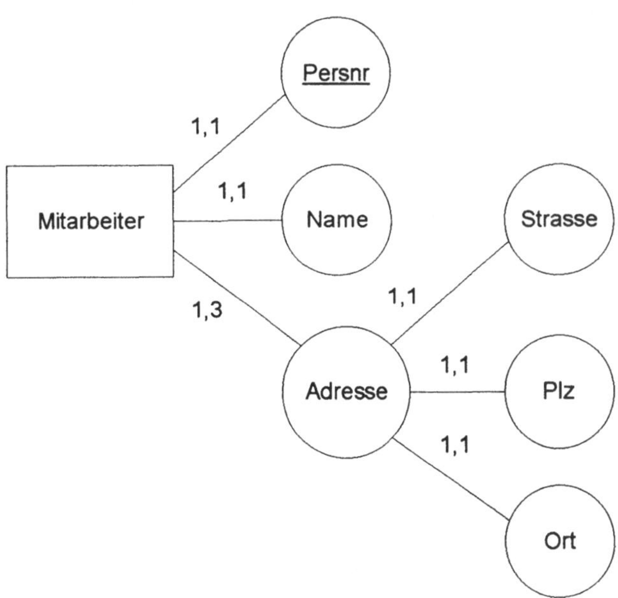

Abb. 2.9-6: Gegliederte und mehrwertige Attribute

Bei der Frage, ob man sich dieser zusätzlichen Beschreibungsmittel bedient, muß man den Zugewinn an Ausdrucksfähigkeit gegen die Beeinträchtigung der Einfachheit abwägen. Grundsätzlich können die betreffenden Daten auch mit den bisher bekannten Beschreibungsmitteln berücksichtigt werden. Mehrwertige Attribute lassen sich entweder mit Hilfe angehängter Objektarten oder mehreren einwertigen Attributen erfassen, gegliederte Attribute als Menge von Einzelattributen.

Werden Mehrfachvorkommen gegliederter Attribute zugelassen, so besteht die Gefahr, daß Modellierer in solchen Attributen ganze Objektarten unterbringen. Beispielsweise wäre es dann syntaktisch korrekt, die Mitarbeiter einer Abteilung in Form eines gegliederten Mehrfachattributs innerhalb einer Objektart *Abteilung* zu deklarieren. Damit ginge jedoch die Möglichkeit verloren, die Mitarbeiter unabhängig von der Abteilung zu einer anderen Objektart, z.B. Projekt, in Beziehung zu setzen.

Erweiterte Spezialisierung

Mit dem Spezialisierungssymbol Dreieck (im ER-Diagramm) bzw. der Subset-Klausel (in der Textdarstellung des Schemas) drücken wir aus, daß eine Objektart eine Teilmenge einer anderen ist und von dieser Objektart Attribute und Beziehungsarten erbt. Wir haben dabei vernachlässigt, ob die einzelnen Teilmengen einer Objektart disjunkt sind oder nicht disjunkt (überlappend), und ob die Vereinigung der Teilmengen die übergeordnete Objektart ergibt oder nicht. Die Darstellung in Abb. 2.9-7 erlaubt, Teilmengenbeziehungen in diesem Sinne weiter zu differenzieren.

Die mit der Basis eines Dreiecks verbundenen Teilmengen sind jeweils **disjunkt**. Falls ein c in dem Dreieck steht, ergibt die Vereinigung der Teilmengen die übergeordnete Objektart an der gegenüberliegenden Spitze des Dreiecks. Wir sprechen in diesem Fall von einer **deckenden Spezialisierung** (covering specialization). In Abb. 2.9-7 sind *Benzinfahrzeug* und *Elektrofahrzeug* disjunkte Teilmengen von *Fahrzeug*; sie bilden jedoch keine deckende Spezialisierung. Dagegen stellen *VW* und *Nicht_VW* zusammen eine deckende Spezialisierung von *PKW* dar.

Wenn von einer Objektart mehrere Spezialisierungen (mehrere Dreiecke) ausgehen, sind diese Spezialisierungen nicht disjunkt. Ein Fünftonner kann also gleichzeitig Zweiachser sein, ein PKW gleichzeitig ein Benzinfahrzeug. Ob die Vereinigung solcher **überlappender Spezialisierungen** die Obermenge ergibt, könnte man ebenfalls durch spezielle Symbole ausdrücken. In unserem Diagramm verzichten wir jedoch darauf.

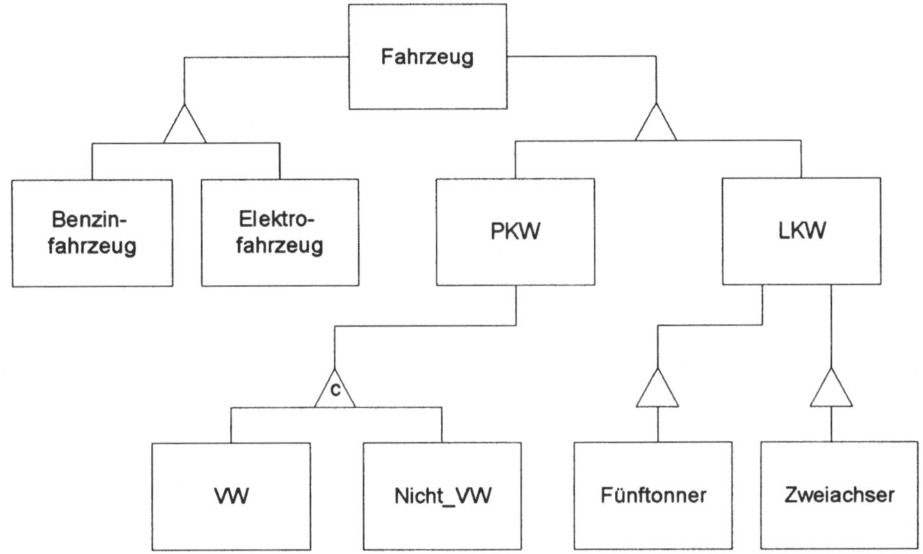

Abb. 2.9-7: Erweitertes Spezialisierungskonzept

Ebenfalls möglich, aber nicht abgebildet ist eine Konstruktion, in der eine Objektart Teilmenge mehrerer übergeordneter Objektarten ist. Beispielsweise könnte eine Objektart *Benzin-PKW* definiert werden, die sowohl Teilmenge von *PKW* als auch von *Bezinfahrzeug* ist. Läßt man solche Objektarten zu, so bekommt man anstelle einer Spezialisierungshierarchie ein **Spezialisierungsgitter**.

Wir halten die differenzierte Betrachtung der Spezialisierung für ein wesentliches Ausdrucksmittel, geben aber zu bedenken, daß dieses Mittel nicht immer ausgenutzt werden kann. Insbesondere die Anwendung von Spezialisierungsgittern bläht ER-Schemata sehr stark auf und macht sie unübersichtlich. Differenzierte Spezialisierung ist jedoch nützlich, wenn sie in den späteren Phasen der Entwicklung verwertet werden kann, wie dies z.B. in der objektorientierten Softwareentwicklung der Fall ist.

Aggregation

Die Aggregation ist ein Versuch, **komplexe Objekte** innerhalb des ERM darzustellen. Grundgedanke ist, daß die Objekte einer Objektart (des Aggregats) aus anderen Objekten zusammengesetzt sind. Auf der linken Seite von Abb. 2.9-8 ist eine Objektart *Abteilung* abgebildet, deren Objekte aus Objekten der Arten *Raum*, *Mitarbeiter* und *Standort* zusammengesetzt sind. Die Richtung der Pfeile zeigt an, welche Objekte die Bestandteile sind und welche die Aggregate.

Mit der Einbeziehung von Aggregaten würden wir uns weit vom klassischen ERM entfernen. Zum einen sind Aggregate komplexe Objekte, d. h. Objekte, die andere Objekte enthalten, zum anderen ist die Aggregatbildung stark anwendungsbezogen. Ob wir den Standort als einen Teil des Abteilungsbegriffs ansehen oder umgekehrt als ein Aggregat aus allen dort angesiedelten Abteilungen begreifen (rechte Seite der Abb. 2.9-8), ist ein Frage der Sichtweise und nichts, was durch die Fakten determiniert wäre. Und welche Sicht wir einnehmen, hängt wesentlich von den einzelnen Anwendungsprogrammen ab bzw. der Verarbeitungslogik, welche ihnen zugrundeliegt.

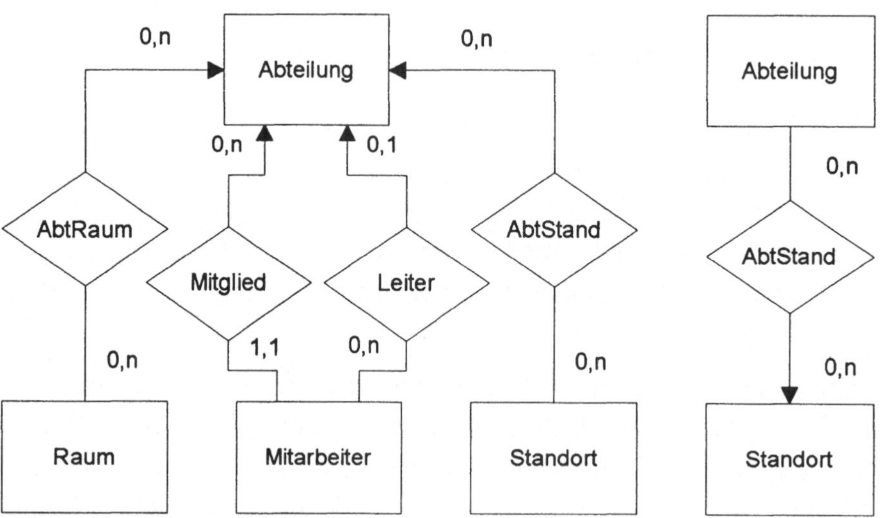

Abb. 2.9-8: Verschiedene Aggregationen

Dies ist der Grund, weshalb wir in unserer Beschreibungssprache auf die Aggregation verzichten. Sie ist zwar ein wichtiges Entwurfsmittel, sollte aber wegen ihrer Anwendungsbezogenheit nicht in der ER-Modellierung, sondern in den späteren Phasen der Entwicklung eingeführt werden.

Definition von Wertebereichen

Gewöhnlich geht man bei der Benutzung des ERM von der Annahme aus, daß die Wertebereiche der Attribute schon in Form von Standard-Datentypen, wie Smallint, Integer, Float, Date usw. zur Verfügung stehen. Allenfalls schränkt man durch die Definition zusätzlicher Integritätsregeln die zulässigen Werte weiter ein. Solche Regeln beziehen sich jedoch stets auf einzelne Attribute und nicht auf den Wertebereich an sich.

Ein weitergehender Ansatz sieht vor, daß Wertebereiche bzw. Datentypen in speziell dafür vorgesehenen Deklarationen festgelegt werden können. Jeder der so definierten Wertebereiche erhält einen Namen, so daß man sich bei der Deklaration der Attribute darauf beziehen kann. Standard-Datentypen würden weiterhin vorhanden sein, so daß man diese als Basis für die Definition von anderen Wertebereichen benutzen könnte oder auch direkt als Wertebereich, wenn das betreffende Attribut damit hinreichend eingeschränkt ist.

Explizite Definition von Wertebereichen ist gegenüber dem bisherigen Vorgehen zwar etwas aufwendiger, bringt aber mehrere Vorteile:

- Ein vom Modellierer definierter Wertebereich kann beliebig vielen Attributen zugeordnet werden. Bei der späteren Benutzung der Datenbank können die Wertebereiche der Attribute dazu verwendet werden, die Berechtigung von Operationen auf die Attribute zu überprüfen.
- Die Definition eines Wertebereichs ist nicht über das Schema verstreut, sondern liegt in geschlossener Form vor.
- Es können auch Wertebereiche definiert werden, welche nicht aus Einschränkungen der Standard-Datentypen resultieren.

Der letzte Punkt ist insbesondere im Hinblick auf sogenannte Non-Standard-Anwendungen von Bedeutung. Dies sind Anwendungen, die mit komplexen Objekten, Ton- oder Bilddaten arbeiten.

Die Definition eines Wertebereichs könnte mit der Deklaration der Form

domain < domain name > = < representation >

erfolgen. Dabei kann < representation > z.B. die Aufzählung von möglichen Werten sein oder ein ERC-Ausdruck, welcher den Wertebereich unter Bezug auf Standardtypen bestimmt:

domain Tag = {*'Montag', 'Dienstag', 'Mittwoch', 'Donnerstag', 'Freitag', 'Samstag', 'Sonntag'*};

domain Persnr = $\{i \mid Integer(i) \wedge i > 0\}$;

domain Punkt = $\{x, y \mid Float(x) \wedge Float(y)\}$.

Wir wollen nicht verschweigen, daß Deklarationen wie die letzte zusätzliche Probleme aufwerfen, die erst noch zu lösen sind. Falls nämlich Integritätsregeln formuliert werden sollen, die auf Punkte Bezug nehmen oder ableitbare Komponenten definiert werden sollen, in deren Zuweisung Punkte verwendet werden, so muß bekannt sein, welche Operationen auf Punkte ausgeführt werden dürfen. Die Wertebereichsdeklaration muß also um die Deklaration zulässiger Operationen ergänzt werden. Bei den ersten beiden Deklarationen ist dies nicht nötig, wenn man sich auf die Operationen beschränkt, welche für die als Basis verwendeten Standardtypen definiert sind.

Zusammenfassende Würdigung

Die Zuordnungsinterpretation der Kardinalitäten gibt Anlaß zu Mißverständnissen, wenn nichtbinäre Beziehungsarten zugelassen sind. In diesem Fall ist die Teilnahmeinterpretation vorzuziehen.

Schemata im binären ERM sind umfangreicher, weil sie mehr Konstrukte enthalten. Durch Verzicht auf die Rauten für Beziehungsart kann dieser Nachteil zumindest im Diagramm gemildert werden. Da das Argument der besseren Umsetzbarkeit des binären ERM jedoch nicht zwingend ist, ist es weitgehend Geschmackssache, ob man das binäre ERM anwendet oder nicht.

Spezielle Symbole für schwache Objektarten und assoziative Objektarten blähen die Beschreibungssprache auf und erschweren das Modellieren, ohne daß dem ein nennenswerter Zugewinn an Ausdrucksfähigkeit entgegenstünde.

Gegliederte und mehrwertige Attribute erlauben eine etwas natürlichere Modellierung gegenüber der sonst notwendigen Darstellung mit Ausgliederung und Einzelattributen. Dem steht eine Aufblähung der Beschreibungssprache gegenüber. Auch besteht die Gefahr, daß ganze Objektarten, die noch in anderen Zusammenhängen gebraucht werden, als Attribute definiert werden. Ein Konflikt zwischen Ausdruckskraft und Einfachheit besteht auch hinsichtlich einer differenzierteren Betrachtung der Spezialisierung. In beiden Fällen kann es kein generelles Urteil geben, sondern es muß im Hinblick auf den Anwendungszweck entschieden werden.

Aggregationen entstehen aus einer anwendungsbezogenen Sicht der Fakten. Ihre Anwendung zerstört die Neutralität, die das klassische ERM in Bezug auf die einzelnen Anwendungen hat. Sie sollten deshalb nicht in der konzeptuellen Datenmodellierung, sondern erst in späteren Phasen der Entwicklung benutzt werden.

Explizite Definition von Wertebereichen kann zu einem nützlichen Element der ER-Modellierung werden. Allerdings sind hier noch nicht alle Probleme geklärt.

2.10 Metamodellierung

Angenommen, wir möchten ein System entwickeln, mit dem wir ER-Schemata konstruieren und verwalten können. Ein solches Werkzeug würde sicherlich über eine Datenbank verfügen, die ER-Schemata speichern kann. Die Daten in einer solchen Datenbank wären Daten über die Bestandteile der Schemata, also über Objekt- und Beziehungsarten, Attribute und deren Wertebereiche, Rollen und Kardinalitäten.

Auch für eine solche Datenbank kann man mit Hilfe des ERM ein Schema konstruieren. Man verwendet die aus dem Griechischen stammende Vorsilbe „meta“ (nach, zwischen, hinter), wenn man über solche Schemata spricht. Ein **Metaschema** oder **Metamodell** ist also ein Modell, welches etwas über ein anderes Modell aussagt. Genauso, wie man zur Modellierung verschiedene Beschreibungssprachen verwenden kann, ist das auch bei der Metamodellierung möglich. Wir beschränken uns hier jedoch auf die Metamodellierung mit Hilfe des ERM, weil damit die Bestandteile eines Schemas dargestellt werden können. Abb. 2.10-1 zeigt ein ER-Diagramm für eine Datenbank zur Speicherung von ER-Schemata. Es ist insofern vereinfacht, als jeweils nur ein einziges Schema gespeichert werden kann und Integritätsbedingungen und ableitbare Schemakomponenten weggelassen sind.

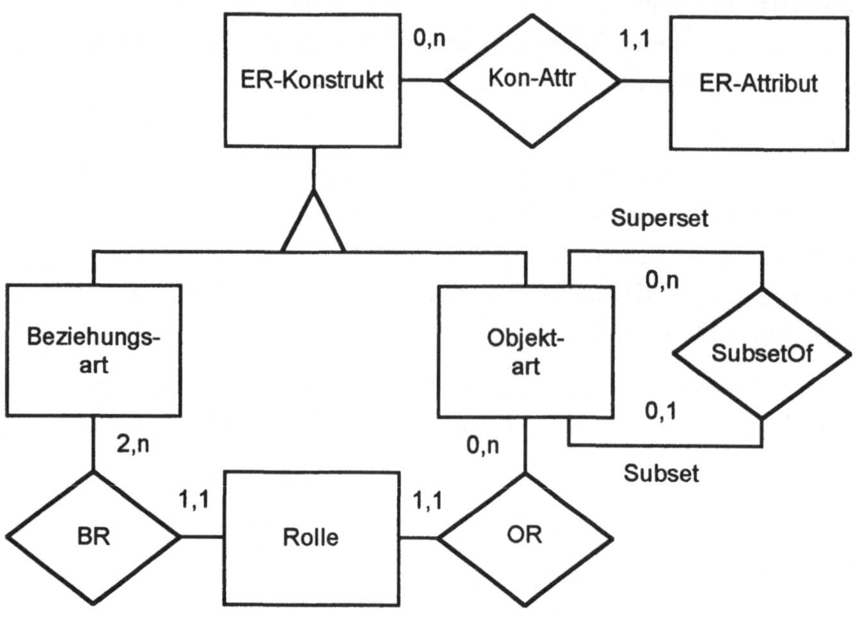

Abb. 2.10-1: Metamodell des ERM

Bei der Zusammenstellung der Attribute der Objekt- und Beziehungsarten dieses Metaschemas können wir uns an einer konkreten Schemadeklaration orientieren. Unser Metaschema muß alles vorsehen, was in einer solchen Deklaration aufgeführt ist. Zusätzlich können Informationen aufgenommen werden, die den Entwurfsprozeß betreffen. Für die Objektart *ER-Konstrukt* wären z.B. Attribute für die Identifikation eines Konstrukts, seine Bezeichnung, das Datum seiner Definition, den Namen des definierenden Modellierers anzulegen. Die Objektarten Objektart und Beziehungsart würden Attribute enthalten, die nur für den jeweiligen Konstrukttyp gelten, nicht aber für Konstrukte im allgemeinen. Für Beziehungsart ist dies z.B. der Grad der Beziehungsart. Die Objektart *Rolle* wird neben einer *RollenId* Attribute für die Rollenbezeichnung und die Kardinalitäten enthalten. Wir verzichten hier auf eine vollständige Darstellung der Attribute und überlassen dies dem Leser zur Übung.

Wie Abb. 2.10-1 zeigt, lassen sich Metamodelle sehr gut dazu benutzen, die Bestandteile von Modellen oder, anders ausgedrückt, die Beschreibungsmittel der verwendeten Modellierungssprache zu zeigen. Werden mehrere Modellierungssprachen nebeneinander benutzt, so kann man mit Hilfe der Metamodelle dieser Sprachen zeigen, welche Verbindungen zwischen den Modellen bestehen. Wir werden diese Technik im fünften Kapitel intensiv nutzen.

2.11 Übungen

*2-1 Informationssystem „Tagungsorganisation"

Entwerfen Sie für ein System zur Verwaltung wissenschaftlicher Tagungen ein ER-Schema. Folgende Funktionen sollen von dem System übernommen werden:

- Verwaltung der Teilnehmer-, Autoren-, Gutachter- und Sitzungsleiterdaten,
- Zeit- und Raumplanung,
- Überwachung der Zahlung,
- Abwicklung der Begutachtungen und Benachrichtigung der Autoren.

In dem System sollen jeweils die Daten einer einzigen Tagung gespeichert werden. Die Tagung besteht aus einer oder mehreren Sitzungen, die zum Teil auch parallel ablaufen können. Jede Sitzung hat ein Thema und findet zu einer bestimmten Zeit in einem bestimmten Raum statt. Ein Sitzungsleiter (der auch als Teilnehmer gemeldet sein muß) kündigt die einzelnen Beiträge der Sitzung an und stellt die Referenten vor. Ein Teilnehmer kann im Verlauf der Tagung mehrmals als Sitzungsleiter (verschiedener Sitzungen) in Erscheinung treten.

Für die Tagung werden von Autoren Beiträge eingereicht, die jeweils von mehreren Gutachtern unabhängig voneinander rezensiert werden. Trifft ein Beitrag ein, so werden die Autoren mit ihren Namen, Vornamen, der Institution, der sie angehören, und einer vollständigen Adresse gespeichert. Stammt ein Beitrag von mehreren Autoren, so wird auch die Reihenfolge festgehalten, in der die Autoren in der Veranstaltungsankündigung genannt werden sollen. Außerdem müssen die Autoren einen verantwortlichen Vortragenden benennen, an den auch die gesamte Korrespondenz gerichtet wird.

Von allen Teilnehmern werden u.a. Name, Vorname, Titel, Arbeitgeber, die vollständige Adresse, Anmeldedatum und das Datum der Zahlung festgehalten. Die Teilnehmergebühr hängt von der beruflichen Stellung und von etwaigen Mitgliedschaften in Berufsverbänden ab. Deshalb muß auch eine Teilnehmerart (Kennziffer) gespeichert werden. Zu Beginn der Tagung findet eine Registrierung statt, bei der für jeden Ankommenden geprüft wird, ob er als Teilnehmer angemeldet ist. Für die eingetroffenen Teilnehmer wird dann ein Status "eingetroffen" (Kennziffer) gespeichert.

Variante: Erweitern Sie das Schema so, daß die Daten mehrerer Tagungen gleichzeitig verwaltet werden können. Die Daten der an mehreren Tagungen beteiligten Teilnehmer, Autoren und Gutachter sollen dabei nur einmal geführt werden. Diskutieren Sie die Probleme beim Einsatz eines solchen Systems.

*2-2 Bibliotheks-Informationssystem

Entwerfen Sie ein ER-Schema für das Informationssystem einer Hochschulbibliothek. Das System soll

- die Benutzer und Publikationen verwalten,
- Ausleihvorgänge unterstützen,
- Auskünfte über Publikationen erteilen.

*2-3 Informationssystem für einen Seminarveranstalter

Entwickeln Sie ein ER-Schema für das Informationssystem eines Seminarveranstalters. Die Aufgaben des Systems sind:

- Planung und Abwicklung der Seminare,
- Verwaltung der Kunden- und Referentendaten,
- Speicherung der Informationen für den Seminarkatalog (jedoch nicht das Layout).

Berücksichtigen Sie folgende Angaben:

Die Seminare können ein oder mehrere Tage dauern. Sie werden grundsätzlich in Hotels abgehalten. Die Kunden des Seminarveranstalters sind gewöhnlich Firmen, Ämter und sonstige Institutionen; die Seminarteilnehmer sind bei diesen Kunden beschäftigt. Es ist aber nicht ausgeschlossen, daß auch Privatpersonen für sich ein Seminar buchen, also selbst als Kunden auftreten.

Ein Seminar kann mehrmals im Jahr abgehalten werden, u.U. auch in verschiedenen Hotels und von verschiedenen Referenten. Gewöhnlich wird ein Seminar von bestimmten Referenten entwickelt und immer wieder abgehalten. Der Seminarveranstalter führt jedoch für jedes Seminar ein oder mehr Ersatzreferenten, um für den Notfall einen Ersatz zu haben.

Der Seminarveranstalter benötigt zur Kundenpflege von jedem Kunden eine Liste mit Ansprechpartnern (Name, Vorname, Telefon, Funktion, Geburtstag). Bei großen Kunden können dies bis zu 30 Personen sein.

2-4 Aktion „Gläserner Patient“

Eine Krankenversicherung möchte im Rahmen der Aktion „Gläserner Patient“ ein Informationssystem einrichten, das folgende Zwecke erfüllen soll:

- den Gesundheitszustand der Versicherten und ihre gesundheitliche Entwicklung aufzuzeigen,
- das Behandlungs- und Verschreibungsverhalten der Ärzte zu kontrollieren,

- die Arztleistungen abzurechnen und zu kontrollieren, daß nur zugelassene Medikamente verschrieben und zugelassende Behandlungsmaßnahmen angewandt werden.

In der **ersten Version** ist das System auf niedergelassene Ärzte beschränkt, d.h. Kliniken sind nicht berücksichtigt. Basis sind die Abrechnungen der Ärzte.

Dabei soll vorausgesetzt werden:

In ihren Abrechnungen geben die Ärzte die einzelnen Behandlungstermine an und codieren ihre Diagnosen und Maßnahmen nach einem einheitlichen Schlüssel. Außerdem geben sie an, welche Medikamente sie verschrieben haben. Die Diagnose wird für jeden Behandlungstermin neu angegeben, auch wenn sie sich nicht verändert hat. Zur Identifikation der Patienten wird deren Versicherungsnummer verwendet.

In die **zweite (erweiterte) Version** des Informationssystems sollen auch die Abrechnungen der Kliniken und sonstigen behandlungsberechtigten Institutionen einbezogen werden. Nehmen Sie hierfür an, daß deren Abrechnungen nach Patienten gegliedert sind und innerhalb des Abrechnungsteils für einen Patienten jeweils angegeben wird, welcher Arzt eine bestimmte Diagnose gestellt bzw. Maßnahme ergriffen hat.

2-5 Geographie-Informationssystem

Für eine geographisches Informationssystem soll ein ER-Schema entworfen werden. Das System soll folgende Aufgaben erfüllen

- Karten zeichnen,
- Einfache Abfragen über die erfaßte Region beantworten (z.B.: Wo befinden sich Aussichtspunkte? Wieviele Flüsse gibt es? Darf im Happurger Stausee gebadet werden?).

Gehen Sie davon aus, daß Lage und Ausdehnung aller Objekte mit Hilfe ein oder mehrerer Meßpunkte dargestellt werden können.

2-6 Geschichts-Informationssystem

Entwerfen Sie ein ER-Schema für ein Informationssystem zur Verwaltung historischer Fakten und Zusammenhänge.

*2-7 Wartungs-Informationssystem

Führen Sie die ER-Modellierung für ein Wartungsinformationssystem (WIS) eines Herstellers von Standardsoftware durch. Das System soll folgende Aufgaben erfüllen:

Auskünfte im interaktiven Betrieb (z.B. mit SQL-Abfragen), wobei folgende Punkte gefragt sind:

- Information über alle hergestellten Softwareprodukte und Releases dieser Produkte.
- Information über alle Kundenregistrierungen, wobei auch über das Release Auskunft gegeben werden soll, das der Kunde erworben hat.
- Information darüber, welche Wartungsgruppe ein bestimmtes Produkt betreut, welche Mitarbeiter zu dieser Wartungsgruppe gehören und welche Funktion sie innerhalb der Gruppe wahrnehmen (z.B. Leiter, Systemanalytiker, Programmierer, Projektverwalter, usw.). Die Funktion eines Mitarbeiters kann in den verschiedenen Gruppen, in denen er mitarbeitet, unterschiedlich sein.
- Information über die Problemmeldungen, die von Kunden für die von ihnen erworbenen Produkte eingegangen sind, sowie über die Wartungsmaßnahmen, die ergriffen wurden, um diese Probleme zu beseitigen.

Außerdem sollen folgende **Standardausgaben** (Listen) erzeugt werden:

- Tägliche Problemmeldungslisten, welche alle Problemmeldungen des Tages für ein bestimmtes Produkt beinhalten, wobei bei jeder Problemmeldung auch das Release, der Name des Kunden, der Ansprechpartner sowie dessen Telefonnummer angegeben sein sollen.
- Monatliche Problem-Erledigungs-Berichte (PEB). Darin werden für eine Gruppe alle Wartungsmaßnahmen aufgeführt, welche in dem betreffenden Monat abgeschlossen wurden, mit Angabe des Produkts, des Abschlußdatums, des Ergebnisses (Kurzform) und des Mitarbeiters oder der

Mitarbeiter, welche die Wartungsmaßnahme durchgeführt haben. Die Problemmeldung, welche den Anstoß zur Wartungsmaßnahme gab, wird ebenfalls genannt (mit der Problemmeldungsnr und dem Eingangsdatum).

*2-8 Integritätsregeln

Formulieren Sie für das von Ihnen entworfene Schema „Tagungsorganisation" (Aufgabe 2.1) folgende Integritätsregeln in ERC:

1. „Ein Gutachter darf nicht gleichzeitig als Autor derselben Tagung auftreten."
2. „In einem Gutachten, in dem keine der Einzelnoten besser (= höher) als 5 ist, darf die Gesamtnote auch nicht besser als 5 sein."

*2-9 Ableitbare Daten

Ergänzen Sie das Schema „Tagungsorganisation" (Aufgabe 2.1) um eine Objektart MöglicherVortrag, die eine Teilmenge (Spezialisierung) der Objektart ist, welche die Beiträge enthält. In der neuen Objektart sollen all die Beiträge vertreten sein, die bereits begutachtet wurden und in keinem der Gutachten eine Gesamtnote schlechter (= niedriger) als 7 haben.

2-10 Metamodellierung

Überlegen Sie sich, wie Sie in das von Ihnen bereits um Attribute ergänzte Metaschema von Abb. 2.10-1 noch Layoutinformationen zur Darstellung von ER-Diagrammen einbringen können.

2.12 Literaturhinweise und Kommentare

Seit Ende der siebziger Jahre erschienen viele Arbeiten zu **„semantischen" Datenmodellen**. Diese Datenmodelle sollen mehr Information über die Bedeutung der Schemabestandteile und ihrer Verbindungen vermitteln, als die klassischen Datenmodelle (Relationales, hierarchisches und Netzwerkmodell) dies vermögen. In diesen Beiträgen tauchen die Begriffe Spezialisierung/Generalisierung, Aggregation und Assoziation in vielen Varianten und zum Teil auch unter verschiedenen Namen auf. Zu erwähnen sind insbesondere [SmSm 77], [Codd 79] und [HaML 81]. Im Verlauf der darauf folgenden Jahre wurden diese Begriffe von der ER-Gemeinde aufgenommen, und sie fanden ihren Niederschlag in diversen Varianten des ERM.

Als Methode zur konzeptuellen Datenmodellierung hat die ER-Modellierung heute kaum Konkurrenz. Beschränkte Verbreitung hat lediglich **NIAM** (Nijssen Information Analysis Method) gefunden (vgl. [VeBe 82], [Bray 88] und [LaFl 93]). NIAM ist ebenfalls eine graphisch unterstützte Modellierungsmethode; die Graphiken sind jedoch etwas aufwendiger als ER-Diagramme. Die NIAM-Modellierung geht mit einer linguistischen Analyse einher, bei der aus umgangssprachlichen Beschreibungen des Systems zunächst sogenannte Elementarsätze gewonnen werden, welche die zur Modellierung notwendige Information vollständig und in geeigneter Form enthalten. Aus diesen Elementarsätzen können dann die Datenobjekte und die Beziehungen zwischen ihnen bestimmt werden.

Eine interessante, in der Praxis jedoch kaum verbreitete Alternative ist die **Objekttypenmethode** [Wede 81]. In dieser Methode werden die für die Anwendungen relevanten Begriffe mit Hilfe der Abstraktionen Subsumption, Subordination, Komposition und Reduktion aus anderen, einfacheren Begriffen rekonstruiert. Eine weiterentwickelte Version dieser Methode wird in [Ortn 85] vorgestellt und mit anderen semantischen Modellen verglichen.

Eine BNF-Darstellung des ERM findet sich ebenfalls in [BaCN 92]. Sie weicht von der unseren in einigen Punkten ab. Insbesondere sind gegliederte und mehrwertige Attribute zugelassen.

Die Teilnahmeinterpretation der Kardinalitäten entspricht der in NIAM verwendeten Interpretation. Sie wurde unabhängig davon in [ScSt 83] für den Gebrauch innerhalb des ERM vorgeschlagen. In [RaSt 92a] werden Teilnahme- und Zuordnungsinterpretation ausführlich verglichen. Dort ist auch ein Verfahren angegeben, mit dem beliebige Beziehungsarten von der einen in die andere Darstellung überführt werden können.

Der erste, wenngleich fragmentarische Vorschlag für eine ER-Sprache stammt aus Chens Originalaufsatz [Chen 76]. Er basierte, wie auch der in diesem Buch vorgestellte und die meisten anderen, auf dem relationalen Tupelkalkül [Codd 72]. Von den späteren Sprachvorschlägen seien erwähnt:

[ElWi 81], [Zani 83], [Lagr 90], [Hohe 89], [PRYS 90] und [RaSt 94, 94a]. ERC lehnt sich stark an die in [Ullm 88] beschriebene Version des relationalen Tupelkalküls an. Dort werden auch die Kriterien für die Sicherheit einer Abfrage ausgiebig diskutiert.

Die Klassifizierung von Integritätsregeln nach der Anzahl der zu lesenden Konstrukte und Instanzen ist eine Abwandlung der in [Date 90a] vorgeschlagenen, auf relationale Datenbanken bezogenen Einteilung.

Die im Abschnitt 2.7 beschriebene Erweiterung des ERM um ableitbare Daten ist erstmals in [RaSt 94] vorgestellt worden. Eine ausführliche Darstellung findet sich auch in [Rauh 95]. Dort wird auch die Mächtigkeit des Ansatzes im Vergleich zur deduktiven Datenbanksprache Datalog und ihren Erweiterungen diskutiert. Umfassende Darstellungen zu deduktiven Datenbanken sind [Ullm 88, 89] und [CeGT 90].

Binäre Varianten des ERM wurden u.a. in [MaCl 85] und [Sinz 88] propagiert. Während [MaCl 85] die anschauliche Krähenfußnotation benutzen, verwendet [Sinz 88] eine andere Kardinalitätsdarstellung und hebt Existenzabhängigkeiten durch besondere Symbole und eine besondere hierarchische Anordnung hervor. Das Bachman-Diagramm geht auf die Arbeiten von Bachman (u.a. [Bach88]) zurück.

Zwei interessante Beiträge zu den Themen Metamodellierung und Metainformationssysteme sind [Czap 95] und [Ortn 95].

Seit 1979 wurden regelmäßig internationale Konferenzen zum Entity-Relationship-Ansatz abgehalten: [ERCo 80], [ERCo 81], [ERCo 83], [ERCo 85], [ERCo 86], [ERCo 87], [ERCo 88], [ERCo 89], [ERCo 90], [ERCo 91], [ERCo 92], [ERCo 93], [ERCo 94]. Die Tagungsbände dieser Konferenzen geben einen umfassenden Einblick in die Weiterentwicklung der ER-Modellierung.

3 Modellierung nach Qualitätszielen

3.1 Einführung

In diesem Kapitel werden wir die Qualitätsziele, die wir im ersten Kapitel eingeführt haben, näher erläutern, und wir werden auch Hinweise zu einer zielkonformen Modellierung geben. Zunächst aber wollen wir die Ziele noch einmal in Erinnerung rufen. Wir nannten im einzelnen:

- die **Verständlichkeit**, mit den Unterzielen **Ausdrucksfähigkeit** und **Übersichtlichkeit**,
- die **Vollständigkeit** und ihren Gegenpol, die **Genügsamkeit**,
- die **Korrektheit** und ihre Unterziele **syntaktische** und **semantische** Korrektheit,
- die **Redundanzfreiheit.**

Bei der Diskussion der einzelnen Ziele werden wir auch darauf eingehen, wie Verstöße gegen sie aufgedeckt werden können und welche Werkzeuge dafür zur Verfügung gestellt werden können. Verstöße aufzudecken und sie einzuordnen ist der eigentlich schwierige Teil der Qualitätsverbesserung. Die Beseitigung eines bereits erkannten Verstoßes ist dagegen in den meisten Fällen eine triviale Angelegenheit. Eine Ausnahme stellt das Ziel Redundanzfreiheit dar. Es ist nicht nur schwierig, Verstöße gegen die Redundanzfreiheit im Schema aufzudecken, sondern auch, sie zu beseitigen. Aus diesem Grund haben wir die Behandlung dieses Themas auf die Kapitel drei und vier verteilt. Im dritten Kapitel versuchen wir, eine exakte Darstellung dieses Ziels zu entwickeln, im vierten Kapitel zeigen wir dann, wie nicht-redundanzfreie Schemata in redundanzfreie verwandelt werden können.

3.2 Darstellung von Schematransformationen

Schematransformationen (Schemaumformungen) haben eine besondere Bedeutung bei der Behandlung der Schemaqualität. Immer dann, wenn wir ein

Schema oder einen Ausschnitt davon als ungünstig im Sinne der Qualitätsziele einordnen, sind wir daran interessiert, dieses Schema zu verbessern. Wir erreichen dies, indem wir das Schema umformen.

Eine Schematransformation exakt und vollständig zu beschreiben, ist nicht so trivial, wie es auf den ersten Blick scheinen mag. Es ist nämlich nicht einfach damit getan, die Beschreibung des neuen Schemas an die Stelle des alten zu setzen. Das neue Schema ersetzt das alte als Grundlage der Speicherung von Daten für ein bestimmtes Informationssystem. Wir müssen daher sicherstellen, daß alle relevanten Daten, welche im alten Schema enthalten waren, auch im neuen Schema ihren Platz gefunden haben. Das erreichen wir, indem wir explizit festlegen, wie die Komponenten des neuen Schemas mit Daten versorgt werden, die nach dem alten Schema gegliedert sind. Mit Hilfe einer solchen expliziten Zuordnung ist es dann auch möglich, eine bereits angelegte Datenbank maschinell in eine anders aufgebaute zu überführen.

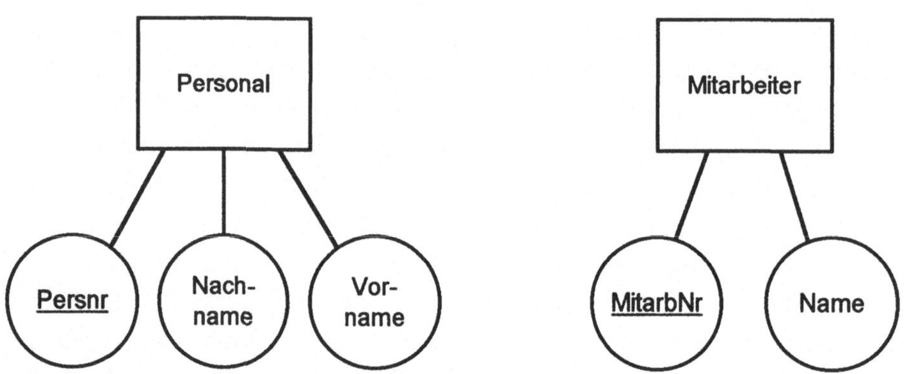

Abb. 3.2-1: Transformation - altes und neues Schema

Eine explizite Zuordnung ist allein schon nötig, weil die Namensgebung im neuen Schema anders als die im alten Schema sein kann. Oft ist sogar der Wunsch nach Namensänderungen die Ursache der Umformung. Betrachten wir hierzu Abb. 3.2-1. Allein aus dem Vergleich der beiden Schemata können wir nicht mit Sicherheit sagen, in welcher inhaltlichen Beziehung sie zueinander stehen. Mit Hilfe unseres Hintergrundwissens können wir zwar vermuten, daß die Werte des Attributs *Persnr* vom Attribut *MitarbNr* aufgenommen werden, aber hinsichtlich der übrigen Attribute sind keine hinreichend sicheren Schlüsse möglich. Nimmt *Name* nun die Werte von *Nachname*, von *Vorname* oder aber die Konkatenation beider Werte auf? Nur eine explizite Zuordnung durch den Modellierer, der die Transformation vornimmt, kann uns diese Information vermitteln.

Für die Umformung von Abb. 3.2-1 müßte eine solche Zuordnung leicht möglich sein. Die meisten Umformungen sind allerdings nicht so einfach geartet. So könnte sich beispielsweise eine Objektart des alten Schemas in zwei Objektarten des neuen Schemas und einer Beziehungsart zwischen beiden niederschlagen, und die Attribute der ursprünglichen Objektart könnten über diese neuen Konstrukte verstreut sein. Um auch solche Fälle beschreiben zu können, benötigen wir eine recht flexible Ausdrucksmöglichkeit für die Zuordnung.

Die im zweiten Kapitel vorgestellte Sprache ERC kann zur Formulierung dieser Zuordnungen auf folgende Weise benutzt werden: Für jedes Konstrukt des neuen Schemas wird eine Anweisung der Form

< schema component > := < query >

formuliert. Dabei ist < schema component > die Bezeichnung des Konstrukts aus dem neuen Schema, und < query > ist eine Abfrage, welche auf die Komponenten des alten Schemas Bezug nimmt und daraus die Daten zusammenstellt, die dem links genannten Konstrukt zugeordnet werden sollen. Die Gesamtheit der Zuordnungen zu den Konstrukten des neuen Schemas nennen wir die **Instanzenabbildung** der Transformation. In der Praxis können wir uns darauf beschränken, Zuordnungen für die Konstrukte zu formulieren, die bei der Transformation verändert wurden.

Die Instanzenabbildung beschreibt zusammen mit der Gegenüberstellung des neuen und des alten Schemas die Transformation vollständig. Diese Gegenüberstellung wird **Strukturumformung** (Strukturumwandlung) genannt. Nicht immer, wenn wir eine Transformation beschreiben, brauchen wir diese vollständige Darstellung. Insbesondere in den Fällen, bei denen im neuen und alten Schema dieselben Namen für einander entsprechende Attribute gewählt werden, wird die Transformation dem Leser auch alleine aus der Strukturumformung deutlich. Die vollständige Beschreibung wird aber auf jeden Fall benötigt, wenn eine maschinelle Umsetzung von Datenbeständen vorgesehen ist, wenn allgemeine Beschreibungen von Transformationen gegeben werden sollen, oder wenn Transformationen als theoretische Basis von Entwurfswerkzeugen diskutiert werden. Im vierten Kapitel werden wir deshalb von der vollständigen Beschreibung ausgiebigen Gebrauch machen.

3.3 Korrektheit

3.3.1 Syntaktische Korrektheit

Generell können wir sagen, daß ein Schema dann syntaktisch korrekt ist, wenn es mit den Vorschriften der Grammatik übereinstimmt. Wir müssen dabei berücksichtigen, daß wir gewöhnlich zwei verschiedene Ausdrucksformen der ER-Beschreibungssprache verwenden, die Textdarstellung und das ER-Diagramm. Für beide Formen gibt es jeweils spezifische Syntaxregeln. Zum Beispiel ist für Diagramme ein bestimmtes Symbol für die Darstellung von Objektarten vorgesehen (das Kästchen), ein anderes für Beziehungsarten (Verbindung mit der Raute). Verwendet ein Modellierer für Objektarten Dreiecke, so müssen wir dies als einen Verstoß gegen die Regeln betrachten. Ähnliche Vereinbarungen gelten für die Textdarstellung. So sollten nach unserer Syntax aus Kapitel zwei Deklarationen von Objektarten stets mit dem Schlüsselwort „entityset" eingeleitet werden. Es ist nicht zulässig, wenn ein Modellierer stattdessen das Wort „entity" verwendet.

Natürlich ist es im Grunde gar nicht so wichtig, welche Symbole für das Diagramm vorgeschrieben werden, und es ist genauso müßig, darüber zu streiten, ob „entity" nicht ein besseres Schlüsselwort wäre als „entityset". Wichtig ist aber, daß alle Modellierer sich strikt an die Regeln der einmal gewählten Grammatik halten. Nur unter dieser Voraussetzung ist gewährleistet, daß ein Schema von unterschiedlichen Betrachtern richtig interpretiert wird und daß es auch maschinell weiterverarbeitet werden kann.

Neben solchen Syntaxfestlegungen, die sich auf die jeweilige Darstellungsform beziehen, gibt es noch andere, welche unabhängig davon gelten. Sie machen den Kern der Sprachbeschreibung aus, weil sie zeigen, wie ein Schema zusammengesetzt ist. Eine solche Festlegung besagt z.B., daß ein Schema einen Namen haben muß, eine andere, daß für jede Objektart ein Identifikator zu definieren ist. Die Menge dieser darstellungsunabhängigen

Syntaxregeln wird **abstrakte Syntax** genannt (im Gegensatz zur darstellungsabhängigen **konkreten Syntax**).

In einer gewöhnlichen BNF-Grammatik sind beide Gesichtspunkte vermischt. Eine Regel („Produktion") in der BNF enthält sowohl Festlegungen über die jeweilige Darstellungsform als auch solche über die grundsätzliche Zusammensetzung des Schemas. Es ist jedoch hilfreich, sich den Unterschied bewußt zu machen.

Abb. 3.3-1: Syntaxfehler: Beziehungsart mit nur einem Partizipanten

Die Abbildungen 3.3-1 und 3.3-2 zeigen Verstöße gegen die abstrakte ER-Syntax. In Abb. 3.3-1 ist eine Beziehungsart dargestellt, die nur einen Partizipanten hat. Notwendig wären mindestens zwei. Abb. 3.3-2 zeigt eine Beziehungsart *Zugehörigkeit*, für die nur auf einer Seite eine Kardinalität definiert wurde.

Abb. 3.3-2: Syntaxfehler: nur eine Kardinalität definiert

Häufig betreffen Syntaxverstöße nicht die Regeln, welche direkt in der BNF-Beschreibung festgelegt wurden, sondern die ergänzenden Festlegungen. Das Schema in Abb. 3.3-3 verstößt gegen die Regel, daß Namen von Objektarten höchstens einmal vergeben werden dürfen. Der Name *Auftrag* kommt zweimal vor. Wollen wir den Mangel beheben, so müssen wir uns zuerst den Sinn der beiden mit *Auftrag* bezeichneten Konzepte vergegenwärtigen. Handelt es sich in beiden Fällen um dasselbe Konzept, so können wir die beiden Objektarten zu einer zusammenfassen. Sind es dagegen verschiedene Konzepte, so müssen wir eines von beiden umbenennen. In diesem Beispiel mag das letztere zutreffen. Während es sich bei der auf der linken Seite eingezeichneten Objektart *Auftrag* um Kundenaufträge handeln kann, sind auf der rechten Seite wahrscheinlich Betriebsaufträge gemeint. Endgültige Sicherheit kann nur eine Nachforschung ergeben, in die neben dem Modellierer unter Umständen weitere Fachleute einbezogen werden müssen.

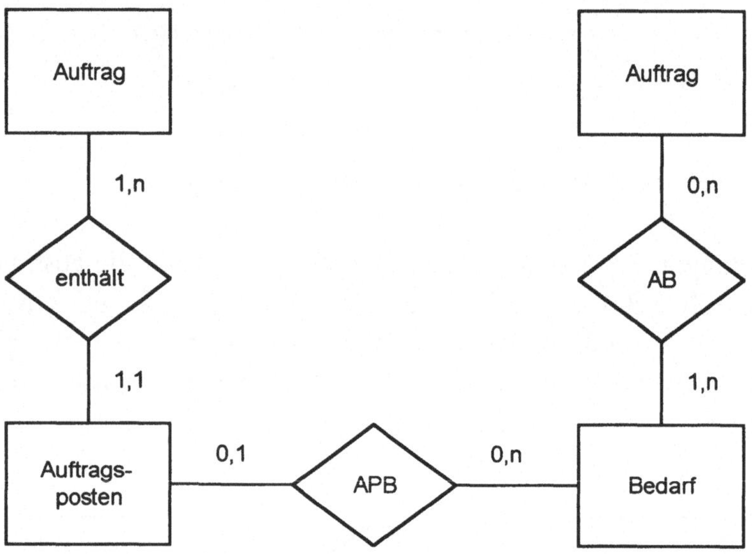

Abb. 3.3-3: Syntaxfehler: zwei Objektarten mit demselben Namen

Die Suche nach Syntaxfehlern kann sehr leicht automatisiert werden, und deshalb enthalten die meisten der erhältlichen Entwurfswerkzeuge Komponenten zur Syntaxüberprüfung. Ein Teil der Fehler kann dabei bereits beim Zeichnen des Diagramms abgefangen werden. So lassen es Entwurfswerkzeuge gewöhnlich nicht zu, daß Beziehungsarten mit nur einem Partizipanten definiert werden.

Allerdings können solche Werkzeuge das inkorrekte Schema nicht selbständig reparieren. Gerade das letzte Beispiel (Abb. 3.3-3) zeigt, daß dazu stets zusätzliches Wissen über den Inhalt der verwendeten Begriffe notwendig ist.

Abgestufte Syntax

In frühen Phasen des Entwurfs kann es zweckmäßig sein, nicht das komplette syntaktische Regelwerk als Meßlatte der Korrektheit zugrunde zu legen. Beispielsweise verfahren viele Modellierer so, daß sie zuerst die Objektarten und Beziehungsarten eines Schemas entwerfen, bevor sie Identifikatoren und Kardinalitäten festlegen. Ein Entwurfswerkzeug sollte so gestaltet sein, daß es solche persönlichen Varianten der Arbeitstechnik unterstützt. Im Idealfall lassen sich verschiedene Stufen der Syntaxüberprüfung einstellen, die dann in den unterschiedlichen Phasen des Entwurfs vom Modellierer nach seinen Wünschen gesetzt werden können. Für den endgültigen Entwurf ist in jedem Fall die vollständige Syntaxbeschreibung relevant.

Auch zur Veranschaulichung von Entwürfen kann es sinnvoll sein, nicht immer ein syntaktisch vollständiges Schema zu zeigen. Das gilt sowohl für die Diagramm- als auch für die Textdarstellung. Entwurfswerkzeuge sollten daher erlauben, Schemabestandteile auszublenden, wenn sie im Hinblick auf den momentanen Informationsbedarf unwichtig sind. Zum Beispiel können Diagramme ohne Kardinalitäten dargestellt werden (Abb. 3.3-4), oder es können in Textdarstellungen die Wertebereiche ausgespart werden, um die Übersicht zu verbessern oder Betrachter nicht zu verwirren, die mit den Einzelheiten des ER-Modells nicht vertraut sind. Leider sind die angebotenen Werkzeuge in dieser Hinsicht nicht flexibel genug.

Abb. 3.3-4: Korrektes Schema bei abgeschwächten Syntaxanforderungen

3.3.2 Semantische Korrektheit

Von einem semantisch inkorrekten Entwurf sprechen wir, wenn das zu modellierende System nicht richtig wiedergegeben wird. Verstöße gegen die semantische Korrektheit sind von Verstößen gegen die Vollständigkeit und die Genügsamkeit zu unterscheiden. Unvollständige Entwürfe können den Teil des Systems, den sie zeigen, durchaus semantisch korrekt abbilden, und genauso ist es möglich, daß nicht genügsame Schemata die überflüssige Information, welche sie enthalten, semantisch korrekt darstellen.

Abb. 3.3-5 zeigt einen häufigen Verstoß gegen die semantische Korrektheit: falsche Kardinalitäten. Unserer Erfahrung nach ist es so, daß ein Schiff höchstens einer Flotte angehört, eine Flotte aber mehr als ein Schiff umfassen kann. Die Kardinalitäten müßten daher (jedenfalls in der Interpretation, die wir zugrundelegen) genau umgedreht sein.

Abb. 3.3-5: Semantischer Fehler: falsche Kardinalitäten

Verstöße gegen die semantische Korrektheit treten in der Praxis in großer Vielfalt auf. Von ganz wenigen Ausnahmen abgesehen, können sie nicht maschinell aufgespürt werden. In der Regel ist die Kenntnis des wahren Sachverhalts notwendig. Für die *Beseitigung* eines semantischen Fehlers ist diese Kenntnis auf jeden Fall notwendig, selbst wenn dieser maschinell aufgedeckt werden kann.

Wir führen nun eine Klassifizierung semantischer Fehler ein, welche in zweierlei Hinsicht nützlich ist. Erstens fördert sie, wie alle Klassifizierungen, die Erkenntnis darüber, was „alles möglich ist“, zweitens gibt sie konkrete Anhaltspunkte zur Vermeidung von Fehlern auf längere Sicht.

Bei dieser Klassifizierung unterscheiden wir nach dem Grund der Entstehung in **Erfassungs-** und **Beschreibungsfehler**. Erfassungsfehler haben ihren Ursprung darin, daß der Modellierer das zu beschreibende System nicht voll begriffen hat. Das muß nicht immer an einem intellektuellen Defizit liegen. Mögliche andere Ursachen sind Zeitmangel und Probleme bei der Kommunikation mit Fachleuten. Ein Beschreibungsfehler liegt vor, wenn der Entwerfer seine möglicherweise richtigen Erkenntnisse nicht korrekt in die Modellierungssprache umsetzen kann. Neben Flüchtigkeitsfehlern, die sich nie ganz vermeiden lassen, sind vor allem mangelnde Vertrautheit mit der Modellierungssprache und Überforderung als Ursachen zu nennen.

Natürlich können Erfassungs- und Beschreibungsfehler in Kombination miteinander auftreten. In Einzelfällen können sie einander sogar aufheben, aber dies wird leider die Ausnahme sein.

Betrachtet man nur das fertige Schema, so läßt sich nicht feststellen, ob ein semantischer Fehler ein Erfassungs- oder ein Beschreibungsfehler ist. In dem in Abb. 3.3-5 beschriebenen Fall können wir nicht erkennen, ob der Modellierer den richtigen Sachverhalt nicht wußte oder ob er die Bedeutung der Kardinalitäten nicht kannte. Obwohl das Ergebnis in beiden Fällen dasselbe ist, ist es doch sinnvoll, hier Ursachenforschung zu betreiben. Beschreibungsfehler lassen sich am besten durch eine geeignete Schulung in der Modellierungssprache vermeiden, während Erfassungsfehler eher durch Änderungen in der Ablauforganisation und Verbesserung der Kommunikation eingeschränkt werden können.

Ein sehr häufiger semantischer Fehler, der besonders DV-Fachleuten unterläuft, ist die Darstellung von Beziehungsarten durch Fremdschlüssel anstatt durch das dafür vorgesehene Beziehungsartensymbol bzw. das entsprechende Schlüsselwort in der Textdarstellung. Werden alle Beziehungsarten so dargestellt, so besteht das ER-Diagramm des Schemas nur aus unverbundenen Objektartenkästchen; es sind keine Zusammenhänge zwischen den Datenobjekten erkennbar (Abb. 3.3-6).

Wir geben nun noch einige Beispiele für weitere häufig vorkommende semantische Fehler.

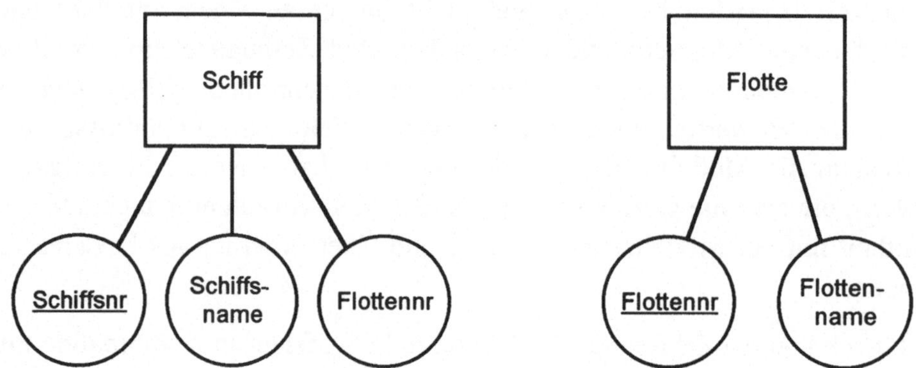

Abb. 3.3-6: Semantischer Fehler: Beziehungen durch Fremdschlüssel dargestellt

Inkonsistente Kardinalitäten. Dies ist ein Spezialfall fehlerhafter Kardinalitäten (Abb. 3.3-7). Aus der Abbildung können wir zwar nicht erkennen, welche der eingetragenen Kardinalitäten fehlerhaft sind, aber wir können mit Sicherheit sagen, daß mindestens eine davon nicht korrekt ist.

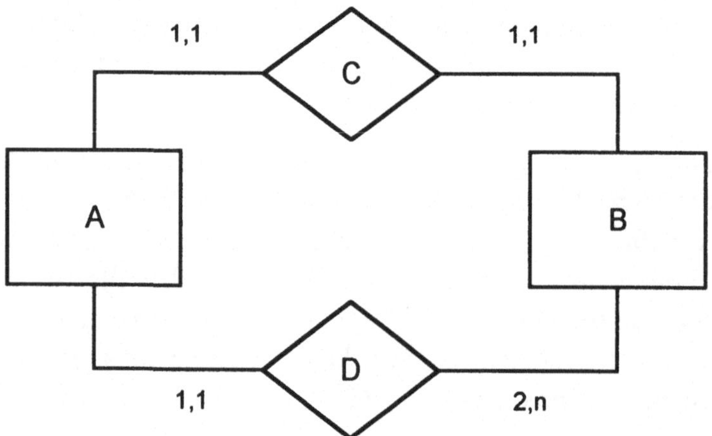

Abb. 3.3-7: Semantischer Fehler: inkonsistente Kardinalitäten

Man kann sich leicht mit Hilfe eines Instanzendiagramms vergewissern, daß die gesetzten Kardinalitäten nicht gleichzeitig erfüllt sein können. Während die Kardinalitäten von *C* verlangen, daß *A* genauso viele Objekte enthält wie *B*, ist es nach den Kardinalitäten von *D* erforderlich, daß *A* mindestens doppelt so viele Objekte wie *B* aufweist. Weil ein offensichtlicher Widerspruch vorhanden sind, können solche Fehler auch maschinell aufgedeckt werden.

Zu umfangreiche Beziehungsart. Die Beziehungsart *Ausstattung* in Abb. 3.3-8 soll festhalten, wie die Mitarbeiter des Unternehmens mit Rechnern und Firmenwagen ausgestattet sind. Da aber die Frage, mit welchem Rechner ein Mitarbeiter ausgestattet ist, von der Frage, welche Fahrzeuge er zugewiesen bekommt, unabhängig ist, ist die Modellierung als Beziehungsart dritten Grades nicht korrekt. Bitte beachten Sie, daß die einzelnen Beziehungen dieser Art stets drei Objekte einbeziehen müßten, einen Mitarbeiter, einen Rechner und ein Auto. Es wäre demnach nicht möglich, einem Mitarbeiter einen Rechner zuzuteilen, ohne ihm gleichzeitig ein Auto zuzuweisen. Ein zweckmäßiges Schema ist in Abb. 3.3-9 dargestellt. Hier sind die zwei unabhängigen Fakten als getrennte binäre Beziehungsarten *Rechnerausstattung* und *Autoausstattung* modelliert.

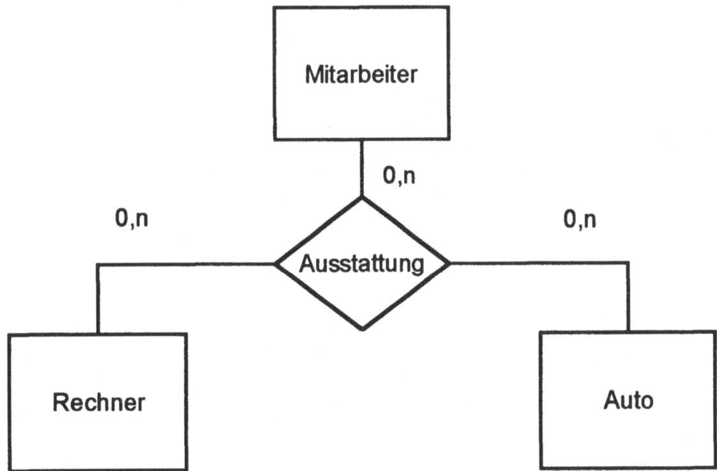

Abb. 3.3-8: Semantischer Fehler

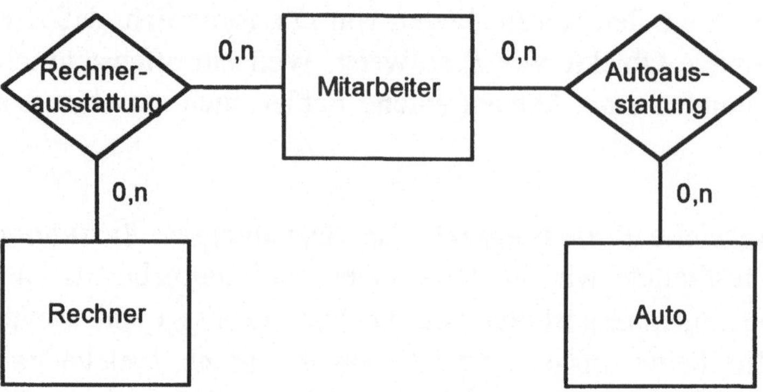

Abb. 3.3-9: Richtige Modellierung

Unzulässige Zerlegung einer Beziehungsart. Andererseits ist es unzulässig, eine Beziehungsart in mehrere Beziehungsarten zu zerlegen, wenn der von ihr repräsentierte Sachverhalt nicht ebenfalls in mehrere unabhängige Sachverhalte zerlegt werden kann. Abb. 3.3-10 zeigt einen mißlungenen Versuch, Lieferungen von Teilen, die Lieferanten für bestimmte Projekte erbringen, durch drei binäre Beziehungsarten darzustellen.

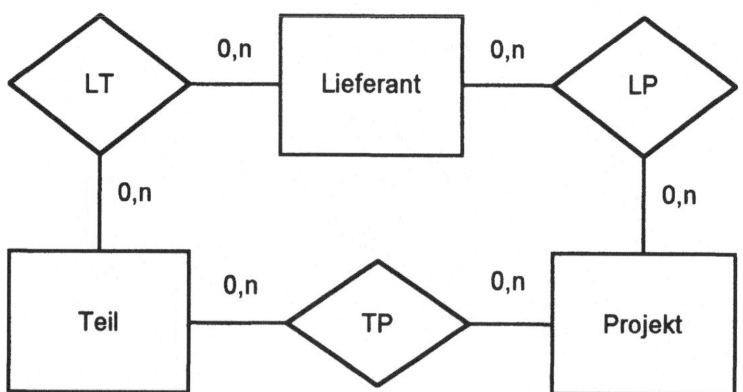

Abb. 3.3-10: Semantischer Fehler

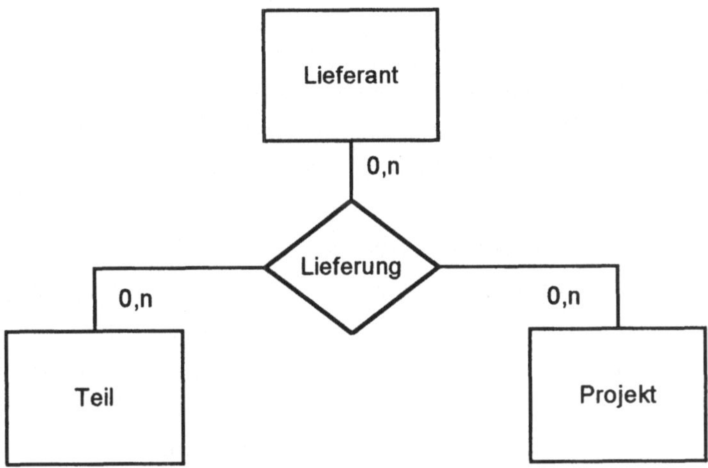

Abb. 3.3-11: Richtige Modellierung

Man kann sich leicht vorstellen, daß diese Modellierung zu unzulässigen Schlüssen führen muß. Jede Lieferung muß durch drei Beziehungen dokumentiert werden, und zwar je eine der Arten *LT*, *LP* und *TP*. Wir wollen annehmen, daß folgende Lieferungen zu speichern sind:

Lieferant L1 liefert Teil T1 für Projekt P2,
Lieferant L1 liefert Teil T2 für Projekt P1,
Lieferant L2 liefert Teil T1 für Projekt P1.

Die folgende Tabelle zeigt die Beziehungen, in denen sich diese drei Lieferungen niederschlagen:

Lieferung:	LT:	LP:	TP:
L1, T1, P2	**L1, T1**	L1, P2	T1, P2
L1, T2, P1	L1, T2	**L1, P1**	T2, P1
L2, T1, P1	L2, T1	L2, P1	**T1, P1**

Diese Beziehungen sind unsere einzige Informationsquelle, wenn Fragen nach konkreten Lieferungen zu beantworten sind. Wird nun die Frage gestellt, ob Lieferant L1 das Teil T1 für Projekt P1 liefert, so ist sie nach den gespeicherten Informationen zu bejahen (fettgedruckte Einträge), obwohl sie nach den tatsächlichen Fakten mit Nein zu beantworten wäre.

Nicht funktional zuordenbare Attribute. Eine in Kapitel 2 genannte Regel besagt, daß den Datenobjekten die Werte ihrer Attribute funktional zuordenbar sind. Wird nun fälschlicherweise ein Attribut definiert, bei dem diese funktionale Zuordnung nicht möglich ist, so liegt ein semantischer Fehler vor. In Abb. 3.3-12 ist das Attribut *Buchungsdatum* in der Objektart *Kunde* offensichtlich falsch plaziert, denn auf einen Kunden kommen soviele Datumsangaben, wie er Buchungen vorgenommen hat.

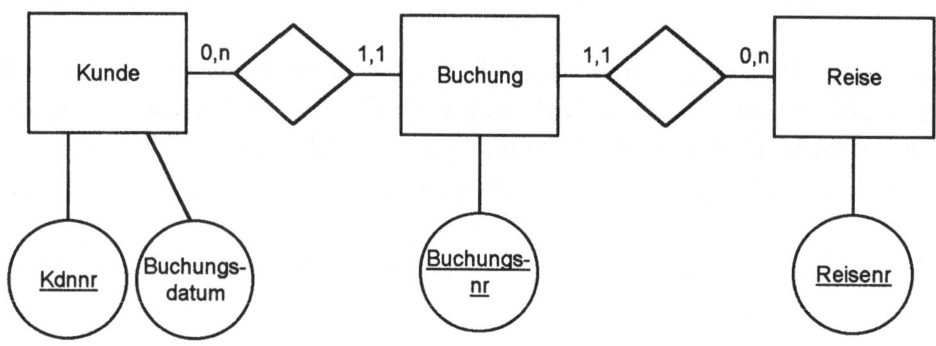

Abb. 3.3-12: Semantischer Fehler: falsch plaziertes Attribut

Unzureichende Identifikatoren. Dies ist ein Fehlertyp, der dem vorgenannten ähnelt. Eine konstituierende Eigenschaft von Identifikatoren ist, daß die Attribute der betreffenden Objektarten von ihnen funktional abhängig sind. Wird ein Attribut oder eine Kombination von Attributen zum Identifikator erklärt, so wird gleichzeitig diese konstituierende Eigenschaft dafür in Anspruch genommen. Liegt sie nicht vor, so entspricht die Modellierung nicht den tatsächlichen Gegebenheiten im System, mit anderen Worten: sie ist semantisch falsch. In Abb. 3.3-13 wird das Attribut *Kdnnr* als Identifikator für die Objektart *Buchung* verwendet. Gehen wir davon aus, daß *Kdnnr* in *Buchung* ein von Kunde geborgtes Attribut ist, so kann es die einzelnen Buchungen offensichtlich nicht identifizieren, weil einem Kunden mehr als eine Buchung entsprechen kann. Der Fehler läßt sich reparieren, indem man entweder eine eigenständige Buchungsnummer vergibt oder den Identifikator um ein von *Reise* geborgtes Attribut *Reisenr* erweitert.

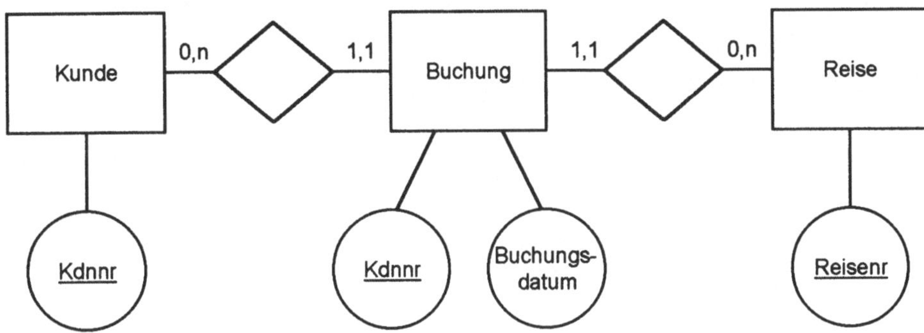

Abb. 3.3-13: Semantischer Fehler: Unzureichender Identifikator

Das wichtigste Hilfsmittel zur Aufdeckung semantischer Fehler sind **Schemainspektionen**. Ähnlich wie bei den bereits bekannten Programminspektionen kann das Schema vom Modellierer einer kleinen Runde von Fachleuten präsentiert und anschließend durchgesprochen werden. Maschinelle Suche nach semantischen Fehlern ist nur beschränkt möglich. Allerdings sind auf diesem Gebiet noch nicht alle Möglichkeiten ausgeschöpft. Denkbar wäre z.B., daß ein Werkzeug nach ungewöhnlichen Mustern im Schema sucht und Fehlervermutungen äußert. Auch Beispieldaten könnten zur Überprüfung des Schemas herangezogen werden. Auf diese Weise könnten beispielsweise die Kardinalitäten getestet werden.

3.4 Redundanzfreiheit

3.4.1 Formen der Redundanz

Mit **Redundanz** bezeichnet man allgemein die Anteile einer Nachricht, die keine Information vermitteln, also überflüssig sind. In Verbindung mit Datenmodellierung und Datenbanken tritt Redundanz, unabhängig vom verwendeten Datenmodell bzw. Datenbanksystem, in zwei Erscheinungsformen auf. Die erste Form, die wir **Schemaredundanz** nennen können, liegt vor, wenn das entworfene Schema überflüssige Bestandteile aufweist. Im ERM können dies Objektarten, Beziehungsarten oder Attribute sein, im Relationenmodell Tabellen oder Attribute. Verwenden wir das ERM zur konzeptuellen Modellierung und setzen das ER-Schema später in ein relationales Datenbankschema um, so führt Schemaredundanz im ER-Schema gewöhnlich zu Schemaredundanz im relationalen Datenbankschema. Im einfachsten Fall handelt es sich bei Schemaredundanzen um mehrfach vorhandene Schemabestandteile. Beispielsweise kann ein Attribut irrtümlicherweise zweimal unter verschiedenen Namen deklariert worden sein. Es treten allerdings auch kompliziertere Fälle auf, z.B. wenn sich die Werte eines Attributs nach einer bestimmten Rechenvorschrift aus den Werten anderer Attribute ermitteln lassen.

Die zweite Form der Redundanz, die **Instanzenredundanz**, tritt erst zutage, wenn eine Datenbank nach dem entworfenen Schema angelegt ist und Daten eingegeben worden sind. Es kann dann der Fall auftreten, daß Instanzen von Attributen oder ganzen Objektarten bzw. Tabellen mehrfach vorhanden sind. Eine solche Instanzenredundanz wird ihre Ursachen häufig in einer Schemaredundanz haben. Ist z.B. eine Objektart zweifach im Schema deklariert, so werden auch die dazugehörigen Objekte in der Datenbank doppelt vorkommen. Aber auch ohne überflüssige Schemabestandteile kann es zu Instanzenredundanz kommen. In vielen dieser Fälle läßt sich bereits am Schema erkennen, ob eine Datenbank Instanzenredundanz enthalten wird. Vergessen wir beispielsweise, für die Objektart *Kunde* einen Schlüssel zu definieren, so kann ein und derselbe Kunde mehrmals in die Datenbank aufgenommen werden.

Häufig werden durch ein ungünstiges Schema Instanzenredundanzen nicht nur ermöglicht, sondern geradezu erzwungen. Die folgende Objektart *Mitarbeiter* ist ein Beispiel für erzwungene Redundanz:

Entityset Mitarbeiter
(*Attributes:* *Persnr, Name,..., Abteilungsnr,*
Abteilungsname, Abteilungsort;
Identifier: *Persnr).*

Hat nämlich die Abteilung Nr. 7 mit dem Namen "Einkauf" und dem Ort "Standort A" hundert Mitarbeiter, so müssen diese Werte hundertmal in der Datenbank gehalten werden, also neunundneunzigmal redundant.

Redundanz in Datenbanken ist aus zwei Gründen schädlich. Erstens braucht eine redundante Datenbank mehr Speicherplatz als eine nichtredundante, zweitens sind mit Redundanz stets auch Abhängigkeiten zwischen den Daten verbunden, welche irrtümlich oder infolge mangelhafter Abstimmung verletzt werden können.

Für relationale Datenbanken gibt es eine Entwurfstheorie, die **Normalisierung**, welche darauf ausgerichtet ist, Redundanz zu vermeiden. Wir werden weiter unten zeigen, wie die Erkenntnisse dieser Theorie auch auf die ER-Modellierung angewandt werden können.

3.4.2 Normalisierung relationaler Datenbankschemata

In einem kurzen Exkurs machen wir nun den Leser mit den Grundzügen der relationalen Normalisierungstheorie bekannt. Leser, die mit diesem Gebiet bereits vertraut sind, können den Abschnitt überschlagen. Wir empfehlen jedoch, in diesem Fall zumindest die Zusammenfassung am Ende des Abschnitts zu lesen.

Die Normalisierung ist ein Verfahren, mit dem eine vorteilhafte Gliederung für eine relationale Datenbank ermittelt werden kann. Bezogen auf die im ersten Kapitel vorgestellte 3-Ebenen-Architektur für Datenbanken ist es das logische Schema, das hierbei gefunden wird. „Vorteilhaft" heißt in diesem Zusammenhang vor allem, daß sich die Daten einer Datenbank, die entprechend dem gefundenen Schema gegliedert ist, problemlos manipulieren, d.h. einfügen, lesen, verändern und löschen lassen. Die Beschreibung eines vorteilhaften Tabellenaufbaus ist in sogenannten **Normalformen** niedergelegt. Die Normalformen sind durchnumeriert, wobei eine höhere Normalform strengere Anforderungen an eine Tabelle stellt als eine niedrigere. Eine akzeptable Tabelle erfüllt in der Regel mindestens die dritte Normalform (3NF). Die höchste Normalform ist die fünfte. Es sind Normalisierungsalgorithmen entwickelt worden, mit deren Hilfe der Normalisierungsvorgang auch maschinell durchgeführt werden kann. Die Eingabe dieser Algorithmen ist ein völlig unstrukturiertes, nur aus einer Tabelle bestehendes Datenbankschema, das alle Attribute enthält. Neben den Attributen werden noch bestimmte Abhängigkeiten zwischen ihnen angegeben. Aus diesen Informationen produziert der Algorithmus eine Datenbankgliederung, welche nur Tabellen enthält, die mindestens der dritten Normalform genügen.

Obwohl die Normalisierung eine rein formale Methode ist und für die Normalisierungsalgorithmen Inhalt und Bezeichnungen der einbezogenen Datenobjekte völlig irrelevant sind, führt sie gewöhnlich zu einer Datenbankgliederung, welche sehr aussagefähig ist. Die Tabellen, die dabei entstehen, verkörpern nämlich im Regelfall Datenobjekte, wie sie in der Realität vorkommen („real-world objects"). Damit entsprechen sie genau den Datenobjekten, die wir in Entity-Relationship-Schemata auch verwenden wollen .

Trotzdem wäre es zu sehr vereinfacht zu sagen, ER-Modellierung und Normalisierung seien konkurrierende Methoden des logischen Datenbankentwurfs. Dafür sind der Anwendung der Normalisierung viel zu enge Grenzen gesetzt. Für umfangreiche Modellierungsaufgaben ist die Normalisierung absolut nicht geeignet. Das liegt nicht so sehr an der mangelnden Effizienz der Algorithmen; die eigentlichen Probleme ergeben sich bei der Zusammenstellung der Eingabedaten. Dies ist nämlich eine Aufgabe, welche erheblich aufwendiger ist als der Entwurf eines großen ER-Schemas. Andererseits ist der Gedanke der Normalisierung eine wertvolle Ergänzung zur ER-Modellierung, weil diese bislang keine formalen Kriterien dafür bereithält, wie Datenobjekte zusammengesetzt sein sollen.

Das logische Schema einer relationalen Datenbank besteht aus einer Anzahl von Tabellenbeschreibungen, sog. **Relationenschemata**, welche den Aufbau der einzelnen Tabellen zeigen. Eine stark vereinfachte Form des Relationenschemas ist die Klammer- bzw. Prädikatsschreibweise, die wir im folgenden verwenden wollen. Hierzu ein Beispiel eines aus zwei Relationenschemata bestehenden Datenbankschemas:

Mitarbeiter (*Persnr*, *Name*, *Abteilungsnr*)

Abteilung (*Abteilungsnr*, *Abteilungsname*).

Der Name der Relation steht vor der Klammer. Innerhalb der Klammern sind die Attribute aufgeführt, wobei die Bestandteile des Primärschlüssels unterstrichen sind. Die Wertebereiche der Attribute sind der Einfachheit halber weggelassen. Auch Fremdschlüssel werden nicht gesondert hervorgehoben. Stattdessen wird angenommen, daß die Attributnamen innerhalb des Datenbankschemas eindeutig sind, so daß Attribute gleichen Namens dieselbe Bedeutung haben. Auf diese Weise ist erkennbar, daß *Abteilungsnr* im Relationenschema *Mitarbeiter* eine Referenz auf das Schema *Abteilung* verkörpert.

In der Normalisierungstheorie spielen Abhängigkeiten, insbesondere die sog. **funktionalen Abhängigkeiten (FA)**, eine bestimmende Rolle. Wir gehen zunächst auf diesen Typ näher ein und benützen ihn anschließend, um den Begriff des Primärschlüssels etwas präziser zu fassen.

In der Mathematik ist eine **Funktion** definiert als eine Vorschrift, welche jedem Element einer Menge A genau ein Element einer Menge B zuordnet. Dieses Prinzip der eindeutigen Zuordnung ist auch Grundlage für den Begriff der funktionalen Abhängigkeit. Intuitiv bedeutet funktionale Abhängigkeit, daß sich der Wert eines Attributs aus dem Wert eines anderen Attributs oder einer Attributkombination ergibt.

Definition Funktionale Abhängigkeit (FA): Sei $R(A_1, ..., A_n)$ ein Relationenschema, und seien X und Y Teilmengen von $\{A_1, ..., A_n\}$. Wir sagen "X determiniert Y funktional" oder "Y ist funktional von X abhängig", geschrieben $X \rightarrow Y$, wenn für jede Relation r nach dem Schema R gilt: Stimmen zwei Tupel von r in dem Wert von X überein, so haben sie auch für Y denselben Wert.

Bezeichnen wir mit $r(R)$ eine Relation r nach dem Relationenschema R, mit $t[X]$ die Werte, welche das Tupel t in den Attributen X besitzt, so können wir auch kürzer schreiben: In $r(R)$ gilt die funktionale Abhängigkeit $X \rightarrow Y$, mit $X \cup Y \subseteq R$, wenn für jedes Tupelpaar $t_1, t_2 \in r$ gilt: wenn $t_1[X] = t_2[X]$, dann $t_1[Y] = t_2[Y]$.

Die linke Seite X der funktionalen Abhängigkeit $X \rightarrow Y$ wird gewöhnlich als **Determinante** bezeichnet. Die obige Definition erlaubt, daß die Determinante auch eine Vereinigung mehrerer Attribute sein kann. Unserer Erfahrung nach gelten in dem obigen Relationenschema *Mitarbeiter* folgende FA:

$$Persnr \rightarrow Name$$
$$Persnr \rightarrow Abteilungsnr$$
$$Persnr, Name \rightarrow Abteilungsnr.$$

Die Schreibweise *Persnr, Name* ist eine Vereinfachung der eigentlich angebrachten Formulierung {*Persnr, Name*}. Die ersten beiden dieser FA sind ohne Erklärung plausibel. Kennt man die Personalnummer eines Mitarbeiters, so kann man daraus seinen Namen und die Nummer der Abteilung ermitteln, welcher er angehört. Die dritte Zeile ist ein Beispiel für eine FA mit einer aus mehreren Attributen zusammengesetzten Determinante. Diese FA erscheint uns zunächst seltsam, denn offensichtlich genügt die Personalnummer alleine, die Abteilungsnummer zu ermitteln. Und doch ist diese FA im Sinne unserer obigen Definition zulässig und richtig, auch wenn sie uns über die zweite FA hinaus keine zusätzlichen Informationen bringt.

Bitte beachten Sie, daß sich bei keiner der angegebenen FA der Wert des abhängigen Attributs durch eine Rechenvorschrift bzw. eine Formel aus dem Wert der Determinante ergibt. Stattdessen wird man mithilfe der Personalnummer in einer Tabelle, einer Kartei oder einer Datei nach dem zugehörigen Namen und der entsprechenden Abteilungsnummer suchen müssen. Viele FA sind von dieser Art. Es gibt jedoch auch solche, bei denen sich der Wert des abhängigen Attributs nach einer Formel ergibt. In einem Relationenschema

Auftrag (*<u>Auftragsnr</u>*, *Preis_je_Einheit*, *Menge*, *Gesamtpreis*)

gilt sicherlich die FA

$$Preis\_je\_Einheit, Menge \rightarrow Gesamtpreis.$$

In diesem Fall können wir den Wert des abhängigen Attributs *Gesamtpreis* nach der Formel

$$Gesamtpreis := Preis\_je\_Einheit * Menge$$

errechnen.

Ein interessanter Aspekt funktionaler Abhängigkeiten ist, daß sich aus ihnen weitere funktionale Abhängigkeiten ableiten lassen. So folgt z.B. aus $A \rightarrow B$ und $B \rightarrow C$ die funktionale Abhängigkeit $A \rightarrow C$ (**Transitivitätsregel**). Unmittelbar einsichtig ist, daß jede Teilmenge T einer Attributemenge A von dieser funktional abhängig ist, d.h. aus $T \subseteq A$ folgt $A \rightarrow T$. Funktionale Abhängigkeiten, die nach dieser **Reflexivitätsregel** ableitbar sind, werden **trivial** genannt. Die **Erweiterungsregel** besagt, daß wir auf beiden Seiten einer FA dieselbe Attributemenge hinzufügen können, ohne daß die Abhängigkeit verlorengeht. Aus *Persnr* → *Abteilungsnr* können wir daher {*Persnr*, *Name*} → {*Abteilungsnr*, *Name*} folgern. Nach der **Zerlegungsregel** sind Teilmengen einer Attributemenge, welche insgesamt von einer anderen Attributemenge abhängig ist, auch einzeln davon abhängig. Gilt also {*Persnr*, *Name*} → {*Abteilungsnr*, *Name*}, so gilt auch {*Persnr*, *Name*} → {*Abteilungsnr*}. Die FA aus der dritten Zeile unseres obigen Beispiels *Mitarbeiter* ist also mit Hilfe der Erweiterungsregel und der Zerlegungsregel aus der FA in der zweiten Zeile ableitbar. Mit anderen Worten: die dritte Zeile enthält keine zusätzliche Information; wir hätten genauso gut darauf verzichten können.

Bevor wir auf Details der Normalisierung eingehen, müssen wir noch den Begriff des Schlüssels einer Tabelle präzisieren und den Begriff des Überschlüssels einführen. Hierzu können wir das Konzept der funktionalen Abhängigkeit heranziehen.

Definition Schlüssel: Sei R ein Relationenschema mit der Attributemenge $A = \{A_1 \cdot A_2, \ldots, A_n\}$.Eine Teilmenge $X \subseteq A$ ist ein Schlüssel von R, wenn

1. jedes Attribut aus A von X funktional abhängig ist, und
2. kein $Y \subset X$ existiert mit $Y \rightarrow \{A_1 \cdot A_2, \ldots, A_n\}$.

Die erste Bedingung stellt die Identifikationsfähigkeit des Schlüssels sicher. Mit einem bestimmten Schlüsselwert sind stets bestimmte Werte bei den übrigen Attributen verbunden. Gäbe es also zwei Zeilen mit demselben Schlüsselwert, so müßten sie gleich sein. Da aber in einer Relation keine zwei gleichen Zeilen zugelassen sind, darf jeder Schlüsselwert nur einmal auftreten, so daß mit jedem in der Tabelle vorkommenden Schlüsselwert genau eine Zeile verbunden ist. Die zweite Bedingung bewirkt, daß der Schlüssel so klein wie möglich ist.

In vielen Tabellen gibt es mehrere Attributemengen, welche diesen beiden Bedingungen genügen. Es wird dann eine davon zum **Primärschlüssel** erklärt. Die Eindeutigkeit der Primärschlüsselwerte wird vom DBMS überwacht.

Definition Überschlüssel: Eine Attributemenge ist ein *Überschlüssel* (superkey), wenn sie einen Schlüssel enthält.

Bewaffnet mit diesen Konzepten, können wir nun daran gehen, präzise zu beschreiben, was einen günstigen Tabellenaufbau ausmacht. Wir betrachten hierzu zunächst ein Beispiel einer sehr ungünstig aufgebauten Tabelle.

Liefe-rantnr	Lieferant-name	Bestellnr	Bestell-datum	Bestell-positions-nr	Artikel-nr	Liefer-termin
100	Schneider	10012	03.05.96	1	303	02.06.96
100	Schneider	10012	03.05.96	2	507	10.06.96
100	Schneider	10012	03.05.96	3	705	10.06.96
100	Schneider	10012	03.05.96	4	303	01.07.96
100	Schneider	10023	20.05.96	1	970	03.07.96
100	Schneider	10023	20.05.96	2	605	06.06.96
105	Schmidt	20007	15.05.96	1	308	20.07.96
108	Schmidt	20022	20.05.96	1	713	20.07.96

Abb. 3.4-1: Ungünstig aufgebaute Tabelle

Abb. 3.4-1 zeigt eine Tabelle mit Bestelldaten, die Probleme bei der Datenmanipulation bereiten wird. Wir wollen der Einfachheit halber annehmen, daß diese Tabelle die einzige der Datenbank sei. Was zunächst auffällt, ist die hohe Redundanz. Beispielsweise ist sechsmal eingetragen, daß der Lieferant mit der Nummer 100 den Namen Schneider hat, und das Datum der Bestellung Nr. 10012 ist viermal enthalten. Diese Redundanz bereitet unmittelbar Probleme, wenn Daten geändert werden sollen. Wollen wir z.B.

den Namen des Lieferanten Schneider in "Schneider KG" ändern, so müssen wir den Namenstausch bei jedem Vorkommen dieses Lieferanten durchführen, in unserer Tabelle also sechsmal. Probleme bereitet unter Umständen auch das Löschen von Zeilen. Angenommen, die Bestellungen von Schneider sollen alle gelöscht werden (vielleicht, weil sie nicht mehr im direkten Zugriff gebraucht werden und archiviert werden können). Mit dem Löschen aller Zeilen, welche Schneider betreffen, verschwindet auch jegliche Information über diesen Lieferanten aus der Datenbank. Die Kehrseite des Problems zeigt sich uns beim Einfügen von Zeilen. Solange wir von Schneider noch keine Bestellung in unsere Tabelle aufgenommen haben, enthält die Datenbank keine Informationen über ihn.

Wir wollen annehmen, daß in der Tabelle folgende funktionalen Abhängigkeiten gelten:

$$\begin{gathered} \textit{Lieferantnr} \rightarrow \textit{Lieferantname}, \\ \textit{Bestellnr} \rightarrow \textit{Lieferantnr}\,, \\ \textit{Bestellnr} \rightarrow \textit{Bestelldatum}, \\ \textit{Bestellnr}, \textit{Bestellpositionsnr} \rightarrow \textit{Artikelnr}, \\ \textit{Bestellnr}, \textit{Bestellpositionsnr} \rightarrow \textit{Liefertermin}. \end{gathered}$$

Die Aufzählung ist nicht erschöpfend. Insbesondere ist darin keine FA enthalten, welche von den anderen ableitbar wäre. Sie enthält aber alle funktionalen Abhängigkeiten, welche zur Bestimmung eines Schlüssels notwendig sind. Von einem Schlüssel verlangen wir bekanntlich, daß alle Attribute der Tabelle davon funktional abhängig sind, und daß wir kein Attribut daraus entfernen könnten, ohne daß diese Abhängigkeit verlorenginge.

Offensichtlich genügt die Attributemenge {*Bestnr, Bestellpositionsnr*} diesen Anforderungen. Zum einen sind alle Attribute der Tabelle davon abhängig (der Leser möge dies unter Zuhilfenahme der genannten Ableitungsregeln nachweisen), zum anderen können wir kein Attribut daraus entfernen, ohne daß diese Abhängigkeit verlorenginge. Entfernen wir nämlich *Bestellpositionsnr*, so sind *Artikelnr* und *Liefertermin* vom Rest {*Bestellnr*} nicht mehr abhängig; nehmen wir *Bestellnr* heraus, so ist überhaupt keines der übrigen Attribute mehr von dem Rest {*Bestellpositionsnr*} abhängig.

Die Attributemenge {*Bestnr, Bestellpositionsnr, Lieferantnr*} ist ein Überschlüssel, weil sie den Schlüssel {*Bestnr, Bestellpositionsnr*} enthält, aber selbst kein Schlüssel, weil die echte Teilmenge {*Bestnr, Bestellpositionsnr*} bereits alle Attribute determiniert.

Wir wollen nun den ungünstigen Aufbau unserer Tabelle auf der Basis des Schlüsselkonzepts und des Konzepts der funktionalen Abhängigkeit beschreiben. Offensichtlich geht die redundante, sechsmalige Nennung des Lieferantennamens Schneider mit einer FA einher. Da *Lieferantname* von *Lieferantnr* abhängig ist, muß mit einer bestimmten Lieferantennummer immer derselbe Wert beim Namen verbunden sein. Nicht jede funktionale Abhängigkeit führt jedoch zu Redundanz. Beispielsweise werden Artikelnummern und Liefertermine nicht mehrfach geführt, obwohl doch beide Attribute von {*Bestellnr, Bestellpositionsnr*} abhängig sind. Der Grund ist, daß ein bestimmter Wert von {*Bestellnr, Bestellpositionsnr*} nur einmal in der Tabelle vorkommen kann, weil diese Attributemenge ein Schlüssel ist.

Offensichtlich sind FA nur problematisch im Hinblick auf die Redundanz, wenn ein bestimmter Wert der Determinante in mehr als einer Zeile der Tabelle vorkommen kann. Ist die Determinante ein Schlüssel oder enthält sie einen Schlüssel, so ist dies nicht möglich.

Das Verbot des mehrfachen Vorkommens gilt allerdings nur für den Schlüssel als Gesamtheit, nicht für Teile des Schlüssels und nicht für Attribute außerhalb des Schlüssels. Daher kann ein bestimmter Wert von *Bestellnr* mehrfach vorkommen, wovon wir uns durch einen Blick in die Tabelle überzeugen können. Mit einem bestimmten Wert von *Bestnr* sind aber stets dieselben Werte von *Lieferantnr*, *Lieferantname* und *Bestelldatum* verbunden, so daß diese redundant vorhanden sind. Auch für das Attributepaar *Lieferantnr, Lieferantname* läßt sich analog feststellen: da *Lieferantnr* nicht Schlüssel ist, kann ein bestimmter Wert davon mehrfach in der Tabelle vorkommen und mit ihm stets derselbe Wert von *Lieferantname*.

Mit diesen Überlegungen sind wir bei der Boyce-Codd-Normalform angelangt, einer Vorschrift, die beschreibt, wie wohlstrukturierte Tabellen auszusehen haben (Codd 1974):

Definition Boyce-Codd-Normalform (BCNF): Ein Relationenschema R ist in Boyce-Codd-Normalform in Bezug auf eine Menge F von funktionalen

Abhängigkeiten, wenn für jede nichttriviale funktionale Abhängigkeit $X \rightarrow A$ in F gilt: X enthält einen Schlüssel von R (ist ein Überschlüssel von R).

Beachten Sie, daß die Definition nicht verlangt, daß X selbst ein Schlüssel ist, sondern nur, daß X einen Schlüssel enthält, denn: ist eine Teilmenge von X eindeutig, so ist X selbst auch eindeutig.

Ein geeignetes Datenbankschema für unser Beispiel aus Abb. 3.4-1, in dem alle Tabellen in BCNF sind, ist:

R_1 (*Bestellnr*, *Lieferantnr*, *Bestelldatum*)
R_2 (*Bestellnr*, *Bestellpositionsnr*, *Artikelnr*, *Liefertermin*)
R_3 (*Lieferantnr*, *Lieferantname*)

Abb. 3.4-2 zeigt, daß keine Redundanz auftritt, wenn die Daten nach diesem Schema gespeichert werden. Die Attribute *Bestellnr* und *Lieferantnr* tauchen zwar jeweils in zwei Tabellen auf, sie werden jedoch gebraucht, damit die Informationen dieser Tabellen verknüpft werden können. Die Schemaredundanz ist also nur scheinbar.

Nun ist die Speicherung der Daten in den Tabellen von Abb. 3.4-2 nicht nur weitgehend redundanzfrei, sie hat noch weitere günstige Eigenschaften. Beispielsweise ist es möglich, die drei Tabellen mit Hilfe einer geeigneten Anweisung der Datenbanksprache wieder zur Ausgangstabelle zu verknüpfen. Gegenüber dem ursprünglichen Zustand der Datenbank ist also durch die Zerlegung in drei Tabellen keine Information verlorengegangen. Folgerichtig nennt man eine solche Zerlegung **verlustfrei**. Nehmen wir als Datenbanksprache die Relationenalgebra, so genügt uns der natürliche Verbund $R_1 * R_2 * R_3$ zur Wiedergewinnung der Ausgangstabelle. Natürlich kann man dieselbe Abfrage auch leicht in SQL formulieren. Wir überlassen diese Aufgabe dem Leser zur Übung.

Eine zweite Eigenschaft, welche eine günstige Zerlegung wie die in Abb. 3.4-2 auszeichnet, ist die **Abhängigkeitserhaltung**. Damit ist gemeint, daß die funktionalen Abhängigkeiten, welche für die Anfangstabelle postuliert wurden, auch für die Daten in der zerlegten Tabelle sichergestellt werden können. Dabei geht man davon aus, daß sich eine bestimmte FA dann leicht einhalten läßt, wenn alle daran beteiligten Attribute sich innerhalb einer Tabelle befinden.

Bestellnr	Liefe-rantnr	Bestell-datum
10012	100	03.05.96
10023	100	20.05.96
20007	105	15.05.96
20022	108	20.05.96

Bestellnr	Bestell-positions-nr	Artikel-nr	Liefer-termin
10012	1	303	02.06.96
10012	2	507	10.06.96
10012	3	705	10.06.96
10012	4	303	01.07.96
10023	1	970	03.07.96
10023	2	605	06.06.96
20007	1	308	20.07.96
20022	1	713	20.07.96

Liefe-rantnr	Lieferant-name
100	Schneider
105	Schmidt
108	Schmidt

Abb. 3.4-2: Datenbank mit BCNF-Tabellen

Betrachten wir hierzu wieder unser Beispiel aus den Abb. 3.4-1 und 3.4-2 mit den dazu angenommenen FA. Für die erste dieser Abhängigkeiten, nämlich *Lieferantnr* → *Lieferantname*, läßt sich konstatieren, daß beide beteiligten Attribute in der Tabelle R_1 enthalten sind. Inwiefern trägt dieser Zustand zur Abhängigkeitserhaltung bei? Nun, zum einen ist es generell leichter zu überprüfen, ob mit einem bestimmten Wert von *Lieferantnr* stets derselbe Wert von *Lieferantname* verbunden ist, wenn man (bzw. das DBMS) dazu nur in einer einzigen Tabelle nachschauen muß. In unserem speziellen Fall reicht es aber schon aus, daß das DBMS die Eindeutigkeit des Schlüssels *Lieferantnr* sicherstellt. Weil nämlich ein bestimmter Wert von *Lieferantnr* nur einmal in der Tabelle vorkommen darf, kann auch nur ein einziger Wert von *Lieferantname* damit verbunden sein.

Wir können uns leicht vergewissern, daß auch die übrigen der postulierten FA der Bedingung genügen, daß ihre Attribute sich jeweils innerhalb einer einzigen Tabelle befinden. Die Attribute der FA {(*Bestellnr* → *Lieferantnr*), (*Bestellnr* → *Bestelldatum*)} sind sämtlich in Tabelle R_2 enthalten, die der FA {(*Bestellnr*, *Bestellpositionsnr* → *Artikelnr*), (*Bestellnr*, *Bestellpositionsnr* → *Liefertermin*)} in der Tabelle R_3.

Der aufmerksame Leser mag sich fragen, wie es mit der Abhängigkeitserhaltung um all die anderen FA steht, die von den genannten abgeleitet werden können, wie z.B. *Bestellnr* → *Lieferantname*. Diese Abhängigkeit können wir offensichtlich nach der Transitivitätsregel aus den beiden FA *Bestellnr* → *Lieferantnr* und *Lieferantnr* → *Lieferantname* folgern. Genauso offensichtlich ist es aber, daß die Attribute *Bestellnr* und *Lieferantname* nicht innerhalb einer einzigen Tabelle liegen. Gerade die Ableitbarkeit dieser FA bewirkt jedoch, daß sie auch sichergestellt werden kann. Da sie nämlich aus *Bestellnr* → *Lieferantnr* und *Lieferantnr* → *Lieferantname* folgt, ist sie automatisch erfüllt, wenn diese beiden FA erfüllt sind.

Wir wollen nun unsere Überlegungen zur Abhängigkeitserhaltung auf den Punkt bringen: Konzentrieren wir uns auf die FA, welche nicht von anderen ableitbar sind, und sorgen wir dafür, daß für jede dieser FA die Attribute sich jeweils innerhalb einer Tabelle befinden, so ist Abhängigkeitserhaltung gegeben.

Leider haben nicht alle Datenbankschemata, welche der BCNF (oder irgendeiner anderen Version der dritten Normalform) genügen, die Eigenschaften der Verlustfreiheit und der Abhängigkeitserhaltung. Wir wollen unsere Tabellengliederung leicht modifizieren, um ein Beispiel zu zeigen, bei dem zwar alle Tabellen in BCNF sind, aber Verlustfreiheit nicht gegeben ist:

R_1 (*Bestellnr*, *Lieferantname*, *Bestelldatum*)
R_2 (*Bestellnr*, *Bestellpositionsnr*, *Artikelnr*, *Liefertermin*)
R_3 (*Lieferantnr*, *Lieferantname*)

Der einzige Unterschied zur ersten Zerlegung besteht darin, daß in Tabelle R_1 anstelle des Attributs *Lieferantnr* das Attribut *Lieferantname* aufgenommen wurde (Abb. 3.4-3).

Bestellnr	Lieferantname	Bestell-datum
10012	Schneider	03.05.96
10023	Schneider	20.05.96
20007	Schmidt	15.05.96
20022	Schmidt	20.05.96

Abb. 3.4-3: Ungünstige Tabelle in BCNF

Nach wie vor genügt R_1 der BCNF, und wir haben auch keine Redundanz in der Datenbank, aber der natürliche Verbund $R_1 * R_2 * R_3$ ergibt nicht die Ausgangstabelle, sondern die in Abb. 3.4-4 gezeigte Tabelle. Diese Zerlegung ist also nicht verlustfrei.

Auch Abhängigkeitserhaltung ist bei dieser Art der Zerlegung nicht gegeben, denn die Attribute der FA *Bestellnr* → *Lieferantnr* sind in keiner der drei Tabellen vollständig enthalten. Auch kann diese FA nicht aus den übrigen FA, welche vollständig enthalten sind, abgeleitet werden.

Liefe-rantnr	Lieferant-name	Bestellnr	Bestell-datum	Bestell-positions-nr	Artikel-nr	Liefer-termin
100	Schneider	10012	03.05.96	1	303	02.06.96
100	Schneider	10012	03.05.96	2	507	10.06.96
100	Schneider	10012	03.05.96	3	705	10.06.96
100	Schneider	10012	03.05.96	4	303	01.07.96
100	Schneider	10023	20.05.96	1	970	03.07.96
100	Schneider	10023	20.05.96	2	605	06.06.96
105	Schmidt	20007	15.05.96	1	308	20.07.96
105	Schmidt	20022	20.05.96	1	713	20.07.96
108	Schmidt	20007	15.05.96	1	308	20.07.96
108	Schmidt	20022	20.05.96	1	713	20.07.96

Abb. 3.4-4: Verbundtabelle bei nicht verlustfreier Zerlegung

Neben der Verlustfreiheit und der Abhängigkeitserhaltung wünschen wir uns von einer guten Zerlegung noch eine weitere Eigenschaft, die wir ebenfalls anhand unseres Beispiels veranschaulichen wollen. Betrachten wir zunächst die ungünstige Zerlegung

R_{1a} (*Bestellnr*, *Lieferantnr*)
R_{1b} (*Bestellnr*, *Bestelldatum*)
R_{2a} (*Bestellnr*, *Bestellpositionsnr*, *Artikelnr*)
R_{2b} (*Bestellnr*, *Bestellpositionsnr*, *Liefertermin*)
R_3 (*Lieferantnr*, *Lieferantname*).

Gegenüber unserer ersten Lösung haben wir nun zwei Tabellen mehr, weil die Tabellen R_1 und R_2 aus der ersten Lösung auf jeweils zwei Tabellen verteilt wurden. Der Leser kann sich leicht davon überzeugen, daß alle fünf Tabellen in BCNF sind. Auch Verlustfreiheit und Abhängigkeitserhaltung sind gegeben. Trotzdem gefällt uns diese Lösung nicht so gut wie die erste, und zwar aus zwei Gründen. Erstens müssen wir bei der vorliegenden Zerlegung mehr Daten in der Datenbank speichern als bei der ersten, weil die Spalten für die Schlüsselattribute aus R_1 und R_2 nun jeweils zweimal gehalten werden müssen. Zweitens sind nun Attribute, die eine Einheit darstellen müßten, auf jeweils mehr als eine Tabelle verteilt. Daß beispielsweise *Lieferantnr* und *Bestelldatum* zusammen mit *Bestellnr* eine solche Einheit bilden, drückt sich in der funktionalen Abhängigkeit der beiden Attribute von *Bestellnr* aus: Die *Bestellnr* als Schlüssel kennzeichnet ein Datenobjekt, *Lieferantnr* und *Bestelldatum* sind Eigenschaften dieses Objekts. Analog gelten diese Überlegungen auch für die Tabellen R_{2a} und R_{2b} bzw. R_2. Nicht nur zufällig lassen sich für die Tabellen unserer ersten Zerlegung Namen vergeben, welche den Inhalt dieser Tabellen treffend wiedergeben (*Bestellung, Bestellposition, Lieferant*), während dies für die neugebildeten Tabellen der zweiten Zerlegung nicht möglich ist.

Diese Eigenschaft, daß Attribute, welche aufgrund ihrer funktionalen Abhängigkeiten zusammengehören, auch in einer Tabelle zusammengefaßt sind, wollen wir als **Vereinigung zusammengehöriger Attribute** bezeichnen.

Wir haben die wünschenswerten Eigenschaften einer Zerlegung so ausführlich diskutiert, weil es für die weitere Argumentation sehr wichtig ist, daß dem Leser bewußt wird, daß ein zweckmäßiges Datenbankschema nicht alleine durch BCNF (oder irgendeine andere Normalform) beschrieben werden kann. BCNF ist eine notwendige, aber keine hinreichende Bedingung. Zusätzlich wünschen wir uns Verlustfreiheit, Abhängigkeitserhaltung und die Vereinigung zusammengehöriger Attribute.

Die Normalisierungstheorie trägt diesem Umstand durch geeignete Normalisierungsalgorithmen Rechnung. Diese Algorithmen nehmen die Menge aller Attribute und die Menge der FA zwischen ihnen als Eingabe und erzeugen als Ausgabe eine Zerlegung mit den gewünschten Eigenschaften.

Zum Abschluß dieses Exkurses über relationale Normalisierung stellen wir nun einen dieser Algorithmen in grober Form vor.

Eingabe: Ein Relationenschema R und eine Menge F von funktionalen Abhängigkeiten zwischen den Attributen von R.

Anmerkung: *R* ist zunächst das einzige Relationenschema; es enthält alle in der Datenbank vorkommenden Attribute.

Ausgabe: Ein verlustfreies und abhängigkeitserhaltendes Datenbankschema, bei dem alle Relationenschemata in dritter Normalform sind und zusammengehörige Attribute zu einem Schema vereinigt sind.

Anmerkung: Daß hier auf die „einfache" dritte Normalform Bezug genommen wird und nicht auf die etwas strengere BCNF, hat einen besonderen Grund: Es gibt Fälle, in denen BCNF und Abhängigkeitserhaltung nicht miteinander vereinbar sind. In der Praxis treten solche Konfliktfälle allerdings so gut wie nie auf, so daß de facto die ausgegebenen Relationenschemata immer in BCNF sind.

Vorgehen:

1. Entferne aus der Menge *F* der funktionalen Abhängigkeiten alle, die aus den übrigen abgeleitet werden können. Die so reduzierte Menge von Abhängigkeiten sei *G*.
2. Fasse jeweils alle Attribute, die in *G* von derselben Determinante abhängig sind, mit dieser Determinante zu einem Relationenschema zusammen.
3. Jedes Attribut, das an keiner FA beteiligt ist, bildet für sich ein Relationenschema.
4. Falls keines der bisher gebildeten Relationenschemata einen Schlüssel für die Ausgangsrelation *R* enthält, füge ein Schema mit einem solchen Schlüssel hinzu (**Universalschlüsselrelationenschema**).

Anmerkung: Der letzte Schritt ist erforderlich, um die Verlustfreiheit sicherzustellen. Es könnten nämlich zusätzliche Zusammenhänge zwischen Attributen gelten, die sich nicht als funktionale Abhängigkeiten formulieren lassen. Indem wir das Universalschlüsselrelationenschema hinzufügen, legen wir, bildlich gesprochen, eine zusätzliche Klammer um die Attributemenge.

Beispiel: Gegeben sei ein Schema *Lieferverpflichtungen* mit den Attributen *Lieferantnr, Name, Ort, Teilenr, Bezeichnung, Farbe, Projektnr* und den FA:

$$Lieferantnr \rightarrow Name,$$
$$Lieferantnr \rightarrow Ort,$$
$$Teilenr \rightarrow Bezeichnung,$$
$$Teilenr \rightarrow Farbe,$$
$$Teilenr, Lieferantnr \rightarrow Name.$$

Aus der Liste der Attribute und der Aufzählung der FA sehen wir unmittelbar, daß {*Lieferantnr, Teilenr, Projektnr*} ein Schlüssel ist.

1. **Eliminierung ableitbarer FA**

   Die FA *Teilenr, Lieferantnr* → *Name* ist aus *Lieferantnr* → *Name* ableitbar (Erweiterungsregel, Zerlegungsregel) und kann entfernt werden.

2. **Gruppierung nach FA**

   Aus den verbliebenen FA bilden wir die Schemata

   R1 (*Lieferantnr*, *Name*, *Ort*),
   R2 (*Teilenr*, *Bezeichnung*, *Farbe*).

3. **Alleinstehende Attribute**

   Für das Attribut *Projektnr* fügen wir das Schema *R3* (*Projektnr*) hinzu.

4. **Sicherstellung der Verlustfreiheit**

   Da keines der bereits gebildeten Schemata einen Schlüssel des Ausgangsschemas enthält, erweitern wir das Datenbankschema um *R4* (*Lieferantnr*, *Teilenr*, *Projektnr*).

Zusammenfassung

Die Normalisierungstheorie für relationale Datenbanken befaßt sich mit dem Problem, wie eine Datenbank gegliedert sein muß, so daß die Daten möglichst problemlos verändert werden können. Probleme bei der Veränderung von Daten werden besonders durch Redundanz (Schema- und Instanzenredundanz) in der Datenbank verursacht. Deshalb ist die Normalisierung darauf ausgerichtet, Redundanz zu vermeiden. Wesentliche Bestandteile der Normalisierungstheorie sind die Normalformen und die Algorithmen, welche zur Erreichung der Normalformen angewandt werden können.

Eine Normalform ist eine allgemeine und formale Beschreibung eines zweckmäßigen Tabellenaufbaus. Die Normalisierungstheorie hat verschiedene Normalformen entwickelt, von denen die BCNF die bekannteste und wichtigste ist. Die BCNF ist eine Variante der dritten Normalform. In einem zweckmäßigen Datenbankschema erfüllen alle Tabellen die BCNF oder eine andere Variante der dritten Normalform. Allerdings ist die Erfüllung der BCNF noch keine Garantie für ein zweckmäßiges Schema. Zusätzlich verlangen wir vom Schema noch die Eigenschaften Verlustfreiheit, Abhängigkeitserhaltung und Vereinigung zusammengehöriger Attribute.

Normalisierungsalgorithmen erhalten als Eingabe die Menge aller Attribute der Datenbank und die Menge der funktionalen Abhängigkeiten zwischen diesen Attributen. Sie erzeugen daraus ein Datenbankschema mit den gewünschten Eigenschaften.

3.4.3 Prinzipien der ER-Modellierung für redundanzfreie Datenbanken

Wir wollen uns nun der Frage zuwenden, inwieweit die relationale Normalisierungstheorie uns bei der ER-Modellierung helfen kann. Ein möglicher Ansatz wäre, sowohl die Normalformen als auch die Normalisierungsalgorithmen der Theorie unverändert zu nutzen. Man müßte hierzu zunächst alle Attribute des ER-Schemas und die FA zwischen ihnen zusammentragen und sie dann dem Normalisierungsalgorithmus zuführen. Das von ihm erzeugte Datenbankschema könnte man dann direkt einsetzen oder, falls weitere ER-Modellierung notwendig ist, in ein ER-Schema zurückverwandeln.

Obwohl dieser Ansatz durchführbar einscheint, halten wir ihn nicht für sinnvoll. Der Grund ist, daß er die besten Eigenschaften der ER-Methode außer Kraft setzt. Der Erfolg der ER-Methode hängt damit zusammen, daß die Schemakonstrukteure von Anfang an mit Begriffen arbeiten, die sie verstehen und das Schema Schritt für Schritt aus solchen Begriffen zusammensetzen. Die Objektarten und Beziehungsarten der Schemata sind genau die Dinge, die uns in der Fachsprache täglich begegnen. Wir haben bei der Diskussion der relationalen Normalisierungstheorie erkannt, daß normalisierte Tabellen in einem relationalen Schema ebenfalls solche Objekte der realen Welt repräsentieren, nicht jedoch unnormalisierte Tabellen. Lassen wir nun zu, daß Schemakonstrukteure von Anfang an Attribute beliebig zu Objekt- und Beziehungsarten zusammenfassen können, so laufen wir Gefahr, daß dabei Begriffe entstehen, die keine Objekte der realen Welt repräsentieren und deshalb nicht aussagefähig sind. Damit wird aber das gesamte ER-Schema unverständlich.

Deshalb bevorzugen wir einen anderen Ansatz. Wir verzichten auf die simultane Normalisierung des gesamten Schemas und gehen stattdessen punktuell vor. Objekt- und Beziehungsarten, welche nicht den Kriterien der Normalisierung entsprechen, werden unmittelbar zu aussagefähigen Konstrukten umgeformt. Auf diese Weise ist der Großteil des Schemas stets verständlich. In den meisten Fällen wird die Kenntnis der Anforderungen bereits die *Bildung* unnormalisierter Konstrukte verhindern.

An die Stelle der **globalen** Normalisierung, wie sie von der relationalen Theorie bekannt ist, setzen wir also eine **lokale** Normalisierung. Bezogen auf das ERM bedeutet lokale Normalisierung, daß jede Objektart und jede Beziehungsart für sich auf ihre Übereinstimmung mit einer (noch zu definierenden) ERM-adäquaten Normalform überprüft und, falls nötig, umgeformt wird.

Die lokale Anwendung von Normalformen auf ER-Konstrukte wird durch die Ähnlichkeit von Relationen- und ER-Modell sehr erleichtert. Die Objektarten des ERM und die Tabellen des Relationenmodells haben weitgehend dieselbe Gestalt. Beide haben, zumindest wenn wir von der in Kapitel 2 vorgestellten Fassung des ERM ausgehen, ungegliederte und einwertige Attribute, und beide sind mit einem Schlüssel ausgestattet.

Die Anwendung der Normalformen auf Beziehungsarten ist schwieriger, weil diese nicht mit Schlüsseln ausgestattet sind, Normalformen aber auf der Basis des Schlüsselkonzepts formuliert sind. Wir werden allerdings sehen, daß wir Hilfskonstrukte verwenden können, welche die Anwendung der Normalformen erlauben.

An die Stelle eines Normalisierungsalgorithmus treten bei der lokalen Normalisierung **Standardtransformationen**. Standardtransformationen beruhen auf einer Klassifikation ungünstiger Situationen. Für jede Situationsklasse (Situationsmuster) wird eine Umformung in allgemeiner Form formuliert. Wenn der Konstrukteur in seinem Entwurf eines dieser Muster erkennt, so muß er die dafür vorgeschlagene Umformung auf seine konkrete Situation beziehen und anwenden.

Mit dem Verzicht auf die globale Normalisierung ist jedoch noch eine bedeutsame Konsequenz verbunden. Während globale Normalisierung sicherstellen kann, daß das erzeugte Schema weder Schema- noch Instanzenredundanz aufweist, kann die lokale Normalisierung dies nicht leisten. Wir können zwar alle Konstrukte für sich normalisieren, aber damit beispielsweise nicht verhindern, daß ein und dasselbe Konstrukt im Schema mehrfach vorkommt. Ähnliche Probleme bereitet uns die Forderung nach Vereinigung zusammengehöriger Attribute. Lokale Normalisierung kann nicht sicherstellen, daß Zusammengehöriges auch stets in einem Konstrukt vereint ist.

Lokale Normalisierung alleine reicht also nicht aus, um redundanzfreie Schemata zu gestalten. Verlassen wir uns auf lokale Normalisierung, so müssen wir drei Einzelziele verfolgen, wenn wir ein insgesamt zweckmäßiges redundanzfreies Schema erhalten wollen:

- Alle Konstrukte müssen lokal unter Berücksichtigung der Verlustfreiheit und der Abhängigkeitserhaltung normalisiert werden (**Normalisierung**).
- Daneben müssen wir darauf achten, daß das Schema keine Komponenten enthält, die gegenüber den übrigen Komponenten keine zusätzliche Information enthalten; mit anderen Worten: es soll keine Schemaredundanz vorhanden sein. Wir wollen dieses Ziel die **Minimalität** des Schemas nennen.
- Schließlich sollen zusammengehörige Attribute auch **in einem Konstrukt vereinigt werden**.

Wir werden im folgenden diese drei Ziele noch präzisieren und diskutieren, wie sie erreicht werden können.

3.4.4 Ableitbare Schemakomponenten und Minimalität

Unter Minimalität des Schemas verstehen wir Absenz von Schemaredundanz. Eine Komponente (Attribut, Objektart, Beziehungsart) eines Schemas ist redundant, wenn sie gegenüber den übrigen Schemakomponenten keine zusätzliche Information bereithält.

Schemaredundanz hängt mit dem Begriff der ableitbaren Daten eng zusammen, ist jedoch keineswegs gleichbedeutend mit Ableitbarkeit. Es gibt nämlich eine Vielzahl ableitbarer Komponenten, welche gegenüber den originären Komponenten, aus denen sie abgeleitet wurden, zusätzliche Information vermitteln. Die meisten Beispiele aus Abschnitt 2.7 gehören zu dieser Kategorie. Allerdings sind auch viele ableitbare Komponenten entbehrlich. Wir wollen im folgenden die beiden Typen voneinander abgrenzen. Das Kriterium unserer Klassifizierung ist der Ursprung der Bedeutung, welche die betreffenden Komponenten für den Benutzer besitzen.

S-ableitbare Komponenten

Um diesen Typus näher zu beschreiben, greifen wir ein Beispiel aus Abschnitt 2.7 noch einmal auf. Dort hatten wir eine ableitbare Objektart *BewährterMitarbeiter* definiert und ihr mit der folgenden Anweisung eine Menge von Objekten zugewiesen:

$$
\begin{aligned}
&\mathit{BewährterMitarbeiter} := \\
&\{m \mid \mathit{Mitarbeiter}(m) \wedge m.\mathit{Alter} \geq 40 \wedge \\
&(\exists f)(\mathit{MF}(f) \wedge f{:}\mathit{Geförderter} == m)\}
\end{aligned}
$$

Die Grundlage dieser Zuweisung war eine Regel mit der Aussage, daß alle Mitarbeiter „bewährte Mitarbeiter" seien, die mindestens vierzig Jahre alt sind und mindestens ein Förderungsprogramm absolviert haben. „Bewährte Mitarbeiter" genießen einen besonderen Status und Privilegien, welche gewöhnliche Mitarbeiter nicht besitzen. Einem Datenbankbenutzer, der die Daten eines Mitarbeiters in der Objektart *BewährterMitarbeiter* findet, wird damit eine zusätzliche Information vermittelt. Diese zusätzliche Information findet ihren Ausdruck unter anderem in der Benennung dieser Objektart.

Komponenten dieser Art, denen eine Ableitungsregel zusätzliche Bedeutung verleiht, nennen wir **s-ableitbar** (ableitbar nach einer speziellen Ableitungsregel).

M-ableitbare Komponenten

Wir wollen nun unsere Annahmen ein wenig abändern, um einen zweiten Typus ableitbarer Komponenten kennenzulernen. Nehmen wir nun an, daß der Status eines „bewährten Mitarbeiters" in unserem Unternehmen nicht bekannt sei und deshalb auch keine diesbezügliche Regel existiere. Dies würde uns nicht hindern, eine Objektart abzuleiten, welche dieselben Objekte enthielte wie *BewährterMitabeiter.* Wir würden hierfür dieselbe Abfrage benutzen wie in der ersten Version unseres Beispiels. Aber nun wäre *BewährterMitarbeiter* sicherlich kein geeigneter Name für die abgeleitete Objektart. Ohne die spezielle Regel bezüglich der „bewährten Mitarbeiter" hätte die ableitbare Schemakomponente auf der linken Seite der Zuweisung keine Bedeutung über jene hinaus, welche durch die Abfrage auf der rechten Seite ausgedrückt wird. Und diese Bedeutung resultiert aus der Bedeutung der darin aufgeführten Daten und der angewandten Operationen der Abfragesprache. Da ERC eine deskriptive Sprache ist, ist die Bedeutung der Abfrage auf einen Blick erkennbar. Ein zutreffender Name für die abgeleitete Objektart wäre demnach: *MitarbeiterDerMindestensVierzigIstUndMindestensEinFörderungsprogrammAbsolviertHat.* Dies ist sicherlich etwas unhandlich, aber selbst wenn wir *X* als Bezeichnung nähmen, hätten wir doch niemals Probleme, die Bedeutung der ableitbaren Komponente zu erkennen, da sie vollständig aus der Abfrage hervorgeht.

Es gibt sehr viele Möglichkeiten, ableitbare Daten dieser zweiten Art zu definieren. Nur ein Bruchteil davon ist sinnvoll und nützlich. Welche Operationen im Rahmen einer solchen Ableitung anwendbar sind, hängt von den einbezogenen originären Daten und von der Syntax der Datenbanksprache ab. Beispielsweise können zwei Attributwerte vom Typ Ganzzahl miteinander multipliziert werden, zwei Zeichenketten dagegen nicht. Die Regeln der Datenbanksprache bilden damit einen Rahmen für mögliche Ableitungen. Anders ausgedrückt: sie stellen **Meta-Ableitungsregeln** dar. Dementsprechend bezeichnen wir Daten, welche nur auf der Basis dieser

Regeln abgeleitet werden und nicht auf der Basis spezieller Ableitungsregeln, als **m-ableitbar**.

Bitte beachten Sie, daß auch Schemaredundanzen in Form doppelt vorhandener Schemakomponenten als m-ableitbare Daten aufgefaßt werden können. Die Zuweisungen sind in diesen Fällen sehr einfach. Haben wir z.B. zwei Objektarten *Mitarbeiter* und *Personal* gleichen Inhalts in unserem ER-Schema, so können wir mit Hilfe der Zuweisung

$$Mitarbeiter := \{p \mid Personal(p)\}$$

die erste aus der zweiten gewinnen.

Behandlung ableitbarer Daten

Wie sollen ableitbare Daten in der konzeptuellen Datenmodellierung behandelt werden? M-ableitbare Daten sind, wenn man die Semantik der Abfragesprache als allgemein bekannt betrachtet, redundant und können ohne Informationsverlust aus dem Schema entfernt werden, da jeder Benutzer der Datenbank, der die Abfragesprache beherrscht, sie nach Bedarf zusammenstellen kann. Hinzu kommt, daß sich ernsthafte Integritäts- und Änderungsprobleme für den Datenbankbetrieb ergäben, wenn wir m-ableitbare Daten wie originäre Daten behandelten.

Die Antwort im Fall s-ableitbarer Daten muß differenziert ausfallen. Grundsätzlich können sie nicht ohne Informationsverlust entfernt werden, weil sie Informationen enthalten, welche über die der originären Daten und der Semantik der Datenbankoperationen hinausgehen. Zwei grundsätzliche Alternativen bieten sich an:

- Sie können ganz weggelassen werden, was einen Verzicht auf die zusätzliche Information bedeutet.
- Sie können zusammen mit den Ableitungsregeln bzw. Zuweisungen in das konzeptuelle Schema aufgenommen und damit als s-ableitbar gekennzeichnet werden.

Welche der Alternativen wir wählen, hängt vom Zweck des Informationssystems ab, für das wir Datenmodellierung betreiben. Soll es Schlüsse aus originären Daten, also **Deduktionen**, erlauben, so werden wir Wert auf eine komplette Sammlung von Ableitungsregeln legen. In diesem Fall werden wir alle wichtigen s-ableitbaren Daten aufnehmen. Modellieren wir dagegen für ein klassisches Informationssystem, das vorwiegend auf die Wiedergewinnung der gespeicherten Fakten ausgelegt ist, so bietet sich die erste Alternative an. Möglich ist aber auch eine gemischte Strategie: die s-ableitbaren Daten, deren Ableitungsregeln allgemein bekannt sind, werden weggelassen, andere, welche spezielles Wissen erfordern, werden aufgenommen.

3.4.5 Wie erreicht man Minimalität?

Die Hauptschwierigkeit im Umgang mit m-ableitbaren Komponenten ist, sie zu finden. Hat man sie erst einmal entdeckt, so ist es nicht schwierig, sie zu entfernen. Wir wollen im folgenden einige häufig auftretende Formen vorstellen und Methoden zu ihrer Vermeidung diskutieren. Patentlösungen können wir allerdings nicht anbieten. Manchmal hilft dem Konstrukteur aber bereits die Kenntnis, was alles an Fehlern möglich ist, um sie zu vermeiden.

Mehrfach vorkommende Schemakomponenten

Dies ist eine triviale und trotzdem häufige Form m-ableitbarer Daten. Sie ist mit Hilfe von Werkzeugen leicht aufzudecken, wenn die mehrfach vorkommenden Komponenten dieselben Bezeichnungen tragen. Leider ist dies die Ausnahme. Meist werden solche überflüssigen Komponenten ins Schema eingebracht, wenn mehrere Entwicklungsteams an einem großen Datenschema arbeiten. Ein und derselbe Begriff wird dann u.U. mit verschiedenen Namen bedacht, so daß bei der Verschmelzung der Teilschemata die Identität nicht auffällt.

Im Fall mehrfach vorkommender Objektarten ist maschinelle Hilfe in den Fällen möglich, in denen die Redundanz durch Beziehungsarten zwischen den inhaltsgleichen Objektarten explizit gemacht wurde. In Abb. 3.4-5 deuten die Kardinalitäten der Beziehungsart *PM* darauf hin, daß es sich bei *Personal* und *Mitarbeiter* um inhaltsgleiche Konzepte handelt. Einem Objekt der Art *Personal* ist genau ein Objekt der Art *Mitarbeiter* zugeordnet und umgekehrt.

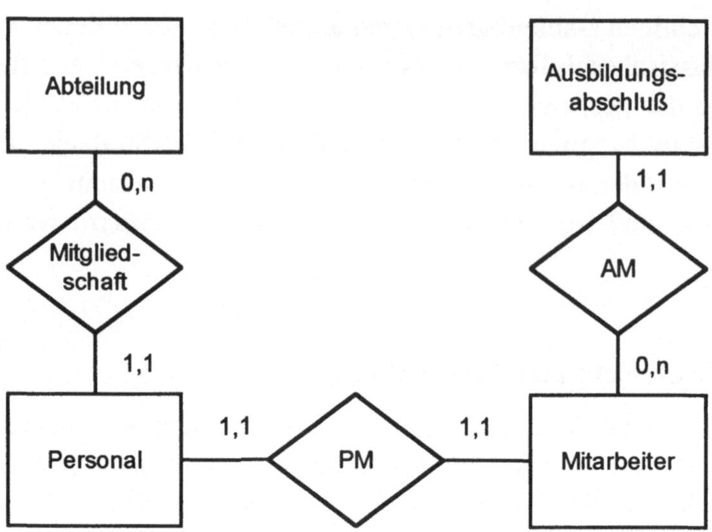

Abb. 3.4-5: Redundanz bei Objektarten

Schwieriger ist es, inhaltsgleiche Beziehungsarten aufzudecken. Hier sind wir auf Indizien angewiesen. Ein erstes, schwaches Indiz liegt bereits vor, wenn zwischen zwei Objektarten mehrere Beziehungsarten definiert sind. Der Verdacht auf Redundanz verstärkt sich, wenn diese Beziehungsarten identische Kardinalitäten aufweisen. Letztlich kann jedoch nur eine inhaltliche Prüfung der Beziehungsarten Gewißheit verschaffen.

Kurzschlüsse

Kurzschlüsse sind m-ableitbare, d.h. redundante Verkettungen von Beziehungsarten. Von **Verkettung** sprechen wir, wenn aus einer Kette von Beziehungsarten, die zwei Objektarten verbindet, eine direkte Verbindung zwischen diesen Objektarten hergestellt wird. In Abb. 3.4-6 ist *R3* das Resultat einer Verkettung von *R1* und *R2*. Hat *R3* keine weitere Bedeutung, als den Aufträgen die Artikel zuzuordnen, die über die Kette aus *R1* und *R2* ebenfalls zugeordnet werden können, so ist *R3* redundant und, in unserer Terminologie, ein Kurzschluß.

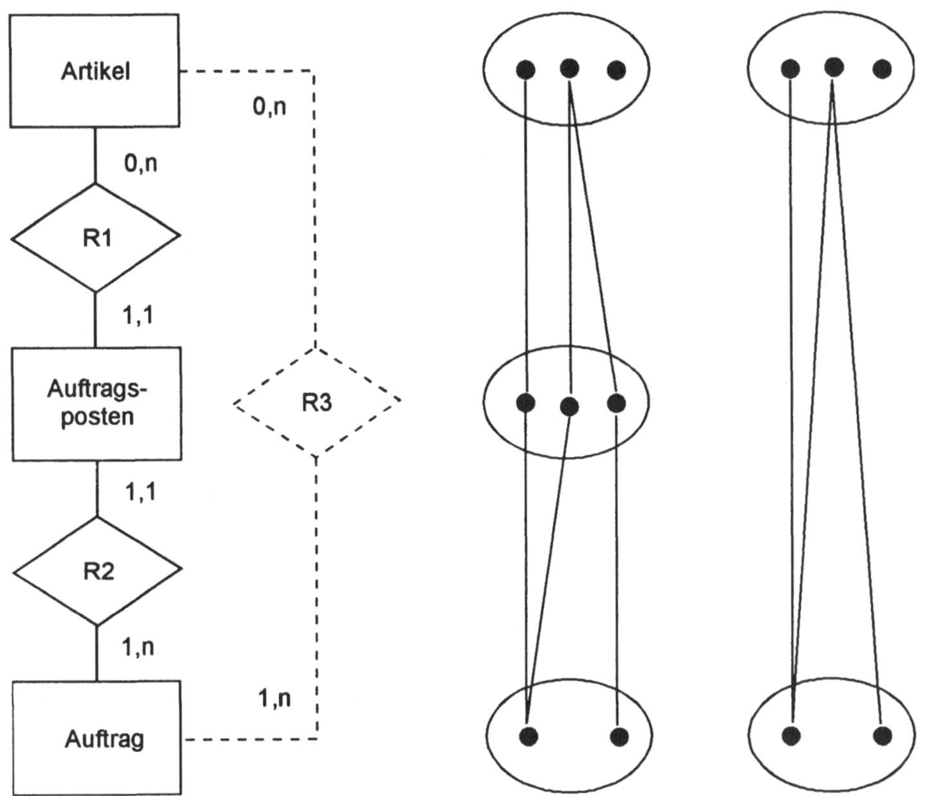

Abb. 3.4-6: Zyklus mit Kurzschluß

Kurzschlüsse gelangen unter Umständen ohne Absicht der Konstrukteure in ein Schema, besonders wenn die Entwicklung arbeitsteilig geschieht. Abb. 3.4-7 zeigt, wie aus zwei Teilschemata, welche beide für sich kurzschlußfrei sind, durch Verschmelzung ein Schema mit Kurzschluß entsteht. Es ist keine einfache Aufgabe, solche Kurzschlüsse aufzudecken.

Ein erster Hinweis auf einen Kurzschluß ist ein **Zyklus** im Schema. Von einem Zyklus wollen wir sprechen, wenn Objekt- und Beziehungsarten im Schema so miteinander verbunden sind, daß man von einer Objektart ausgehend den Beziehungsarten so folgen kann, daß man schließlich wieder bei dieser Objektart ankommt.

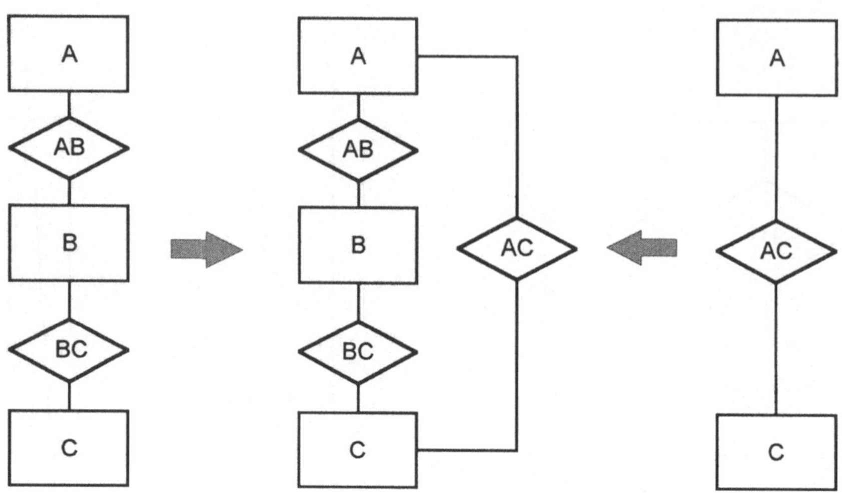

Abb. 3.4-7: Kurzschluß als Folge einer Schemaverschmelzung

Allerdings ist ein Zyklus kein Beweis für einen Kurzschluß. Zwar gibt es Kurzschlüsse nur in Verbindung mit Zyklen, aber nicht jeder Zyklus wird durch einen Kurzschluß verursacht. Aber selbst wenn wir sicher sind, daß ein Zyklus einen Kurzschluß enthält, können wir nicht jede beliebige Beziehungsart daraus entfernen. Würden wir aus dem Schema in Abb. 3.4-6 nicht *R3*, sondern *R2* entfernen, so könnte die Information, zu welchem Auftrag ein bestimmter Auftragsposten gehört, nicht mehr rekonstruiert werden. Entfernten wir *R1*, so ginge die Information verloren, welche Artikel in die einzelnen Auftragsposten eingehen. Wir dürfen also nur den Kurzschluß entfernen, nicht aber eine der kurzgeschlossenen Beziehungsarten.

Eine sichere Methode, den Kurzschluß aufzufinden, ist eine **semantische Analyse**. Man muß hierzu nacheinander alle Beziehungsarten des Zyklus dahingehend prüfen, ob sie der Verkettung der übrigen Beziehungsarten im Zyklus entsprechen. Hierzu muß die Bedeutung aller Beziehungsarten bekannt sein. Weil diese Methode sehr aufwendig ist, wollen wir eine zweite vorschlagen, welche die semantische Analyse so ergänzen kann, daß der Aufwand zur Überprüfung vertretbar ist. Wir nennen sie die **restriktionsorientierte Überprüfung** (constraint-driven checking). Die restriktionsorientierte Überprüfung ist automatisierbar und kann deshalb gut in Entwurfswerkzeuge eingebettet werden. Als manuell anzuwendende Methode ist sie weniger geeignet.

Sie beruht auf der Tatsache, daß die Kardinalitäten der kurzgeschlossenen Beziehungsarten Einschränkungen darstellen, welche für den Kurzschluß ebenfalls gelten müssen. Wenn nun eine Beziehungsart im Zyklus dieselben Kardinalitäten hat, welche ein Kurzschluß an dieser Stelle hätte, so ist dies ein Hinweis darauf, daß die betrachtete Beziehungsart ein Kurzschluß sein kann. Mit Hilfe einer gezielten semantische Analyse dieser Beziehungsart kann man sich dann Gewißheit verschaffen.

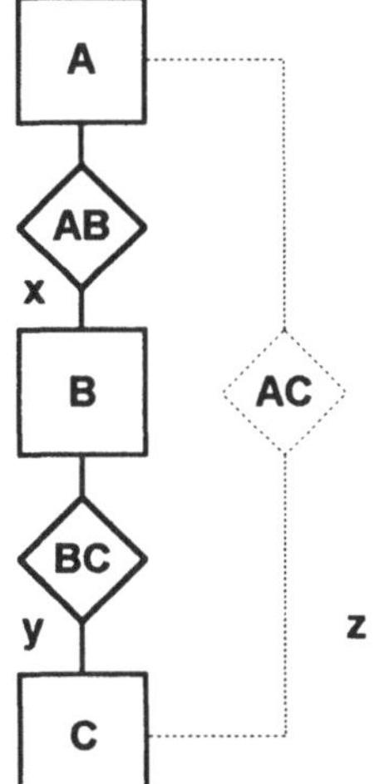

x \ y	0,1	1,1	0,n	1,n
0,1	0,1	0,1	0,n	0,n
1,1	0,1	1,1	0,n	1,n
0,n	0,n	0,n	0,n	0,n
1,n	0,n	1,n	0,n	1,n

Abb. 3.4-8: Kardinalitäten-Limit-Regel

Abb. 3.4-8 zeigt den Zusammenhang zwischen den Kardinalitäten der kurzgeschlossenen Beziehungsarten und des Kurzschlusses in tabellarischer Form für Ketten von zwei Beziehungsarten. Die Tabelle gilt für beide Richtungen der Kette Bei längeren Ketten kann sie mehrmals angewandt werden. Sie geht auf zwei Überlegungen zurück, von denen eine die Untergrenzen der Kardinalitäten betrifft, die andere die Obergrenzen.

Untergrenzen: Ist die Beteiligung von *C* an *BC* total und ist die Beteiligung von *B* an *AB* ebenfalls total, so ist auch die Beteiligung von *C* an *AC* total.

Falls nicht beide Beteiligungen an den originären Beziehungsarten total sind, so ist die Beteiligung von *C* an *AC* partiell.

Obergrenzen: Nimmt jedes *C*-Objekt an *BC* höchstens einmal teil, und nimmt jedes *B*-Objekt an *AB* höchstens einmal teil, so partizipiert auch jedes *C*-Objekt höchstens einmal an *AC*. Ist diese Bedingung nicht gegeben, so muß die Obergrenze mit *n* angesetzt werden.

In seltenen Fällen hat der Kurzschluß stärker einschränkende Kardinalitäten als jene, die sich aufgrund der Tabelle für ihn ergeben. Dies ist immer dann so, wenn für die direkte Verbindung zusätzliche Restriktionen zu beachten sind, welche in den Kardinalitäten der originären Beziehungsarten nicht zum Ausdruck kommen.

Wir nennen eine Kardinalität x stärker einschränkend als eine Kardinalität y, geschrieben $x \angle y$, falls die Menge der x genügenden Beziehungsmengen eine echte Teilmenge der Menge von Beziehungsmengen ist, welche von y zugelassen werden. Zwischen den möglichen Kardinalitäten gibt es eine partielle Ordnung der folgenden Art:

$$(1,1) \angle (0,1) \angle (0,n);$$

$$(1,1) \angle (1,n) \angle (0,n).$$

Angenommen, die Beziehungsart *B3* in Abb. 3.4-9 sei ein Kurzschluß der beiden anderen Beziehungsarten. Nach unserer Tabelle müßte *B3* auf der Seite von *Bestellposition* die Kardinalität (1,*n*) haben und nicht (1,1), wie abgebildet. Die Abweichung wird durch eine zusätzliche Restriktion verursacht, die in den Kardinalitäten von *B1* und *B2* nicht zum Ausdruck kommt, die aber nichtsdestoweniger das Zustandekommen der einzelnen Beziehungen dieser Beziehungsarten mitbestimmt. Sie lautet: Alle Bedarfsmeldungen, mit denen eine bestimmte Bestellposition verbunden ist, beziehen sich auf denselben Artikel.

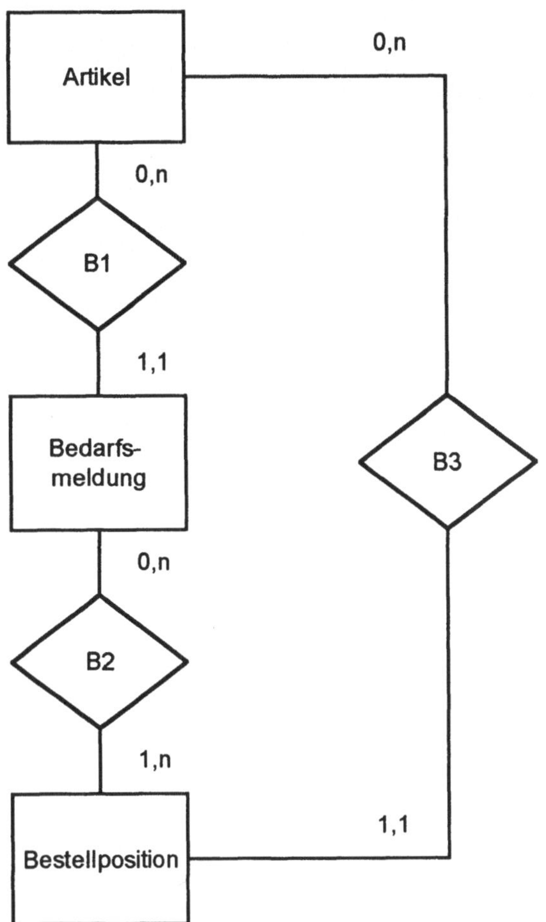

Abb. 3.4-9: Kurzschlußkardinalitäten beeinflußt durch zusätzliche Restriktion

Die Tabelle in Abb. 3.4-8 gibt also nur Grenzen für die Kardinalitäten des Kurzschlusses vor. Der tatsächliche Kurzschluß hat auf beiden Seiten mindestens so einschränkende Kardinalitäten wie die, die sich aus der Tabelle ergeben. Wir nennen deshalb die in der Tabelle verkörperte Berechnungsvorschrift die **Kardinalitäten-Limit-Regel**. Weil in den meisten Fällen aber die tatsächlichen Kurzschlußkardinalitäten und die nach der Tabelle ermittelten übereinstimmen, ist es sinnvoll, bei der Überprüfung zunächst jene Beziehungsarten näher zu untersuchen, bei denen die Kardinalitäten exakt mit jenen aus der Tabelle übereinstimmen. Wird dabei kein Kurzschluß gefunden, so können noch die übrigen untersucht werden, die stärker einschränkende Kardinalitäten besitzen.

Abb. 3.4-10 veranschaulicht das Vorgehen bei der restriktionsorientierten Überprüfung anhand des bereits aus Abb. 3.4-6 bekannten Beispiels. Nacheinander werden für alle Beziehungsarten die Kardinalitäten des Kurzschlusses an der entsprechenden Stelle ermittelt und mit den tatsächlichen Kardinalitäten verglichen. Lediglich bei *R3* liegt eine exakte Übereinstimmung vor. Die semantische Analyse von *R3* deckt nun auf, daß diese Beziehungsart tatsächlich ein Kurzschluß ist und aus dem Schema entfernt werden muß.

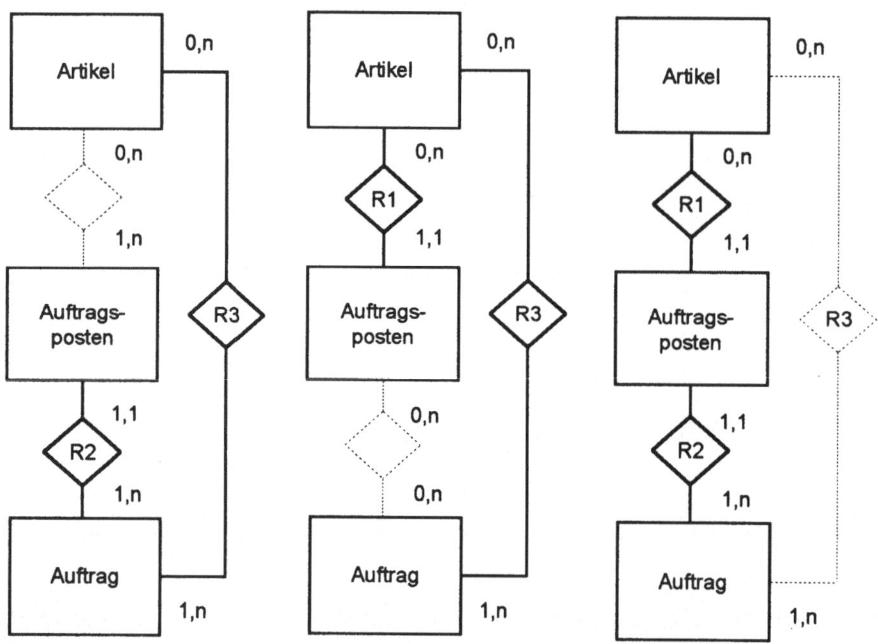

Abb. 3.4-10: Restriktionsbezogene Überprüfung eines Zyklus

Verkettungen bzw. Kurzschlüsse können in verschiedenen Formen auftreten. Von einer **rekursiven Verkettung** sprechen wir, wenn ihr Ergebnis eine rekursive Beziehungsart ist. Zwei Hauptvarianten können unterschieden werden:

- Die verketteten Beziehungsarten bilden einen Zyklus (Abb. 3.4-11). Wir sprechen in diesem Fall von einer **zyklischen Verkettung**.
- Die Verkettung benutzt dieselben Beziehungsarten in beiden Richtungen. Eine Verkettung dieser Art wollen wir **Vorwärts-Rückwärts-Verkettung** nennen. Die Verkettung einer einzigen Beziehungsart mit sich selbst ist ein spezieller Fall davon (Abb. 3.4-12).

In beiden Fällen beginnt und endet die Verkettung bei derselben Objektart. Nur in diesem Fall kann das Ergebnis eine rekursive Beziehungsart sein.

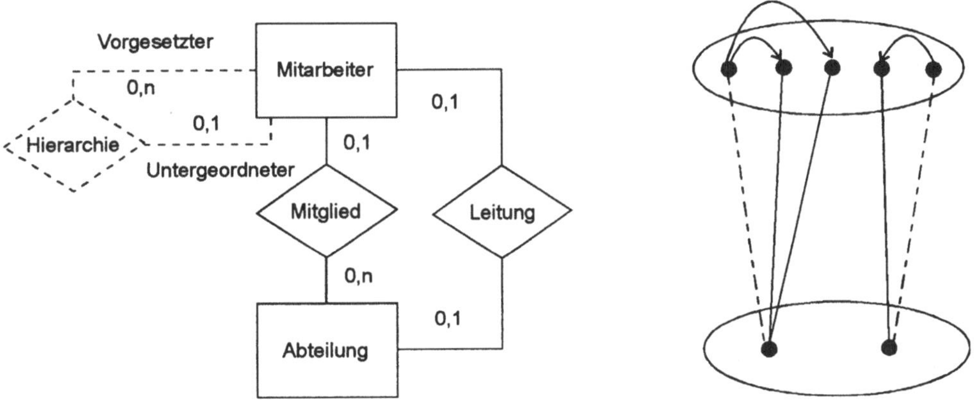

Abb. 3.4-11: Zyklische Verkettung

In Abb. 3.4-11 sind die Objektarten *Mitarbeiter* und *Abteilung* durch zwei parallele Beziehungsarten verbunden, die zusammen einen Zyklus bilden. In dem Instanzendiagramm auf der rechten Seite sind die Beziehungen der Art *Leitung* gestrichelt eingezeichnet, während Beziehungen der Art *Mitglied* in durchgezogenen Linien gezeichnet sind. Die Beziehungen der Verkettung *Hierarchie* sind als Pfeile dargestellt, die vom Vorgesetzten zu den untergeordneten Mitarbeitern weisen.

Bitte beachten Sie, daß *Hierarchie* kein Kurzschluß ist, sondern eine s-ableitbare Verkettung, denn daß der Leiter einer Abteilung dem normalen

Abteilungsmitglied vorgesetzt ist, ist eine zusätzliche Information, die nicht aus der Bedeutung der Verkettungsoperation und der verketteten Beziehungsarten hervorgeht. Allerdings darf man diese Information als allgemein bekannt voraussetzen, so daß man auf *Hierarchie* auch verzichten könnte.

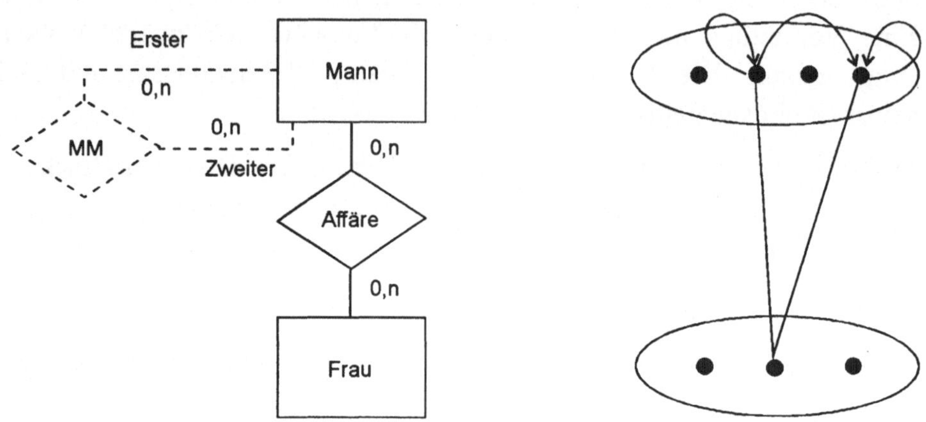

Abb. 3.4-12: Vorwärts-Rückwärts-Verkettung

Bei der Vorwärts-Rückwärts-Verkettung von Abb. 3.4-12 ist der Anfangspunkt die Objektart *Mann*. Die Verkettung geht zunächst in Richtung *Frau* und dann zurück zu *Mann*. Im Ergebnis *MM* sind Paare von Männern verbunden, die mit derselben Frau eine Affäre haben. Da eine in Vorwärtsrichtung benutzte Beziehung auch rückwärts begangen werden kann, ist jedes Objekt der Art *Mann*, das mit mindestens einem Objekt der Art *Frau* verbunden ist, innerhalb von *MM* auch mit sich selbst verbunden.

MM ist in diesem Beispiel nur eine Abkürzung für eine längere Benennung wie *PaareVonMännernDieMitDerselbenFrauEineAffäreHaben*. Zusätzliche Information ist damit offensichtlich nicht verbunden. *MM* ist also ein Kurzschluß. Wir könnten uns allerdings auch gut eine s-ableitbare Version dieser Verkettung vorstellen, mit der eine zusätzliche Bedeutung verknüpft ist. Beispielsweise könnten wir die Beziehungsart interpretieren als Paare von Männern, die (vorausgesetzt, sie sind nicht identisch) nicht zusammen zu einer Party eingeladen werden sollen.

Die Kardinalitäten-Limit-Regel kann grundsätzlich auch zur Bestimmung der Kardinalitäten rekursiver Verkettungen bzw. Kurzschlüsse eingesetzt werden. Jedoch ist die restriktionsorientierte Überprüfung hierbei weit weniger effizient als im nichtrekursiven Fall. Zwar könnte von einem Werkzeug leicht festgestellt werden, ob eine rekursive Beziehungsart als zyklische Verkettung oder Vorwärts-Rückwärts-Verkettung anderer Beziehungsarten zustandegekommen sein könnte, jedoch gibt es in einem größeren Schema hierfür so viele Möglichkeiten, daß die Auswahlkraft solcher Hinweise recht gering wäre.

Projizierte Attribute

Die Werte der Attribute, die für eine Objektart definiert sind, sind ihren Objekten eindeutig zugeordnet. In einem Schema, das mehrere Objektarten enthält, gibt es unter Umständen eine weitere Möglichkeit, Objekten Attributwerte eindeutig zuzuordnen. Betrachten wir hierzu das Schema in Abb. 3.4-13. Über die Beziehungsart *R2* ist aufgrund der Kardinalität auf der Seite von *Mitarbeiter* jedem Objekt aus *Mitarbeiter* ein Objekt aus *Abteilung* eindeutig zugeordnet. Dadurch lassen sich dem Mitarbeiter auch die Attribute seiner Abteilung eindeutig zuschreiben. Jeder Abteilung ist über die Beziehungsart *R1* ein Betrieb mit all seinen Attributen eindeutig zugeordnet. Hintereinandergeschaltet ergeben die beiden eindeutigen Zuordnungen wiederum eine eindeutige Zuordnung, so daß einem Mitarbeiter auch ein Betrieb und seine Attributwerte eindeutig zugeordnet sind. Attribute, deren Werte auf diese Weise über Beziehungsarten zugewiesen werden können, nennen wir indirekte Attribute oder mittelbare Attribute.

Definition indirektes Attribut: Ein Attribut *P* einer Objektart *A* gilt auch für eine Objektart *B*, wenn die *A*-Objekte den *B*-Objekten über eine Kette von Beziehungsarten eindeutig zugeordnet sind. *P* wird als indirektes (mittelbares) Attribut von *B* bezeichnet.

Weil nun indirekte Attribute über die Beziehungsartenkette zugewiesen werden können, ist es im Normalfall unnötig, sie bei mehr als einer Objektart als direktes Attribut zu definieren. In dem Schema von Abb. 3.4-13 ist das Attribut *Standort*, das ursprünglich dem *Betrieb* zukommt, auch in *Mitarbeiter* definiert. Da die Werte von *Standort* aber über die Beziehungsartenkette zwischen *Mitarbeiter* und *Betrieb* eindeutig zugewiesen werden können, ist die Definition in *Mitarbeiter* redundant und kann entfernt werden. Bitte beachten Sie, daß wir nicht etwa das Attribut in *Mitarbeiter* belassen und in *Betrieb* entfernen könnten. In diesem Fall könnten wir den Betrieben ihren Standort nicht mehr eindeutig zuordnen.

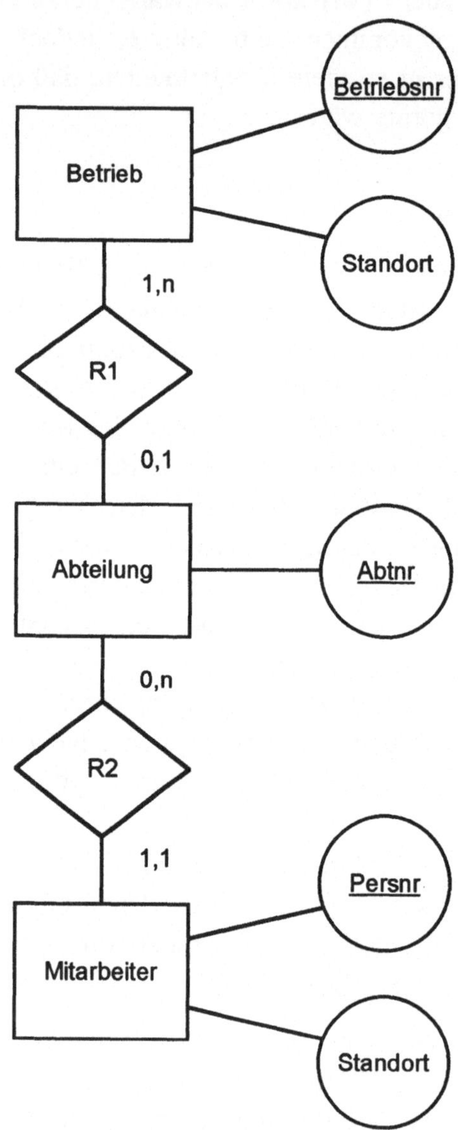

Abb. 3.4-13: Projiziertes Attribut *Standort* in *Mitarbeiter*

Redundante Attribute wie *Standort* in *Mitarbeiter* nennen wir **projizierte Attribute**. Abb. 3.4-14 zeigt ein weiteres Beispiel dieser Form von Schemaredundanz. Das Attribut *Flottennr* in *Schiff* ist dort ein projiziertes Attribut und entbehrlich. Es spielt hier keine Rolle, daß *Flottennr* in *Flotte* der Identifikator ist und kein sonstiges Attribut.

Fehler dieser Art unterlaufen häufig Konstrukteuren, welche bereits mit relationalen Datenbanken gearbeitet haben. Sie sind es gewohnt, Beziehungen zwischen Datenobjekten über Fremdschlüssel herzustellen. Die adäquate Art, Beziehungen im ER-Modell darzustellen, sind jedoch Beziehungsarten. Wird zusätzlich ein Fremdschlüssel aufgenommen, so ist dieser redundant.

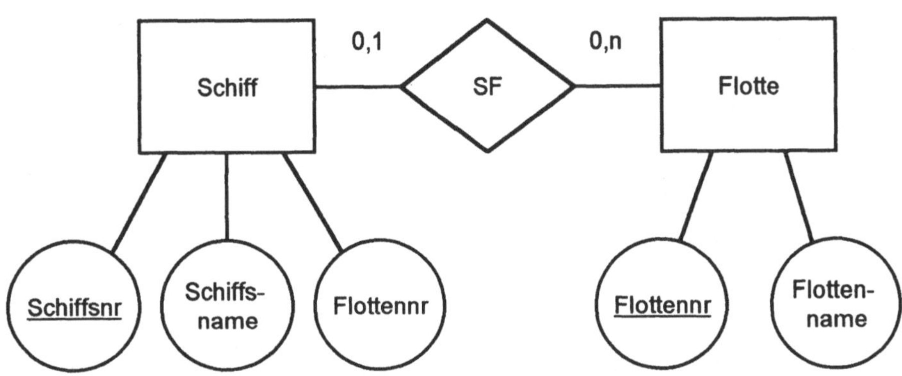

Abb. 3.4-14: Projiziertes Fremdschlüsselattribut *Flottennr* in *Schiff*

Die zweifache Definition eines indirekten Attributs kann jedoch toleriert werden, wenn es sich dabei um ein geborgtes Attribut in einem kombinierten Identifikator handelt. In Abb. 3.4-15 ist *Auftrnr* innerhalb von *Auftragsposition* ein projiziertes Attribut, weil es als Attribut von *Auftrag* über die Beziehungsart *AP* eindeutig zugeordnet werden kann. Da *Auftrnr* aber in *Auftragsposition* als Bestandteil des Identifikators gebraucht wird, kann es nicht von dort entfernt werden.

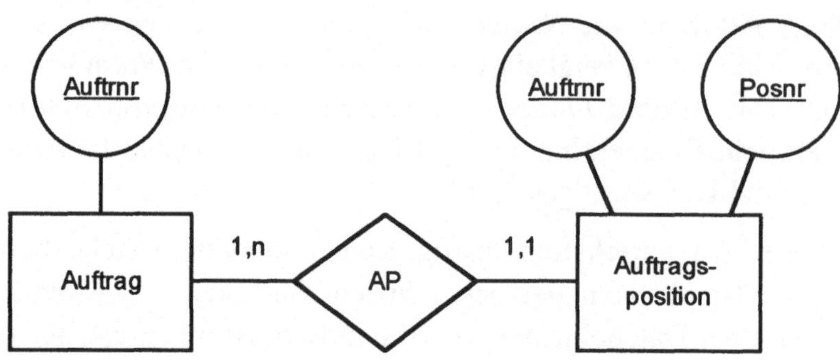

Abb. 3.4-15: Geborgtes Identifikatorattribut *Auftrnr* in *Auftragsposition*

Die Vererbung von Attributen in Teilmengenhierarchien stellt einen Spezialfall indirekter Attribute dar. Bekanntlich erbt jede Objektart, welche eine Teilmenge einer anderen Objektart repräsentiert, die Attribute dieser Objektart, einschließlich der Attribute, welche diese andere Objektart selbst geerbt hat. Werden nun Attribute, die bereits in einer Objektart definiert worden sind, in einer Teilmenge dieser Objektart nochmals explizit aufgeführt, so ist dieses zweite Auftreten offensichtlich redundant (Abb. 3.4-16).

Wie die Suche nach Kurzschlüssen auch, kann die Suche nach projizierten Attributen zwar maschinell unterstützt, jedoch nicht völlig automatisiert werden. Starke Indizien sind Attribute gleichen Namens in zwei Objektarten, von denen die eine der anderen über eine Kette von ein oder mehr Beziehungsarten eindeutig zugeordnet ist.

Haben indirektes und projiziertes Attribut zwar gleichen Inhalt, aber unterschiedliche Bezeichnungen, so führt eine Suche nach gleichnamigen Attributen natürlich nicht zum gewünschten Erfolgt. Indizien für solche Fälle könnten jedoch mit Hilfe eines Wörterbuchs aufgespürt werden, wobei nicht nur nach gleichen, sondern auch nach synonymen Bezeichnungen geforscht werden muß.

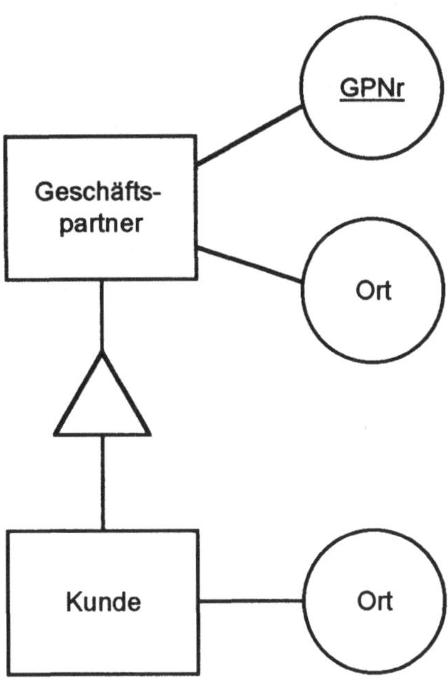

Abb. 3.4-16: Projiziertes Attribut *Ort* in *Kunde*

3.4.6 ER-Normalisierung

ER-Normalisierung, wie wir sie verstehen, ist lokal in dem Sinne, daß einzelne Konstrukte, die ungünstig aufgebaut sind, entdeckt und in zweckmäßiger geformte Konstrukte transformiert werden. Im Normalfall entstehen bei der Normalisierung aus einem Konstrukt zwei oder mehr neue Konstrukte, d.h., das ungünstig geformte Konstrukt wird *zerlegt*. Da das ungünstige Konstrukt vor der Umformung gewöhnlich mit anderen Konstrukten verbunden war, muß bei der Normalisierung noch entschieden werden, wie die neu entstandenen Konstrukte in das restliche Schema *einzubetten* sind. Zerlegung und Einbettung sollen so erfolgen, daß keine relevante Information verlorengeht und die herrschenden Abhängigkeiten auch sichergestellt werden können.

Als Grundlage der ER-Normalisierung brauchen wir Normalformen. Zwar sind im Rahmen der relationalen Normalisierungstheorie bereits Normalformen definiert worden, jedoch sind diese nicht direkt auf das ER-Modell anzuwenden. Außerdem benötigen wir Anleitungen zur Umformung von unzweckmäßig aufgebauten Konstrukten in Konstrukte, die den Normalformen genügen. Diese Anleitungen müssen sowohl Aussagen über die notwendige Zerlegung als auch die Einbettung der neuen Konstrukte enthalten. Wir werden im weiteren Verlauf dieses Abschnitts eine ER-Normalform definieren und dann beispielhaft eine Normalisierungstransformation beschreiben. Die vollständige Behandlung der Transformationen verschieben wir jedoch auf Kapitel vier.

Zunächst führen wir den Begriff des Konstrukt-Relationen-Schemas ein, der uns erlauben wird, die Normalformen der relationalen Datenbanktheorie auf die Objekt- und Beziehungsarten von ER-Schemata anzuwenden. Indem wir Konstrukt-Relationen-Schemata benutzen, verwandeln wir die Frage, ob ein ER-Konstrukt wohlgeformt ist, in die Frage, ob ein äquivalentes Relationenschema wohlgeformt ist.

Definition Konstruktrelationenschema: Das Konstruktrelationenschema *CRS*(*K*) eines Konstrukts *K* wird nach folgenden Regeln gebildet:

- Ist *K* eine Objektart, so enthält *CRS* (*K*) alle Attribute von *K*. Der Identifikator von *K* wird zum Primärschlüssel von *CRS* (*K*).
- Falls *K* eine Beziehungsart ist, übernimmt *CRS* (*K*) alle Attribute von *K* und als zusätzliche Attribute die Vereinigung der Identifikatoren aller Partizipanten. Gibt es unter den Identifikatorattributen solche mit gleichen Namen, so werden sie vor der Einverleibung in *CSR*(*K*) mit differenzierenden Namenszusätzen versehen. Eine Namensänderung ist nicht nötig, falls die Namensgleichheit durch „Borgen" des Attributs zustandegekommen ist. Geborgte Attribute werden jeweils nur einmal in *CRS(K*) aufgenommen. Der Primärschlüssel von *CRS*(*K*) besteht aus der Vereinigung der Identifikatoren einer identifizierenden Partizipantenkombination von *K*.

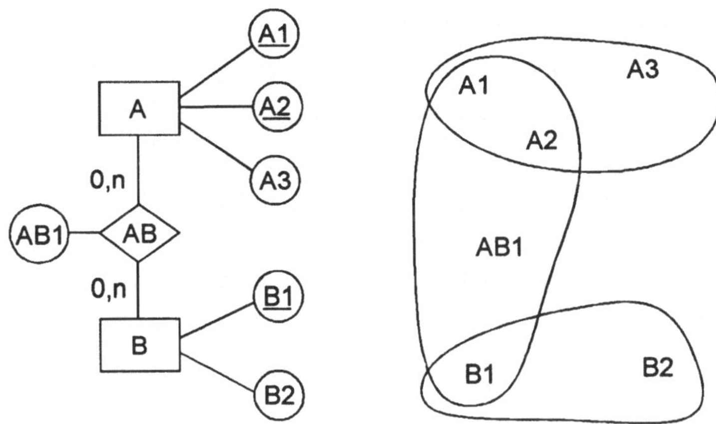

Abb. 3.4-17: ER-Schema (links) und CRS (rechts)

Beispiel: Dem ER-Schema auf der linken Seite von Abb. 3.4-17 entsprechen die CRS

CRS(*A*): *A* (*A1, A2*, *A3*)

CRS(*B*): *B* (*B1*, *B2*)

CRS(*AB*): *AB* (*A1, A2, B1*, *AB1*).

Die Konstruktrelationenschemata lassen sich mit **Hypergraphen** bildlich darstellen (rechter Teil der Abbbildung). Ein Hypergraph ist ein Graph, dessen Kanten aus Mengen von Knoten (hier Attributen) bestehen. Wir werden später eine erweiterte Form dieser Graphen benutzen, um Transformationen zu veranschaulichen.

Bevor wir den Begriff des CRS zur Definition einer Normalform verwenden, wollen wir noch einige Erläuterungen zu seiner eigenen Definition geben. Die üblichen Syntaxregeln für das ER-Modell verlangen Eindeutigkeit der Attributenamen nur innerhalb des Konstrukts. Bei der Formulierung allgemeiner Regeln zur Umformung in ein relationales Datenbankschema müssen wir deshalb davon ausgehen, daß identische Namen für zwei Attribute aus verschiedenen Konstrukten im allgemeinen nicht bedeuten, daß diese Attribute denselben Inhalt hätten. Weil dies auch für Identifikatorattribute gilt, müssen wir gleichnamige Identifikatorattribute von Partizipanten umbenennen, bevor sie dem Konstruktrelationenschema einverleibt werden.

In der Praxis wird Namensgleichheit aber häufig dazu verwendet, mit „geborgten Attributen" auch inhaltliche Übereinstimmung auszudrücken. In diesem Fall ist zumindest für Identifikatorattribute Namenseindeutigkeit über das gesamte Schema hinweg sinnvoll. In unseren Beispielen wollen wir voraussetzen, daß gleichnamige Identifikatorattribute stets dieselbe Bedeutung haben.

Die identifizierenden Partizipantenkombinationen einer Beziehungsart werden meist ausschließlich durch die Kardinalitäten bestimmt. Wenn wir die Beteiligungsinterpretation zugrundelegen, gibt es in dieser Hinsicht nur zwei Möglichkeiten: entweder sind zur Identifikation alle Partizipanten nötig oder ein einziger der Partizipanten reicht bereits aus. Der erste Fall tritt ein, wenn an allen Zweigen die Maximalkardinalität *n* ist. Ein einziger Partizipant reicht immer dann aus, wenn an seinem Zweig die Maximalkardinalität 1 ist, denn dann sind Beziehungen und Partizipantenobjekte einander eineindeutig zugeordnet. Manchmal existieren zusätzliche Abhängigkeiten zwischen Identifikatoren, so daß auch im ersten Fall bereits eine Teilmenge der Identifikatoren ausreicht.

Auf der Basis des Konstruktrelationenschemas können wir nun eine Normalform für ER-Konstrukte definieren, welche der BCNF der relationalen Theorie entspricht:

Definition ER-BCNF: Ein Konstrukt *K* ist in ER-BCNF, wenn *CRS*(*K*) in BCNF ist.

Beispiel: Abb 3.4-18 zeigt auf der linken Seite ein ER-Diagramm und auf der rechten Seite einen Hypergraphen, der die CRS des Schemas veranschaulicht. Wir benutzen den Hypergraphen hier auch, um die FA zwischen den Attributen zu zeigen. Die Identifikatoren von *Lieferant*, *Artikel* und *Projekt* sollen *L#*, *A#* und *P#* sein; *Preis* ist ein Attribut der Beziehungsart *LAP*. Aus den Kardinalitäten von *LAP* ergibt sich, daß alle drei Partizipanten identifizierend sind, so daß der Schlüssel von *CRS*(*LAP*) der Vereinigung {*L#*, *A#*, *P#*} aller Partizipantenidentifikatoren entspricht.

Offensichtlich ist *LAP* nicht in ER-BCNF, weil die FA {*L#*, *A#*} → {*Preis*} keinen Schlüssel für *CRS*(*LAP*) enthält.

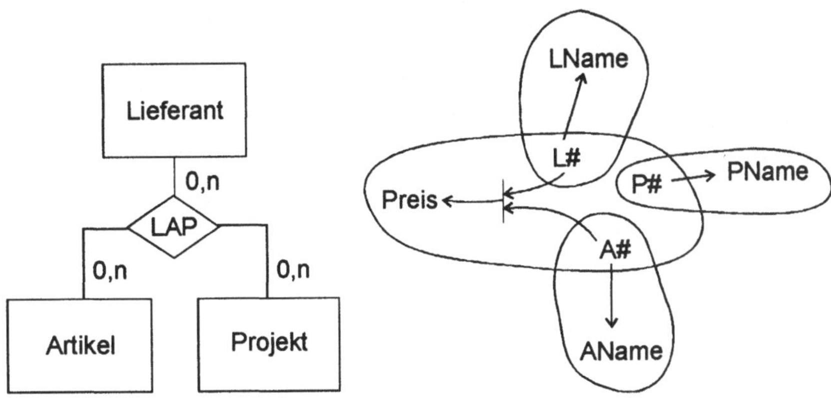

Abb. 3.4-18: Unnormalisiertes Schema

Abb. 3.4-19 zeigt, wie dieser Mangel behoben werden kann. Es wird eine zusätzliche binäre Beziehungsart *LA* zwischen *Lieferant* und *Artikel* definiert, die das Attribut *Preis* erhält. *LAP* verbleibt im Schema, jedoch ohne das Attribut. Ein Blick auf den Hypergraphen auf der rechten Seite zeigt, daß nun alle Konstrukte in ER-BCNF sind. *CRS*(*LAP*) weist nun überhaupt keine FA mehr auf, und die einzige *FA* innerhalb von *CRS*(*LA*) hat den Schlüssel {*L#*, *A#*} als Determinante.

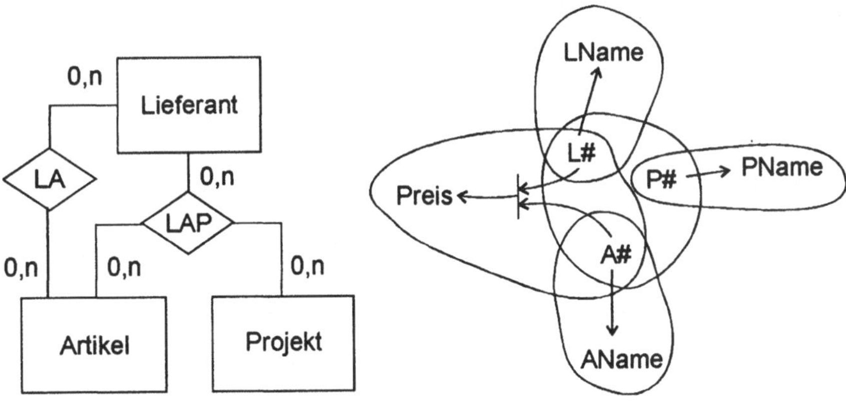

Abb. 3.4-19: Normalisiertes Schema

3.4.7 Vereinigung zusammengehöriger Konstrukte

Normalisierung bewirkt, daß ungünstig aufgebaute Konstrukte in solche mit zweckmäßigerem Aufbau zerlegt werden. Die Normalisierung kann jedoch nicht helfen, wenn ein Konzept, das eigentlich ein einziges Konstrukt darstellt, im Schema auf mehrere Konstrukte verteilt ist. Selbst wenn bei jedem einzelnen dieser Konstrukte die ER-BCNF eingehalten wird, sind die Folgen für das Schema insgesamt nachteilig. Zum einen leidet die Verständlichkeit des Schemas, zum anderen wird das später aus dem ER-Schema abgeleitete Datenbankschema u.U. schlechte Verarbeitungseigenschaften zeigen.

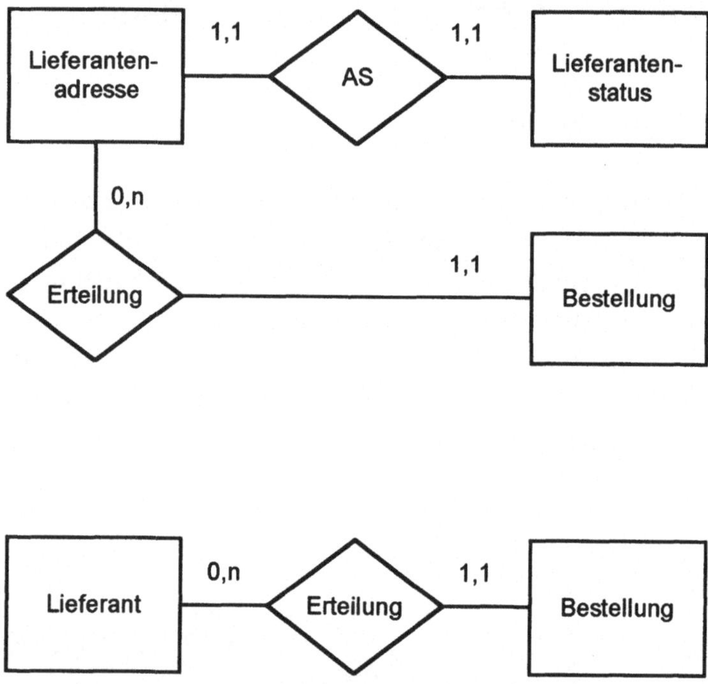

Abb. 3.4-20: Verstreute Objektart (oben) und Vereinigung (unten)

Im oberen Teil von Abb. 3.4-20 sind die Attribute der Objektart *Lieferant* auf zwei Objektarten *Lieferantenadresse* und *Lieferantenstatus* verteilt. Die beiden Objektarten sind durch eine Beziehungsart *AS* miteinander verbunden, die beiderseits totale Beteiligung und eindeutige Zuordnung vorsieht. Es ist offensichtlich, daß die Verständlichkeit unter dieser willkürlichen Aufspaltung leidet. Der *Lieferant* ist ein wesentlicher Begriff des Systems und der dazugehörigen Fachsprache, und er sollte deshalb auch im Schema erscheinen. Zudem trifft eine Beziehungsart zwischen *Lieferantenadresse* und *Bestellung*, welche die Erteilung einer Bestellung beinhalten soll, nicht den Kern der Dinge. Bestellungen werden von Lieferanten erteilt, nicht von Adressen. Das untere Schema der Abbildung ist hier deutlich aussagefähiger.

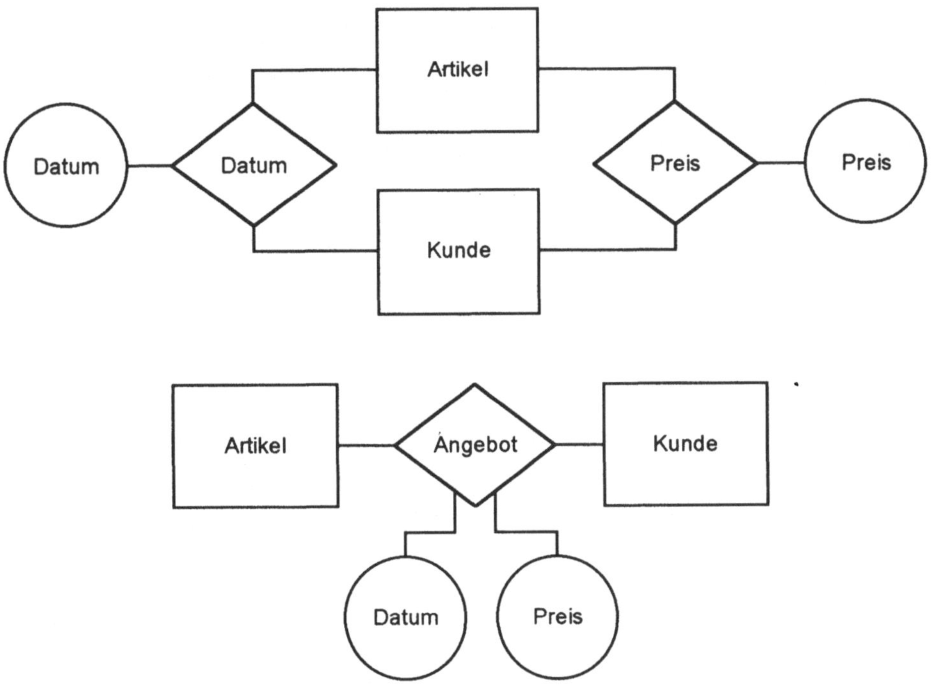

Abb. 3.4-21: Verstreute Beziehungsart (oben) und Vereinigung (unten)

Abb. 3.4-21 zeigt oben ein Schema, in dem eine Beziehungsart auf zwei einzelne Beziehungsarten verstreut ist. *Datum* und *Preis* sind jedoch nur Einzelaspekte des Angebots, so daß sie besser zu einer Beziehungsart *Angebot* zusammengefaßt werden sollten.

Wir wollen nun die Bedingungen, unter denen Konstrukte zusammengefaßt oder belassen werden sollen, noch etwas präzisieren, wenngleich scharfe Kriterien, wie sie in der relationalen Normalisierung vorliegen, nicht möglich sind. Grundsätzlich kann es sich bei zwei Begriffen nur dann um dasselbe Konstrukt handeln, wenn sie einander eineindeutig zuordenbar sind. Mit anderen Worten, die Zuordnung muß in beiden Richtungen eindeutig sein. Die Eineindeutigkeit der Zuordnung ist allerdings nur ein erster Hinweis auf verstreute Konstrukte. Es kommt auch auf den Grund der Eineindeutigkeit an. Bei verstreuten Konstrukten beruht sie auf einem Verhältnis, das sich entweder mit „*A* ist Teil von *B*" oder mit „sowohl *A* als auch *B* sind Teil von *C*" umschreiben läßt, wobei sich die Aussage auf einzelne Instanzen von *A*, *B* und *C* bezieht. Unsere beiden Beispiele gehören beide der zweiten Form an. Eine Instanz der Objektart *Lieferantenadresse* und eine der Art *Lieferantenstatus* bilden zusammen eine Instanz der Art *Lieferant*, je eine Instanz der Beziehungsarten *Datum* und *Preis* bilden zusammen eine Instanz von *Angebot*.

Falls es sich bei den betrachteten Konstrukten um Objektarten handelt, sind unter Umständen Beziehungsarten zwischen ihnen definiert, welche dieses besondere Verhältnis repräsentieren. In den meisten Fällen wird man sich jedoch nicht darauf verlassen können, daß die Bezeichnungen dieser Beziehungsarten unmißverständlich zum Ausdruck bringen, daß es sich eigentlich um ein und dasselbe Konstrukt handelt. Dies würde ja bedeuten, daß dem Konstrukteur der Fehler bewußt war. Im ersten Beispiel (Abb. 3.4-20) heißt die betreffende Beziehungsart *AS* anstatt, wie eigentlich angebracht, *Gehörtbeides_zu_Lieferant*.

In manchen Fällen existiert zwischen zwei Objektarten, welche durch eine eineindeutige Zuordnung verbunden sind, zusätzlich eine Beziehungsart, die andere Kardinalitäten aufweist. In Abb. 3.4-22 sind die Objektarten *Mitarbeiter* und *Abteilung* einander über die Beziehungsart *Leitung* eineindeutig zugeordnet, und diese Beziehungsart könnte auch als vom Typ „*A* ist Teil von *B*" interpretiert werden. Daß es sich trotzdem nicht um ein einziges Konstrukt handelt, macht die Beziehungsart *Mitglied* deutlich, die auf der Seite von *Abteilung* die Maximalkardinalität *n* hat.

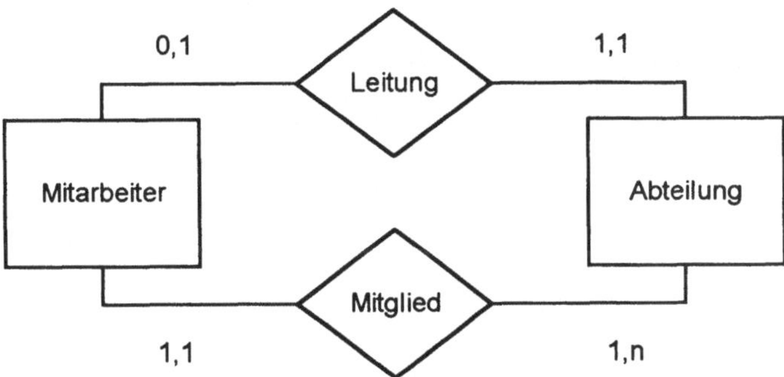

Abb. 3.4-22: Eineindeutige Zuordnung zwischen unterschiedlichen Konstrukten

Abschließend wollen wir den Fall verstreuter Konstrukte von einer anderen Form eineindeutiger Zuordnung abgrenzen. Diese beruht auf einer Teilmengen-Beziehungen, die nicht explizit als solche modelliert wurde. Wir können zwei Fälle unterscheiden: im ersten (Abb. 3.4-23, oben) ist eine Objektart eine Teilmenge der anderen, im anderen (unteres Schema) sind beide Objektarten Teilmengen einer dritten (hier *Geschäftspartner*). Das Verhältnis zwischen den verbundenen Objektarten, das hier auch durch entsprechende Beziehungsarten repräsentiert wird, läßt sich entweder mit „A ist ein B" (oberes Schema) oder mit „A ist auch B" umschreiben. Der zweite Fall kann im übrigen nur auftreten, wenn die beiden Teilmengen nicht disjunkt sind.

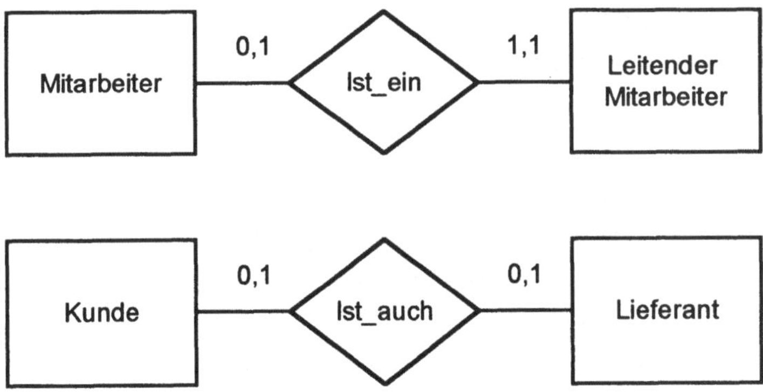

Abb. 3.4-23: Eineindeutige Zuordnungen in Verbindung mit Teilmengenbeziehungen

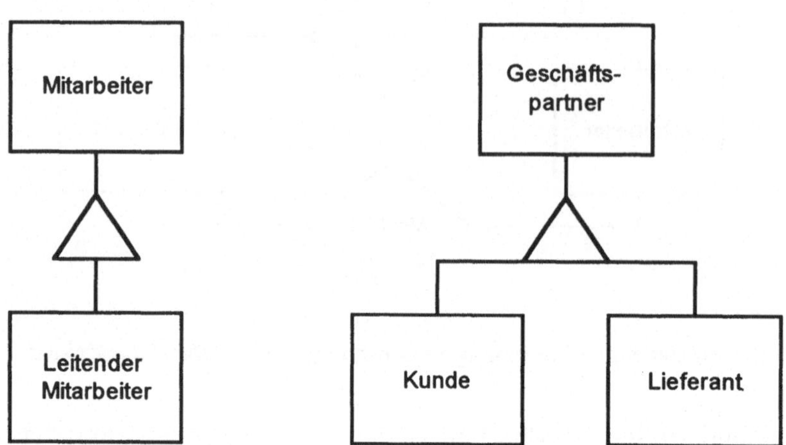

Abb. 3.4-24: Explizite Darstellung der Teilmengenbeziehungen

Obwohl es sich hierbei nicht um verstreute Konstrukte handelt, wollen wir die Schemata von Abb. 3.4-23 kurz diskutieren. Die getrennte Darstellung der Konstrukte in Verbindung mit der Tatsache, daß die Teilmengenbeziehungen nicht durch das dafür vorgesehene Symbol kenntlich gemacht wurden, birgt die Gefahr, daß daraus später ein ungünstiges, redundantes Datenbankschema abgeleitet wird. Erst die Verwendung des Teilmengensymbols mit der zugrundeliegenden Annahme der Vererbung macht die getrennte Darstellung der Konstrukte zweckmäßig. Wir ziehen deshalb die Schemata in Abb. 3.4-24 vor.

Behebung von Fehlern

Die Frage, ob zwei Konstrukte zusammengehören, läßt sich nicht maschinell beantworten, weil hierzu die Bedeutung der Konstrukte berücksichtigt werden muß. Indizien auf mögliche verstreute Konstrukte lassen sich jedoch maschinell gewinnen. Verdächtig sind insbesondere

- Objektarten, welche über eineindeutige Zuordnungen miteinander verbunden sind, insbesondere, wenn nicht eine andere Beziehungsart existiert, die keine eineindeutige Zuordnung begründet.

- mehrere Beziehungsarten zwischen denselben Objektarten mit identischen Kardinalitäten.

Solche Fälle lassen sich leicht mit Hilfe eines Werkzeugs aufspüren. Der Konstrukteur kann dann unter Berücksichtigung der Bedeutung der Konstrukte prüfen, ob sie tatsächlich zusammengefaßt werden müssen.

Wir wollen abschließend das vorgeschlagene Vorgehen zur Vereinigung zusammengehöriger Konstrukte mit dem Vorgehen vergleichen, das in den Normalisierungsalgorithmen angewandt wird. Diese orientieren sich an den FA und fassen alle Attribute, die von derselben Determinante abhängig sind, zu einer Tabelle zusammen.

Die Orientierung an eineindeutigen Zuordnungen zwischen Konstrukten in der ER-Modellierung ist im Kern nichts anderes. Sind zwei Objektarten einander eineindeutig zugeordnet, so sind sämtliche Attribute der einen Objektart vom Identifikator der anderen Objektart abhängig und umgekehrt. Häufig sind die Identifikatoren solcher Objektarten nur verschiedene Aufzählungen desselben Identifikators unter verschiedenen Namen, wie in dem Beispiel von Abb. 3.4-20. Beziehungsarten zwischen denselben Objektarten, welche identische Kardinalitäten aufweisen, haben in jedem Fall dieselbe identifizierende Partizipantenkombination.

Wenngleich das Hauptkriterium zur Vereinigung also dasselbe ist, gibt es doch auch wesentliche Unterschiede:

- Indem wir uns an den Zuordnungen zwischen Konstrukten orientieren und nicht an FA, können wir größere Einheiten betrachten; wir nehmen die Vogelperspektive ein.
- Die Zwangsläufigkeit, mit der bei der relationalen Normalisierung Attribute zusammengefaßt werden, fehlt bei der ER-Modellierung. Wir haben die Freiheit, zwei Konstrukte getrennt zu belassen, auch wenn sie einander eineindeutig zugeordnet sind.

3.5 Vollständigkeit und Genügsamkeit

Ein ER-Schema ist **vollständig**, wenn eine gemäß diesem Schema eingerichtete Datenbank alle Informationen speichern kann, die zum Einsatz des Informationssystems notwendig sind.

Die **Genügsamkeit** bildet einen Gegenpol zur Vollständigkeit, aber keinen Gegensatz. Während die Vollständigkeit den Mindestumfang des Schemas markiert, prägt die Genügsamkeit den Höchstumfang. Abb. 3.5-1 veranschaulicht die möglichen Beziehungen zwischen den beiden Zielen. Das Kästchen mit den durchgezogenen Linien repräsentiert das modellierte Schema, das gestrichelte ein fiktives Schema, das erlaubt, genau die relevanten Informationen zu speichern. Im Fall a) ist das modellierte Schema zwar genügsam, aber nicht vollständig. Fall b) zeigt ein vollständiges, aber nicht genügsames Schema, Fall c) ein Schema, das weder vollständig noch genügsam ist. Lediglich im Fall d) sind sowohl Vollständigkeit als auch Genügsamkeit gegeben.

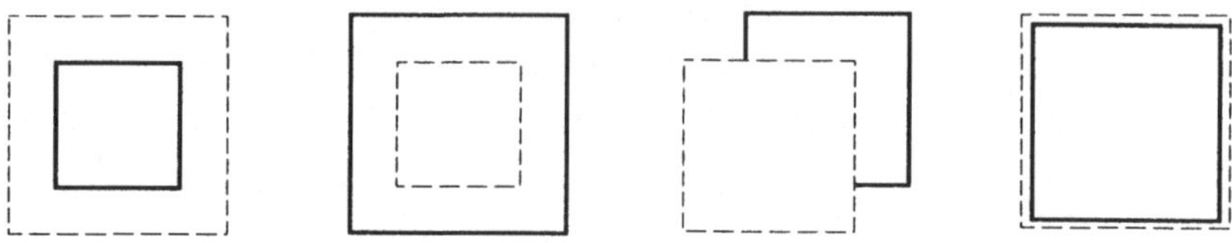

Abb. 3.5-1: Verhältnis zwischen Schema und relevanter Realität

Primär können wir Vollständigkeit und Genügsamkeit daran messen, inwieweit die Schemakomponenten vorhanden sind, um die relevante Information zu speichern. Allerdings spielt auch die Anordnung der Komponenten eine Rolle. Abb. 3.5-2 zeigt zwei Teilschemata aus einem Bibliothekssystem, die beide erlauben, Publikationen und ihre Sachgebiete zu speichern.

Während das linke Schema jedoch gestattet, Sachgebiete auch dann festzuhalten, wenn sich keine Publikation darauf bezieht, können in Verbindung mit dem rechten Schema nur solche Sachgebiete gespeichert werden, die bereits einer Publikation zugeordnet sind. Die Frage, welches der Schemata besser sei, läßt sich nur beantworten, wenn man den Informationsbedarf berücksichtigt. Wenn die Speicherung von Sachgebieten unabhängig von der Zuordnung zu Publikationen gewünscht wird, so ist das rechte Schema unvollständig. Es ist vollständig, falls eine solche Speicherung nicht notwendig ist. Das linke Schema ist in diesem Fall nicht genügsam.

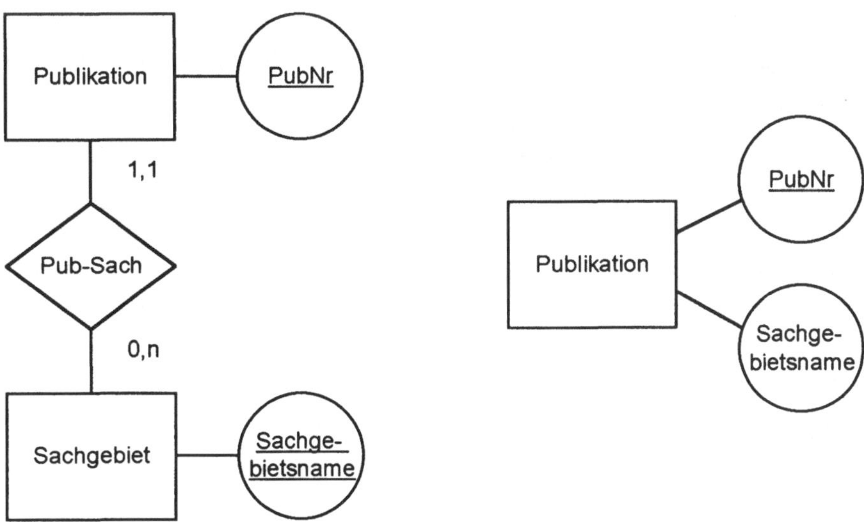

Abb. 3.5-2: Schemata mit unterschiedlichem Informationsgehalt

Ob ein Schema vollständig und genügsam ist, kann man nicht maschinell entscheiden. **Schemainspektionen** in der Gruppe helfen, grobe Verstöße gegen diese Ziele aufzudecken. Weitere Verstöße lassen sich durch **Geschäftsfallsimulationen** erkennen. Dabei werden Abfragen für die Informationen formuliert, die für die einzelnen Geschäftsfälle benötigt werden. Solche Abfragen können entweder direkt in einer ER-Sprache, wie ERC, formuliert werden, oder aber in SQL nach einer Übersetzung des ER-Schemas in ein relationales Datenbankschema. Unbeantwortbare Abfragen weisen dann auf Lücken bzw. Unvollständigkeit hin, nicht benutzte Schemakomponenten auf ein ungenügsames Schema.

Das wichtigste Instrument zur Herstellung von Vollständigkeit und Genügsamkeit ist die Kombination und Abstimmung mit Modellen, welche das System unter anderen Aspekten betrachten. Wir werden im fünften Kapitel näher darauf eingehen.

3.6 Verständlichkeit

Ein Schema ist verständlich, wenn es **übersichtlich** und **ausdrucksfähig** ist. Allerdings lassen sich diese beiden Eigenschaften nur beschränkt miteinander vereinbaren. Während Übersichtlichkeit durch Einfachheit, also durch möglichst wenig Schemakomponenten gefördert wird, läßt sich die Ausdrucksfähigkeit häufig durch die Aufnahme zusätzlicher Schemakomponenten steigern.

Da auch die Ziele Vollständigkeit und Genügsamkeit von der Menge der im Schema enthaltenen Komponenten berührt werden, ist eine Abgrenzung der Ausdrucksfähigkeit von diesen beiden Zielen angebracht. Während wir bei Vollständigkeit und Genügsamkeit danach fragen, ob die relevanten Daten des Informationssystems in die Datenbank aufgenommen werden können, orientieren wir uns bei der Ausdrucksfähigkeit daran, inwieweit das Schema dem Betrachter Auskunft über das Wesen der Datenobjekte und die Zusammenhänge zwischen ihnen vermitteln kann. Betrachter sind dabei zum einen alle an der Modellierung Beteiligten, zum anderen die späteren Benutzer der Datenbank, die sich anhand des Schemas über die Möglichkeiten zur Auswertung der Daten orientieren wollen.

Eine geeignete **Arbeitsteilung** zwischen ER-Diagramm und Textdarstellung (vgl. Kapitel 2) erlaubt, den genannten Konflikt zwischen Anschaulichkeit und Übersichtlichkeit beträchtlich zu entschärfen. Auch komplexe Schemata lassen sich in Textform komplett beschreiben. Mit Hilfe von individuell zusammengestellten ER-Diagrammen lassen sich beliebige Teile des Schemas den Benutzern übersichtlich präsentieren.

Das Diagramm selbst läßt sich durch geeignete **Anordnung** der Symbole übersichtlich gestalten:

- Verbindungslinien sollten nur horizontal oder vertikal verlaufen,
- Überkreuzungen von Linien sollten so weit wie möglich vermieden werden,
- der Abstand zwischen den Symbolen sollte nicht zu klein sein.

Das Ziel Übersichtlichkeit harmoniert mit dem Ziel Minimalität. Beispielsweise wird ein Schema sehr unübersichtlich, wenn alle möglichen Verkettungen von Beziehungsarten explizit aufgenommen werden. Im Diagramm sind dann die Verbindungslinien gewöhnlich nicht mehr kreuzungsfrei darstellbar.

Auf der anderen Seite ist Schemaredundanz nicht geeignet, die Ausdrucksfähigkeit zu fördern. Zwar könnte man argumentieren, die Aufnahme von Kurzschlüssen lasse z.B. auch indirekte Zusammenhänge hervortreten, jedoch ist dieser Vorteil nur scheinbar. Die Vielzahl von Verbindungen, die sich daraus ergibt, stiftet beim Betrachter nur Verwirrung. Werden redundante Beziehungsarten zugelassen, so kann sich der Betrachter niemals sicher sein, ob eine Beziehungsart originär ist oder nur das Ergebnis einer redundanten Verkettung. Entsprechendes gilt auch für alle anderen Formen der Schemaredundanz.

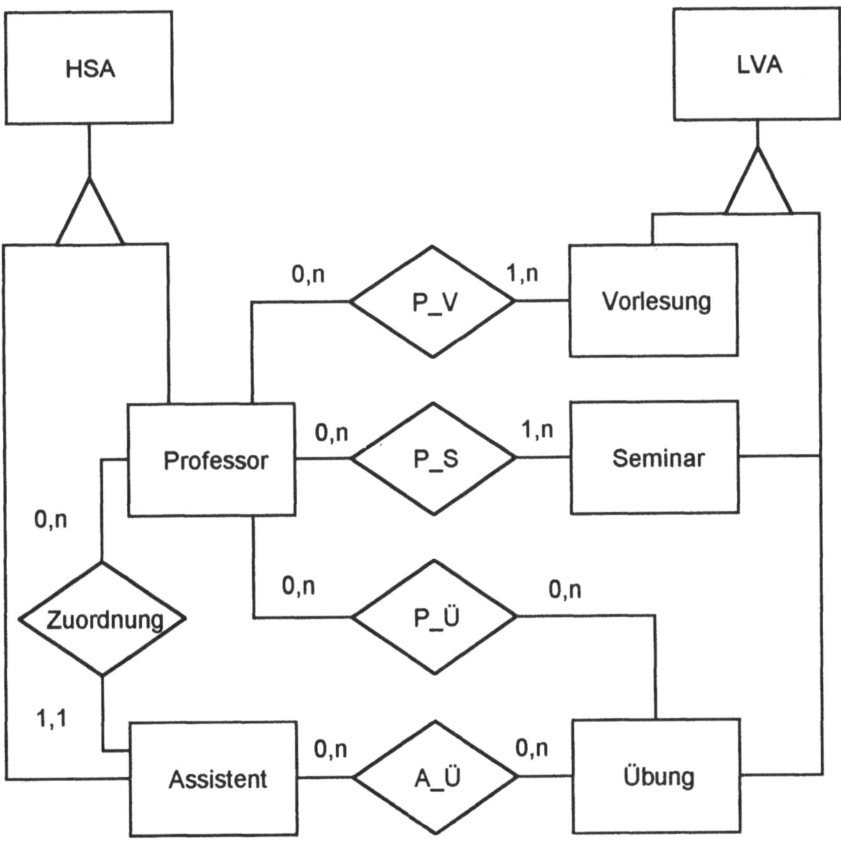

Abb. 3.6-1: Sehr ausdrucksfähiges Schema

Der Konflikt zwischen Übersichtlichkeit und Ausdrucksfähigkeit tritt am schärfsten bei der **Wahl des Abstraktionsniveaus** der Modellierung zutage. Je höher das Abstraktionsniveau, umso übersichtlicher wird das Schema und umso geringer wird die Ausdruckskraft. Die Abbildungen 3.6-1 bis 3.6-3 zeigen drei Darstellungen desselben Sachverhalts auf verschiedenen Stufen der Abstraktion. Obwohl alle drei Schemata vollständig sind, ist die Aussagekraft höchst unterschiedlich.

Beim Übergang vom ersten zum zweiten Schema gehen u.a. folgende Informationen verloren:

- Es gibt zwei Arten von Hochschulangehörigen, Professoren und Assistenten.
- Assistenten sind Professoren zugeordnet.
- Es gibt drei Arten von Lehrveranstaltungen, nämlich Vorlesungen, Seminare und Übungen.
- Vorlesungen und Seminare können nur von Professoren abgehalten werden, Übungen auch von Assistenten.

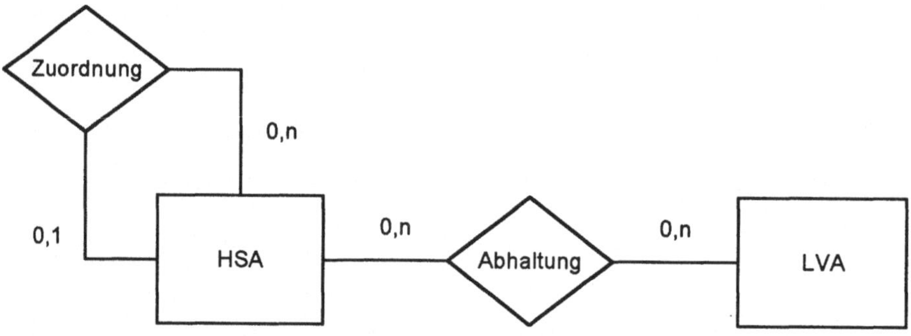

Abb. 3.6-2: Übersichtlicheres, aber weniger ausdrucksfähiges Schema

Zwar können wir im zweiten Schema in die Objektart HSA (Hochschulangehöriger) ein Attribut aufnehmen, das gestattet, verschiedene Arten von Hochschulangehörigen zu unterscheiden, jedoch sind aus dem Schema diese Arten nicht mehr ersichtlich. Aus der Beziehungsart *Zuordnung* zwischen *Professor* und *Assistent* muß im zweiten Schema eine rekursive Beziehungsart werden. Damit geht die Information verloren, daß an einer solchen Beziehung stets ein Assistent und ein Professor beteiligt sind, und daß *jeder* Assistent einem Professor zugeordnet ist. Der Verlust läßt sich zwar kompensieren, wenn stattdessen eine diesbezügliche Integritätsbedingung formuliert wird, jedoch erweckt eine solche Bedingung weit weniger die Aufmerksamkeit des Betrachters, als die Modellierung des Sachverhalts im ersten Schema dies kann.

Das dritte Schema (Abb. 3.6-3) ist auf dem höchsten Abstraktionsniveau, das in der ER-Modellierung überhaupt möglich ist. Das Diagramm gibt dem Betrachter keinerlei Information, weil es für jedes System zutrifft. Spezielle Informationen über das modellierte System kann man hier nur aus der Auflistung der Attribute und der Integritätsbedingungen gewinnen. Aber auch dort schlagen sich Unterschiede zwischen Datenobjekten bestenfalls in Artenkennzeichen nieder, deren Ausprägungen aus dem Schema nicht erkenntlich sind.

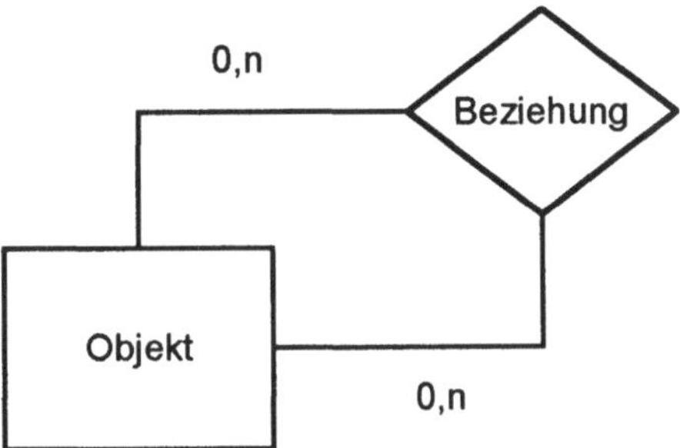

Abb. 3.6-3: Sehr übersichtliches, aber wenig ausdrucksfähiges Schema

Während die dritte Lösung wohl von den meisten Betrachtern als unpassend empfunden wird, ist die Entscheidung für eine der anderen beiden nicht so einfach. Am besten wäre, je nach Bedarf den Entwurf auf dem höheren oder dem niedrigeren Abstraktionsniveau betrachten zu können. Wenn das Schema auf dem niedrigeren Niveau modelliert wurde, ist es möglich, die Überführung in ein höheres Niveau zu automatisieren. Voraussetzung ist, daß auch die Begriffe der höheren Abstraktionsebenen im Rahmen von Teilmengenhierarchien berücksichtigt wurden. Mit der Unterstützung eines

Werkzeugs kann der Betrachter dann das Schema in verschiedenen Abstraktionsniveaus abrufen.

Die Abbildungen 3.6-4 und 3.6-5 zeigen die **Einebnung** einer zweistufigen Teilmengenhierarchie. Die Objektart der oberen Ebene übernimmt dabei die Attribute und Beziehungsarten der unteren Ebene. Für Attribute, die in der unteren Ebene als *not null* deklariert sind, müssen nach der Einebnung Nullwerte zugelassen werden. Analog müssen die Untergrenzen der Kardinalitäten der übernommenen Beziehungsarten von 1 in 0 umgewandelt werden.

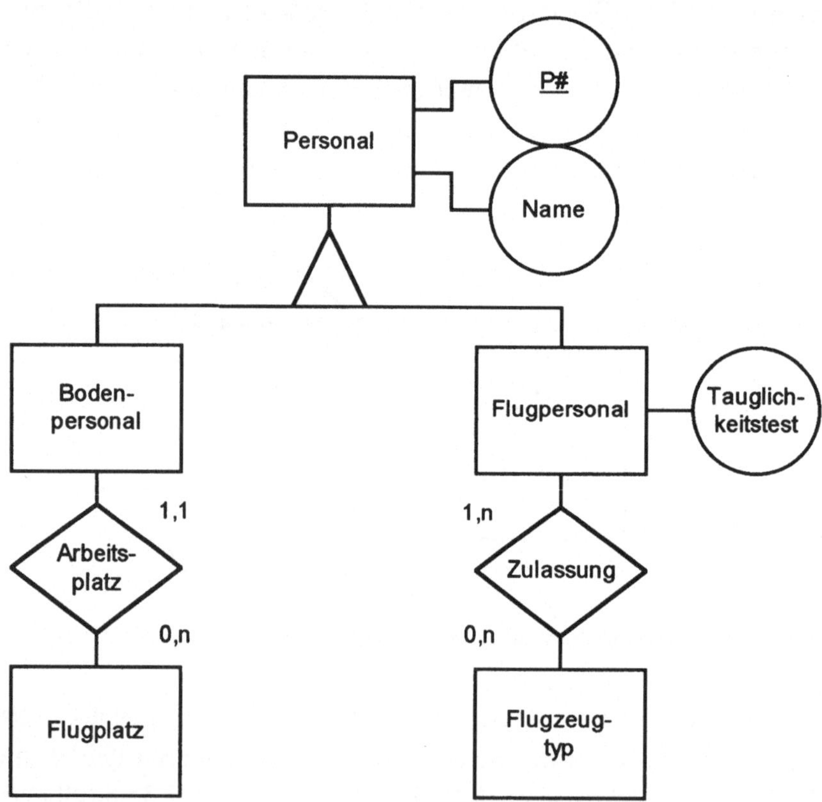

Abb. 3.6-4: Schema mit Teilmengenhierarchie

Ein zusätzliches Attribut *Art* in *Personal* erlaubt die Unterscheidung von Boden- und Flugpersonal zwar nicht im Schema, aber bei den einzelnen Objekten. Dieses Artenkennzeichen kann dazu benutzt werden, die bei der

Übernahme der Attribute und Beziehungsarten verlorengegangenen Einschränkungen durch Integritätsbedingungen zu ersetzen. Für das Flugpersonal sind dies die folgenden beiden, in ERC formulierten Bedingungen:

$$(\forall p)\ (\mathit{Personal}\ (p)\ \wedge\ p[\mathit{Art}] = „F“\ \rightarrow\ p[\mathit{Tauglichkeitstest}] \neq \mathit{null}),$$

$$(\forall p)\ (\mathit{Personal}\ (p) \wedge p[\mathit{Art}] = „F“\ \rightarrow (\exists z)\ (\mathit{Zulassung}\ (z) \wedge z{:}\mathit{Personal} == p)).$$

Ein einziges Artenkennzeichen reicht nur aus, falls die übernommenen Teilmengen disjunkt sind. Bei überlappenden Teilmengen empfiehlt es sich, für jede der Teilmengen ein separates Attribut in die Obermenge aufzunehmen, das die Werte true oder false bzw. „trifft zu“ oder „trifft nicht zu“ annehmen kann.

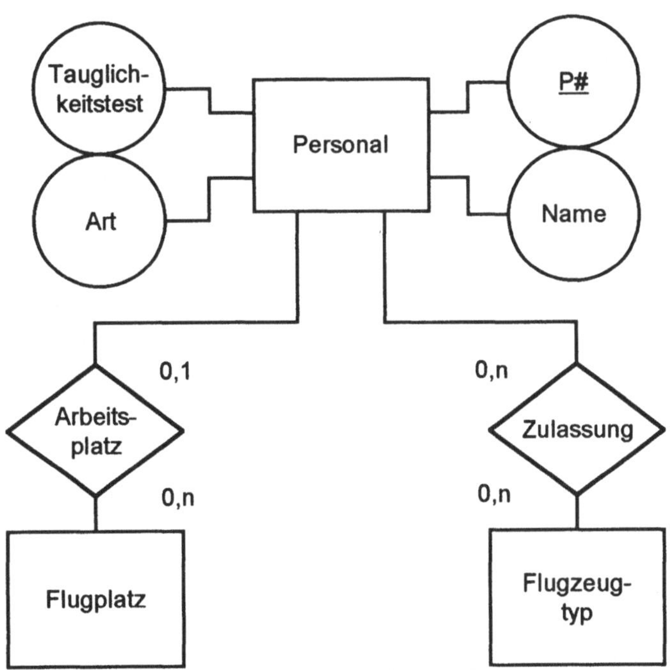

Abb. 3.6-5: Schema nach Einebnung der Hierarchie

3.7 Übungen

3-1 Korrektheit

Formulieren Sie einige Beispiele für Verstöße gegen die syntaktische Korrektheit. Versuchen Sie dabei, auch Fehlertypen zu finden, für die im dritten Kapitel keine Beispiele gegeben wurden.

Führen Sie anschließend dasselbe in Bezug auf die semantische Korrektheit durch.

3-2 Schemainspektionen

Überlegen Sie, wie Sie Inspektionen zur Verbesserung eines umfangreichen Schemas einsetzen können. Entwerfen Sie hierzu ein Vorgehensmodell.

*3-3 Normalisierung einer relationalen Datenbank

Stellen Sie für die folgende Tabelle *Prüfungsgeschehen* die funktionalen Abhängigkeiten zusammen und wenden Sie den Normalisierungsalgorithmus aus diesem Kapitel an.

Prüfungsnr	Fach	Prüfer	Matrikelnr	Name	Geburtstag	Fachbereichsnr	Fachbereichsname	Dekan	Note
3	SWE	Meier	35467	Simon	050274	12	Informatik	Bauer	2
3	SWE	Meier	65323	Kunz	091176	12	Informatik	Bauer	3
4	OOP	Schulz	65323	Kunz	091176	12	Informatik	Bauer	1
4	OOP	Schulz	88347	Schöller	221276	12	Informatik	Bauer	3
5	OOP	Seifert	35467	Simon	050274	12	Informatik	Bauer	1
6	BRE	Richter	22243	Biller	300770	08	Wirtschaft	Wild	4
6	BRE	Richter	98564	Kinder	171075	09	Recht	Fiesler	4
...	...	...	...	...	...	...	...	...	...

3-4 Verkettungen

Zeichnen Sie ein ER-Diagramm, das einen Zyklus aus mehr als zwei Beziehungsarten enthält, der nicht durch Verkettung zustandegekommen ist.

*3-5 Verkettungen - restriktionsorientierte Überprüfung von Zyklen

Welche Beziehungsart in dem folgenden Schema könnte ein Kurzschluß sein?

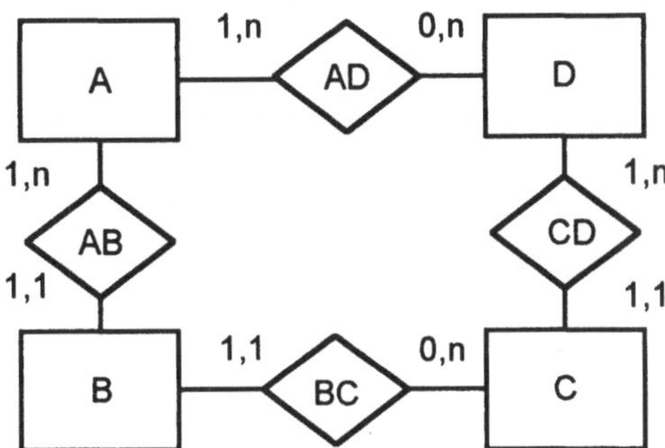

3-6 Verkettungen

Suchen Sie ein Beispiel für eine Vorwärts-Rückwärts-Verkettung aus zwei oder mehr Beziehungsarten. Zeichnen Sie auch ein Instanzendiagramm dazu.

*3-7 Normalisierung von ER-Konstrukten: CRS

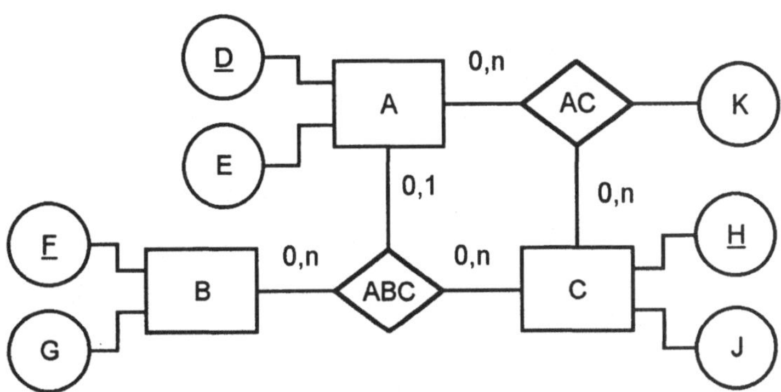

Stellen Sie für das obenstehende ER-Schema die Konstruktrelationenschemata (CRS) zusammen.

*3-8 Normalisierung von ER-Konstrukten: ER-BCNF

Gegeben sei das ER-Schema

EntitySet A (*Attributes*: C, D, E; *Identifier*: C);
EntitySet B (*Attributes*: F, G, H; *Identifier*: F);
RelationshipSet AB (*Participants*: (A, (0,1)), (B, (0,n));
Attributes: J).

Es sollen folgende funktionalen Abhängigkeiten gelten:

$$(C \rightarrow D), (D \rightarrow E), (C \rightarrow J), (F \rightarrow G), (F \rightarrow H).$$

a) Stellen Sie die CRS und die darin geltenden FA graphisch dar.

b) Welche Konstrukte sind nicht in ER-BCNF?

c) Formen Sie das Schema in ein günstigeres um.

3.8 Literaturhinweise und Kommentare

Die Literatur zu den Qualitätskriterien der konzeptuellen Datenmodellierung wurde bereits in den Anmerkungen zum ersten Kapitel aufgeführt.

Zur Normalisierung relationaler Datenbanken gibt es bereits eine Fülle hervorragender Darstellungen. Als Lektüre für noch nicht weit fortgeschrittene Leser sind besonders [Kent 83], [Date 95] und [ElNa 94] zu empfehlen. Zur weiteren Vertiefung eignen sich [Ullm 88], [ScSt 83], [Maie 83] und [AtDA 93]. In diesen Büchern finden sich auch Hinweise auf die Originalliteratur. Eine anschauliche Besprechung des Konflikts zwischen BCNF und Abhängigkeitserhaltung findet sich bei [Date 95].

Auf die Literatur zur Darstellung von Schematransformationen und zur Normalisierung von ER-Schemata wird im vierten Kapitel eingegangen.

Das Entwurfsziel Minimalität wird in [BaLN 87] genannt. Die Unterscheidung zwischen s-ableitbaren und m-ableitbaren Schemakomponenten wurde in [RaSt 93] eingeführt. Der Begriff der Verkettung (im Original: composition) ist bereits von Codd als eine Operation der Relationenalgebra zur Verknüpfung von Relationen definiert worden [Codd 70]. Kurzschlüsse und restriktionsorientierte Überprüfung stammen aus [RaSt 93]. [RoRe 94] beschäftigen sich ebenfalls mit redundanten Beziehungsarten.

Der Begriff des mittelbaren (indirekten) Attributs wird von Date im Rahmen seines „praktischen Ansatzes zum Datenbankentwurf" benutzt [Date 86].

Für die Übung 3.3 (Normalisierung einer relationalen Datenbank) stand eine ähnliche Übung in [Wede 81] Pate.

4 Standard-Schematransformationen zur Normalisierung

4.1 Einführende Bemerkungen

Die Theorie der ER-Normalisierung profitiert sehr von der relationalen Normalisierungstheorie, ist im Vergleich zu dieser aber noch sehr wenig ausgearbeitet. Wir können in diesem Kapitel daher keine vollständige und abgerundete Darstellung bieten. Stattdessen beschränken wir uns darauf, einige Ergebnisse zu präsentieren, die hinreichend gesichert und von praktischer Bedeutung sind. Wir tun dies mit Hilfe von Beispielen und verzichten auf eine völlig exakte Darstellung.

Der Leser benötigt als Voraussetzung Grundkenntnisse der relationalen Normalisierung sowie der Begriffe des Konstruktrelationenschemas und der ER-BCNF, wie sie im dritten Kapitel vermittelt wurden.

4.2 Begrifflicher Rahmen

Wir werden nun den Begriff der Schematransformation, den wir zu Beginn des dritten Kapitels nur vage umrissen haben, genauer fassen. Die Definition ist insofern allgemein, als sie nicht darauf Bezug nimmt, in welchem Datenmodell die betrachteten Schemata formuliert werden. Es fallen beispielsweise folgende Arten von Umformungen darunter:

- die Umformung eines ER-Schemas in ein anderes ER-Schema,
- die Umformung eines ER-Schemas in ein relationales Datenbankschema,
- die Umformung eines relationalen Datenbankschemas in ein anderes relationales Datenbankschema.

In diesem Kapitel werden wir uns allerdings ausschließlich mit dem ersten der drei genannten Fälle beschäftigen.

Definition Schematransformation: Eine Schematransformation T ist gegeben durch

- eine **Strukturumwandlung** σ, mit der das Quellschema S_1 durch ein Schema S_2, genannt Zielschema, ersetzt wird.
- eine **Instanzenabbildung** $z = f(q)$, welche einer beliebigen Datenbank q, die dem Schema S_1 genügt, eine Datenbank z zuordnet, welche dem Schema S_2 genügt.

Im folgenden benutzen wir auch die Schreibweise $T = (\sigma, f)$ bzw. $T = ((S_1, S_2), f)$, um eine Transformation zu benennen, die aus der Strukturumwandlung σ und der Instanzenabbildung f besteht. Die Datenbanken q und z werden wir auch als Quell- bzw. Zieldatenbank bezeichnen.

Eine Strukturumwandlung formulieren wir, indem wir die Textbeschreibung des Zielschemas der Beschreibung des Quellschemas gegenüberstellen. Bei kleinen Schemata, und wenn es auf Details nicht ankommt, können wir auch ER-Diagramme verwenden. Die Formulierung einer Instanzenabbildung besteht aus einer Menge von Zuweisungen der Form

< schema component > := < query >.

Dabei ist < schema component > jeweils ein Konstrukt aus dem Zielschema, und < query > ist eine in ERC geschriebene Abfrage, die auf das Quellschema Bezug nimmt und die Daten zusammenstellt, welche dem links genannten Konstrukt zugeordnet werden. Wir werden ERC weiter unten geringfügig erweitern, so daß alle anfallenden Zuweisungen formuliert werden können.

Eine Instanzenabbildung enthält nicht unbedingt für jedes Konstrukt im Zielschema eine Zuweisung, und ebensowenig ist es notwendig, daß eine Quelldatenbank vollständig auf die Zieldatenbank übertragen wird. In vielen Fällen, insbesondere bei der Normalisierung, sind wir jedoch darauf erpicht, bei der Umformung keine Information zu verlieren. Um solche Transformationen beschreiben zu können, führen wir den Begriff der umkehrbaren Schematransformation ein.

Definition umkehrbare Schematransformation: Eine Schematransformation $T = ((S_1, S_2), f)$ heißt umkehrbar, wenn es eine Transformation $W = ((S_2, S_1), w)$ gibt, so daß eine beliebige, S_1 genügende Datenbank d_1 mit Hilfe von T in eine Datenbank d_2 umgeformt werden kann, die dem Schema S_2 genügt, und d_2 anschließend durch Anwendung von W in d_1 zurück verwandelt werden kann. W wird dabei als eine zu T inverse Transformation bezeichnet.

Das Konzept der umkehrbaren Schematransformation hat Ähnlichkeit mit dem der verlustfreien Zerlegung eines relationalen Datenbankschemas, ist jedoch in zweifacher Hinsicht allgemeiner: erstens ist es nicht auf relationale Schemata beschränkt, und zweitens wird nicht vorausgesetzt, daß bei der Umformung Konstrukte *zerlegt* werden.

Umkehrbarkeit ist nicht bei jeder Umformung ein erstrebenswertes Ziel. Wollen wir ein nicht genügsames Schema so reduzieren, daß nur noch die notwendigen Schemakomponenten enthalten sind, so müssen wir offensichtlich auf Umkehrbarkeit verzichten. Der Informationsverlust ist in diesem Fall beabsichtigt. In allen anderen Fällen, bei denen eine Umformung zur Verbesserung der Schemaqualität vorgenommen wird, ist Umkehrbarkeit jedoch gleichbedeutend mit dem Erhalt der Vollständigkeit (vorausgesetzt, das Quellschema ist vollständig).

Wir betrachten nun ein Beispiel einer sehr einfachen Schematransformation, die allerdings keine Normalisierungstransformation ist.

Beispiel: Gegeben sei ein Quellschema *S*1 mit folgender Deklaration:

*Schema S*1;
EntitySet *Personal* (*Attributes*: *PersNr*, *Name not null*; *Identifier*: *PersNr*);
EntitySet *Abteilung* (*Attributes*: *AbtNr*, *AbtName*; *Identifier*: *AbtNr*);
RelationshipSet *MitAbt* (*Participants*: (*Personal*, (1,1)), (*Abteilung*, (0,*n*))).

Das Zielschema *S*2 sei gegeben durch:

*Schema S*2;
EntitySet *Mitarbeiter* (*Attributes*: *MitarbNr*, *Name not null*, *Abteilung not null*; *Identifier*: *MitarbNr*).

Durch die Angabe der beiden Schemata ist die Strukturumformung σ einer Transformation $T = (\sigma, f)$ bereits bestimmt. Die Instanzenabbildung f enthält nur eine Zuweisung, weil das Zielschema nur aus einem Konstrukt besteht:

$$Mitarbeiter :=$$
$$\{p[PersNr], p[Name], a[AbtNr] \mid Personal(p) \wedge Abteilung(a) \wedge$$
$$(\exists m)(MitAbt(m) \wedge m{:}\,Personal == p \wedge m{:}\,Abteilung == a)\}$$

Die Attribute in der Ergebnisliste der Abfrage werden der Objektart *Mitarbeiter* in der Reihenfolge zugeordnet, wie sie in der Deklaration von *Mitarbeiter* in *S*2 erscheinen. Die Werte von *PersNr* werden also von *MitarbNr* aufgenommen. Da *MitarbNr* der Identifikator ist, nehmen wir stillschweigend an, daß für jeden vorkommenden Wert ein neues Objekt der Art *Mitarbeiter* in der Zieldatenbank angelegt wird.

Ein flüchtiger Blick auf *T* genügt, um zu sehen, daß diese Transformation nicht umkehrbar ist. Wir haben nämlich die Werte des Attributs *AbtName* in der Instanzenabbildung überhaupt nicht berücksichtigt, so daß sie mit der Umformung verlorengehen. Wir sehen außerdem, daß es schwierig ist, bei gegebenem σ die Instanzenabbildung *f* überhaupt so zu formulieren, daß die Transformation umkehrbar wird, denn wir haben nur drei Attribute in *S*2 vorgesehen, gegenüber vier in *S*1. Bestenfalls könnten wir die beiden Attribute *AbtNr* und *AbtName* aus *S*1 konkatenieren und zusammen im Attribut *Abteilung* unterbringen.

Wir wollen nun das Beispiel variieren und eine Transformation $U = (\omega, g) = ((S2, S1), g)$ in die umgekehrte Richtung bilden. *S*1 ist also nun das Zielschema, *S*2 das Quellschema. Weil die Schemabeschreibungen bereits bekannt sind, brauchen wir nur noch die Instanzenabbildung *g* zu formulieren. Da *S*2 aus drei Konstrukten besteht, sind in *g* drei Zuweisungen enthalten:

$$Personal := \{m[MitarbNr], m[Name] \mid Mitarbeiter(m)\};$$

$$Abteilung := \{m[Abteilung], null \mid Mitarbeiter(m)\};$$

$$MitAbt := \{Personal(m[MitarbNr]), Abteilung(m[Abteilung]) \mid Mitarbeiter(m).$$

In der dritten Zeile werden sog. **Objektdesignatoren** benutzt, um die Objekte zu bezeichnen, die an den Beziehungen der Art *MitAbt* teilnehmen. Der Ausdruck *Personal*(*m*[*MitarbNr*]) steht demnach für das Objekt vom Typ *Personal*, dessen Identifikator den Wert *m*[*MitarbNr*] hat.

Im Gegensatz zu *T* ist *U* umkehrbar. Wir können nämlich *f* verwenden, um eine mit *g* in das Schema *S*1 übertragene Datenbank wiederzugewinnen. *T* ist demnach eine zu U inverse Transformation. Der Leser möge sich anhand eines Beispiels davon überzeugen.

In den nächsten beiden Abschnitten werden anhand von Beispielen Standardtransformationen zur Normalisierung ungünstig geformter Konstrukte vorgestellt. Je nachdem, ob es sich bei diesen Konstrukten um Objektarten oder Beziehungsarten handelt, sprechen wir von **Objektartentransformationen** bzw. **Beziehungsartentransformationen**. Es soll damit allerdings nicht ausgesagt werden, daß jeweils nur eine Objektart oder eine Beziehungsart umgeformt wird. Gewöhnlich sind von einer Umformung auch angrenzende Konstrukte betroffen.

Bei der Beschreibung der einzelnen Transformationen gehen wir immer in gleicher Weise vor. Zunächst beschreiben wir die ungünstige Ausgangslage verbal in allgemeiner Form. Dann folgt eine ebenfalls allgemeine Beschreibung der Transformation, wobei Strukturumwandlung und Instanzenabbildung in einem Zug besprochen werden. Schließlich präsentieren wir ein Beispiel mit der kompletten Beschreibung von Strukturumwandlung und Instanzentransformation. Zusätzlich zeigen wir zur Veranschaulichung ER-Diagramme des Quell- und des Zielschemas, sowie die im dritten Kapitel vorgestellten erweiterten Hypergraphen, welche die CRS und die darin geltenden funktionalen Abhängigkeiten enthalten.

Bei der Darstellung des Quellschemas innerhalb der Strukturumwandlung kommt es nun darauf an, alle Einschränkungen zu erfassen, die in den CRS zu funktionalen Abhängigkeiten führen. Strukturbedingte Einschränkungen brauchen wir allerdings nicht gesondert aufzuführen. Die wichtigsten strukturbedingten Einschränkungen, die zu FA führen, sind

- die eindeutige Zuordnung der Attribute zu den betreffenden Konstrukten, die sich in funktionalen Abhängigkeiten vom Primärschlüssel des CRS niederschlägt,
- Kardinalitäten mit der Obergrenze 1. Eine solche Kardinalität bedeutet immer, daß die Objekte der übrigen Partizipanten dem betreffenden Partizipanten eindeutig zugeordnet sind.

4.3 Objektartentransformationen

In diesem Abschnitt behandeln wir, wie ungünstige, d.h. ER-BCNF-verletzende Objektarten in günstiger geformte Konstrukte zerlegt werden können. Transformationen dieser Art besitzen eine Besonderheit, die Transformationen im allgemeinen nicht haben. Angenommen, *K* sei eine Objektart, die ER-BCNF verletzt. Bei der Umformung entstehen daraus zwei Objektarten, welche über eine Beziehungsart miteinander verbunden sind. Eine dieser Objektarten hat denselben Identifikator wie *K*. Mit anderen Worten: aus *K* werden Attribute herausgelöst und in andere Konstrukte eingebracht; der „Rumpf" von *K* bleibt erhalten. Wir nennen solche Transformationen **Herauslösungstransformationen**, im Gegensatz zu den **Spaltungstransformationen**, bei denen diese Eigenschaft nicht vorhanden ist.

Diese Eigenschaft weist auf einen grundlegenden Unterschied zwischen der Normalisierung einer Objektart und der Normalisierung einer Tabelle eines relationalen Datenbankschemas hin. Eine Objektart hat immer einen Identifikator, der speziell vom Modellierer definiert wurde, und dieser Identifikator bleibt, abgesehen von Umbenennungen, bei der Umformung erhalten.

Ein spezielles Problem der ER-Normalisierung ist die **Einbettung** der dabei entstehenden Konstrukte in den Rest des Schemas. Zwar ist die Normalisierung lokal, d.h. wir greifen einzelne ungünstige Konstrukte heraus und formen diese um, jedoch sind die Konstrukte im Normalfall mit anderen Konstrukten des Schemas verbunden. Da bei der Umformung das alte Konstrukt durch neue ersetzt wird, müssen auch die Verbindungen zum Rest des Schemas neu gezogen werden. Eine Standardtransformation kann sich daher nicht auf die Zerlegung beschränken, sondern sie muß auch zeigen, wie die entstehenden Konstrukte in das Schema eingebettet werden.

Die nun folgenden drei Objektartentransformationen unterscheiden sich in der Art und Weise, wie die ungünstig geformte Objektart vor der Umformung mit dem Rest des Schemas verbunden ist. Zuerst behandeln wir den Fall, daß es sich um eine alleinstehende Objektart handelt (Transformation N1.1). Wir können uns bei dieser Transformation auf die Zerlegung konzentrieren und müssen uns keine Gedanken über eine Einbettung machen. Die beiden folgenden Fälle behandeln Objektarten, die an einer Beziehungsart beteiligt sind (N1.2a, N1.2b). Unterscheidungskriterium der beiden Fälle ist, ob eine bestimmte, noch zu spezifizierende Einschränkung gültig ist oder nicht.

Daß bei der Beschreibung der Ausgangssituationen davon ausgegangen wird, daß die ungünstige Objektart jeweils nur eine Beziehungsart eingeht, ist im übrigen keine Beschränkung der Allgemeinheit. Sind weitere Beziehungsarten vorhanden, so werden sie in gleicher Weise behandelt. Auch lassen sich die beschriebenen Umformungen kombinieren.

Falls in einem Konstrukt mehrere schädliche funktionale Abhängigkeiten gelten, sind auch mehrere Transformationsanwendungen notwendig, bis sich alle neu entstehenden Konstrukte in ER-BCNF befinden. Dies können Transformationen desselben oder unterschiedlicher Typen sein.

Objektartentransformation N1.1

Ausgangssituation: *K* sei eine Objektart, welche an keiner Beziehungsart beteiligt ist. *X* und *Y* seien nichtüberlappende Attributemengen aus *K* bzw. *CRS*(*K*). *X* enthalte weder den Identifikator von *K* noch einen anderen Schlüssel von *CRS*(*K*). Weiterhin wollen wir annehmen, daß der Wert von *Y* durch den Wert von *X* eindeutig bestimmt wird, also in *CRS*(*K*) die funktionale Abhängigkeit $X \rightarrow Y$ gilt.

Offensichtlich verletzt diese funktionale Abhängigkeit ER-BCNF und kann Instanzenredundanz innerhalb der Objektart *K* verursachen. Weil *X* nicht Schlüssel ist, kann ein bestimmter Wert von *X* in mehr als einem *K*-Objekt auftreten. Und mit jedem Auftreten dieses *X*-Wertes ist wegen der FA stets derselbe Wert für *Y* verbunden.

Transformation: *X* und *Y* werden in eine neue Objektart *N* eingebracht, welche den Identifikator *X* bekommt. Aus *K* werden die Attributmengen *X* und *Y* entfernt, soweit sie dort nicht zum Identifikator gehören. Dem so veränderten *K* geben wir den Namen *K'*, um es vom ursprünglichen *K* zu unterscheiden.

N wird mit *K'* durch ein Beziehungsart verbunden, die wir *K'N* nennen wollen. *K'N* erhält auf der Seite von *K'* die Maximalkardinalität 1, weil vor der Umformung die *N*-Objekte als Attribute in *K* vertreten waren. Dabei konnte jedes *K*-Objekt nur höchstens eine Wertekombination für die Attributmengen *X* und *Y* besitzen. Als Minimalkardinalität nehmen wir 0, falls für *X* Nullwerte in *K* zugelassen waren, andernfalls 1.

Auf der Seite von *N* erhält *K'N* die Maximalkardinalität *n*. Eine einfache Überlegung führt uns zu diesem Schluß: Wäre die Maximalkardinalität 1, so wären *N*- und *K*-Objekte einander eineindeutig zugeordnet. Dies ist jedoch durch die Voraussetzung ausgeschlossen, daß *X* keinen Schlüssel von *CRS*(*K*) enthält.

Zur Bestimmung der Minimalkardinalität auf der Seite von *N* gibt unser Ausgangsschema keine Anhaltspunkte. Wir nehmen deshalb 0, es sei denn, zusätzliche Einschränkungen, die nicht in unseren bisherigen Annahmen berücksichtigt sind, sprächen für die Minimalkardinalität 1.

Beispiel: Gegeben sei ein Schema *S*1

Schema S1;
EntitySet *Mitarbeiter* (*Attributes*: *Persnr*, *Name*, *Fahrzeugnr*, *Fahrzeugtyp*; *Identifier Persnr*);
$(\forall m_1, m_2)$ (*Mitarbeiter* $(m_1) \wedge$ *Mitarbeiter* $(m_2) \rightarrow (m_1[Fahrzeugnr]$ $= m_2[Fahrzeugnr] \rightarrow m_1[Fahrzeugtyp] = m_2[Fahrzeugtyp]))$.

Die unten aufgeführte Integritätsregel hat zur Folge, daß in *CRS* (*Mitarbeiter*) die funktionale Abhängigkeit

$$Fahrzeugnr \rightarrow Fahrzeugtyp$$

gilt. Bitte beachten Sie die abweichende Bedeutung des Symbols → in der Integritätsregel des Schemas, wo es für eine logische Implikation steht.

Wie immer bei solchen Schemadeklarationen wollen wir annehmen, daß neben der untenstehenden, explizit angegebenen Einschränkung auch alle strukturbedingten Einschränkungen gelten. Insbesondere sind alle Attribute von *Mitarbeiter* dem Identifikator *Persnr* eindeutig zugeordnet, was sich im CRS in entsprechenden funktionalen Abhängigkeiten niederschlägt.

Abb. 4.3-1 zeigt auf der linken Seite dieses Quellschema, das nur aus der Objektart *Mitarbeiter* besteht. Auf der rechten Seite sind die Attribute von *Mitarbeiter* bzw. *CRS* (*Mitarbeiter*) und die FA zwischen ihnen dargestellt. Die Attribute von *CRS* (*Mitarbeiter*) sind eingekreist. In Anbetracht der FA ist *Persnr* der einzige Schlüssel von *CRS* (*Mitarbeiter*). Offensichtlich wird durch die FA *Fahrzeugnr* → *Fahrzeugtyp* ER-BCNF verletzt, da die Determinante *Fahrzeugnr* nicht den Schlüssel *Persnr* enthält.

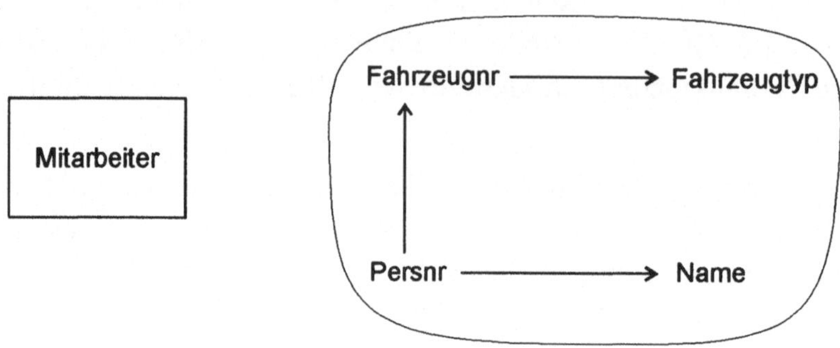

Abb 4.3-1: Transformation N1.1 - ungünstiges Schema

Um die Verletzung der ER-BCNF zu beseitigen, müssen wir *Fahrzeugnr* und *Fahrzeugtyp* aus *Mitarbeiter* in eine eigene Objektart auslagern und die beiden Objektarten über eine Beziehungsart verbinden. Die Minimalkardinalität auf der Seite von *Mitarbeiter* beträgt 0, da in *S*1 für *Fahrzeugnr* Nullwerte zugelassen sind. Die Strukturbeschreibung für das umgeformte, normalisierte Schema *S*2 lautet also:

Schema S2;

EntitySet	*Mitarbeiter* (*Attributes*: *Persnr*, *Name*; *Identifier*: *Persnr*);
EntitySet	*Fahrzeug* (*Attributes*: *Fahrzeugnr*, *Fahrzeugtyp*; *Identifier*: *Fahrzeugnr*);
RelationshipSet	*Mit-Fahr* (*Participants*: (*Mitarbeiter*,(*0, 1*)), (*Fahrzeug*, (*0,n*))).

Auf der linken Seite von Abb. 4.3-2 ist dieses Schema zu sehen, rechts daneben sind die CRS der darin enthaltenen Konstrukte visualisiert. Wir erkennen auf einen Blick, daß alle CRS nunmehr in BCNF sind.

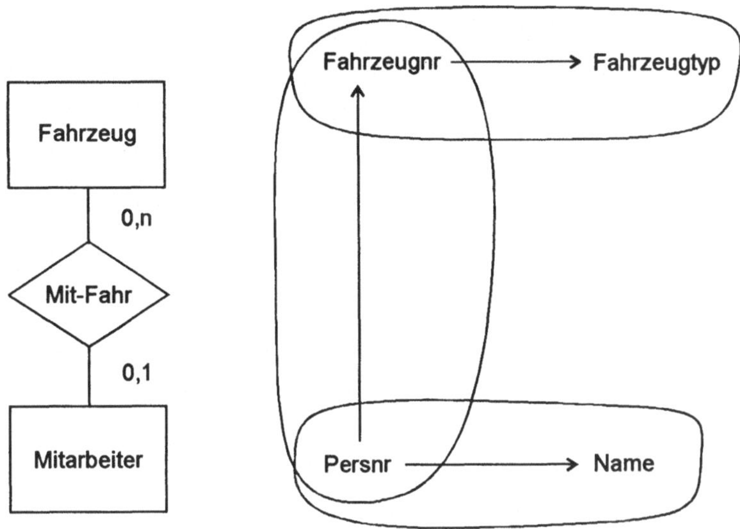

Abb. 4.3-2: Transformation N1.1 - normalisiertes Schema

Die vollständige Beschreibung dieser Transformation besteht aus der Strukturumformung und der Instanzenabbildung. Da die Strukturumformung durch die beiden Schemastrukturbeschreibungen definiert ist, fehlt nur noch die Instanzenabbildung:

$$
\begin{aligned}
&\mathit{Mitarbeiter} := \{m[\mathit{Persnr}], m[\mathit{Name}] \mid \mathit{Mitarbeiter}(m)\};\\
&\mathit{Fahrzeug} := \{m[\mathit{Fahrzeugnr}], m[\mathit{Fahrzeugtyp}] \mid \mathit{Mitarbeiter}(m) \wedge\\
&\qquad m[\mathit{Fahrzeugnr}] \neq \mathit{null}\};\\
&\mathit{Mit\text{-}Fahr} := \{m, \mathit{Fahrzeug}(m[\mathit{Fahrzeugnr}]) \mid \mathit{Mitarbeiter}(m) \wedge\\
&\qquad m[\mathit{Fahrzeugnr}] \neq \mathit{null}\}.
\end{aligned}
$$

In der letzten Zuweisung wird ein Objektdesignator verwendet, um den Werten des Identifikators *Fahrzeugnr* die Fahrzeugobjekte zuzuweisen.

Objektartentransformation N1.2

Ausgangssituation: Wir betrachten nun den weitaus häufigeren Fall, daß eine ungünstig geformte Objektart über Beziehungsarten mit anderen Objektarten verbunden ist. Die Ausgangslage ist eine Erweiterung der für N1.1 beschriebenen Situation. *K* sei eine Objektart, die durch eine Beziehungsart *KL* mit einer Objektart *L* verbunden ist, welche den Identifikator *C* besitzt.

Wie bei N1.1 auch, soll in *K* bzw. *CRS*(*K*) eine nichttriviale funktionale Abhängigkeit $X \rightarrow Y$ gelten, wobei *X* weder den Identifikator von *K* noch einen anderen Schlüssel von *CRS*(*K*) enthält. Wir betrachten zwei Varianten

a) Für alle *K*-Objekte und alle *L*-Objekte, die durch eine Beziehung der Art *KL* miteinander verbunden sind, gilt: der Identifikator *C* der Objektart *L* ist den Werten von *X* eindeutig zugeordnet.

b) Die unter a) genannte eindeutige Zuordnung gilt nicht.

Mit der im Fall a) angenommenen Abhängigkeit ist eine Konsequenz hinsichtlich der Kardinalitäten verbunden. Da *X* durch den Identifikator von *K* eindeutig bestimmt wird und *X* selbst den Identifikator von *L* eindeutig bestimmt, sind die Objekte aus *L* den Objekten aus *K* offensichtlich eindeutig zugeordnet. Mit anderen Worten: die Kardinalitätsobergrenze von *KL* auf der Seite von *K* muß 1 sein (Abb. 4.3-3). Sternchen (*) als Platzhalter für Kardinalitäten sagen aus, daß der konkrete Wert in Abhängigkeit von weiteren Einschränkungen variieren kann, im übrigen aber für die Wahl der Transformation ohne Bedeutung ist.

Abb. 4.3-3: Transformation N1.2a (links) u. N1.2b (rechts), Quellschemata

Transformation: Wie bei N1.1 auch, muß die ungünstige Zusammensetzung von *K* beseitigt werden, indem die Attributemengen *X* und *Y*, welche durch die FA $X \rightarrow Y$ verbunden sind, in eine eigene Objektart mit dem Identifikator *X* ausgegliedert werden. Aus *K* werden diese Attribute entfernt, soweit sie nicht im Identifikator enthalten sind. *K* wird damit zu *K'*. *K'* und *N* werden über eine Beziehungsart *K'N* verbunden, welche auf der Seite von *K'* die Kardinalitätsobergrenze 1 bekommt. Das Vorgehen bis zu diesem Punkt entspricht dem bei N1.1 und ist identisch bei beiden Varianten von N1.2.

Unterschiedlich ist nun die Art, wie *K'* und *N* mit *L* verbunden werden (Abb. 4.3-4). Bei Variante b) tritt lediglich *K'* an die Stelle von *K* in der

Verbindung zu *L*. *KL* wird damit zu *K'L*, behält jedoch die früheren Kardinalitäten.

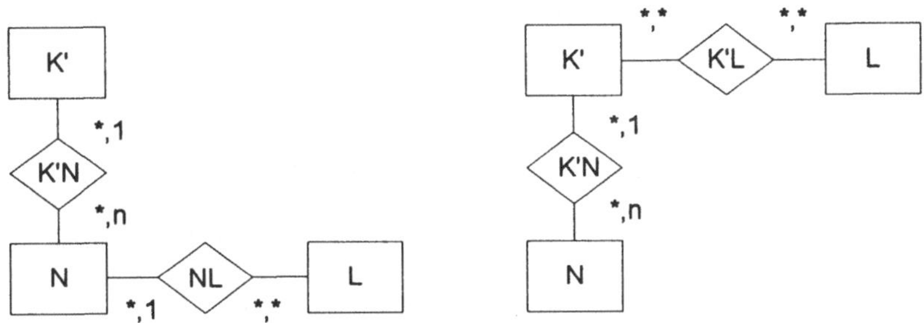

Abb. 4.3-4: Transformation N1.2a (links) u. N1.2b (rechts), Zielschemata

Ist die zusätzliche Voraussetzung für Variante a) erfüllt, so lassen wir *KL* ganz wegfallen und errichten stattdessen eine Beziehungsart *NL* zwischen *N* und *L*. Da der Identifikator *C* der Objektart *L* funktional abhängig vom Identifikator *X* der Objektart *N* ist, setzen wir die Maximalkardinalität auf der Seite von *N* auf 1. Auf der Seite von *L* nehmen wir die Kardinalität, welche die frühere Beziehungsart *KL* auf dieser Seite hatte.

Beachten Sie, daß wesentliche Information verlorenginge, wenn wir für Variante a) dieselbe Umformung wählten wie für Variante b). Eine eindeutige Zuordnung der *L*-Objekte zu den *N*-Objekten, wie sie in der FA $X \rightarrow C$ des Quellschemas zum Ausdruck kommt, würde nicht durch die Struktur des Schemas gefördert. Die einzige Möglichkeit, in dem für b) vorgeschlagenen Schema eine Zuordnung von *L*-Objekten zu *N*-Objekten vorzunehmen, benutzt die Kette der Beziehungsarten *K'N* und *K'L*. Ein Blick auf die Kardinalitäten dieser Beziehungsarten zeigt uns jedoch, daß diese Zuordnung nicht eindeutig wäre.

Beispiel, N1.2a: Gegeben sei ein Schema *S*1:

Schema S1;

EntitySet	*Mitarbeiter* (*Attributes*: *Persnr*, *Name*, *Abteilungsnr not null*, *AbtName; Identifier*: *Persnr*);
EntitySet	*Division* (*Attributes*: *Divisionnr*, *DivName*; *Identifier*: *Divisionnr*);

RelationshipSet *Mit-Div* (*Participants*: (*Mitarbeiter*, (1,1)), (*Division*, (0,*n*)));

$(\forall m_1, m_2)$ (*Mitarbeiter* $(m_1) \wedge$ *Mitarbeiter* $(m_2) \wedge m_1$[*Abteilungsnr*] = m_2[*Abteilungsnr*] $\rightarrow m_1$[*AbtName*] = m_2[*AbtName*]);

$(\forall b_1, b_2)$ (*Mit-Div* $(b_1) \wedge$ *Mit-Div* $(b_2) \wedge$ b_1:*Mitarbeiter*[*Abteilungsnr*] = b_2:*Mitarbeiter*[*Abteilungsnr*] $\rightarrow$ b_1:*Division*[*Divisionnr*] = b_2:*Division*[*Divisionnr*]).

Die erste der beiden Integritätsregeln dokumentiert, daß die Werte von *AbtName* denen von *Abteilungsnr* eindeutig zugeordnet sind; sie schlägt sich in *CRS* (*Mitarbeiter*) als funktionale Abhängigkeit *Abteilungsnr* $\rightarrow$ *AbtName* nieder (Abb. 4.3-5). Die zweite Regel drückt die ebenfalls eindeutige Zuordnung der Werte von *Divisionsnr* zu den Werten von *Abteilungsnr* aus, welche für die Mitarbeiter und Divisionen gilt, die durch eine Beziehung der Art *Mit-Div* verbunden sind. Die daraus resultierende funktionale Abhängigkeit *Abteilungsnr* $\rightarrow$ *Divisionnr* gehört keinem der CRS an, sondern ist eine sog. interrelationale funktionale Abhängigkeit.

Aus der Darstellung der CRS in Abb. 4.3-5 ist gut zu erkennen, daß wegen der FA *Abteilungsnr* $\rightarrow$ *AbtName* ER-BCNF in *Mitarbeiter* verletzt ist.

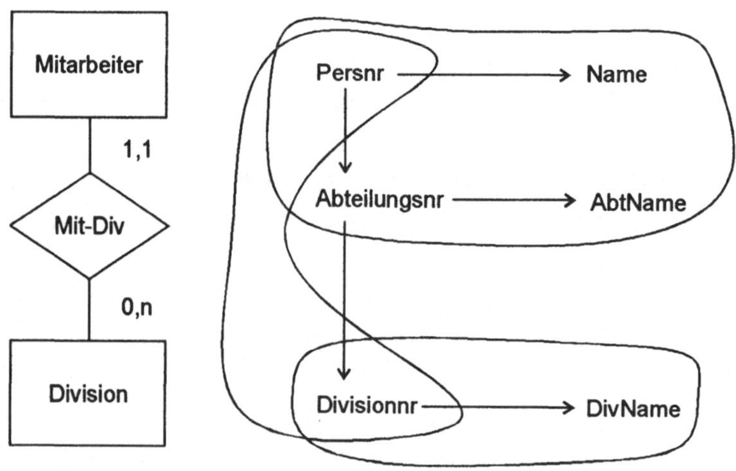

Abb. 4.3-5: Transformation N1.2a - unnormalisiertes Schema

Da *Divisionnr* von *Abteilungsnr* funktional abhängig ist, ist die zusätzliche Voraussetzung für Variante a) gegeben. *Divisionnr* entspricht dabei dem *C* der allgemeinen Darstellung, *Abteilungsnr* dem *X*.

Zur Beseitigung der schädlichen FA in *Mitarbeiter* werden zunächst *Abteilungsnr* und *AbtName* in eine neue Objektart *Abteilung* ausgelagert (Abb. 4.3-6); aus *Mitarbeiter* werden diese Attribute entfernt. Mit Hilfe einer Beziehungsart *Mit-Abt* werden *Abteilung* und *Mitarbeiter* verbunden. Da für *Abteilungsnr* innerhalb von *Mitarbeiter* keine Nullwerte zugelassen waren, wird die Kardinalitätsuntergrenze von *Mit-Abt* auf der Seite von *Mitarbeiter* auf 1 gesetzt.

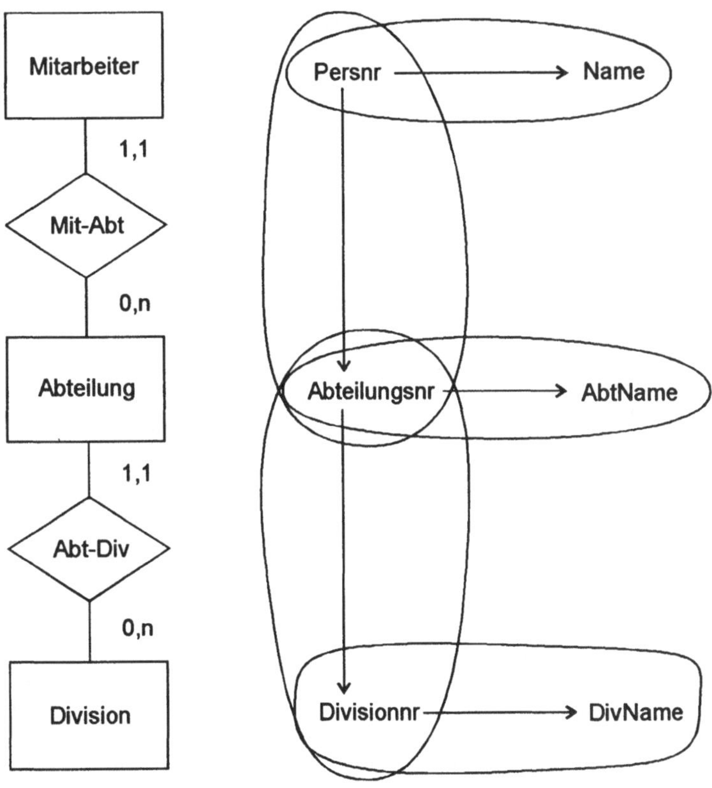

Abb. 4.3-6: Transformation N1.2a - normalisiertes Schema

Die Beziehungsart *Mit-Div* fällt weg. Stattdessem wird *Division* über eine neue Beziehungsart *Abt-Div* mit *Abteilung* verbunden. Als Minimalkardinalität auf der Seite von *Abteilung* übernehmen wir die Minimalkardinalität 1 von *Mit-Div* auf der Seite von *Mitarbeiter*. Das neue Schema *S2* hat also die Struktur:

Schema S2;	
EntitySet	*Mitarbeiter* (*Attributes*: *Persnr*, *Name*; *Identifier*: *Persnr*);
EntitySet	*Abteilung* (*Attributes*: *Abteilungsnr*, *AbtName*; *Identifier*: *Abteilungsnr*);
EntitySet	*Division* (*Attributes*: *Divisionnr*, *DivName*; *Identifier*: *Divisionnr*);
RelationshipSet	*Mit-Abt* (*Participants*: (*Mitarbeiter*, (1,1)), (*Abteilung*, (0,*n*)));
RelationshipSet	*Abt-Div* (*Participants*: (*Abteilung*, (1,1)), (*Division*, (0,*n*))).

Beide Integritätsregeln des Quellschemas können entfallen, weil sie nunmehr in Form von strukturbedingten Abhängigkeiten enthalten sind. Bei der ersten Regel ist es die eindeutige Zuordnung der Attributewerte zu den Werten des Identifikators innerhalb der Objektart *Abteilung*, bei der zweiten die eindeutige Zuordnung, die von der Maximalkardinalität 1 der Beziehungsart *Abt-Div* auf der Seite von *Abteilung* erzwungen wird.

Zur exakten Beschreibung der Transformation fehlt nun nur noch die Instanzenabbildung:

$$Mitarbeiter := \{m[Persnr], m[Name] \mid Mitarbeiter(m)\};$$

$$Abteilung := \{m[Abteilungsnr], m[AbtName] \mid Mitarbeiter(m)\};$$

$$Division := \{d \mid Division(d)\};$$

$$Mit\text{-}Abt := \{Mitarbeiter(m[Persnr]), Abteilung(m[Abteilungsnr]) \mid Mitarbeiter(m)\};$$

$$Abt\text{-}Div := \{Abteilung(m[Abteilungsnr]), d \mid Mitarbeiter(m) \wedge Division(d) \wedge (\exists r)\,(Mit\text{-}Div(r) \wedge r{:}Mitarbeiter == m \wedge r{:}Division == d)\}.$$

Beispiel, N1.2b: Das Ausgangsschema ist eine Erweiterung des Schemas aus dem Beispiel zu N1.1:

Schema S1;
EntitySet *Mitarbeiter* (*Attributes*: *Persnr*, *Name*, *Fahrzeugnr*, *Fahrzeugtyp*; *Identifier Persnr*);
EntitySet *Abteilung* (*Attributes*: *Abteilungsnr*, *AbtName*; *Identifier*: *Abteilungsnr*);
RelationshipSet *Mit-Abt* (*Participants*: (*Mitarbeiter*, (1,1)), (*Abteilung*, (0,*n*))).
$(\forall m_1, m_2)$ $(Mitarbeiter\ (m_1) \wedge Mitarbeiter\ (m_2) \wedge m_1[Fahrzeugnr] = m_2[Fahrzeugnr] \rightarrow m_1[Fahrzeugtyp] = m_2[Fahrzeugtyp])$;

In Abb. 4.3-7 können wir leicht erkennen, daß die FA *Fahrzeugnr* → *Fahrzeugtyp* in *CRS* (*Mitarbeiter*), die aus der im Schema aufgeführten Integritätsregel resultiert, mit einer Verletzung der BCNF verbunden ist. Anders als im vorhergehenden Beispiel besteht hier jedoch keine FA zwischen der Determinante dieser schädlichen FA und dem Identifikator der verbundenen Objektart.

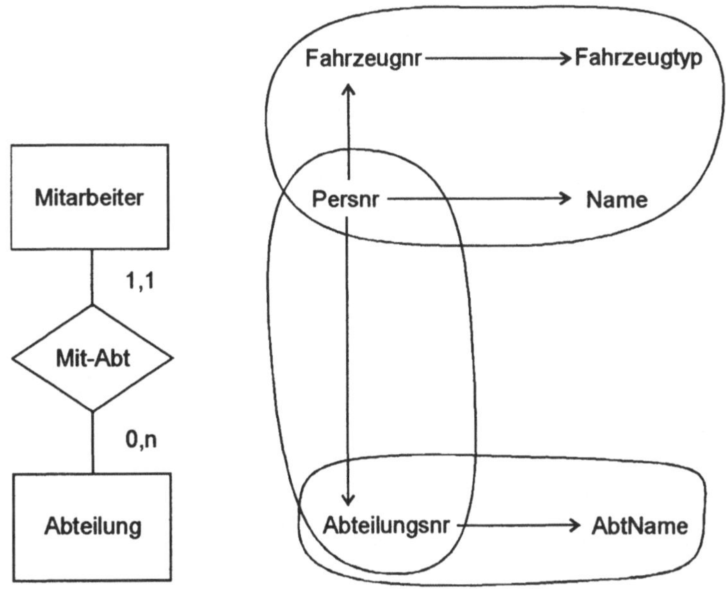

Abb. 4.3-7: Beispiel zu Transformation N1.2b - unnormalisiertes Schema

Wie im Beispiel zu N1.1 wird die schädliche FA beseitigt, indem die Attribute *Fahrzeugnr* und *Fahrzeugtyp* aus *Mitarbeiter* herausgelöst und in eine eigene Objektart *Fahrzeug* eingestellt werden (Abb. 4.3-8). Ebenfalls wie in N1.1 wird *Fahrzeug* über eine neue Beziehungsart mit der veränderten Objektart *Mitarbeiter* verbunden. Der Rest des Schemas bleibt unverändert.

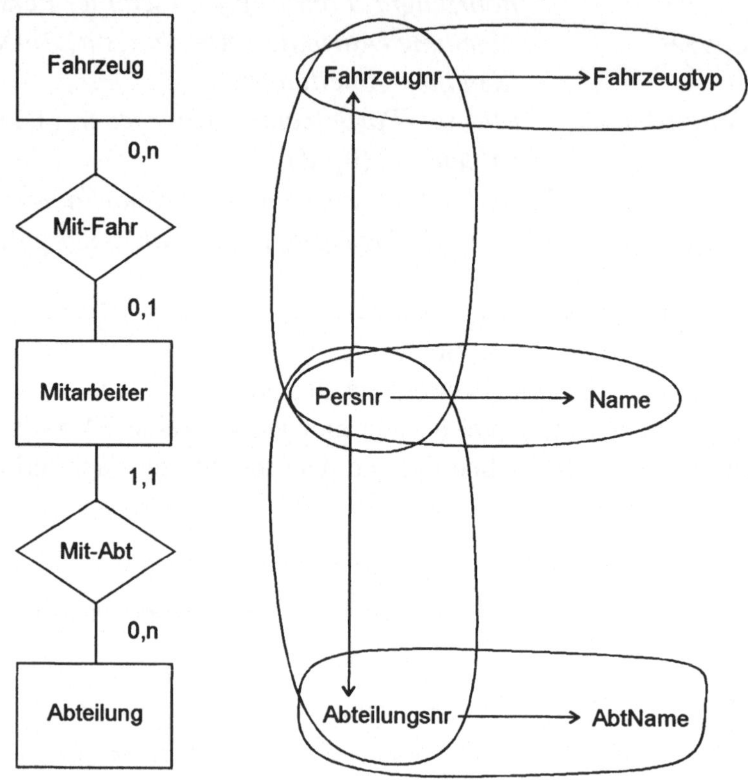

Abb. 4.3-8: Beispiel zu Transformation N1.2b - normalisiertes Schema

Das Schema *S2* nach der Transformation hat folgende Strukturbeschreibung:

Schema S2;	
EntitySet	*Mitarbeiter* (*Attributes*: *Persnr*, *Name*; *Identifier Persnr*);
EntitySet	*Abteilung* (*Attributes*: *Abteilungsnr*, *AbtName*; *Identifier*: *Abteilungsnr*);

EntitySet	*Fahrzeug* (*Attributes*: *Fahrzeugnr*, *Fahrzeugtyp*; *Identifier*: *Fahrzeugnr*);
RelationshipSet	*Mit-Abt* (*Participants*: (*Mitarbeiter*, (1,1)), (*Abteilung*, (0,*n*)));
RelationshipSet	*Mit-Fahr* (*Participants*: (*Mitarbeiter*, (0,1)), (*Fahrzeug*, (0,*n*))).

Auch in diesem Fall brauchen wir die im Ausgangsschema explizit vermerkte Integritätsregel nicht mehr anzugeben, weil sie zu einer strukturbedingten Abhängigkeit geworden ist.

Damit ist die Strukturumwandlung komplett beschrieben, und wir benötigen nur noch die Instanzenabbildung:

$$Mitarbeiter := \{m[Persnr], m[Name] \mid Mitarbeiter(m)\};$$

$$Abteilung := \{a \mid Abteilung(a)\};$$

$$Fahrzeug := \{m[Fahrzeugnr], m[Fahrzeugtyp] \mid Mitarbeiter(m) \wedge m[Fahrzeugnr] \neq null\};$$

$$Mit\text{-}Abt := \{Mitarbeiter(m[Persnr]), a \mid Mitarbeiter(m) \wedge Abteilung(a) \wedge (\exists r)(Mit\text{-}Abt(r) \wedge r{:}Mitarbeiter == m \wedge r{:}Abteilung == a)\};$$

$$Mit\text{-}Fahr := \{Mitarbeiter(m[Persnr]), Fahrzeug(m[Fahrzeugnr]) \mid Mitarbeiter(m) \wedge m[Fahrzeugnr] \neq null\}.$$

4.4 Beziehungsartentransformationen

Eine Transformation ist bei einer Beziehungsart immer dann notwendig, wenn sie ER-BCNF verletzt, d.h. wenn ihr Konstruktrelationenschema gegen BCNF verstößt. Hierin besteht kein Unterschied zu Objektarten. Bei Objektarten ist das Erkennen von ER-BCNF-Verletzungen jedoch einfacher, weil die Objektart und ihr CRS grundsätzlich denselben Aufbau haben. Bei Beziehungsarten ist dies nicht der Fall. Um eine verdächtige Beziehungsart überprüfen zu können, müssen wir uns daher die Mühe machen, ihr CRS nach den im dritten Kapitel behandelten Regeln zusammenzustellen.

Im folgenden werden zwei Grundtypen ungünstiger Situationen unterschieden, welche alleine oder in Kombination auftreten können. Beide Typen haben gemeinsam, daß innerhalb des CRS der betrachteten Beziehungsart eine FA gilt, bei der die Determinante nicht der Vereinigung der Identifikatoren einer identifizierenden Partizipantenkombination entspricht und eine solche Vereinigung auch nicht enthält. Wir wollen im folgenden annehmen, *K* sei die problematische Beziehungsart, und $X \rightarrow Y$ sei die in *CRS* (*K*) enthaltene, schädliche FA. Der Unterschied zwischen den beiden Grundtypen liegt in der Zusammensetzung der abhängigen Attributemenge *Y*.

N2.1: Bei diesem Typ entspricht *Y* nicht dem Identifikator eines Partizipanten.

N2.2: *Y* entspricht dem Identifikator eines Partizipanten.

Die beiden Fälle können innerhalb einer Beziehungsart mehrfach vorkommen und auch in Kombination miteinander. Es müssen dann mehrere Transformationen vorgenommen werden, bis ein vollkommen normalisiertes Schema erreicht ist. Dabei ist u. U. derselbe Transformationstyp mehrmals anzuwenden.

Beim Grundtyp N2.1 müssen verschiedene Varianten betrachtet werden, die unterschiedliche Umformungen bedingen. Alle Varianten dieses Grundtyps haben allerdings gemeinsam, daß sie Herauslösungstransformationen sind, daß also das Konstrukt, das Anlaß zur Umformung gab, in seiner Grundstruktur auch nach der Umformung noch vorhanden ist. Insbesondere ist es noch mit denselben Partizipanten verbunden wie vorher. Es werden lediglich Attribute und u.U. ganze Konstrukte herausgelöst. Dagegen ist bei N2.2 stets eine Spaltung der ursprünglichen Beziehungsart notwendig, wodurch sich die Zahl der Partizipanten der dabei entstehenden Beziehungsarten gegenüber der ursprünglichen vermindert.

Beziehungsartentransformationen N2.1: Herauslösungen

Die Prämisse, daß die abhängige Attributemenge *Y* der schädlichen FA $X \rightarrow Y$ nicht dem Identifikator eines Partizipanten entspricht, hat eine interessante Konsequenz, die uns hilft, den Typ N2.1 leichter zu identifizieren. Da die Attribute von *K* die in *CRS* (*K*) enthaltenen Partizipantenidentifikatoren nicht enthalten, muß *Y* in *K* enthalten sein. Mit anderen Worten, Grundtyp N2.1 bezieht sich nur auf Beziehungsarten mit Attributen.

Wir unterscheiden nun innerhalb von N2.1 drei verschiedene Ausgangssituationen, die jeweils unterschiedliche Transformationen zur Folge haben:

a) *X* ist in *CRS* (*K*) funktional abhängig von genau einem der Partizipantenidentifikatoren. Dabei kann es sich auch um eine triviale Abhängigkeit handeln (d.h. *X* ist in dem Identifikator enthalten).

b) *K* ist von höherem Grad als zwei, und *X* ist in *CRS* (*K*) von der Vereinigung von mindestens zwei der Partizipantenidentifikatoren funktional abhängig, aber nicht bereits von einer Teilmenge davon.

c) Weder a) noch b) treffen zu.

Wie bereits im vorhergehenden Abschnitt erwähnt, sind funktionale Abhängigkeiten in CRS stets Konsequenzen von Einschränkungen im ER-Schema. Sind die Einschränkungen strukturbedingt oder explizit als Integritätsregeln formuliert, so gehen sie direkt aus der Schemabeschreibung hervor. In allen anderen Fällen müssen sie dem Modellierer zumindest bekannt sein. In unseren Beispielen werden wir alle Einschränkungen, die Voraussetzung einer bestimmten Transformation sind, aber nicht unter die strukturbedingten Einschränkungen fallen, explizit als Integritätsregeln in der Schemabeschreibung aufführen.

Transformation N2.1a: Die Attribute *Y* und *X* werden aus *K* herausgelöst, soweit sie darin enthalten sind, und dem Partizipanten einverleibt, von dessen Identifikator *X* funktional abhängig ist.

Beispiel, N2.1a: Wir betrachten ein Quellschema *S*1:

Schema S1;	
EntitySet	*Artikel* (*Attributes*: *Artikelnr*, *Beschreibung*; *Identifier*: *Artikelnr*);
EntitySet	*Lager* (*Attributes*: *Lagernr*, *Ort*; *Identifier*: *Lagernr*);
RelationshipSet	*Bestand* (*Participants*: (*Artikel*, (0,*n*)), (*Lager*, (0,*n*)); *Attributes*: *Menge*, *Farbe*);

$(\forall b_1, b_2)$ (Bestand(b_1) $\wedge$ Bestand(b_2) $\wedge$ b_1[Artikelnr] = b_2[Artikelnr] $\rightarrow$ b_1[Farbe] = b_2[Farbe]).

Auf der rechten Seite von Abb. 4.4-1 sind die CRS der drei Konstrukte abgebildet. *CRS* (*Bestand*) hat den Schlüssel {*Artikelnr, Lagernr*}, der in diesem Fall der Vereinigung der Partizipantenidentifikatoren entspricht. Die FA {*Artikelnr, Lagernr*} $\rightarrow$ {*Menge*} ist strukturbedingt und deshalb in der obigen Deklaration des Ausgangsschemas nicht explizit vermerkt. Nicht strukturbedingt, sondern Folge der im Schema aufgeführten Integritätsregel, ist dagegen *Artikelnr* $\rightarrow$ *Farbe*, und diese FA ist auch der Grund dafür, daß *Bestand* ER-BCNF verletzt.

Artikelnr entspricht dem *X* in unserer allgemeinen Beschreibung des Falls N2.1a. *Artikelnr* ist Identifikator des Partizipanten *Artikel*, und deshalb in trivialer Weise von sich selbst abhängig.

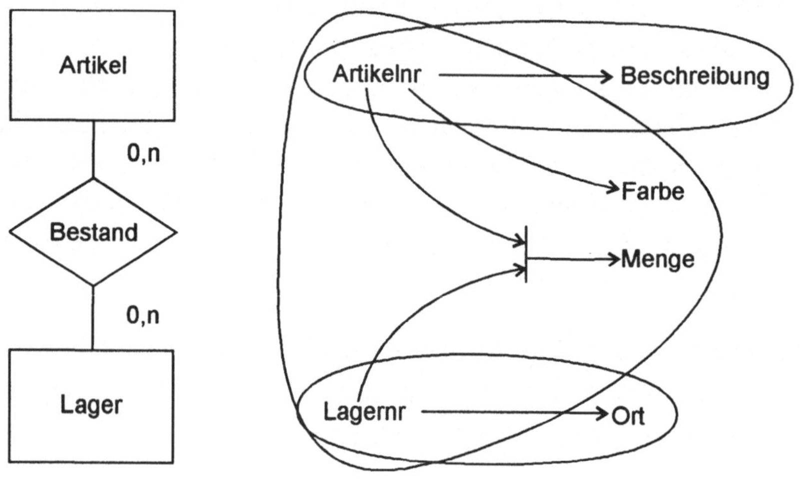

Abb. 4.4-1: Beispiel zu Transformation N2.1a - unnormalisiertes Schema

Das Zielschema *S2* unterscheidet sich nur geringfügig vom Quellschema. Die Einschränkung, die im Quellschema noch explizit erwähnt war, ist nun strukturbedingt:

Schema S2;
EntitySet *Artikel* (*Attributes*: *Artikelnr*, *Beschreibung*, *Farbe*; *Identifier*: *Artikelnr*);

EntitySet	*Lager* (*Attributes*: *Lagernr*, *Ort*; *Identifier*: *Lagernr*);
RelationshipSet	*Bestand* (*Participants*: (*Artikel*, (0,*n*)), (*Lager*, (0,*n*)); *Attributes*: *Menge*).

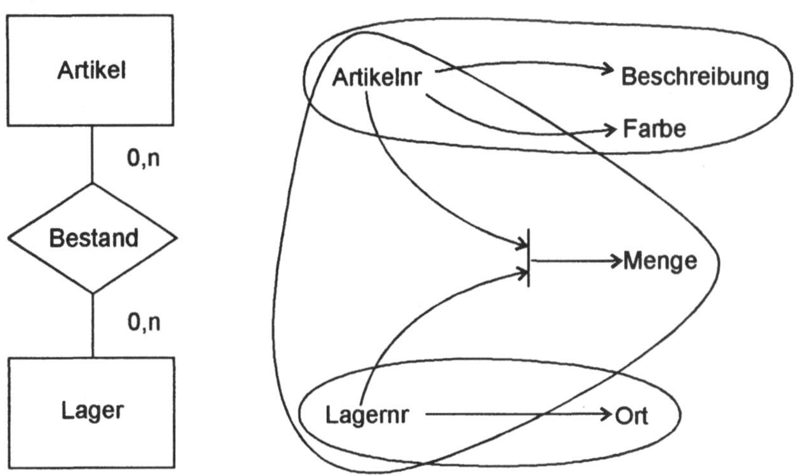

Abb. 4.4-2: Beispiel zu Transformation N2.1a - normalisiertes Schema

Die Instanzenabbildung lautet:

Artikel :=	{*a*[*Artikelnr*], *a*[*Beschreibung*], *b*[*Farbe*] | *Artikel*(*a*) ∧ *Bestand*(*b*) ∧ *b*:*Artikel* == *a*};
Lager:=	{*l* | *Lager*(*l*)};
Bestand:=	{*Artikel*(*a*[*Artikelnr*]), *l*; *b*[*Menge*] | *Artikel*(*a*) ∧ *Lager*(*l*) ∧ (∃*b*)(*Bestand*(*b*) ∧ *b*:*Artikel*==*a* ∧ *b*:*Lager* == *l*)}.

Transformation N2.1b: Es wird eine zusätzliche Beziehungsart *N* zwischen den Partizipanten von *K* angelegt, von deren Identifikatoren *X* funktional abhänig ist. *N* bekommt *X* und *Y* als Attribute, soweit sie in *K* enthalten sind. Aus *K* werden diese Attribute entfernt.

Beispiel, N2.1b: Das Quellschema S1 habe die Beschreibung:

Schema S1;	
EntitySet	*Lieferant* (*Attributes*: *Lieferantennr*, *Lieferantenname*; *Identifier*: *Lieferantennr*);
EntitySet	*Artikel* (*Attributes*: *Artikelnr*, *Bezeichnung*; *Identifier*: *Artikelnr*);
EntitySet	*Projekt* (*Attributes*: *Projektnr*, *Projektname*; *Identifier*: *Projektnr*);
RelationshipSet	*Lieferung* (*Participants*: (*Lieferant*, (0,*n*)), (*Artikel*, (0,*n*)), (*Projekt*, (0,*n*)); *Attributes*: *Preis*);

$(\forall l_1, l_2)\ (Lieferung\ (l_1) \wedge Lieferung\ (l_2) \wedge$
$\quad l_1{:}Lieferant = l_2{:}Lieferant \wedge$
$\quad l_1{:}Artikel = l_2{:}Artikel \rightarrow l_1[Preis] = l_2[Preis])$.

Abb. 4.4-3 zeigt die CRS, die sich aus dieser Schemadeklaration ergeben. Die funktionale Abhängigkeit {*Lieferantennr*, *Artikelnr*} → {*Preis*} geht auf die in *S*1 explizit aufgeführte Integritätsbedingung zurück.

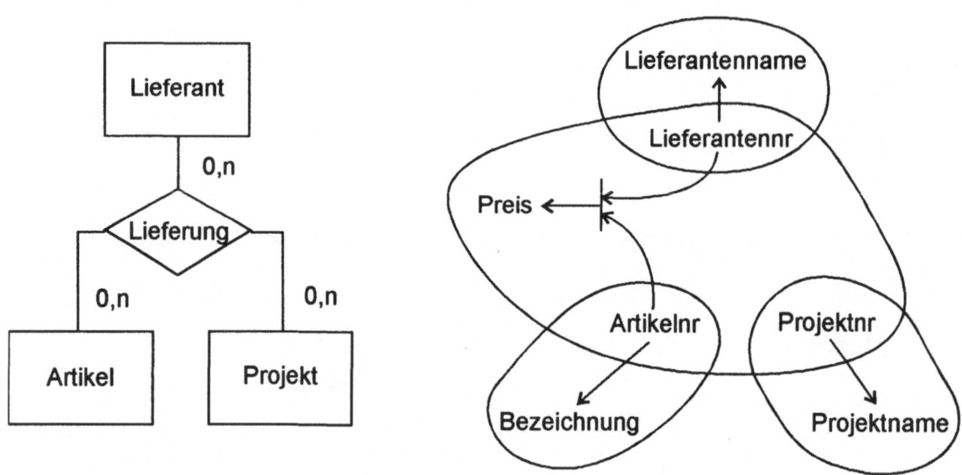

Abb. 4.4-3: Transformation N2.1b - unnormalisiertes Schema

Wie bei den Beispielen zuvor, sind im Zielschema *S*2 keine expliziten Integritätsregeln notwendig:

Schema S2;	
EntitySet	*Lieferant (Attributes: Lieferantennr, Lieferantenname; Identifier: Lieferantennr);*
EntitySet	*Artikel (Attributes: Artikelnr, Bezeichnung; Identifier: Artikelnr);*
EntitySet	*Projekt (Attributes: Projektnr, Projektname; Identifier: Projektnr);*
RelationshipSet	*Lieferung (Participants: (Lieferant, (0,n)), (Artikel, (0,n)), (Projekt, (0,n)));*
RelationshipSet	*Kondition (Participants: (Lieferant, (0,n)), (Artikel, (0,n)); Attributes: Preis).*

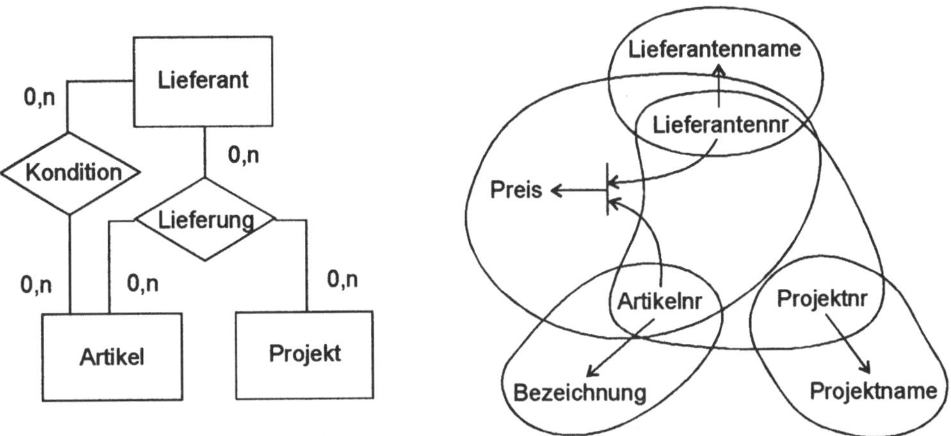

Abb. 4.4-4: Beispiel zu Transformation N2.1b - normalisiertes Schema

Transformation N2.1c: *K* wird in eine (assoziative) Objektart *K'* verwandelt, die als Identifikator entweder ein zusätzliches Attribut oder die Vereinigung der Identifikatoren einer identifizierenden Partizipantengruppe von *K* bekommt. *K'* wir mit den Partizipanten von *K* über binäre Beziehungsarten verbunden, die auf der Seite von *K'* sämtlich die Kardinalitäten (1,1) erhalten. Für die gegenüberliegenden Seite werden jeweils die Kardinalitäten übernommen, die vorher an dem betreffenden Zweig von *K* standen.

X und *Y* werden aus *K'* entfernt, soweit sie darin enthalten sind, und einer neuen Objektart *N* zugewiesen, die den Identifikator *X* erhält. *N* wird mit *K'*

durch eine binäre Beziehungsart *K'N* verknüpft. Auf der Seite von *K'* bekommt *K'N* die Maximalkardinalität 1, weil im Quellschema jeder Instanz von *K* nur ein Wert für *X* zugewiesen werden konnte. Als Minimalkardinalität wird 0 gesetzt, falls in *K* für *X* Nullwerte zugelassen waren, andernfalls 1. Auf der Seite von *N* wird (0,*n*) genommen, falls keine weiteren Einschränkungen vorliegen, die eine andere Wahl nahelegen.

Beispiel, N2.1c : Wir betrachten das Quellschema *S*1:

Schema S1;	
EntitySet	*Artikel* (*Attributes*: *Artikelnr*, *Bezeichnung*; *Identifier*: *Artikelnr*);
EntitySet	*Lieferant* (*Attributes*: *Lieferantennr*, *Lieferantenname*; *Identifier*: *Lieferantennr*);
RelationshipSet	*Angebot* (*Participants*: (*Artikel*, (0,*n*)), (*Lieferant*, (0,*n*)); *Attributes*: *Preis*, *Angebotstyp not null*, *Rabatt*)

$(\forall a_1, a_2)\ (Angebot\ (a_1) \wedge Angebot\ (a_2) \wedge$
$a_1[Angebotstyp] = a_2[Angebotstyp]$
$\rightarrow a_1[Rabatt] = a_2[Rabatt])$.

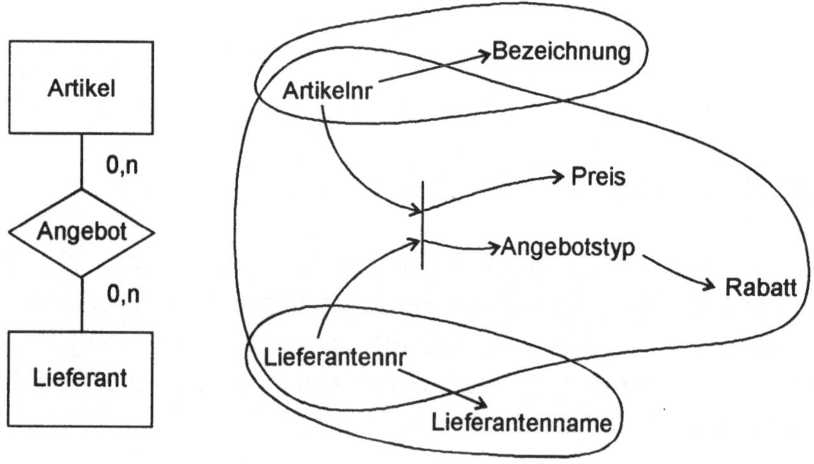

Abb. 4.4-5: Beispiel zu Transformation N2.1c - unnormalisiertes Schema

Abb. 4.4-5 enthält neben den strukturbedingten FA auch die Abhängigkeit *Angebotstyp* → *Rabatt*, die aus der expliziten Integritätsregel resultiert.

Im Zielschema *S2* ist diese Integritätsregel wiederum durch eine strukturbedingte Einschränkung ersetzt worden:

Schema S2;	
EntitySet	*Artikel* (*Attributes*: *Artikelnr*, *Bezeichnung*; *Identifier*: *Artikelnr*);
EntitySet	*Lieferant* (*Attributes*: *Lieferantennr*, *Lieferantenname*; *Identifier*: *Lieferantennr*);
EntitySet	*Angebot* (*Attributes*: *Artikelnr*, *Lieferantennr*, *Preis*; *Identifier*: *Artikelnr*, *Lieferantennr*);
EntitySet	*Angebotstyp* (*Attributes*: *Angebotstyp*, *Rabatt*; *Identifier*: *Angebotstyp*);
RelationshipSet	*AA* (*Participants*: (*Artikel*, (0,*n*)), (*Angebot*, (1,1)));
RelationshipSet	*AL* (*Participants*: (*Lieferant*, (0,*n*)), (*Angebot*, (1,1)));
RelationshipSet	*AT* (*Participants*: (*Angebotstyp*, (0,*n*)), (*Angebot*, (1,1))).

Der Übersichtlichkeit halber sind in Abb. 4.4-6 nur die CRS der Objektarten eingezeichnet. Der Leser kann jedoch leicht selbst die übrigen CRS ergänzen.

Das recht aufwendige Zielschema *S2* gibt Anlaß zu der Frage, ob hier nicht eine einfachere Lösung möglich gewesen wäre. In der Tat hätte man bei diesem Beispiel *Angebot* als Beziehungsart belassen und die Objektart *Angebotstyp* direkt an *Angebot* anbinden können. Diese Möglichkeit ist jedoch an die Voraussetzung gebunden, daß im Quellschema für das Attribut *Angebotstyp* (in der allgemeinen Beschreibung das Attribut *X*) innerhalb von *Angebot* keine Nullwerte zugelassen sind. Für den allgemeinen Fall gilt diese Voraussetzung nicht, so daß wir die etwas aufwendigere Lösung brauchen, die im Beispiel verwendet wurde.

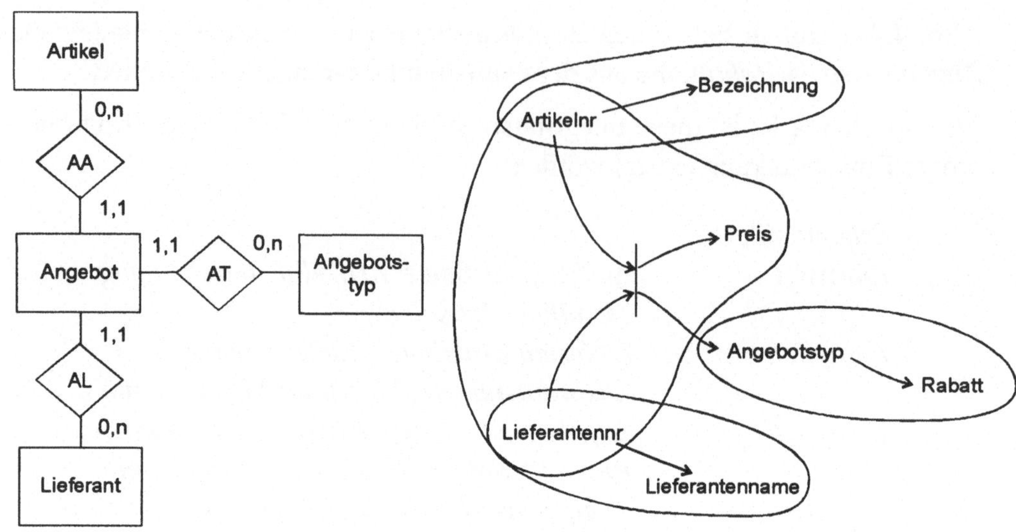

Abb. 4.4-6: Beispiel zu Transformation N2.1c - normalisiertes Schema

Beziehungsartentransformation N2.2: Spaltung

Wir betrachten nun eine mindestens dreistellige Beziehungsart *K*, bei der die abhängige Attributemenge *Y* der schädlichen funktionalen Abhängigkeit $X \rightarrow Y$ in *CRS* (*K*) mit dem Identifikator eines Partizipanten zusammenfällt. Je nach Zusammensetzung der Determinante *X* sind verschiedene Varianten zu unterscheiden. Von diesen greifen wir hier nur die heraus, bei der *X* mit dem Identifikator von genau einem Partizipanten zusammenfällt.

Sei *A* der Partizipant mit dem Identifikator *X*, *B* der mit dem Identifikator *Y*. Wir spalten *K* in in zwei Beziehungsarten auf. *K* wird um einen Grad verringert, indem *B* herausgenommen wird. Stattdessen wird eine neue binäre Beziehungsart *N* zwischen *A* und *B* eingerichtet. Wegen der funktionalen Abhängigkeit $X \rightarrow Y$ setzen wir die Maximalkardinalität von *N* auf der Seite von *A* auf 1, auf der Seite von *B* können wir den entsprechenden Wert von *K* übernehmen. Als Minimalkardinalitäten verwenden wir auf beiden Seiten 0, falls keine zusätzlichen Einschränkungen eine andere Wahl nahelegen.

Beispiel, N2.2: Wir gehen von dem folgenden Quellschema *S*1 aus:

Schema S1;

EntitySet *Spieler* (*Attributes*: *Spielernr*, *Name*; *Identifier*:

Spielernr);

EntitySet	*Match* (*Attributes*: *Matchnr*, *Runde*; *Identifier*: *Matchnr*);
EntitySet	*Disziplin* (*Attributes*: *Disziplinnr*, *Bezeichnung*; *Identifier*: *Disziplinnr*);
RelationshipSet	*Abhaltung* (*Participants*: (*Spieler*, (0,*n*), (*Match*, (0,2)), (*Disziplin*, (0,*n*));

$(\forall a_1, a_2)$ $(Abhaltung\ (a_1) \wedge Abhaltung\ (a_2) \wedge a_1{:}Match == a_2{:}Match$
$\rightarrow a_1{:}Disziplin == a_2{:}Disziplin)$.

Abb. 4.4-7 zeigt die CRS für dieses Schema. Bitte beachten Sie, daß *CRS* (*Abhaltung*) nicht den Schlüssel {*Spielernr*, *Matchnr*, *Disziplinnr*} hat, wie aufgrund der Kardinalitäten zu vermuten wäre, sondern den kleineren Schlüssel {*Spielernr*, *Matchnr*}. Der Grund ist die funktionale Abhängigkeit *Matchnr* → *Disziplinnr*, die aus der expliziten Integritätsregel in der Schemadeklaration folgt.

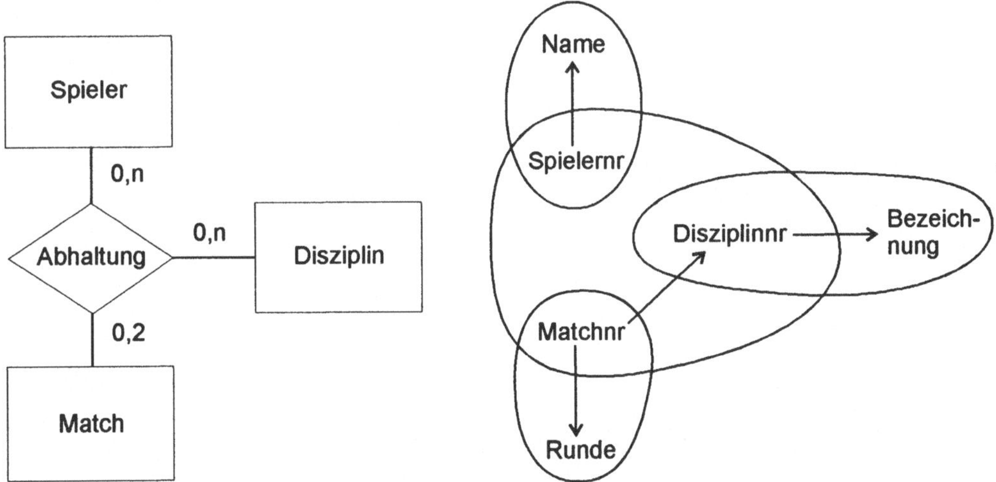

Abb. 4.4-7: Beispiel zu Transformation N2.2 - unnormalisiertes Schema

Mit der Angabe des Zielschemas *S2* schließen wir dieses Beispiel und überlassen die Zusammenstellung einer geeigneten Instanzenabbildung dem Leser.

Schema S2;	
EntitySet	*Spieler (Attributes: Spielernr, Name; Identifier: Spielernr);*
EntitySet	*Match (Attributes: Matchnr, Runde; Identifier: Matchnr);*
EntitySet	*Disziplin (Attributes: Disziplinnr, Bezeichnung; Identifier: Disziplinnr);*
RelationshipSet	*Matchspieler (Participants: (Spieler,* (0,*n*), *(Match,* (0,2)));
RelationshipSet	*Matchdisziplin (Participants: (Match,* (0,1)), *(Disziplin,* (0,*n*)).

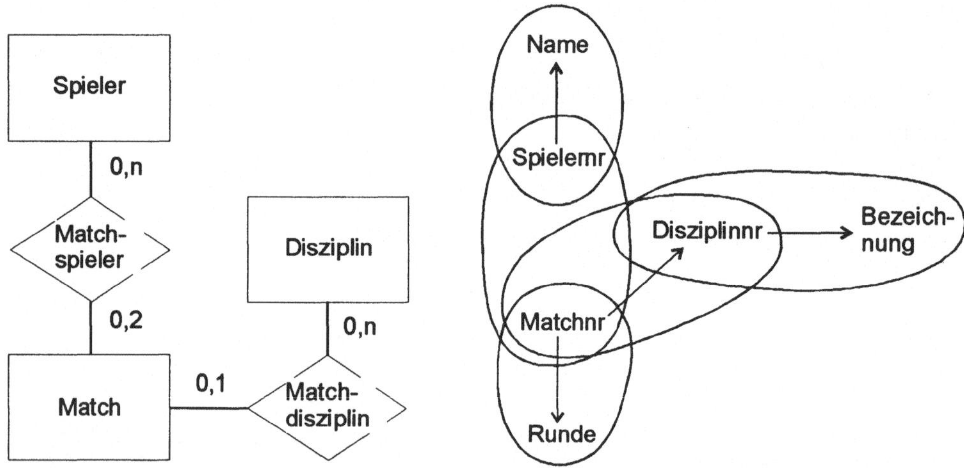

Abb. 4.4-8: Beispiel zu Transformation N2.2 - normalisiertes Schema

4.5 Komplexe Transformationen

Jede der Standardtransformationen, die in den beiden vorangegangenen Abschnitten vorgestellt wurden, ist in der Lage, genau eine schädliche Abhängigkeit innerhalb eines ungünstig geformten Konstrukts zu beseitigen. Ist dies die einzige schädliche Abhängkeit, so sind nach der Umformung alle bei der Zerlegung entstehenden Konstrukte in ER-BCNF. Falls jedoch mehrere schädliche Abhängigkeiten in einem Konstrukt gelten, müssen wir auch mehrere Transformationsdurchgänge absolvieren, bis alle Konstrukte in der erstrebten ER-BCNF sind. Wir demonstrieren dies nun an einem Beispiel.

Gegenüber der Darstellung in den vorangegangenen Abschnitten vereinfachen wir allerdings das Vorgehen dahingehend, daß wir die Schemata nur noch anhand von ER-Diagrammen und Hypergraphen vorstellen. Auch werden wir die Instanzenabbildungen nicht ausführlich formulieren, weil dem Leser die Zuordnungen anhand der Graphiken leicht ersichtlich sind.

Abb. 4.5-1 zeigt die relevanten Daten des Ausgangsschemas in der gewohnten Form. *CRS* (*Beitragsdaten*) hat den Schlüssel {*AutorNr*, *Beitragsnr*} und enthält neben den strukturbedingten FA noch die zusätzlichen Abhängigkeiten {*AutorNr*} → {*AutorName*}, {*Beitragsnr*} → {*Titel*, *Sitzungsnr*} und {*Sitzungsnr*} → {*Thema*}. Man sieht sofort, daß alle diese Abhängigkeiten hinsichtlich der ER-BCNF schädlich sind. Eine weitere, nicht strukturbedingte FA ist {*Sitzungsnr*} → {*Raumnr*}.

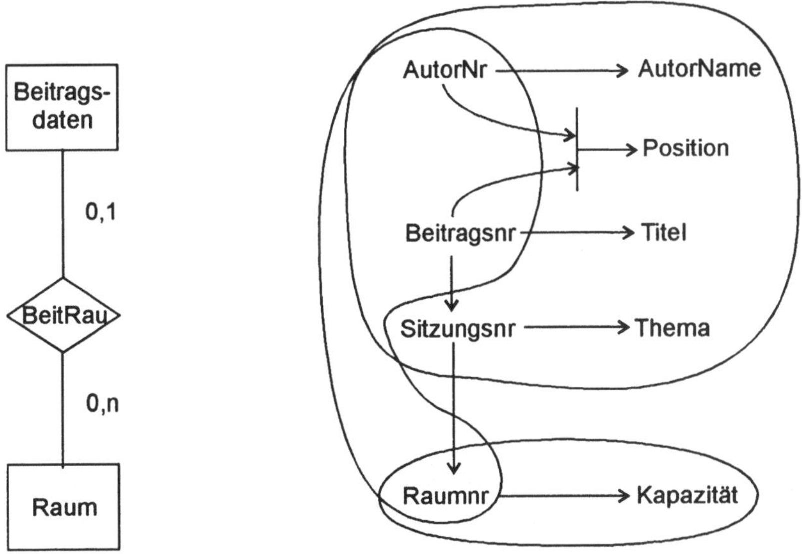

Abb. 4.5-1: Ausgangsschema

Wir wenden zunächst Transformation N1.2b an, um {*AutorNr*, *AutorName*} in eine neue Objektart *Autor* auszugliedern und damit die schädliche FA {*AutorNr*} → {*AutorName*} aus *CRS* (*Beitragsdaten*) zu entfernen. *Beitragsdaten* wird damit zu *Beitragsdaten'*. *AutorNr* verbleibt in *Beitragsdaten'*, weil es sich um einen Bestandteil des Identifikators handelt.

Autor und Beitragsdaten' werden durch eine Beziehungsart *AB* verbunden. Bemerkenswert an *AB* ist die Minimalkardinalität 1 auf der Seite von *Beitragsdaten'*. Sie beruht auf der Tatsache, daß *AutorNr* in *Beitragsdaten'* ein von *Autor* geborgtes Attribut ist.

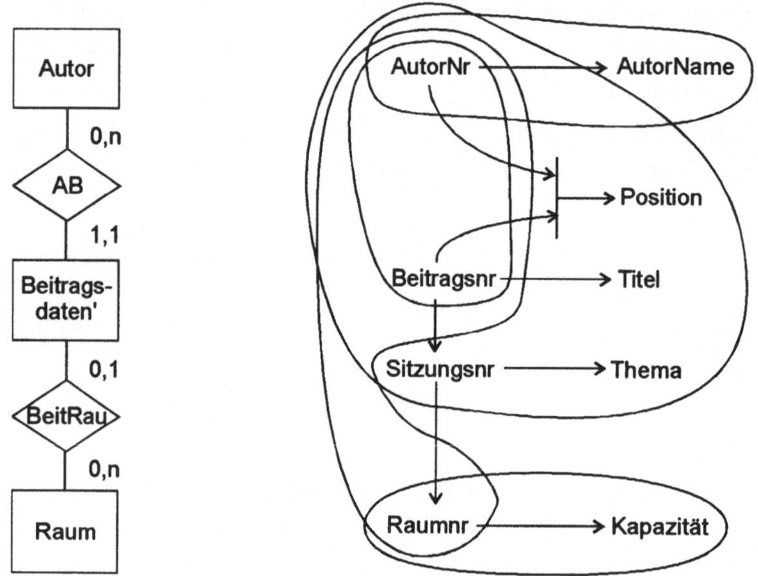

Abb. 4.5-2: Schema nach der ersten Transformation

Die in *CRS* (*Beitragsdaten'*) verbliebenen schädlichen Abhängigkeiten {*Beitragsnr*} → {*Titel*, *Sitzungsnr*} und {*Sitzungsnr*} → {*Thema*} müssen mit Hilfe der Transformation N1.2a beseitigt werden. Wir beginnen am „äußeren Ende" und lösen im nächsten Schritt {*Sitzungsnr*, *Thema*} heraus (Abb. 4.5-3). Die beiden Attribute werden in eine neue Objektart *Sitzung* mit dem Identifikator *Sitzungsnr* eingebracht. *Beitragsdaten'* wird durch die Herauslösung zu *Beitragsdaten''*.

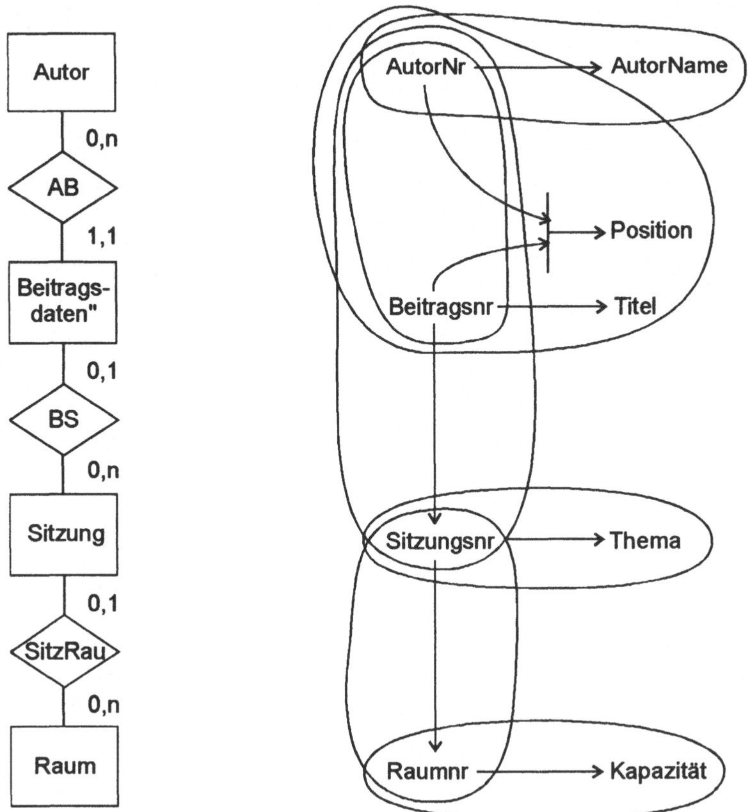

Abb. 4.5-3: Schema nach der zweiten Transformation

Nach diesem zweiten Transformationsschritt ist {*Beitragsnr* } → {*Titel*} die einzige verbliebene schädliche Abhängigkeit in *Beitragsdaten''*. Wir wenden nochmals N1.2a an (Abb. 4.5-4) und bilden eine neue Objektart *Beitrag* mit dem Identifikator *Beitragsnr* und dem zusätzlichen Attribut *Titel*. Aus *Beitragsdaten''* wird nur *Titel* herausgelöst, weil *Beitragsnr* dort zum Identifikator gehört. Den Namen dieser Objektart ändern wir nun in *Autor-Beitrag*, weil er die Beitragsdaten nicht mehr enthält, sondern nurmehr die Verbindung zwischen dem *Autor* und dem *Beitrag* darstellt.

Die neue Beziehungsart *BA* verbindet *Autor-Beitrag* und *Beitrag*. Sie hat auf der Seite von *Autor-Beitrag* die Minimalkardinalität 1 wegen des von *Beitrag* geborgten Attributs *Beitragsnr*. *Sitzung* wird von *Beitragsdaten''* bzw. dessen Nachfolger *Autor-Beitrag* losgelöst und stattdessen durch die Beziehungsart *BeiSitz* an *Beitrag* angebunden.

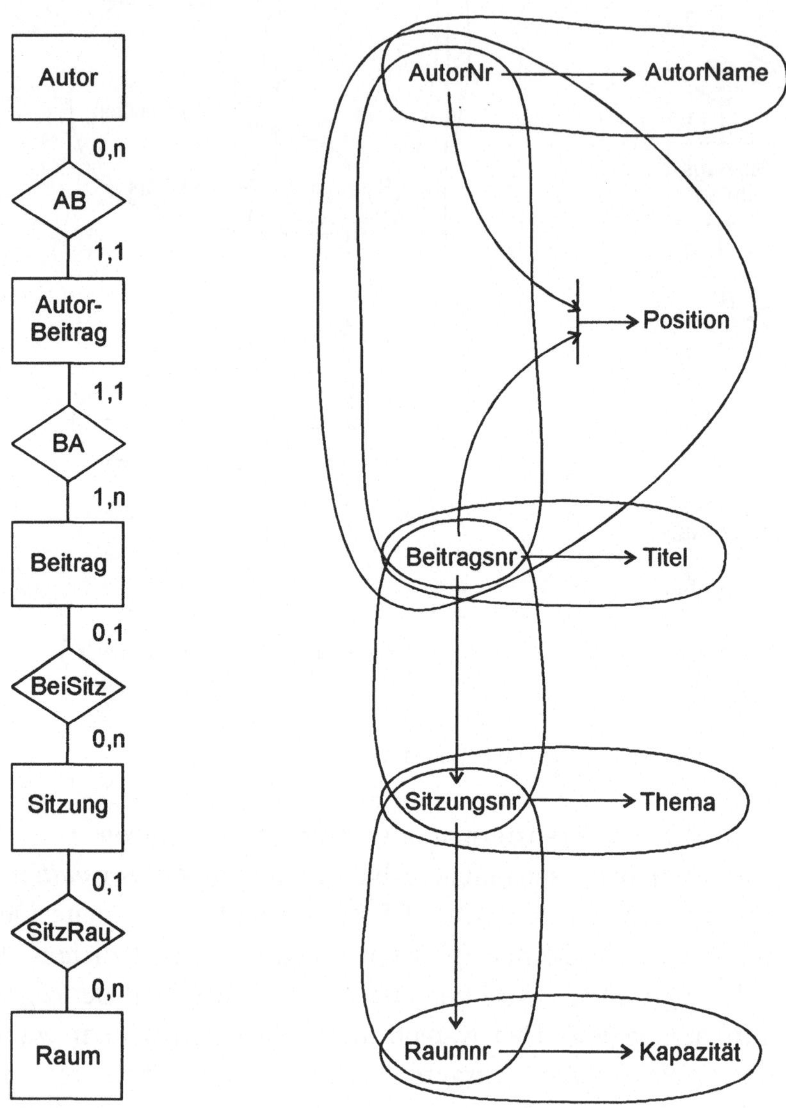

Abb. 4.5-4: Schema nach der dritten Transformation

Nach dem dritten Transformationsschritt enthält keines der CRS eine schädliche funktionale Abhängigkeit. Die Normalisierung des Schemas ist damit abgeschlossen.

4.6 Allgemeine Beschreibung von Transformationen

Anhand der Transformation N1.1 zeigen wir nun beispielhaft, wie Standardtransformationen in allgemeiner Form beschrieben werden können.

$S1$ sei ein Schema, das aus einer alleinstehenden Objektart K besteht. K habe die Menge der Attribute A und den Identifikator S, $S \subset A$, und enthalte die Attributemengen X und Y, mit $X \subset A$, $Y \subset A$ und $X \cap Y = \emptyset$.

Auf der Basis dieser Annahmen können wir $S1$ folgendermaßen deklarieren:

Schema $S1$;
EntitySet K (*Attributes*: $S, X \setminus S, Y \setminus S, A \setminus (S \cup X \cup Y)$; *Identifier*: S).

Ergänzend wollen wir eine weitere Einschränkung voraussetzen, die sich als Integritätsregel folgendermaßen formulieren läßt:

$$(\forall k_1, k_2)\ (K(k_1) \wedge K(k_2) \wedge k_1[X] = k_2[X] \rightarrow k_1[Y] = k_2[Y]).$$

Schließlich wollen wir noch annehmen, daß die folgende Einschränkung **nicht** gilt:

$$(\forall k_1, k_2)\ (K(k_1) \wedge K(k_2) \wedge k_1[X] = k_2[X] \rightarrow k_1[A] = k_2[A]).$$

Aus unseren Annahmen ist ersichtlich, daß K nicht der ER-BCNF genügt. *CRS* (K) ist ein Relationenschema mit den Attributen $\{S, X \setminus S, Y \setminus S, A \setminus (S \cup X \cup Y)\}$ und dem Schlüssel S. Aus der ersten Integritätsregel folgt die funktionale Abhängigkeit $X \rightarrow Y$, deren Determinante nach der zweiten Regel kein Überschlüssel von *CRS* (K) ist.

Zur Behebung des Defekts nehmen wir eine Strukturumformung in ein Schema $S2$ vor:

Schema $S2$;
EntitySet K' (*Attributes*: $S, A \setminus (S \cup X \cup Y)$; *Identifier*: S);
EntitySet N (*Attributes*: X, Y; *Identifier*: X);
RelationshipSet $K'N$ (*Participants*: (K', (*,1)), (N, (*,n))).

Sternchen (*) als Platzhalter für Kardinalitäten innerhalb der Schemabeschreibung sagen aus, daß der konkrete Wert in Abhängigkeit von weiteren Einschränkungen variieren kann, im übrigen aber für die Wahl der Transformation nicht von Bedeutung ist.

Eine zur Strukturumformung passende Instanzenabbildung ist:

$K' := \{k[S], k[A \setminus (S \cup X \cup Y] \mid K(k)\}$;

$N := \{k[X], k[Y] \mid K(k) \wedge k[X] \neq null\}$;

$K'N := \{K'(k[S]), N(k[X]) \mid K(k) \wedge k[X] \neq null\}$.

4.7 Übungen

*4-1 Objektartentransformation

Gegeben sei ein ER-Schema

Schema Verkauf;
EntitySet *Verkäufer* (*Attributes*: *VerkNr*, *VerkName*, *Bezirksnr*, *Hauptbezirksnr*; *Identifier*: *VerkNr*);
EntitySet *Fahrzeug* (*Attributes*: *Fahrzeugnr*, *Fahrzeugtyp*; *Identifier*: *Fahrzeugnr*);
RelationshipSet *VerFahr* (*Participants*: (*Verkäufer*, (0,*n*)), (*Fahrzeug*, (0,*n*));
$(\forall v_1, v_2)$ ($Verkäufer$ $(v_1) \wedge Verkäufer$ $(v_2) \wedge v_1[Bezirksnr] = v_2[Bezirksnr] \rightarrow v_1[Hauptbezirksnr] = v_2[Hauptbezirksnr]$).

Prüfen Sie, ob alle Konstrukte in ER-BCNF sind. Wenn nicht, nehmen Sie eine geeignete Transformation vor. Zeichnen Sie für Quell- und Zielschema jeweils den um die funktionalen Abhängigkeiten erweiterten Hypergraphen und formulieren Sie auch die Instanzentransformation in ERC.

*4-2 Komplexe Transformation

Ein Schema bestehe nur aus einer alleinstehenden Objektart:

Schema Prüfungswesen;
EntitySet *Prüfungsgeschehen* (*Attributes*: *Prüfungsnr*, *Fach*, *Prüfer*,

Matrikelnr, *Name*, *Geburtstag*, *Fachbereichsnr*, *Fachbereichsname*, *Dekan*, *Note*; *Identifier*: *Prüfungsnr*, *Matrikelnr*).

Neben den strukturbedingten Einschränkungen sollen weitere Einschränkungen gelten, die folgende funktionalen Abhängigkeiten in *CRS* (*Prüfungsgeschehen*) implizieren:

{*Prüfungsnr*} → {*Fach*, *Prüfer*},
{*Matrikelnr*} → {*Name*, *Geburtstag*, *Fachbereichsnr*},
{*Fachbereichsnr*} → {*Fachbereichsname*, *Dekan*}.

Formen Sie das Schema mit Hilfe von Standardtransformationen so um, daß am Ende alle Konstrukte in ER-BCNF sind. Zeichnen Sie auf jeder Stufe das ER-Diagramm und den um die funktionalen Abhängigkeiten erweiterten Hypergraphen. Vergleichen Sie Ihre Lösung auch mit der von Übung 3-3.

***4-3 Allgemeine Beschreibung von Transformationen**

Studieren Sie die allgemeine Beschreibung der Transformation N1.1 in Abschnitt 4.6. Formulieren Sie die Instanzenabbildung *g* für eine zu N1.1 inverse Transformation $W = ((S_2, S_1), g)$.

4.8 Literaturhinweise und Kommentare

Normalformen für ER-Konstrukte wurden in [CHNC 81] und [Ling 85, 85a] eingeführt. Die im dritten Kapitel vorgestellte ER-BCNF ähnelt den in [CHNC 81] präsentierten Normalformen, jedoch werden dort spezielle Formen für Objektarten (E-NF) und Beziehungsarten (R-NF) definiert, während wir nur eine Normalform für beide Typen von Konstrukten verwenden. [Ling 85, 85a] läßt im Gegensatz zu unserer Fassung auch gegliederte und mehrwertige Merkmale zu.

Funktionale Abhängigkeiten lassen sich auch direkt auf die Attribute von ER-Konstrukten anwenden. Dieser Ansatz wird in [BaCN 92] verfolgt. Will man damit allerdings die Einhaltung einer an funktionalen Abhängigkeiten orientierten Normalform überprüfen, so muß man bei Beziehungsarten Identifikatorattribute der Partizipanten hinzuziehen. Dies tun [BaCN 92], indem sie bestimmte Identifikatorattribute zu „relevanten Attributen“ der Beziehungsart erklären. Der Ansatz entspricht also im Kern dem unsrigen.

Die Konstruktrelationenschemata eines ER-Schemas bilden zusammen ein vollständiges relationales Datenbankschema, das allerdings mehr Tabellen aufweist, als zum Speichern und Manipulieren der Daten notwendig sind. Ein Vorteil dieses Schemas ist jedoch seine enge Übereinstimmung mit dem ER-Schema. Jedem Konstrukt im ER-Schema entspricht eine Tabelle im relationalen Datenbankschema und umgekehrt. [MaMR 86], die ein solches Schema in einem anderen Kontext als der Normalisierung verwenden, sprechen daher von dem **ER-konsistenten relationalen Datenbankschema**. Dieses Schema könnte auch gut benutzt werden, um Eigenschaften von ER-Schemata und ER-Schema-Transformationen mit Hilfe von Sätzen der relationalen Datenbanktheorie zu überprüfen.

Der Begriff der Instanzenabbildung (instance mapping) wird in [RoRe 87, 94] benutzt. In [RoRe 94] werden auch einige formale Eigenschaften solcher Abbildungen behandelt. [HTJC 93] fassen eine Schematransformation als eine Kombination einer Strukturabbildung (structural mapping) mit einer Instanzenabbildung auf. Wir halten den Terminus „Strukturumformung“ bzw. „Strukturumwandlung“ für geeigneter, weil bei einer Transformation immer nur *eine* Schemastruktur umgeformt wird.

Die Technik, Instanzenabbildungen durch eine Menge von ERC-Zuweisungen auszudrücken, stammt aus [RaSt 95].

Einzelne Normalisierungstransformationen für ER-Konstrukte werden in [BaCN 92] behandelt. Ein Satz von Standardtransformationen in allgemeiner Form wurde in [RaSt 95] präsentiert. [RaSt 96] ist eine erweiterte Fassung dieser Arbeit.

Es gibt noch viele offene Fragen in Bezug auf Schematransformationen im allgemeinen und Normalisierungstransformationen im besonderen. Insbesondere fehlen noch überprüfbare Definitionen wünschenswerter Transformationseigenschaften. Die entsprechenden Begriffe der relationalen Datenbanktheorie passen nicht in allen Fällen zur ER-Modellierung. Als Beispiel mag die Frage der Abhängigkeitserhaltung dienen. Für die Zerlegung eines die ganze Datenbank umfassenden Relationenschemas ist diese ein sinnvolles Konzept, weil das Ausgangsschema alle relevanten funktionalen Abhängigkeiten enthält. Anders bei der ER-Modellierung. Hier wird die Zusammensetzung des Quellschemas lediglich durch die Syntaxregeln eingeschränkt. Dabei ist nicht sichergestellt, daß alle relevanten Abhängigkeiten sich innerhalb eines Konstrukts befinden. Kann aber das Quellschema schon nicht alle Abhängigkeiten sicherstellen, so nutzt die Erhaltung der durch dieses Schema bedingten Abhängigkeiten auch nichts.

5 Die Datenmodellierung innerhalb der Softwareentwicklung

5.1 Einführung

Im ersten Kapitel wurde bereits darauf hingewiesen, daß die Datenmodellierung weder bei der strategischen Informationssystemplanung noch in der späteren Analysephase ein vollständiges Bild eines Informationssystems geben kann. Es sind also ergänzende Methoden notwendig, und diese Methoden müssen natürlich mit der Datenmodellierung harmonieren. Wir wollen in diesem Kapitel zeigen, wie die ER-Modellierung mit anderen Methoden zusammen eingesetzt werden kann. Die vorgestellten Methoden können zum Teil selbst als Modellierungssprachen bezeichnet werden. Mit der Datenmodellierung lassen sie sich zu umfassenderen, graphisch unterstützten Modellierungssprachen kombinieren.

Je nachdem, welches Grundmuster (Paradigma) der Softwareentwicklung verwendet wird, kommen verschiedene Methodenkombinationen in Frage. Für die „klassische" prozedurale Softwareentwicklung gibt es bereits eine Fülle von erprobten Verfahren, während sich bei der objektorientierten Entwicklung deutliche Konturen erst abzuzeichnen beginnen.

Der Schwerpunkt der folgenden Diskussion liegt auf den Phasen der Entwicklung, in denen die Datenmodellierung vorwiegend eingesetzt wird, also auf der strategischen Informationssystemplanung und der Analysephase. Gegenstand der Modellierung ist also stets ein Basissystem ohne dv-technische Realisierung.

Bei der Darstellung der Methoden und ihrer Verbindungen werden wir uns der im zweiten Kapitel eingeführten Metamodellierungstechnik bedienen. Zum einen läßt sich damit eine Methodenkombination am besten als geschlossene, umfassende Modellierungssprache beschreiben, zum anderen bereiten wir dabei den Leser auf die Diskussion der Datenkataloge im zweiten Teil und auf die Benutzung solcher Kataloge vor.

5.2 Die Datenmodellierung im prozeduralen Entwicklungsparadigma

5.2.1 Kennzeichen der prozeduralen Softwareentwicklung

Das prozedurale Entwicklungsparadigma ist heute noch das vorherrschende, verliert allerdings gegenüber der objektorientierten Entwicklung immer mehr an Boden. Die prozedurale Entwicklung ist geprägt durch die imperativen Programmiersprachen, wie Cobol, Fortran, C, Pascal, Ada und Basic. Das Grundkonstrukt dieser Sprachen ist die **Anweisung**. Anweisungen können zu **Prozeduren** zusammengefaßt werden, die dann selbst wieder (umfangreichere) Anweisungen darstellen. Prozeduren und Teilprogramme, welche weitgehend unabhängig von anderen arbeiten, werden auch als **Moduln** der Software bezeichnet.

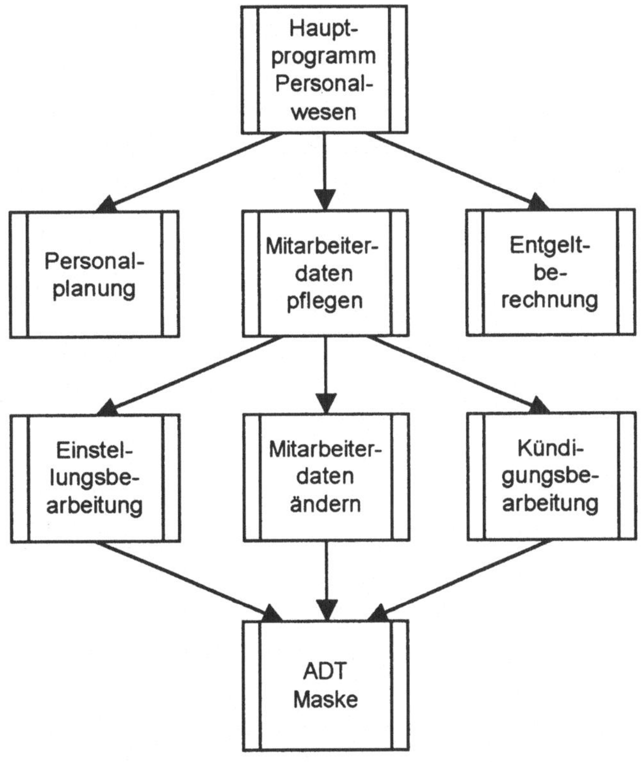

Abb. 5.2-1: Softwareaufbau nach dem prozeduralen Paradigma

Typische Software im prozeduralen Paradigma besteht aus einer Anzahl von Moduln, die in Schichten angeordnet sind (Abb. 5.2-1). Häufig enthält die oberste Schicht nur einen Modul, der das gesamte Programm koordiniert und je nach Wunsch des Benutzers die Moduln der darunterliegenden Schicht in Gang setzt. Die Moduln dieser Schicht bearbeiten jeweils umfangreiche Teile der Gesamtfunktion des Systems. Sie bedienen sich bei der Ausführung dieser Teilaufgaben selbst wieder der Dienste der unter ihnen liegenden Moduln.

In den untersten Ebenen solcher Hierarchien sind manchmal auch Moduln vertreten, die nicht Teilfunktionen darüberliegender Moduln abarbeiten, sondern der Verwaltung bestimmter Datenstrukturen dienen. Solche **abstrakten Datentypen (ADT)** können sehr flexibel genutzt werden und werden meist nicht speziell für ein Programm entwickelt, sondern im Rahmen von Bibliotheken angeboten.

Während bei der objektorientierten Softwareentwicklung die abstrakten Datentypen bzw. die damit verwandten Klassen eine dominierende Rolle spielen, sind sie in der prozeduralen Entwicklung eher von untergeordneter Bedeutung. Das Programm ist geprägt durch die Aufteilung der Gesamtfunktion in immer kleinere Teilfunktionen in den oberen Schichten des Aufbaus.

Für die Datenhaltung werden gewöhnlich relationale Datenbanksysteme benutzt; hierarchische Systeme und Netzwerksysteme spielen bei neu zu schaffenden Programmen keine wesentliche Rolle mehr. Für die Software stellt die relationale Datenbank einen Pool globaler Daten dar, auf den aus vielen Moduln mit Hilfe von SQL-Anweisungen zugegriffen werden kann.

Die Gliederung der relationalen Datenbank, das logische Schema, ist durch das ER-Schema, das bei der konzeptuellen Datenmodellierung erarbeitet wird, weitgehend bestimmt. Zwar können noch vereinzelt Anpassungen nötig werden, wenn die Antwortzeiten zu lang sind, aber am grundsätzlichen Aufbau wird sich wenig ändern. Es ist daher möglich, die Umwandlung des ER-Schemas in das relationale Datenbankschema bereits zu einem frühen Zeitpunkt der Entwicklung vorzunehmen, genauer gesagt, in der Analysephase oder bereits bei der strategischen Planung. Notwendig ist eine solche frühzeitige Umwandlung unbedingt, wenn andere verwendete Analysemethoden auf die Tabellen des relationalen Schemas Bezug nehmen.

Es gibt eine Vielzahl gut ausgearbeiteter Analysemethoden, welche mit der Datenmodellierung gut kombiniert werden können. Da wir nicht alle diese Methoden vorstellen können, beschränken wir uns auf eine kleine Auswahl von Methodenkombinationen, von denen wir glauben, daß sie jeweils für einen bestimmten Anwendungsbereich von besonderer Bedeutung sind. Vorweg müssen wir uns mit der Frage beschäftigen, wie ein ER-Schema in ein relationales Datenbankschema umgewandelt werden kann, denn in einem Teil der vorgestellten Kombinationen werden wir die übrigen Methoden nicht direkt mit dem ER-Schema verknüpfen, sondern mit dem daraus abgeleiteten relationalen Datenbankschema.

5.2.2 Umsetzung eines ER-Schemas in ein relationales Datenbankschema

Bei dieser Umsetzung müssen neben den originären Schemakomponenten auch Integritätsbedingungen und ableitbare Komponenten berücksichtigt werden. Ziel der Umwandlung ist eine Schemadeklaration in der Standardsprache SQL, die von der Datenbanksoftware akzeptiert wird.

Die Umwandlung der originären Komponenten ist wegen der vielen Gemeinsamkeiten von ERM und Relationenmodell recht einfach und wird meist automatisch mit Hilfe von Werkzeugen durchgeführt. Während im ERM zwei Grundkonstrukte zur Verfügung stehen, um einen Sachverhalt darzustellen, nämlich Objekt- und Beziehungsarten, gibt es im Relationenmodell dafür nur ein Konstrukt, die Tabelle. Tabellen müssen also sowohl die Datenobjekte als auch die Verbindungen zwischen ihnen repräsentieren. Wie aus dem dritten Kapitel bereits bekannt ist, werden die Verbindungen mit Hilfe von Fremdschlüsselverweisen hergestellt. Im Prinzip werden bei der Umsetzung eines ER-Schemas in ein relationales Schema nur die Objektarten in Tabellen verwandelt und dann Fremdschlüsselattribute eingefügt, um die Beziehungsarten zu realisieren.

Teilmengenhierarchien stellen bei der Umsetzung allerdings ein Problem dar, denn das relationale Modell kennt den damit zusammenhängenden Begriff der Vererbung nicht. Zwar ist es möglich, eine Hierarchie von Objektarten in eine gleichartig aufgebaute Hierarchie von Tabellen zu verwandeln, jedoch muß dann die Vererbung von den Benutzern bzw. ihren Anwendungsprogrammen sichergestellt werden.

Integritätsbedingungen lassen sich in SQL tabellenbezogen, spaltenbezogen und außerhalb von Tabellen definieren. Abgesehen von den sprachlichen gibt es hierbei keine prinzipiellen Unterschiede zum ERM.

Wir geben im folgenden zunächst Regeln zur Umsetzung von originären Schemakomponenten an. Viele in der Praxis vorkommenden Schemata weisen nur solche Komponenten auf, so daß diese Regeln als **Kernregeln** bezeichnet werden können. Anschließend gehen wir kurz auf die Behandlung von Teilmengenhierarchien ein. Den Abschluß bilden die Regeln zur Umsetzung ableitbarer Schemakomponenten. Ein umfangreiches Beispiel demonstriert dann die Anwendung aller Regeln.

5.2.2.1 Kernregeln

Umsetzung von Objektarten

Regel OA1. Jede Objektart des Schemas wird in eine gleichartig aufgebaute Basistabelle verwandelt. Im einzelnen bedeutet dies, daß der Name der Tabelle mit dem Namen der Objektart identisch ist, alle Attribute der Objektart, mit Ausnahme der ableitbaren, zu Attributen der Tabelle werden, und der Identifikator der Objektart zum Primärschlüssel der Tabelle wird. Die Wertebereiche bzw. Datenformate der Attribute werden ebenfalls übernommen, soweit sie in der relationalen Datenbank gültig sind. Ist dies nicht der Fall, so muß ein verfügbares Datenformat gewählt und gegebenenfalls durch zusätzliche Integritätsregeln eingeschränkt werden. Integritätsregeln, die für die Objektart definiert wurden, werden auch für die Tabelle definiert.

Umsetzung von Beziehungsarten

Bei der Umwandlung von Beziehungsarten unterscheiden wir drei Hauptfälle:

- binäre Beziehungsarten, bei denen mindestens ein Zweig die Maximalkardinalität 1 aufweist (BA1),
- binäre Beziehungsarten, bei denen dies nicht der Fall ist (BA2),

- nichtbinäre Beziehungsarten (BA3).

Regel BA1: Binäre Beziehungsarten mit mindestens einer Maximalkardinalität 1. Diese Regel besteht aus einer Grundregel für den Normalfall und drei Ergänzungen für spezielle Fälle. Wir setzen voraus, daß Regel OA1 bereits angewandt wurde. Außerdem wollen wir davon ausgehen, daß die Beziehungsart keine Attribute enthält. Wie bereits im zweiten Kapitel gezeigt wurde, können Beziehungsarten frei von Attributen gehalten werden, wenn mindestens eine Seite die Maximalkardinalität 1 hat.

Grundregel. Die Tabelle, welche aus der Objektart an dem Zweig mit der Maximalkardinalität 1 gebildet wurde, nimmt den Primärschlüssel der anderen Tabelle als Fremdschlüssel auf.

Ergänzung a. Ist die Minimalkardinalität an dem Zweig mit der Maximalkardinalität 1 ebenfalls 1, so werden für den aufgenommenen Fremdschlüssel Nullwerte ausgeschlossen (Deklaration *not null*).

Ergänzung b. Entstehen durch die Anwendung der Regel BA1 Namenskonflikte, so werden diese beseitigt, indem die Fremdschlüsselattribute durch Rollennamen ergänzt werden.

Anmerkung: Namenskonflikte können in zwei Fällen entstehen:

- Ist die umzuwandelnde Beziehungsart rekursiv, so verlangt Regel BA1, daß der Primärschlüssel nochmals als Fremdschlüssel in die Tabelle aufgenommen wird. Hätte der Fremdschlüssel aber denselben Namen wie der Primärschlüssel, so wären die beiden nicht mehr unterscheidbar.
- Gibt es zwischen zwei Objektarten mehrere Beziehungsarten, die alle auf derselben Seite die Maximalkardinalität 1 haben, so müßte nach Regel BA1 die betreffende Tabelle den Primärschlüssel der anderen Tabelle mehrfach als Fremdschlüssel aufnehmen. Hätten diese Fremdschlüssel dieselben Namen, so wären sie nicht unterscheidbar.

Ergänzung c. Weisen beide Zweige der Beziehungsart die Maximalkardinalität 1 auf und hat nur ein Zweig die Minimalkardinalität 1, so nimmt diese Seite den Fremdschlüssel auf.

Anmerkung: Auf diese Weise kann die Restriktion, welche von der Minimalkardinalität 1 repräsentiert wird, allein durch die Struktur der Tabellen sichergestellt werden. Würde der Fremdschlüssel in die andere Seite aufgenommen, so wäre eine zusätzliche Integritätsbedingung notwendig.

Regel BA2: Binäre Beziehungsarten, keine Maximalkardinalität 1. In diesem Fall wird für die Beziehungsart eine eigene Tabelle (Verbindungstabelle) angelegt. Sie erhält als Primärschlüssel die Vereinigung der Identifikatoren der teilnehmenden Objektarten bzw. Tabellen und als Nichtschlüsselattribute die übrigen Attribute der Beziehungsart. Die in den Primärschlüssel eingebrachten Schlüssel der beteiligten Tabellen werden als Fremdschlüssel deklariert.

Regel BA3: Nichtbinäre Beziehungsarten. Wieder benötigen wir eine Grundregel und zwei Ergänzungen, welche die Bildung des Primärschlüssels regeln:

Grundregel. Für die Beziehungsart wird eine Tabelle angelegt (Verbindungstabelle), welche als Attribute die Attribute der Beziehungsart sowie die Attribute der Identifikatoren der beteiligten Objektarten erhält. Die übernommenen Identifikatorattribute werden als Fremdschlüssel deklariert; Nullwerte werden für diese Attribute ausgeschlossen.

Ergänzung a. Hat kein Zweig der Beziehungsart die Maximalkardinalität 1, so wird die Vereinigung der Identifikatoren der Partizipanten als Primärschlüssel der gebildeten Tabelle genommen.

Ergänzung b. Hat mindestens ein Zweig die Maximalkardinalität 1, so wird der Identikator an einem solchen Zweig als Primärschlüssel verwendet.

5.2.2.2 Behandlung von Teilmengenhierarchien

Teilmengenhierarchien bedürfen einer besonderen Behandlung, weil das relationale Datenmodell keine Vererbung von Attributen und Beziehungen kennt. Der Modellierer hat verschiedene Möglichkeiten:

1. Einebnung der Hierarchie vor der Umsetzung, wie in Abschnitt 3.6 beschrieben. In diesem Fall übernimmt die oberste Objektart der Hierarchie alle Attribute und Beziehungsarten der darunterliegenden Objektarten. Zusätzliche Attribute werden eingefügt, um die Objekte der verschiedenen Teilmengen zu unterscheiden.
2. Übernahme der vollständigen Hierarchie. Jede Objektart der Hierarchie wird dabei zu einer Tabelle des Datenbankschemas. Der Identifikator der obersten Objektart in der Hierarchie (allgemeinster Begriff) wird als Primärschlüssel für alle Tabellen verwendet, die aus einer Hierarchie entstehen. In einer Tabelle, die eine untergeordnete Tabelle repräsentiert, wird dieser Primärschlüssel gleichzeitig als Fremdschlüssel in Bezug auf die übergeordnete Tabelle deklariert.
3. Übernahme eines Teils der Hierarchie.

Es ist kaum möglich, ein Verfahren zur Bestimmung der günstigsten Möglichkeit vorzugeben, zumal es Konflikte zwischen den relevanten Entscheidungskriterien gibt. Die Antwortzeiten der Datenbank werden im allgemeinen klein gehalten, wenn Verbundoperationen vermieden werden. Dies spricht für die erste Lösung mit nur einer Tabelle. Andererseits ist die Aussagefähigkeit des Schemas gewöhnlich größer, wenn alle Objektarten vertreten sind, so daß der Benutzer der Datenbank mehr über die Zusammenhänge und die Abfragemöglichkeiten erfährt. Eine konkrete Entscheidung läßt sich jedoch nur in Kenntnis aller Anforderungen treffen.

5.2.2.3 Umsetzung ableitbarer Schemakomponenten

In relationalen Datenbanken können ableitbare Schemakomponenten entweder mit Sichten (views) oder innerhalb von Basistabellen realisiert werden. In den meisten Fällen können die Daten dafür mit Hilfe einer in SQL formulierten Abfrage gewonnen werden. Nur in wenigen Fällen (z.B. bei rekursiv abgeleiteten Daten) reichen die Ausdrucksmöglichkeiten von SQL alleine nicht aus, so daß spezielle Programme oder Datenbankprozeduren geschrieben werden müssen. Grundsätzlich wäre es möglich, diese Abfragen bzw. Prozeduren automatisch aus der ERC-Abfrage zu generieren, jedoch enthalten die gängigen Werkzeuge hierfür keine Übersetzer.

Wir geben nun für jeden Typ ableitbarer Schemakomponenten (Attribut, Objektart, Beziehungsart) jeweils eine Regel an, mit der solche Komponenten auf der Basis von Sichten realisiert werden können.

Regel AB1: ableitbare Attribute. Sei *K* ein Konstrukt mit dem ableitbaren Attribut *A*, und sei *T* die Basistabelle, die nach den vorgenannten Regeln zur Realisierung von *K* angelegt wurde. Man bildet nun eine Sichtentabelle, die neben den Attributen von *K* auch *A* enthält. Die Ableitungsregel wird in der Sichtenformulierung (Create View) berücksichtigt.

Regel AB2: ableitbare Objektarten. Es wird eine Sichtentabelle definiert, die genauso aufgebaut ist wie die ableitbare Objektart. Die Ableitungsregel geht in die Sichtenformulierung ein.

Regel AB3: ableitbare Beziehungsarten. Die Regeln BA1 bis BA3 werden sinngemäß angewandt, wobei jedoch statt Basistabellen nun Sichtentabellen gebildet werden und die Definition von Primär- und Fremdschlüsselrestriktionen nicht notwendig und auch nicht möglich ist.

5.2.2.4 Umfassendes Beispiel

Wir wollen nun die bis hierher aufgeführten Regeln durch ein Beispiel verdeutlichen und benutzen hierzu eine Variante des bereits im zweiten Kapitel vorgestellten Personal-Informationssystems. Neben originären enthält das Schema auch ableitbare Komponenten sowie eine in ERC formulierte Integritätsregel.

```
Schema P;

EntitySet      Mitarbeiter
(Attributes:   Persnr         integer,
               Nachname       char(25)   not null,
               Leistung       smallint,
 Identifier: Persnr);

EntitySet      VerdienterMitarbeiter
(Subsetof Mitarbeiter);
```

```
EntitySet          Abteilung
(Attributes:       Abtnr          smallint,
                   Abtname        char(20)   not null,
 Identifier        Abtnr);

EntitySet          Projekt
(Attributes:       Projnr         smallint,
                   Projname       char(20),
 Identifier:       Projnr);

EntitySet          Teil
(Attributes:       Tnr            smallint,
                   Preis          decimal(6,2);
 Identifier:       Tnr);

EntitySet          Lieferant
(Attributes:       Lnr            smallint,
                   Name           char(25);
 Identifier:       Lnr);

RelationshipSet    Mitgliedschaft
(Participants:     (Mitarbeiter, Mitglied, (1,1)),
                   (Abteilung, Arbeitsstelle, (0,n)));

RelationshipSet    Leitung
(Participants:     (Mitarbeiter, Leiter, (0,1)),
                   (Abteilung, GeleiteteAbteilung, (1,1)));

RelationshipSet    Hierarchie
(Participants:     (Mitarbeiter, Untergeordneter, (0,1)),
                   (Mitarbeiter, Vorgesetzter, (0,n)));

RelationshipSet    PLeitung
(Participants:     (Mitarbeiter, Leiter, (0,n)),
                   (Projekt, GeleitetesProjekt, (0,1)));

RelationshipSet    Protokollführung
(Participants:     (Mitarbeiter, Protokollführer, (0,n)),
                   (Projekt, ProtokolliertesProjekt, (0,1)));

RelationshipSet    Teilnahme
(Participants:     (Mitarbeiter, (0,n)),
```

	(*Projekt*, (0,*n*)),
Attributes:	*Stunden* *smallint*);
RelationshipSet	*Aufteilung*,
(*Participants*:	(*Projekt*, *Oberprojekt*, (0,*n*)),
	(*Projekt*, *Unterprojekt*, (0,1)));
RelationshipSet	*Lieferung*
(*Participants*:	(*Projekt*, (0,*n*)),
	(*Teil*, (0,*n*)),
	(*Lieferant*, (0,*n*));
Attributes:	*Menge* *smallint*,
	Gesamtpreis *decimal*(8,2));

Integrity Rules:

$(\forall a_1, a_2)\ (Abteilung(a_1) \wedge Abteilung(a_2) \wedge a_1[Abtname] = a_2[Abtname]$
$\rightarrow a_1[Abtnr] = a_2[Abtnr];$

Assignments:

Lieferung[*Gesamtpreis*] :=
Lieferung[*Menge*] * *Lieferung*:*Teil*[*Preis*];

VerdienterMitarbeiter:=
$\{m \mid Mitarbeiter(m) \wedge m[Leistung] > 150\};$

Hierarchie :=
$\{v, u \mid Mitarbeiter(v) \wedge Mitarbeiter(u) \wedge (\exists g,l)\ (Mitgliedschaft(g)$
$\wedge\ Leitung(l) \wedge g{:}Mitglied == u \wedge l{:}Leiter == v \wedge$
$g{:}Arbeitsstelle == l{:}GeleiteteAbteilung \wedge \neg(v == u))\}.$

Abb. 5.2-2 zeigt das ER-Diagramm zu diesem Schema.

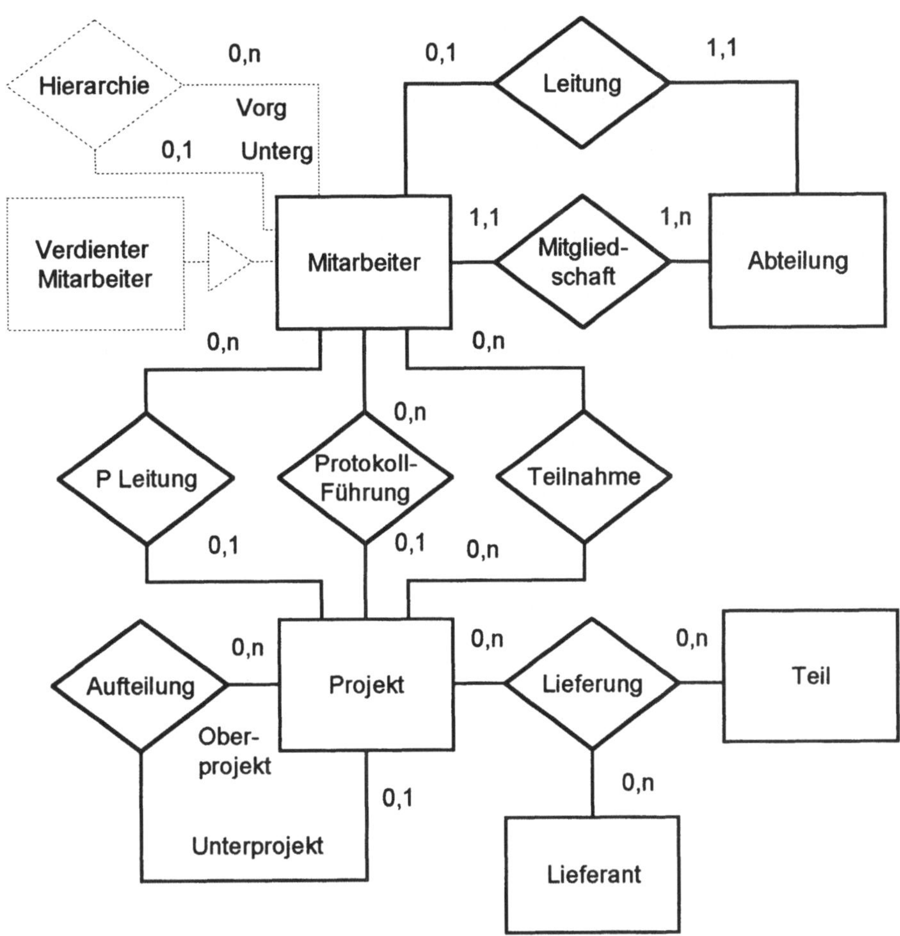

Abb. 5.2-2: ER-Diagramm zum Umsetzungsbeispiel

Wir geben nun zunächst die vollständige SQL-Deklaration des relationalen Datenbankschemas an und erläutern dann im einzelnen, wie sich dieses Schema aus dem ER-Schema ergibt.

```
Create Schema P;

Create Table Abteilung
    (Abtnr     smallint,
     Abtname  char(20)   not null,
```

```
    Persnr     integer     not null,
    Primary Key (Abtnr),
    Foreign Key (Persnr) references Mitarbeiter (Persnr),
    Unique (AbtName));

Create Table Mitarbeiter
   (Persnr     integer,
    Nachname        char(25)    not null,
    Abtnr           smallint    not null,
    Primary Key     (Persnr),
    Foreign Key     (Abtnr) references Abteilung (Abtnr));

Create Table Projekt
   (Projnr     smallint,
    Projname char(20),
    Primary Key (Projnr),
    Foreign Key (LeiterPersnr) references Mitarbeiter (Persnr),
    Foreign Key (ProtokollführerPersnr) references Mitarbeiter
   (Persnr),
    Foreign Key (OberProjnr) references Projekt (Projnr))

Create Table Teilnahme
   (Persnr     integer,
    Projnr     smallint,
    Stunden    smallint,
    Primary Key (Persnr, Projnr),
    Foreign Key (Persnr) references Personal (Persnr),
    Foreign Key (Projnr) references Projekt (Projnr));

Create Table Teil
   (Tnr        integer,
    Preis      decimal(6,2),
    Primary Key (Tnr));

Create Table Lieferant
   (Lnr        smallint,
    Name       char(25),
    Primary Key (Lnr));
```

```
Create Table Lieferung
        (Lnr        smallint,
         Tnr        integer,
         Projnr     smallint,
         Menge      smallint,
         Primary Key (Lnr, Tnr, Projnr));

Create View Lieferung2
        (Lnr, Tnr, Projnr, Menge, Gesamtpreis)
As      Select     l.*, t.Preis * l.Menge
        From       Lieferung as l, Teil as t
        Where      l.Tnr = t.Tnr;

Create View VerdienterMitarbeiter
As      Select     *
        From       Mitarbeiter
        Where      Leistung > 150;

Create View Mitarbeiter2
        (Persnr, Nachname, Leistung, VorgesetzenPersnr)
As      Select     m.*, a.Persnr
        From       Mitarbeiter as m, Abteilung as a
        Where      m.Abtnr = a.Abtnr and
                   m.Persnr <> a.Persnr.
```

Wir beginnen die Umsetzung, indem wir Regel OA1 anwenden und für jede originäre Objektart des ER-Schemas eine gleichartig aufgebaute Tabelle anlegen (Create-Table-Anweisungen). Die im ER-Schema aufgeführte Integritätsbedingung kann dabei als spalten- oder tabellenbezogene Restriktion („unique") in der Definition der Tabelle *Abteilung* berücksichtigt werden.

Zur Umsetzung der Beziehungsart *Mitgliedschaft* wenden wir Regel BA1 mit der Ergänzung a) an und nehmen *Abtnr* als Fremdschlüssel in *Mitarbeiter* auf. Nullwerte schließen wir dabei aus. Ebenfalls Regel BA1, aber mit der Ergänzung c), wenden wir bei der Umsetzung von *Leitung* an. Wir nehmen hierfür den Schlüssel *Persnr* von *Mitarbeiter* als Fremdschlüssel in *Abteilung* auf. Schließlich müssen wir die Regel BA1 noch mit der Ergänzung b) anwenden, wenn wir die beiden Beziehungsarten *PLeitung* und

Protokollführung umwandeln. Sie schlagen sich in den Fremdschlüsseln *LeiterPersnr* und *ProtokollführerPersnr* in *Projekt* nieder. Zur Umsetzung von *Teilnahme* wenden wir Regel BA2 an und legen eine Basistabelle desselben Namens an, welche den Primärschlüssel {*Persnr*, *Projnr*} erhält. *Persnr* und *Projnr* dienen gleichzeitig als Fremdschlüssel. Für die rekursive Beziehungsart *Aufteilung* benötigen wir nochmals Regel BA1 mit der Ergänzung b). Wir nehmen den Schlüssel der Seite mit der Maximalkardinalität *n*, also den der Rolle *Oberprojekt*, als Fremdschlüssel *Oberprojnr* in die Tabelle *Projekt* auf. Abschließend wenden wir Regel BA3 mit der Ergänzung a) an und verwandeln die Beziehungsart *Lieferung* in eine Basistabelle gleichen Namens, berücksichtigen dabei jedoch das ableitbare Attribut *Gesamtpreis* noch nicht.

Nun folgt die Umwandlung der ableitbaren Komponenten. Wir beginnen mit dem ableitbaren Attribut *Gesamtpreis* von *Lieferung* und legen mit einem Create-View-Befehl eine Sichtentabelle *Lieferung2* an, die neben den Attributen von *Lieferung* auch *Gesamtpreis* enthält (Regel AB1). Mit Regel AB2 wandeln wir die ableitbare Objektart *VerdienterMitarbeiter* um, indem wir eine Sichtentabelle gleichen Namens definieren. Zur Umwandlung der rekursiven Beziehungsart *Hierarchie* müssen wir laut Regel AB3 die Regel BA1 mit der Ergänzung b) sinngemäß anwenden. Wir definieren hierfür eine Sichtentabelle *Mitarbeiter2*, welche neben den Attributen von *Mitarbeiter* auch den Fremdschlüssel *Vorgesetztenpersnr* enthält.

5.2.3 Metamodellbetrachtung der Umsetzung

In Kapitel 2 wurde gezeigt, wie das ERM dazu benutzt werden kann, das Schema einer Datenbank zu konstruieren, welche ein ER-Schema speichern kann. Dieses Schema nannten wir ein Metamodell bzw. ein Metaschema. Das ERM dient dabei sowohl als Modellierungs- als auch als Metamodellierungssprache.

Man kann das ERM aber auch verwenden, um Metamodelle für Schemata zu konstruieren, die in anderen Modellierungssprachen verfaßt wurden. In einer entsprechend strukturierten Datenbank könnte man dann solche Schemata speichern. In der Praxis ist dies von großer Bedeutung. So muß z.B. jedes Entwurfswerkzeug die Modelle speichern, die der Benutzer entworfen hat, und benötigt dafür eine Datenbank. Auch benützt jedes Datenbanksystem eine Datenbank, um festzuhalten, wie die Datenbanken der Benutzer strukturiert sind.

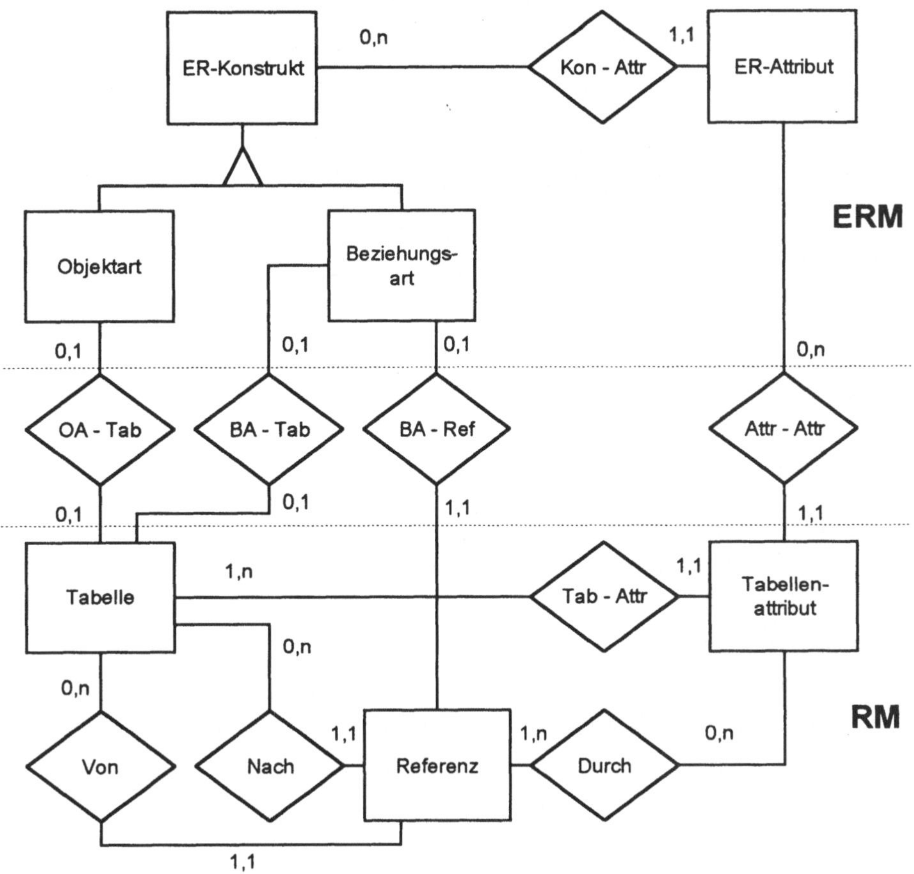

Abb. 5.2-3: Metamodell: Brücke vom ERM zum Relationenmodell

Wir benutzen nun die Metamodellierung, um zu zeigen, wie ER-Schemata und relationale Datenbankschemata in Beziehung zueinander stehen. Abb. 5.2-3 enthält im oberen Bereich einen Ausschnitt aus dem Metamodell des ERM, das bereits aus dem zweiten Kapitel bekannt ist. Im unteren Bereich ist das Metamodell des Relationenmodells abgebildet. Der Bereich dazwischen stellt die Verbindung zwischen den beiden Metamodellen her, wie sie sich nach unseren Umsetzungsregeln ergibt. Eine Datenbank, die nach Abb. 5.2-3 aufgebaut ist, kann ein ER-Schema und das zugehörige relationale Datenbankschema speichern, und es kann auch festhalten, welche Komponenten des einen Schemas den einzelnen Komponenten des anderen Schemas entsprechen. Ableitbare Daten und Integritätsregeln sind dabei vernachlässigt worden, können aber leicht hinzugefügt werden.

5.2.4 Methodenkombination 1: Funktionsanalyse und Datenmodellierung

Die Funktionsanalyse ist eine Technik, die auf dem Prinzip der **schrittweisen Verfeinerung** beruht. Man geht von der Gesamtaufgabe des Systems aus und zerlegt sie immer weiter in Unteraufgaben, bis man hinreichend kleine Funktionen erreicht hat (Abb. 5.2-4). Die Funktionsanalyse eignet sich sowohl für sehr kleine Systeme als auch für die Unternehmensmodellierung, allerdings ist die Verbindung zur Datenmodellierung in den beiden Fällen sehr unterschiedlich.

Bei sehr kleinen Systemen kann die Funktionsanalyse benutzt werden, um eine Zweckbestimmung vorzunehmen, auf der die anschließende Datenmodellierung dann aufbaut. Besonders bei Systemen, die keine Programmierung erfordern, sondern nur von Endanwendern mit Hilfe von SQL-Abfragen und selbsterstellten Formularen benutzt werden, mag dies eine ausreichende Methodenkombination sein. Die Datenmodellierung wird dabei am Stück für den gesamten Funktionsbaum durchgeführt.

Für ein Unternehmensmodell, das aus einem Unternehmensfunktionsmodell und einem Unternehmensdatenmodell besteht, beginnt man ebenfalls mit der Funktionsanalyse. Nun wird aber nicht das ER-Schema für den gesamten Funktionsbaum entworfen, sondern es werden zunächst Schemata für die Teilaufgaben der untersten Ebene entworfen. Die Teilschemata werden schrittweise integriert, bis man zuletzt über ein ER-Schema des gesamten Unternehmens verfügt.

Auf die Strategien zur Integration der Teilschemata und die Probleme, die dabei entstehen, gehen wir im sechsten Kapitel ein. Wir begnügen uns hier mit der Angabe eines Metaschemas, welches die Verbindung zwischen dem Ergebnis der Funktionsanalyse (dem Funktionsmodell) und dem integrierten

ER-Schema und seinen Komponenten zeigt (Abb. 5.2-5). Das Metamodell des ER-Schemas ist dabei nur insoweit abgebildet, als es für die Verbindung von Bedeutung ist.

1 Beschaffung
- 11 Strategische Beschaffungsaufgaben
  - 111 Langfristige Entscheidungen über Eigenfertigung/Fremdbezug
  - 112 Standardisierungs-, Substitutions- u. Innovationspolitik
  - 113 Gestaltung der Lieferantenstruktur u. der Lieferantenbeziehungen
  - 114 Beschaffungsmarktforschung
- 12 Taktische Beschaffungsaufgaben
  - 121 Mittelfristige Beschaffungsprogrammplanung
  - 122 Vorbereitung und Abschluß von Rahmenverträgen
  - 123 Gestaltung der Beschaffungslogistik
  - 124 Qualitätssicherung
- 13 Operative Beschaffungsaufgaben
  - 131 Aufnahme und Klärung der Bestellaufträge
  - 132 Rahmenvertragsauswahl bzw. Anstoß der Bestellvorbereitung
  - 133 Angebotserfassung und Angebotsvergleich
  - 134 Bestellung bzw. Abruf
  - 135 Bestellüberwachung
  - 136 Wareneingangserfassung und -prüfung
  - 137 Rücksendungen

Abb. 5.2-4: Funktionsanalyse, Quelle: [Rauh 90], S. 278

Ein Entwurfswerkzeug, das über eine entsprechende Datenbank verfügt, kann dem Modellkonstrukteur für jede beliebige Funktion den dazugehörigen Teil des ER-Schemas ausgeben, und es kann auch die Frage beantworten, von welchen Funktionen bestimmte Komponenten des ER-Schemas benutzt werden.

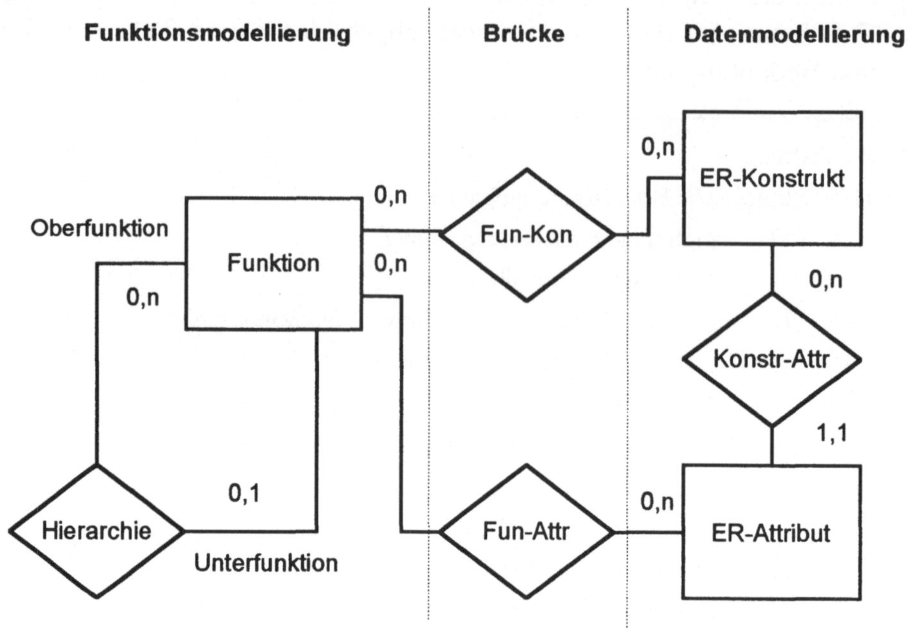

Abb. 5.2-5: Metamodell: Verbindung zwischen Funktionsanalyse und ERM

Bitte beachten Sie, daß die Objektart *Funktion* sowohl mit *ER-Konstrukt* als auch mit *ER-Attribut* verbunden ist. Zwar kann man die Verbindung zwischen Funktionen und Objektarten durch Verkettung der beiden Beziehungsarten *Fun-Attr* und *Konstr-Attr* ableiten, jedoch ist eine Ableitung von Beziehungen zwischen Funktionen und Beziehungsarten nicht möglich, wenn diese Beziehungsarten keine Attribute besitzen.

Generell brauchen die Beziehungen der Arten *Fun-Attr* und *Fun-Kon* nur für die Funktionen auf der untersten Ebene des Funktionsbaums gespeichert zu werden, weil die Teilschemata der übergeordneten Funktionen Vereinigungen der Teilschemata ihrer untergeordneten Funktionen sind.

5.2.5 Methodenkombination 2: Strukturierte Analyse und Datenmodellierung

Die Strukturierte Analyse (SA) ist eine Modellierungstechnik, die schrittweise Verfeinerung und Datenflußanalyse in sich vereinigt. Man beginnt mit einem **Kontextdiagramm** (Abb. 5.2-6), in dem die Datenflüsse zwischen dem zu modellierenden System und seiner Umwelt (den „Begrenzern“) dargestellt sind. Das System selbst wird darin als „schwarzer Kasten“ behandelt. Die Betrachtung des Systeminneren beginnt mit dem nächsten Schritt. Hierbei wird das System in Funktionen (Prozesse) zerlegt. Die Datenflüsse zwischen dem System und der Umwelt müssen nun diesen Funktionen zugeordnet werden. Außerdem werden Datenflüsse zwischen den Funktionen und zwischen Funktionen und Speichern sichtbar (Abb. 5.2-7). In weiteren Diagrammen kann nun mit der Zerlegung der Funktionen fortgefahren werden, bis ein hinreichender Detaillierungsgrad erreicht ist.

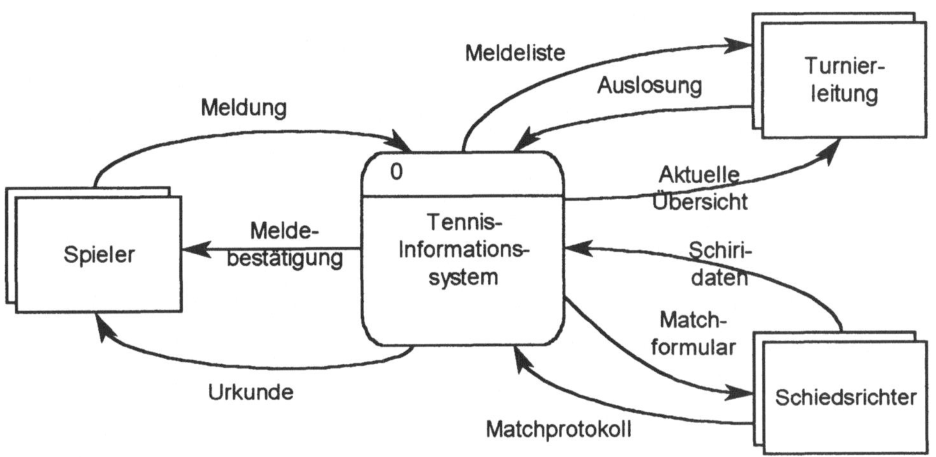

Abb. 5.2-6: Strukturierte Analyse, Kontextdiagramm

Die Verbindung der SA mit der Datenmodellierung gestaltet sich recht einfach. Man kann nämlich die Tabellen des relationalen Datenbankschemas, das aus dem ER-Schema gewonnen wird, als Speicher verwenden (Abb. 5.2-7). Damit ist auch eine „natürliche“ Reihenfolge für die Durchführung von SA und Datenmodellierung vorgegeben. Man konstruiert am besten zuerst das ER-Schema, wandelt es dann in das relationale Datenbankschema um, und kann in der anschließenden SA-Modellierung die Tabellen des Datenbankschemas als Speicher benutzen.

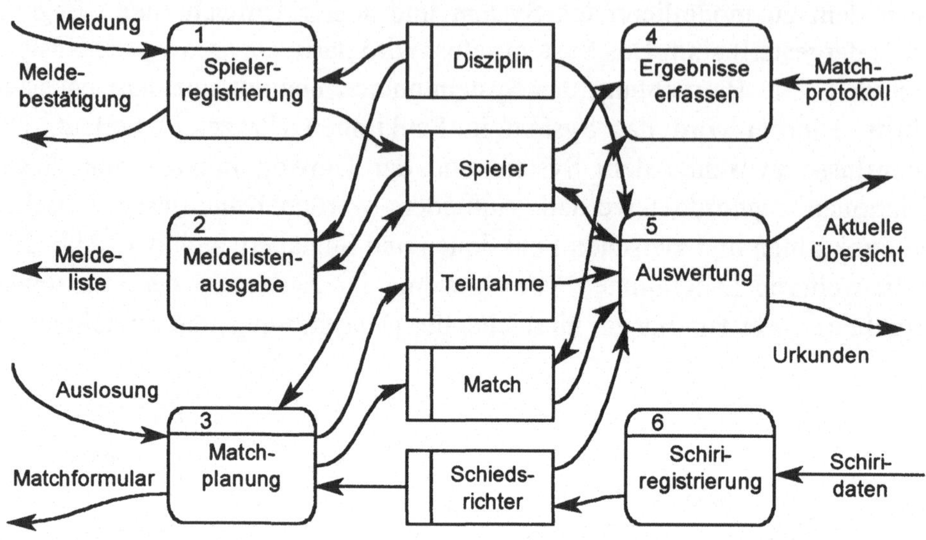

Abb. 5.2-7: SA, erste Zerlegung

Beachten Sie bitte, daß in Abbildung 5.2-7 die Datenflüsse zwischen den Funktionen und den Speichern nicht benannt sind. Es wird hierbei stillschweigend angenommen, daß jeweils ein ganzer Satz bzw. eine ganze Tabellenzeile bewegt wird. Deshalb müssen auch die einzelnen Attribute eines solchen nichtbenannten Datenflusses nicht festgehalten werden, während für die benannten Datenflüsse eine Spezifizierung zwingend vorgeschrieben ist.

Es ist zwar umständlich, aber doch möglich, die SA-Modellierung vor der Datenmodellierung durchzuführen. Allerdings sollte man hierbei keine Speicher bilden, die im Verlauf der anschließenden Datenmodellierung wieder geändert werden müssen. Die einfachste Lösung ist, zunächst von einem einzigen umfassenden Speicher, der Datenbank, auszugehen. Man muß dann allerdings auch die Datenflüsse zwischen diesem Speicher und den Funktionen benennen und ihre Zusammensetzung spezifizieren (Abb. 5.2-8). Ist dann später die Datenmodellierung abgeschlossen, so kann der umfassende Speicher durch die Tabellen ersetzt werden.

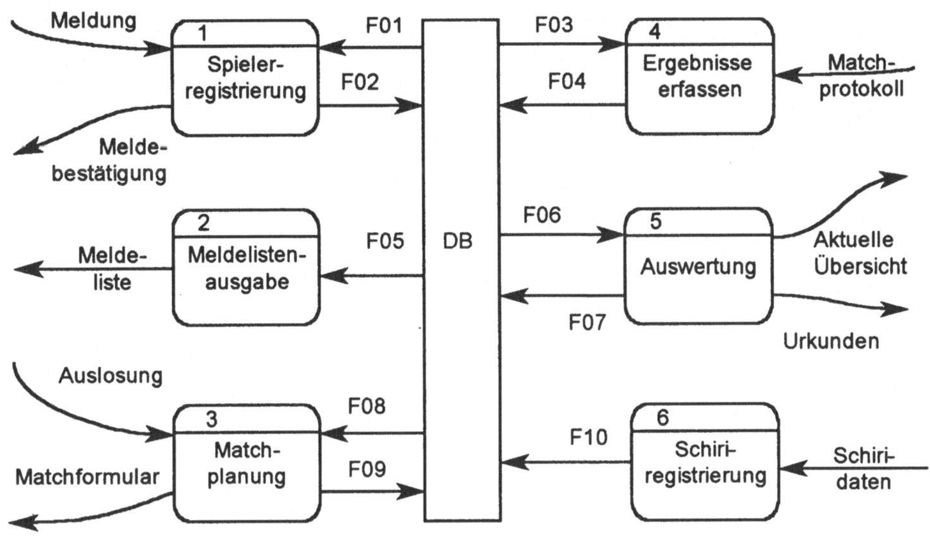

Abb. 5.2-8: SA, Verwendung eines umfassenden Speichers

Anders als bei der ersten Methodenkombination müssen wir bei der jetzt betrachteten Kombination keine Brücke zwischen den beiden Teilmodellen schlagen, weil die Datenflußmodellierung die Tabellen und Attribute der Datenmodellierung ebenfalls einschließt. Es ist also eine Überlappung vorhanden, welche die beiden Modellierungssprachen in idealer Weise zu einer umfassenderen Sprache vereinigt. In der Metamodellbetrachtung (Abb. 5.2-9) gehören die Objektarten *Tabelle*, *Referenz* und *Tabellenattribut* zur Datenmodellierung, *Tabelle*, *Tabellenattribut* und alle noch nicht genannten Objektarten zur Datenflußmodellierung. Bei *Flußattribut* und *Tabellenattribut* handelt es sich um stark überlappende Teilmengen der Objektart *Attribut*. Der größte Teil der Attribute im Datenschema wird sich auch in den Datenflüssen wiederfinden, und umgekehrt werden sicherlich auch die meisten Attribute der Datenflüsse in der Datenbank gespeichert.

Nicht eingezeichnet, aber leicht zu ergänzen, ist die Verbindung zur ER-Modellierung. Wir brauchen nur die Abbildungen 5.2-9 und 5.2-3 zu verschmelzen, um ein Metamodell zu erhalten, das Datenflußmodellierung, ER-Modellierung und relationale Modellierung vereinigt.

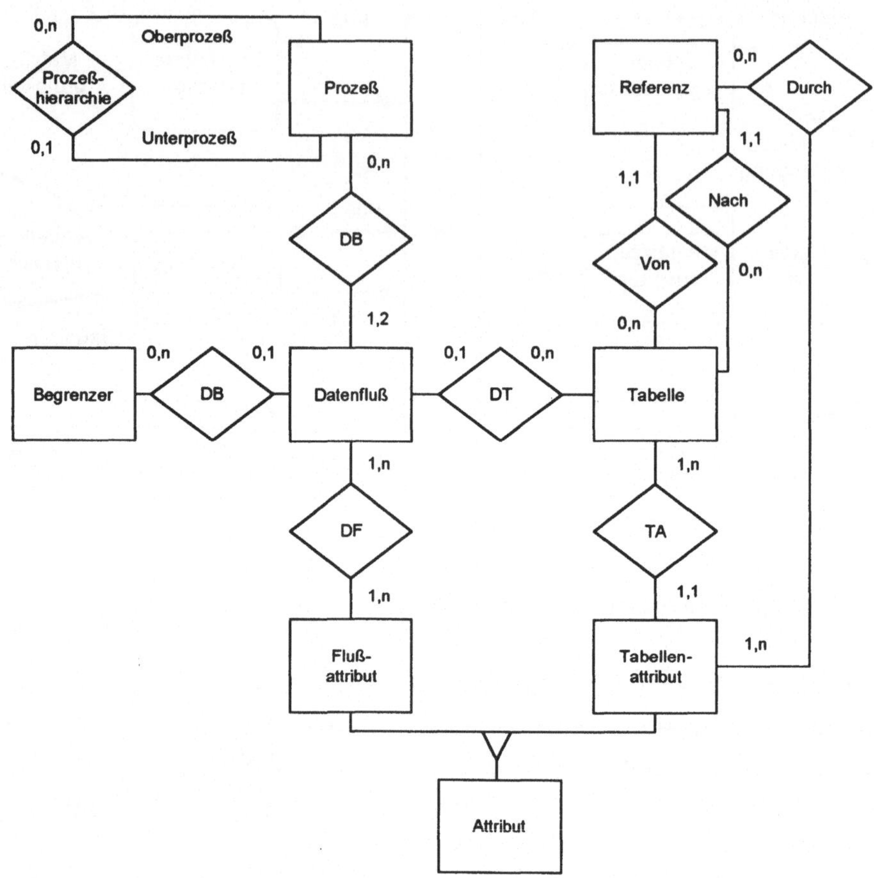

Abb. 5.2-9: Metamodell zu Methodenkombination 2

Zum Abschluß sei noch erwähnt, daß die einfache Funktionsbaumdarstellung, welche Bestandteil der Methodenkombination 1 ist, mit dem Metamodell von Abb. 5.2-9 auch erfaßt ist. Man braucht hierzu nur auf die Objektart *Prozeß* und die rekursive Beziehungsart *Prozeßhierarchie* zuzugreifen.

5.2.6 Methodenkombination 3: Modellierung von Ablauf, Daten, Datenfluß, Organisation und Aufgabenzuordnung

Diese Methodenkombination wird in letzter Zeit häufig für eine detaillierte Unternehmensmodellierung, für die **Geschäftsprozeßmodellierung** im Rahmen von Rationalisierungsprojekten (sog. Business Process Reengineering) und für die Entwicklung von **Workflow-Management-Systemen** angewandt. Auch hier werden wieder mehrere vormals unabhängige graphische Modellierungssprachen zu einer umfassenden Sprache vereinigt. Drei dieser Modellierungssprachen lassen sich als Grundpfeiler dieser umfassenden Sprache auffassen. Es sind dies: die Datenmodellierung im ERM mit der anschließenden Umsetzung ins Relationenmodell, die Modellierung der Aufbauorganisation mit Organisationsdiagrammen und die Ablaufmodellierung, für die wir hier die Methode der Ereignisgesteuerten Prozeßketten (EPK) anwenden. Zwei weitere Methoden stellen die Verbindung zwischen diesen Grundpfeilern her: die Aufgabenzuordnung verbindet Organisationsdiagramm und Ablaufmodellierung, Datenflüsse verbinden Ablauf- und Datenmodellierung.

Noch weniger als bei der separaten Datenmodellierung können wir in einem Diagramm alle Aspekte eines Schemas in dieser umfassenden Modellierungssprache zeigen. Je nach Bedarf können in Diagrammen Einzelaspekte des Schemas hervorgehoben werden, das vollständige Schema kann aber in Textform aus der Metadatenbank abgerufen werden.

Wir betrachten nun zunächst die einzelnen Modellierungssprachen separat auf der Modellebene, begnügen uns dabei aber mit einer groben graphischen Darstellung. Danach gehen wir auf die Metamodellebene über.

Mit **Ereignisgesteuerten Prozeßketten** kann man den **Ablauf** von Prozessen modellieren. Diese Modellierungssprache ist aus der Petrinetztechnik entstanden, ist aber etwas anschaulicher als jene. Wie bei Petrinetzen auch, ist eine schrittweise Verfeinerung möglich. Abb. 5.2-10 zeigt den Ablauf eines Prozesses *Tagungsprogramm zusammenstellen* aus dem Tagungsinformationssystem, das bereits Gegenstand der Übung 2.1 war. **Prozesse** bzw. **Funktionen** sind als Rechtecke mit abgerundeten Ecken gekennzeichnet. Sie wechseln sich mit **Ereignissen** ab, die als Voraussetzungen oder Ergebnisse von Prozessen vorkommen können. **Logische Verknüpfungen**, die als Kreise mit Inschrift a (and), o (or) oder x (exclusive or) gezeichnet sind, erlauben, Voraussetzungen und Folgen von Prozessen beliebig zu kombinieren. Nach Bedarf können diese Verknüpfungen durch **Regeln** ergänzt werden.

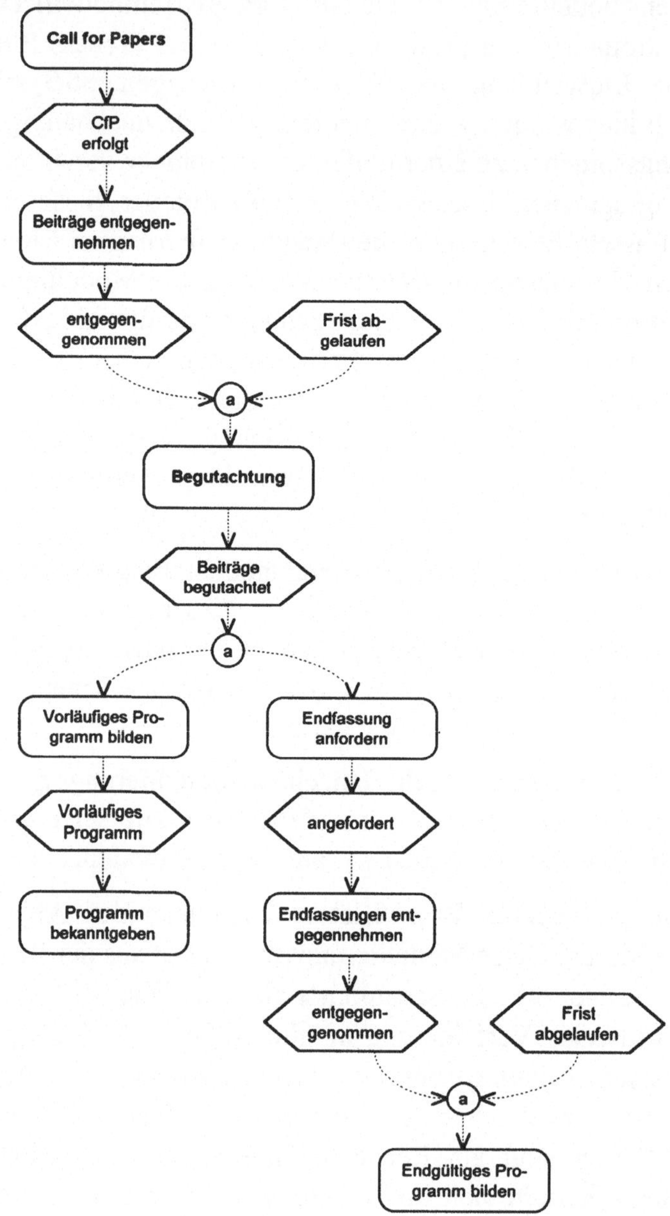

Abb. 5.2-10: Ereignisgesteuerte Prozeßkette

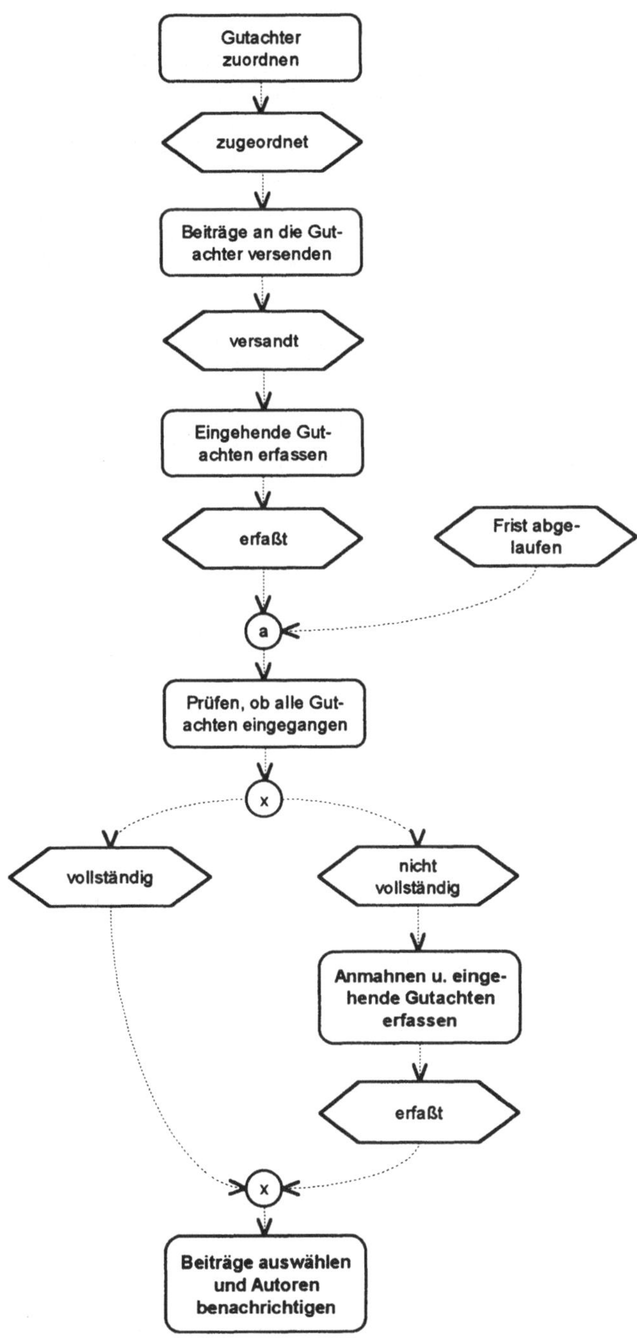

Abb. 5.2-11: Verfeinerung des Prozesses *Begutachtung*

Prozesse können nach Bedarf weiter verfeinert werden und bilden in der Verfeinerungsstufe dann selbst eine Prozeßkette, die mit einem Prozeß beginnt und mit einem Prozeß endet. Prozesse auf unterschiedlichen Ebenen der Verfeinerung gehören grundsätzlich derselben syntaktischen Kategorie (Prozeß) an, jedoch ist es möglich, Prozesse, die weiter verfeinert werden, besonders zu kennzeichnen, z.B. mit Fettschrift oder Unterstreichung bei der Namensgebung. Abb. 2.5-11 zeigt die Verfeinerung des Prozesses *Begutachtung* aus Abb. 2.5-10.

Bei der **Organisationsmodellierung** beschränken wir uns auf die Darstellung der Organisationseinheiten und der Unterordnungsbeziehungen zwischen ihnen. Der allgemeine Begriff *Organisationseinheit* deckt spezielle Begriffe wie Geschäftsbereich, Betrieb, Abteilung, Stelle, Projektabteilung u.a. ab. Im Diagramm verwenden wir hierfür doppelt umrandete Kästchen (Abb. 5.2-12).

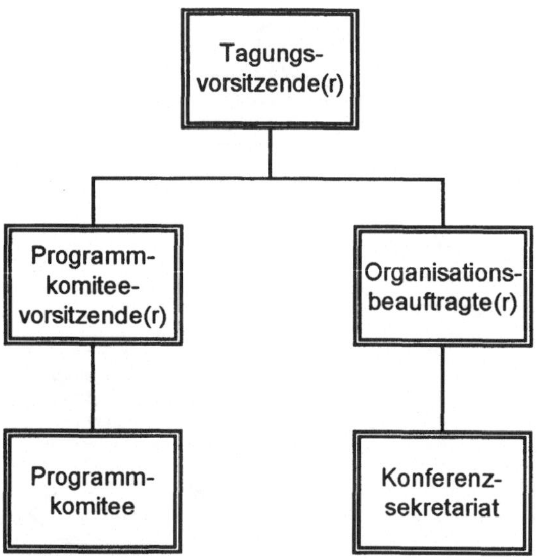

Abb. 5.2-12: Organisationsdiagramm

Die **Datenmodellierung** soll in unserer Methodenkombination wieder durch das relationale Datenbankschema vertreten sein, das durch Umformung aus dem ER-Schema gewonnen wird. Wir werden für die Tabellen dieselben Symbole verwenden, wie im Abschnitt 5.2.5.

Abb. 5.2-13 zeigt die graphische Darstellung der beiden verbindenden Modellbestandteile **Aufgabenzuordnung** und **Datenfluß**. Gegenüber der Strukturierten Analyse ist die Behandlung der Datenflüsse in mehrerer Hinsicht vereinfacht. Erstens gibt es im Modell keine Begrenzer, so daß auch die damit verbundenen Datenflüsse wegfallen, zweitens sind die Datenflüsse unbenannt und ihre Attribute unspezifiziert, und drittens nehmen wir grundsätzlich auf Tabellen Bezug und nicht auf Attribute. Wir wollen annehmen, daß jeweils ein ganzer Satz der beteiligten Tabelle bewegt wird.

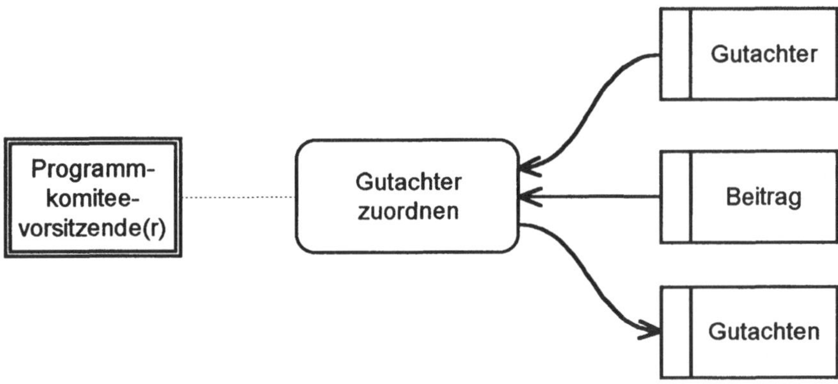

Abb. 5.2-13: Datenfluß und Aufgabenzuordnung

Wir wollen nun die Modellebene verlassen und auf die Metamodellebene übergehen. In Abb. 5.2-14 sind die Metamodelle der drei Grundpfeilermethoden Ablauf-, Organisations- und Datenmodellierung jeweils mit gestrichelten Einrahmungen gekennzeichnet. Aufgabenzuordnung (Beziehungsart *Zuständigkeit*) und Datenflußmodellierung (Objektart *Datenfluß*) verbinden diese drei Schemata zu dem Schema einer Datenbank, welche ein Modell speichern kann, das in der umfassenden, aus allen Komponenten bestehenden Modellierungssprache konstruiert wurde.

Wie bei der in Abschnitt 5.2.5 dargestellten Kombination aus Datenmodellierung und SA könnten wir auch hier die Verbindung zwischen dem

Schema im Relationenmodell und dem Schema im ERM in das Metamodell aufnehmen. Der Übersichtlichkeit halber verzichten wir darauf.

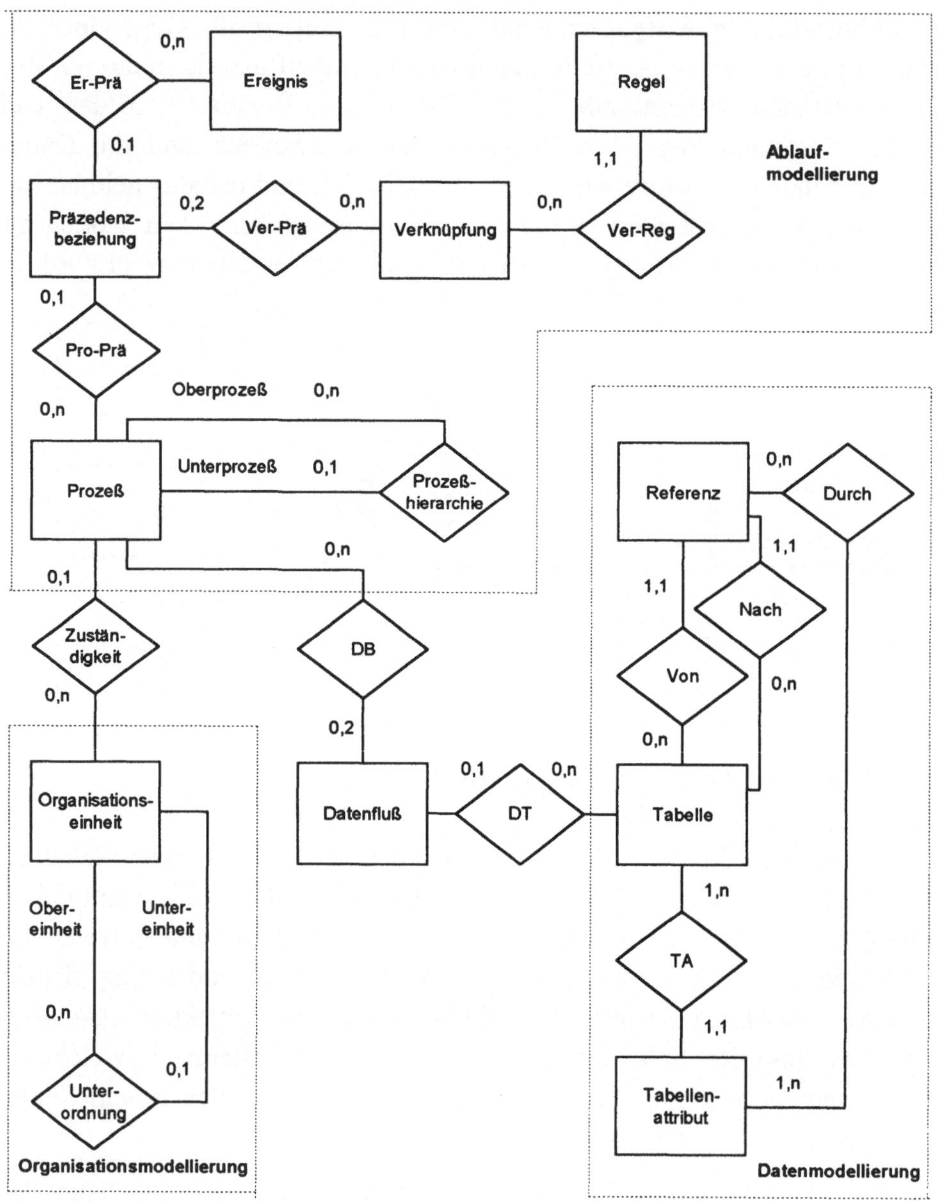

Abb. 5.2-14: Metamodell der umfassenden Modellierungssprache

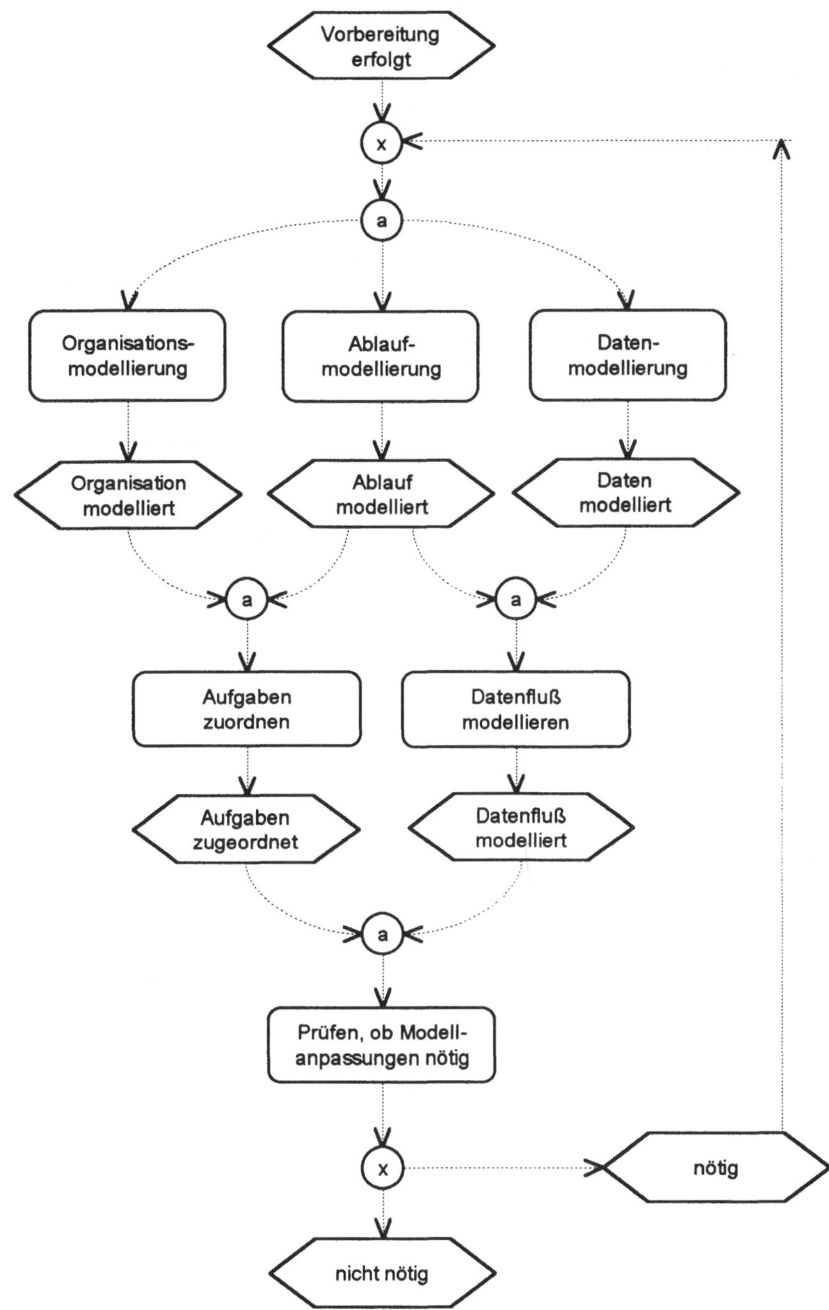

Abb. 5.2-15: Metamodellierung des Modellierungsablaufs

Stattdessen wollen wir das Metamodell um einen anderen Aspekt erweitern, nämlich um den des möglichen Modellierungsablaufs, dargestellt in Form einer Ereignisgesteuerten Prozeßkette (Abb. 5.2-15). Wir erheben allerdings keinen Anspruch darauf, mit der dargestellten Prozeßkette den optimalen Entwurfsprozeß gefunden zu haben. Der Leser ist eingeladen, seine eigenen Vorstellungen dazu zu entwickeln.

5.3 Die Datenmodellierung im objektorientierten Entwicklungsparadigma

5.3.1 Kennzeichen der objektorientierten Softwareentwicklung

Objektorientierte Entwickler sehen einen Programmablauf als eine Interaktion von **Objekten**, welche den Programmzweck erfüllen, indem sie einander **Dienste** erweisen.

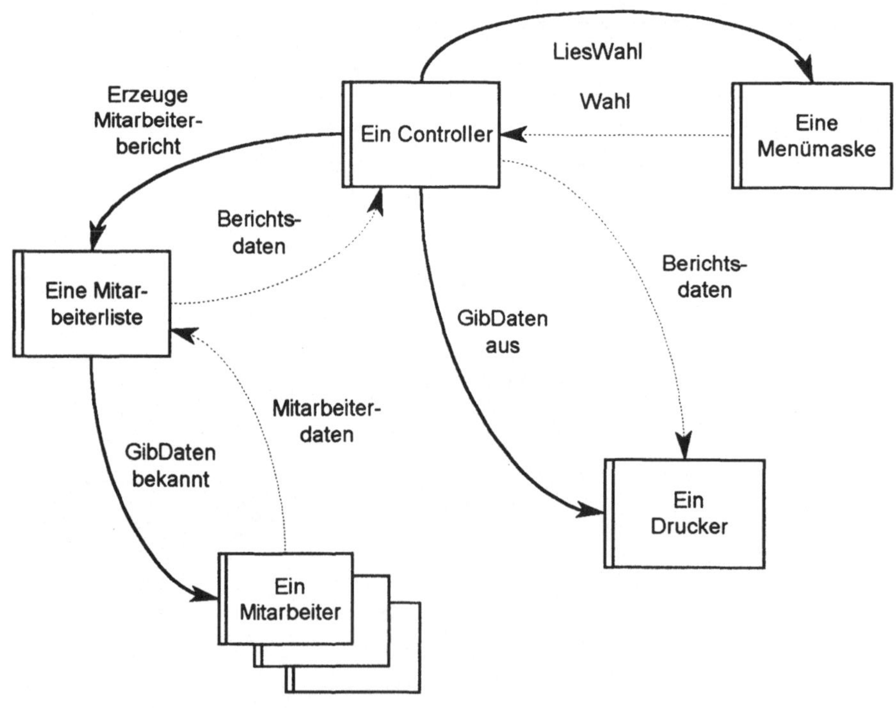

Abb. 5.3-1: Interagieren von Objekten

Abb. 5.3-1 zeigt das Interagieren von Objekten in einem Programm, das einen Bericht mit Mitarbeiterdaten ausgibt. Die Kästchen symbolisieren Objekte, durchgezogene Pfeile stellen Aufrufe bzw. Inanspruchnahmen von Diensten anderer Objekte dar, gestrichelte Pfeile bedeuten Datenübergaben im Zusammenhang mit solchen Aufrufen. Das Controllerobjekt beauftragt mit dem Befehl *LiesWahl* ein Menümaskenobjekt, die Funktionswahl des Benutzers einzuholen, und nimmt die Wahl des Benutzers als Parameter von diesem Objekt entgegen. Für unser Beispiel nehmen wir an, der Benutzer habe die Ausgabe des Mitarbeiterreports gewählt. Zur Ausführung dieser Anforderung wendet sich nun der Controller mit dem Befehl *ErzeugeMitarbeiterbericht* an ein Objekt der Art *Mitarbeiterliste*, welches über ein Verzeichnis der Mitarbeiter verfügt, die im Report berücksichtigt werden sollen. Das Mitarbeiterlistenobjekt gibt die Listendaten als Parameter dieses Aufrufs zurück. Zur Durchführung des Auftrags bedient es sich selbst der Dienste der Mitarbeiterobjekte, die zur Liste gehören. Es wendet sich nacheinander mit dem Befehl *GibDatenbekannt* an alle diese Mitarbeiterobjekte und bekommt die Daten der einzelnen Mitarbeiter als Parameter der Aufrufe zurück. Nach der Durchführung von *ErzeugeMitarbeiterliste* und aller dazugehörigen Unteraufrufe stößt das Controllerobjekt mit Hilfe des Befehls *GibDatenaus* den Ausdruck des Reports an. Die Listendaten werden als Parameter dieses Befehls an das Druckerobjekt übergeben.

Ein Grundpfeiler der objektorientierten Programmierung (OOP) ist das Prinzip der **Kapselung**, das auch den abstrakten Datentypen zugrundeliegt, die im Zusammenhang mit dem prozeduralen Paradigma erwähnt wurden. Objekte stellen eine definierte Menge von Diensten für andere Objekte bereit, und nur über diese Dienste kann auf sie zugegriffen werden. Insbesondere können die Daten der Objekt, ihre Attribute, nur über definierte Dienste erreicht werden. Dienste und Attribute der Objekte werden dabei nicht für jedes einzelne Objekt definiert, sondern jeweils für eine **Klasse** von Objekten gemeinsam.

Die Kapselung führt zum einen zu einem Programmaufbau aus weitgehend unabhängigen Bausteinen, die gut zu warten sind, zum andern fördert sie die Wiederverwendung. Wegen ihrer Unabhängigkeit können Klassendefinitionen in Bibliotheken verwaltet und in vielen Programmen eingesetzt werden.

Die Wiederverwendung wird außerdem gefördert durch die Möglichkeit der **Vererbung**. Sie bringt die notwendige Flexibilität in diese Form der Softwareentwicklung. Ein Programmierer kann auf der Basis einer bereits definierten Klasse eine weitere Klasse schaffen, welche die Eigenschaften der vorhandenen Klasse übernimmt („erbt"), aber auch zusätzliche Attribute und Dienste erhalten kann. Die neugeschaffene Klasse kann dann selbst wieder Basis einer Vererbung werden.

Programmtechnisch kann eine Klasse als eine besondere Form eines Datentyps betrachtet werden, die Objekte sind Variablen dieses Datentyps. Wie Variablen anderer Datentypen auch, haben sie einen **Gültigkeitsbereich** bzw. **Bezugsrahmen** (Scope). Nur innerhalb dieses Gültigkeitsbereichs sind sie bekannt, und nur innerhalb dieses Bereichs können ihre Dienste in Anspruch genommen werden. Eine global definierte Objektvariable kann von allen Stellen des Programms aus angesprochen werden. Weitere Möglichkeiten, die Dienste von Objekten für andere verfügbar zu machen, sind:

- Sie werden diesen Objekten als Parameter übergeben,
- Sie werden innerhalb dieser anderen Objekte als Attribute oder Variablen definiert.

Wir erwähnen dies so ausführlich, weil es Einfluß auf die frühen Phasen der Programmentwicklung, also speziell die Analyse, hat. Inanspruchnahme von Diensten ist nur möglich, wenn die Voraussetzungen hinsichtlich des Gültigkeitsbereichs gegeben sind, wenn also die Klassen und Objekte geeignet angeordnet sind. Dies bedeutet, daß man bereits in Analyse und Design erkennen muß, zwischen welchen Objekten bzw. Klassen Dienste ausgetauscht werden müssen. Man drückt sich allerdings in diesen frühen Phasen der Entwicklung nicht in programmtechnischen Kategorien aus, sondern betrachtet die Beziehungen zwischen den Objekten auf einer höheren, d.h. benutzernäheren, Ebene der Abstraktion, beispielsweise in Form von **Benutzt-Beziehungen** (Uses) oder **Enthaltensein-Beziehungen** (Containment, Part of).

Die Unterschiede im Aufbau von prozeduraler und objektorientierter Software wirken sich auf den gesamten Softwareentwicklungsprozeß aus. Zwar geht man immer noch in den klassischen Phasen Analyse, Design und Implementierung vor, jedoch ist der Inhalt dieser Phasen bei den beiden

Paradigmen doch recht verschieden. Etwas vereinfacht gesprochen, geht es bei der objektorientierten Entwicklung vom Anfang bis zum Ende „nur" um eine Sache: geeignete Klassen zu finden und zu definieren. Die Unterschiede zwischen den drei Phasen liegen zum einen im Reifegrad dieser Klassendefinitionen, zum andern aber auch in der Art der bearbeiteten Klassen. Die **Analyse** dient primär der Definition der Benutzeranforderungen; technische Gesichtspunkte spielen in dieser Phase noch keine große Rolle. Dementsprechend beschäftigt sich die Analyse in der objektorientierten Entwicklung vorwiegend mit den Klassen, welche die fachlichen Anforderungen verkörpern („domain objects" oder „entity objects"). In den Phasen **Design** und **Implementierung** kommen dann weitere Klassen hinzu, welche die technische Ausgestaltung des Systems betreffen, also z.B. die Benutzung eines bestimmten Datenbanksystems oder bestimmter Ausgabegeräte. Außerdem beschäftigt man sich nun vermehrt mit den Beziehungen zwischen den Klassen und der Interaktion der Objekte. Dabei nehmen dann natürlich auch die bereits in der Analyse gefundenen Klassen immer konkretere Formen an.

5.3.2 Die Datenmodellierung in der objektorientierten Entwicklung

Die Datenmodellierung ist ein ausgezeichnetes Hilfsmittel zum Auffinden von Klassen innerhalb der objektorientierten Analyse. Die Konstrukte des ER-Schemas, insbesondere die Objektarten, haben einen engen Bezug zu einem großen Teil der Klassen, die in der objektorientierten Realisierung des Systems benötigt werden.

Bevor wir näher auf diesen Bezug eingehen, müssen wir uns jedoch die Unterschiede zwischen den beiden Kategorien bewußt machen. Objekte im ERM, zumindest in der hier benutzten Fassung, sind **primitive** Gebilde in dem Sinn, daß sie keine anderen Objekte enthalten. Dagegen können die Objekte einer Klasse **komplex** sein, d.h. sie können andere Objekte und auch ganze Mengen oder Listen von Objekten enthalten. Ein zweiter Unterschied besteht darin, daß die Betrachtung von ERM-Objekten sich auf statische Aspekte in Form von Attributen und Beziehungen beschränkt, während Objekte von Klassen auch hinsichtlich ihres Verhaltens betrachtet werden, wenn sie mit Operationen bzw. Diensten ausgestattet werden. Gemeinsam haben Objektarten und Klassen die Möglichkeit der Vererbung.

Allerdings kann Vererbung im ERM sich nur auf Attribute und Beziehungsarten beziehen, während die Vererbung bei Klassen sich auch auf die Operationen erstreckt.

Ungeachtet der formalen Unterschiede beschreiben ERM-Objekte und Objekte von Klassen dieselbe Art von Gegenständen, nämlich die Objekte des Realitätsausschnitts, mit denen es die Benutzer des betrachteten Systems zu tun haben. Es ist daher nicht verwunderlich, daß man viele der ERM-Objektarten in entsprechende Klassen umwandeln kann. Dies geschieht zum Teil „eins zu eins", wenn aus den primitiven Objektarten ebenfalls primitive Klassen werden, zum Teil ist es auch ein aufwendigerer Vorgang, bei dem die Objektarten als Bausteine komplexer Klassen dienen. Allerdings werden sich nicht alle Klassen einer objektorientierten Software auf diese Weise finden lassen. Dies liegt zum einen daran, daß die ER-Modellierung, wie alle anderen Analysetechniken auch, dv-technische Gesichtspunkte vernachlässigt, zum anderen werden manche Aspekte, die zur Analyse gezählt werden können, von der ER-Modellierung nicht erfaßt, wie z.B. die Gestaltung der Benutzerschnittstellen.

Es gibt mittlerweile eine Vielzahl von Methodenkombinationen zur objektorientierten Analyse. Sie unterscheiden sich weniger durch die einbezogenen Methoden als vielmehr die Gewichtungen dieser Methoden innerhalb der Kombination und die Verbindungen zwischen ihnen. Eine Gemeinsamkeit aller Ansätze ist, um es positiv auszudrücken, daß jede ihre eigene graphische Notation hat. Die meisten dieser Ansätze enthalten eine Form der Datenmodellierung oder sehen in der Datenmodellierung eine wichtige vorbereitende Technik. Andere enthaltene Methoden sind z.B. Zustandsdiagramme (endliche Automaten), Datenflußdiagramme und die **Gebrauchsfallanalyse** (Use Case Analysis). Besonders letztere läßt sich ausgezeichnet mit der Datenmodellierung kombinieren. Bei der Gebrauchsfallanalyse werden zunächst die Akteure des Systems bestimmt, also die Personen, die es nutzen oder warten. Anschließend werden für alle Akteure die Gebrauchsfälle identifiziert, d.h. die Vorgänge, für die sie das System benutzen. Den Abschluß bildet die zunächst grobe, später immer weiter verfeinerte verbale oder halbformale Beschreibung dieser Gebrauchsfälle, einschließlich der Benutzeroberflächen. Die Gebrauchsfälle lassen sich sehr gut als Brücke zur Datenmodellierung nutzen, denn aus der Definition eines

Gebrauchsfalls und den dazugehörigen Beschreibungen ist leicht ein ER-Schema zu konstruieren. Danach kann dann dieses Schema zur Identifikation der Klassen des Gebrauchsfalls genutzt werden.

5.3.3 Vom ER-Diagramm zum ersten Klassendiagramm

Das Klassendiagramm, das in fast allen Ansätzen zur objektorientierten Entwicklung vorkommt, ist eine graphische Darstellung der Klassen des Systems und der relevanten Beziehungen zwischen diesen Klassen. Relevant sind hierbei alle Beziehungen, welche letztlich auch zu Beziehungen im Programm führen, also zu Vererbung, Inanspruchnahme von Diensten und Enthaltensein einer Klasse in einer anderen. Diese Beziehungen werden allerdings noch nicht in programmtechnischen Kategorien ausgedrückt, sondern benutzernah. Welche Beziehungsformen dabei angewandt werden, variiert von Ansatz zu Ansatz. Eine gemeinsame Beziehungsform aller Ansätze ist die Generalisierung bzw. Spezialisierung, die sich dann später im Programm als Vererbung niederschlägt. Stark vereinfachend kann man die Konstruktion des Klassendiagramms beschreiben als Umwandlung der Objektarten in Klassen und Umwandlung der Beziehungsarten in Klassenbeziehungen.

Wir wollen uns hier nicht mit den diversen Notationen der verschiedenen Ansätze plagen, sondern stattdessen anhand eines kleinen Beispiels zeigen, wie sich das ER-Schema generell als Basis zur Identifikation von Klassen und relevanten Beziehungen zwischen Klassen nutzen läßt. Wir benutzen hierbei das Wartungs-Informationssystem aus Übung 2.7 (Abb. 5.3-2). Um eine komplette Umsetzung zeigen zu können, haben wir zusätzlich eine Spezialisierung der Objektart *Kunde* in *Auslandskunde* und *Inlandskunde* aufgenommen, die nach der Aufgabenstellung eigentlich nicht notwendig wäre. Im ersten Schritt machen wir alle Objektarten des ER-Diagramms zu Klassen im Klassendiagramm (Abb. 5.3-3). Anschließend gehen wir daran, die Klassenbeziehungen festzulegen. Dabei kommen wir in unserem Beispiel mit zwei Beziehungsformen aus, nämlich Spezialisierung und Enthaltensein (Part of).

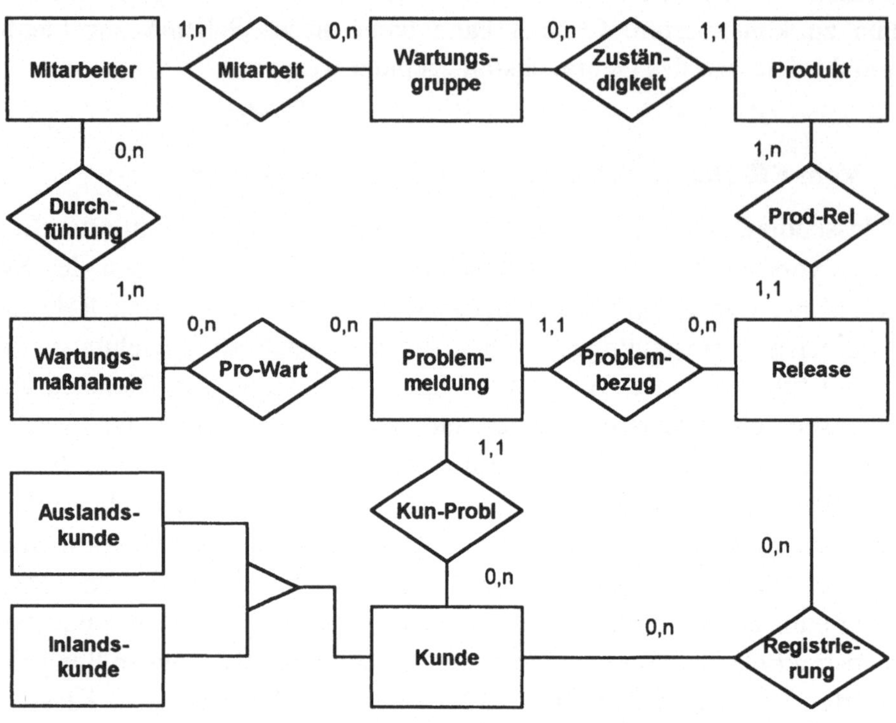

Abb. 5.3-2: ER-Diagramm des Wartungs-Informationssystems

Die Spezialisierung von *Kunde* in *Inlandskunde* und *Auslandskunde* können wir direkt aus dem ER-Diagramm übernehmen. Enthaltensein-Beziehungen werden in der Notation von Abb. 5.3-3 durch einen Pfeil repräsentiert, der von der enthaltenen Klasse zur Klasse zeigt, welche Objekte der anderen aufnimmt. Mit der Zuteilung anderer Objekte machen wir die Objekte der aufnehmenden Klasse zu komplexen Objekten. Wieviele Objekte der enthaltenen Klasse jeweils von einem komplexen Objekt aufgenommen werden können, wird bereits durch die Kardinalitäten des ER-Diagramms ausgedrückt. Wir übernehmen deshalb diese Kardinalitäten ins Klassendiagramm. Die Kardinalitäten drücken allerdings nicht aus, ob die aufgenommenen Objekte in Form einer Liste, einer Menge oder vielleicht einer Multimenge im komplexen Objekt geführt werden sollen. Es ist jedoch möglich, die Notation um entsprechende Vermerke zu erweitern.

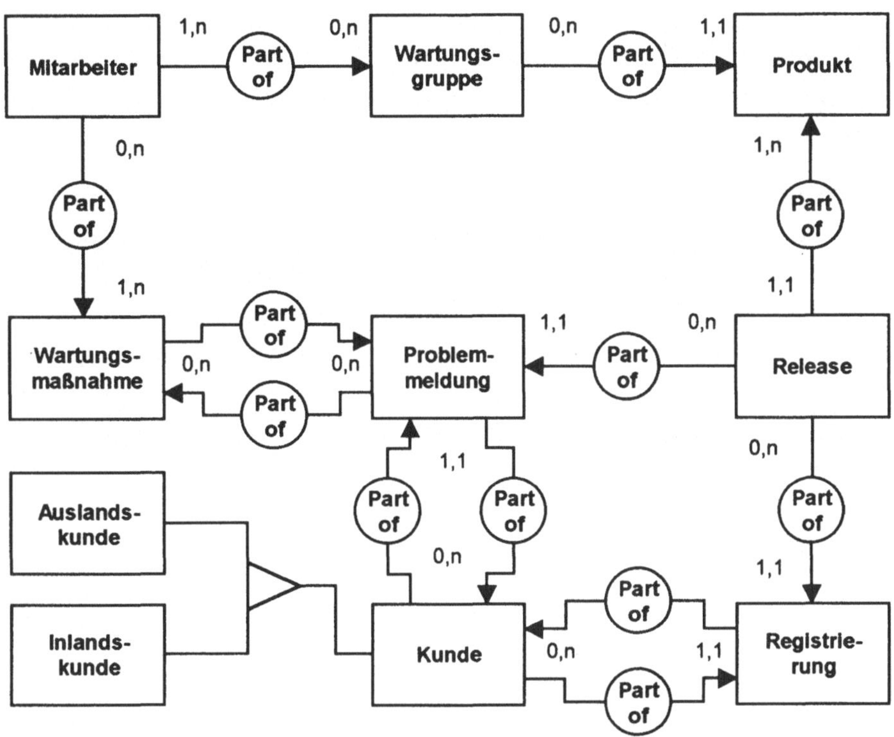

Abb. 5.3-3: Klassendiagramm für das Wartungs-Informationssystem

Wie das Klassendiagramm zeigt, können komplexe Objekte auch Objekte verschiedener Klassen enthalten, und enthaltene Objekte können selbst wieder komplexe Objekte sein. Objekte der Klasse *Problemmeldung* enthalten Objekte der Klassen *Kunde*, *Release* und *Wartungsmaßnahme*. *Wartungsmaßnahme* ist selbst eine Klasse komplexer Objekte.

Welche Enthaltensein-Beziehungen wir definieren, und in welcher Richtung wir sie legen, hängt von den Informationsbedürfnissen ab. Bevor wir hierzu generelle Aussagen machen, müssen wir präzisieren, welche Implikationen die Enthaltensein-Beziehung hat. Grundsätzlich verfügt ein komplexes Objekt über die Objekte, welche in ihm direkt oder indirekt enthalten sind. Es hat damit Zugriff auf die Dienste dieser Objekte und damit auch auf deren Attribute. In der umgekehrten Richtung besteht dieser Zugriff nicht, und dies ist auch der Grund dafür, daß wir zum Teil Enthaltensein-Beziehungen in beiden Richtungen definiert haben. Welche Beziehungen wir brauchen, können wir nicht allein aus dem ER-Diagramm bestimmen; wir müssen immer auch die speziellen Anforderungen an das System berücksichtigen.

Bei der Prüfung, ob die Klassenanordnung einem bestimmten Informationsbedürfnis gerecht wird, kann eine gedankliche Navigation durch das Diagramm helfen. Wir wollen hierzu ein kleines Beispiel konstruieren, das nebenbei auch die Umwandlung der Beziehungsart *Registrierung* in eine eigenständige Klasse motiviert. Angenommen, es werden Auflistungen gefordert, die alle Registrierungen eines bestimmten Zeitraums enthalten, wobei für jede Registrierung die Kundendaten angegeben sein sollen. Das Listenprogramm kann bei der Erstellung dieser Liste in der Klasse Registrierung anfangen, von dort aus auf die enthaltenen Kundenobjekte zugreifen und über geeignete Dienste die Kundendaten erfahren.

Eine Klassenbeziehung, die im Beispiel nicht gebraucht wurde, aber Bestandteil mancher Analysemethoden ist, ist die **Benutzt-Beziehung**. Wir wollen diese Beziehung verwenden, wenn ein Objekt die Dienste eines anderen Objekts benutzt, es dabei aber dabei nicht zu einer dauerhaften Verbindung der bieden Objekte kommt. Ein Beispiel dafür ist die Beziehung zwischen der Klasse *Controller* und der Klasse *Menümaske* in Abb. 5.3-1. Programmtechnisch schlägt sich eine Benutzt-Beziehung meist so nieder, daß für das benutzte Objekt eine Variable innerhalb einer Operation der benutzenden Klasse deklariert wird, oder daß der benutzenden Klasse ein Objektparameter vom Typ der benutzten Klasse übergeben wird. Demgegenüber wird eine Enthaltensein-Beziehung gewöhnlich durch die Aufnahme eines Attributs innerhalb der aufnehmenden Klasse verwirklicht.

Allerdings, und damit wollen wir diesen Abschnitt beenden, ist die Semantik der Enthaltensein-Beziehung und der Benutzt-Beziehung nicht in allen objektorientierten Analysen dieselbe. Leider enthält auch keiner der Ansätze exakte Definitionen der Semantik der verwendeten Klassenbeziehungen, so daß beim Modellkonstrukteur durchaus Unsicherheiten darüber entstehen können, welche Beziehungsformen anzuwenden sind.

5.3.4 Logischer Datenbankentwurf

Wird ein **objektorientiertes Datenbanksystem** benutzt, so ist kein gesonderter Datenbankentwurf notwendig. Es gibt dann nur eine in sich geschlossene Anwendungsentwicklung, welche auch die Datenbank einbezieht. Aus den Objekten des Systems müssen die bestimmt werden, die dauerhaft **(persistent)** sein sollen, also über die Laufzeit des Programms hinaus Bestand haben sollen. Im wesentlichen werden dies die Objekte der Klassen sein, die von den Objektarten des ER-Schemas abstammen. Allerdings wird man nicht davon ausgehen können, daß diese Klassen in ihrer anfänglichen Fassung auch bis zum Ende der Entwicklung stehenbleiben. Es werden sich zumindest Details verändern, so daß das endgültige Datenbankschema erst am Ende der gesamten Entwicklung feststeht.

Ein Vorteil bei der Benutzung eines objektorientierten Datenbanksystems ist, daß innerhalb des Programms keine spezielle Sprache für Datenbankoperationen verwendet werden muß. Mit der Veränderung persistenter Objekte wird auch deren Repräsentation auf dem externen Speicher verändert, ohne daß diese Veränderungen gesondert angestoßen werden müßten. Dieser Vorteil geht verloren, wenn man ein **relationales Datenbanksystem** benutzt. Ein weiteres Problem relationaler Datenbanksysteme ist, daß die komplexen Objekte eines objektorientierten Programms auf mehrere oder gar viele flache Tabellen aufgeteilt werden müssen. Dies erfordert nicht nur beträchtlichen Programmieraufwand, sondern auch viel Zeit für die Abwicklung der damit verbundenen Datenbankoperationen.

Trotzdem kann man heute auf relationale Datenbanken noch nicht verzichten. Dafür gibt es im wesentlichen zwei Ursachen. Erstens kann man nicht die vielen Programme, die auf relationale Datenbanken zugreifen, in einem Zug umstellen, und zweitens hat die objektorientierte Datenbanksoftware noch nicht den Reifegrad und die Flexibilität erreicht, der eine komplette Umstellung sinnvoll erscheinen ließe. Deshalb ist zumindest innerhalb umfangreicher integrierter Systeme die Wahrscheinlichkeit groß, daß ein neues objektorientiertes Programm auf eine relationale Datenbank zugreifen muß.

Das relationale Datenbankschema für ein objektorientiertes Programm unterscheidet sich im Prinzip nicht von dem eines prozedural organisierten.

Anders ist lediglich die Anbindung der Datenbank an das Programm. Dabei sind folgende Probleme zu bewältigen:

1. Die Datentypen des objektorientierten Programms stimmen nicht mit denen der Datenbank überein. Deshalb müssen die Daten konvertiert werden.
2. Der Aufbau des Programms soll nicht ein anderer sein, nur weil eine relationale Datenbank benutzt wird. Insbesondere sollen persistente Objekte benutzt werden können, ohne daß die benutzenden Objekte explizit Speicheroperationen anstoßen müssen. Dieser Punkt ist auch im Hinblick auf einen späteren Austausch der relationalen Datenbank gegen eine objektorientierte wichtig.
3. Komplexe Objekte müssen in flachen Tabellen untergebracht werden.
4. Der Vererbungsmechanismus muß bereitgestellt werden.

Konzentrieren wir uns zunächst auf die ersten beiden Punkte und schieben wir die eventuelle Komplexität der persistenten Objekte zunächst einmal beiseite! Ein Objekt, welches ein persistentes Objekt benutzt, ist von dessen Speicherung unabhängig, wenn das aufgerufene Objekt diese Speicherung selbst in die Hand nimmt und dabei auch die im ersten Punkt angesprochene Datenkonvertierung selbst vornimmt. Die Übergabe der Daten zwischen der relationalen Datenbank und dem persistenten Objekt wird dabei zweckmäßigerweise über ein Schnittstellenobjekt stattfinden, das Kenntnis darüber hat, wie Zugriffe auf das verwendete Datenbanksystem erfolgen müssen.

Mit den Details solcher Schnittstellenobjekte und auch mit der Abwicklung der Speicheroperationen im persistenten Objekt brauchen wir uns hier nicht zu beschäftigen, denn dies ist keine Frage der Analyse, sondern des Designs.

Im einfachsten Fall erfordert die Veränderung eines persistenten Objekts nur den Zugriff auf eine einzige Tabelle. Die Daten komplexer Objekte sind gewöhnlich über mehrere Tabellen verstreut, so daß bei der Änderung eines solchen Objekts unter Umständen auf mehrere Tabellen zugegriffen werden muß. Das Prinzip, daß jedes Objekt für seine Speicherung selbst verantwortlich ist, wird auch in diesem Fall beibehalten. Wir betrachten hierzu ein kleines Beispiel aus unserem Wartungsinformationssystem, das Anlegen einer neuen Wartungsgruppe und ihre Versorgung mit Daten. Abb. 5.3-4 zeigt das Klassendiagramm. Die persistente Klasse *Wartungsgruppe* enthält Objekte der Klasse *Mitarbeiter*. Zur Durchführung der Speicheroperationen steht die Klasse *RDBMS-Port* zur Verfügung, welche die Verbindung zur relationalen Datenbank herstellt.

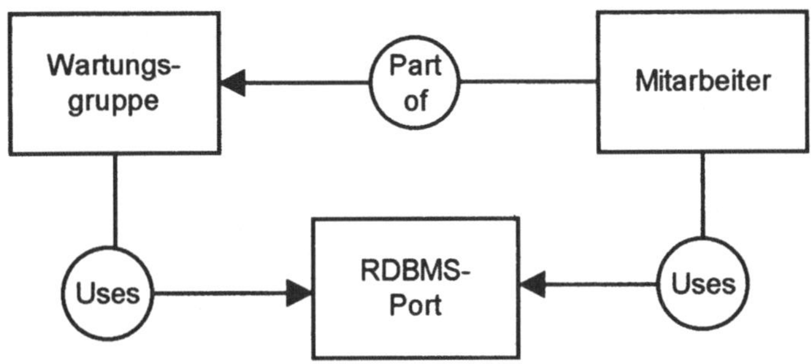

Abb. 5.3-4: Benutzung einer relationalen Datenbank: Klassendiagramm

Das Interaktionsdiagramm in Abb. 5.3-5 zeigt, wie mit Hilfe dieser Klassenanordnung ein Objekt der Klasse *Wartungsgruppe* initialisiert wird. Mit dem Aufruf *Init* werden diesem Objekt die Gruppendaten einschließlich der Daten der dazugehörigen Mitarbeiter übergeben. Das Wartungsgruppenobjekt stößt die Initialisierung der Mitarbeiterobjekte an, die danach jeweils selbst für ihre Speicherung sorgen. Die Daten, die sich auf die Wartungsgruppe in ihrer Gesamtheit beziehen, werden vom Wartungsgruppenobjekt selbst in der Tabelle *Wartungsgruppe* gespeichert, die Information, welche Mitarbeiter zu der Gruppe gehören, wird in der Tabelle *Mitarbeit* abgelegt, die Fremdschlüsselreferenzen auf die Tabellen *Wartungsgruppe* und *Mitarbeiter* enthält.

Abschließend wollen wir noch darauf eingehen, wie Vererbungsbeziehungen in der relationalen Datenbank berücksichtigt und vom Anwendungsprogramm verwaltet werden können. Für den Aufbau des Datenbankschemas gelten grundsätzlich dieselben Überlegungen, wie sie für die Umsetzung von Teilmengenhierarchien im Rahmen der prozeduralen Entwicklung diskutiert wurden. Demnach sind viele Möglichkeiten offen, die sich zwischen den Extremen der Speicherung von Tabellen für alle Klassen in der Hierarchie und der Speicherung in nur einer Tabelle für die oberste Klasse der eingeebneten Hierarchie bewegen. Werden Tabellen für verschiedene Stufen der Hierarchie angelegt, so hat man zusätzlich die Wahl, ob man die vererbten Attributwerte auch in den niedrigeren Stufen (redundant) hält, oder ob man die Tabellen streng in Anlehnung an die Attributeverteilung im ER-Schema einrichtet und damit auf Redundanz verzichtet.

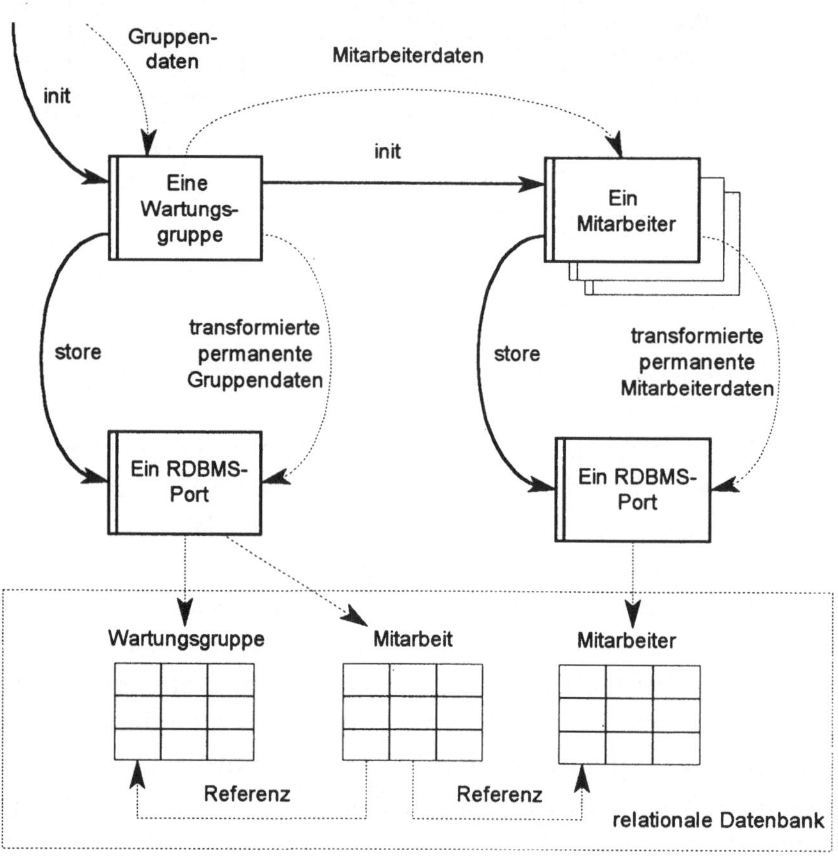

Abb. 5.3-5: Benutzung einer relationalen Datenbank: Interaktionsdiagramm

Da die Entscheidung für die eine oder die andere Lösung vorwiegend eine Frage der Schnelligkeit des Systems und damit des Designs ist, brauchen wir sie hier nicht weiter zu diskutieren. Generell gilt der Grundsatz, daß jedes Objekt selbst für seine Speicherung sorgt, auch im Kontext der Vererbung. Werden nur für eine Ebene der Klassenhierarchie Tabellen eingerichtet, so kann ausschließlich nach der in den Abbildungen 5.3-4 und 5.3-5 beschriebenen Methode verfahren werden. Gibt es dagegen Tabellen für mehrere Stufen der Hierarchie, so muß ein Objekt, das mit einer speicherrelevanten Operation aufgerufen wird, selbst seine Daten aus diesen Tabellen zusammenstellen.

Zum Schluß soll noch ein gänzlich anderer Ansatz zur Gestaltung einer relationalen Datenbank für objektorientierte Programme erwähnt werden. Hierbei werden alle Objekte des Systems in einer einzigen Tabelle mit den Spalten

Klasse, Schlüsselwert, Attributname, Attributwert

gespeichert. Für jedes Objekt erscheinen soviele Zeilen in der Tabelle, wie es Attributwerte besitzt.

Der Ansatz hat den Vorteil, daß die Information, welche ein Anwendungsprogramm über den Aufbau der Datenbank haben muß, sehr gering ist, so daß ein größeres Maß an Unabhängigkeit erreicht werden kann als beim oben vorgestellten Ansatz. Allerdings ist ein gravierender Nachteil, daß die Gliederung der Datenbank nun nichts mehr über die Datenobjekte und ihre Beziehungen aussagt. Interaktive Abfragen werden damit nicht mehr unterstützt, die Datenbank ist nur ein Anhängsel der Anwendungsprogramme.

5.4 Übungen

*5-1 Graphische Darstellung eines relationalen Datenbankschemas

Ein relationales Datenbankschema geringen Umfangs läßt sich in einer anschaulichen Graphik darstellen. Das folgende Schema

```
Create Table Kunde
(Kdnr     char(5),
 KdName   char(30),
 VBNr     char(3),
 Primary Key (Kdnr),
 Foreign Key (VBNr) references Verkaufsbezirk);
```

Create Table Verkaufsbezirk
(VBNr *char*(3),
VBName *char*(20),
Primary Key (*VBNr*))

hat die graphische Darstellung

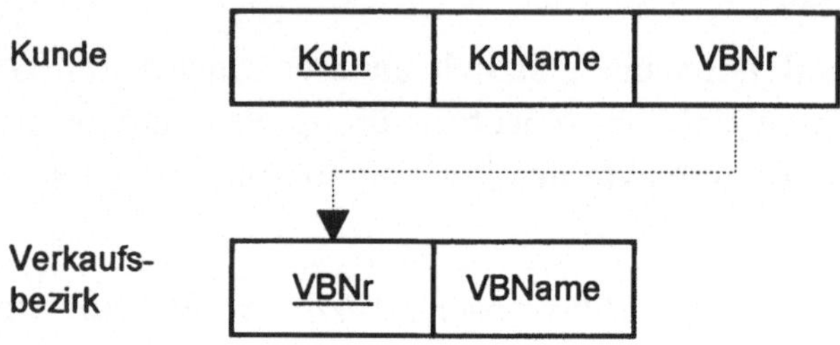

Datenformate und Nullwerteausschluß sind hierbei vernachlässigt, lassen sich jedoch bei Bedarf leicht ergänzen.

Stellen Sie nun das in diesem Kapitel als Beispiel verwendete Schema eines Personal-Informationssystems in dieser Form dar (nur die Basistabellen).

*5-2 Umsetzung

Schlagen Sie die Lösungen verschiedener Modellierungsübungen nach und wandeln sie die ER-Schemata in relationale Datenbankschemata um. Verwenden Sie zur Darstellung dieser Schemata die oben beschriebene graphische Form.

a) Übung 2.1 (Tagungsinformationssystem)

b) Übung 2.2 (Bibliotheksinformationssystem)

*5-3 Umsetzung einer ableitbaren Objektart

Formulieren Sie für die ableitbare Objektart *MöglicherVortrag* von Aufgabe 2.9 eine View-Definition in SQL.

5.5 Literaturhinweise und Kommentare

Überblicke über die wichtigsten Entwicklungsparadigmen geben u.a. [MGSy 92] und [Booc 91]. In [Booc 91] findet der Leser auch eine sehr ausführliche und anschauliche Begründung des objektorientierten Paradigmas.

Die dargestellten Kernregeln zur Umsetzung eines ER-Schemas in ein relationales Datenbankschema gehen auf [WoKa 79] zurück. Mittlerweile enthält nahezu jedes Lehrbuch der Datenmodellierung Ratschläge zur Umsetzung des Strukturteils, so z.B. [BaCN 92] und [Teor 90]. Dabei gibt es zwischen den Ratschlägen verschiedener Autoren kaum Unterschiede. Lediglich für die Umsetzung von Beziehungsarten werden zwei unterschiedliche Ansätze diskutiert: manche Autoren plädieren dafür, auch Beziehungsarten mit einer Maximalkardinalität von 1 in separate Tabellen zu verwandeln. Damit sollen größere Umbauten vermieden werden, falls sich die Modellierung im nachhinein als zu restriktiv herausstellen sollte und anstelle der Maximalkardinalität 1 eine höhere Zahl hätte angesetzt werden müssen.

Die Umsetzung ableitbarer Schemakomponenten in Sichten ist in [Rauh 95] beschrieben. Dort wird auch auf die Beschränkungen von SQL hinsichtlich der Möglichkeiten zur Formulierung von Ableitungsregeln eingegangen.

Die Möglichkeiten, im SQL-Standard von 1992 Integritätsbedingungen zu formulieren, werden in [Date 95], [DaDa94] und [MeSi 93] ausführlich behandelt.

Die Anwendung der Methodenkombination 1 (Funktionsanalyse und ER-Modellierung) wird in [Rauh 90] anhand einer einfachen Unternehmensmodellierung ausgiebig demonstriert.

Die ersten Veröffentlichungen über Structured Analysis (SA) waren [DeMa 78] und [GaSa 79]. In [MMPa 84] werden viele Lücken gefüllt, welche die Erstveröffentlichungen noch offenließen. Die Kombination der SA mit der ER-Modellierung ist Bestandteil der in [Your 89] propagierten **Modern Structured Analysis** (MSA). Die MSA macht zusätzlich noch Gebrauch von Zustandsübergangsdiagrammen (endlichen Automaten). Eine ausführliche Darstellung der MSA in deutscher Sprache enthält [PaSi 94].

Obwohl die SA in den letzten Jahren stark kritisiert wird, weil sie mit abstrakten Datentypen nur beschränkt vereinbar ist, hat sie in der Praxis und der Ausbildung noch große Bedeutung. Eine im Mai 1996 veröffentlichte Studie über die Methoden, welche in Informatik- und Wirtschaftsinformatikstudiengängen an amerikanischen Universitäten vermittelt werden, offenbarte, daß SA und Datenflußdiagramme den höchsten Anteil haben [McLe 96].

Methodenkombination 3 (Modellierung von Ablauf, Daten, Datenfluß, Organisation und Aufgabenzuordnung) wurde, mit zum Teil anderen graphischen Symbolen, in [Sche 94] eingeführt. Diverse Arbeiten und Werkzeuge zur Geschäftsprozeßmodellierung und zur Unternehmensmodellierung machen mittlerweile von dieser oder einer ähnlichen Kombination Gebrauch. [Sche 94] enthält auch eine Metamodellbetrachtung, die sich allerdings von der hier präsentierten in einigen Aspekten unterscheidet.

Wichtige Ansätze zur Objektorientierten Softwareentwicklung sind [CoYo 90], [Booc 91], [Booc 94], [Jaco 92], [ShMe 92], [Rumb 93], [Meye 90]. Einen Überblick über diese Ansätze gibt [Your 94], der auch zeigt, daß zwar die verwendeten graphischen Symbole unterschiedlich sind, die substantiellen Unterschiede aber gering.

Detaillierte Hinweise auf die Verwendung relationaler Datenbanken für objektorientierte Software sind in [Jaco 92], [PaSi 94], [KiGZ 94], [Your 94] und [StRa 93] enthalten. Die kurze Darstellung des Ein-Tabellen-Ansatzes ist aus [Rumb 93] übernommen.

Seit einigen Jahren gibt es Bestrebungen, relationale Datenbanksysteme um ausgewählte Funktionen objektorientierter Datenbanksysteme zu erweitern. Die resultierenden Systeme werden als **objekt-relationale Datenbanksysteme** bezeichnet. Da sich hierbei noch kein einheitlicher Entwicklungspfad abzeichnet, haben wir darauf verzichtet, ensprechende Umsetzungsregeln zu formulieren. Eine interessante Diskussion der Erweiterungsbestrebungen findet sich in [Date 95], S. 686-711.

6 Entwurf und Verwaltung großer Schemata

6.1 Probleme bei der Modellierung eines großen Schemas

Das Hauptproblem beim Entwurf großer konzeptueller Schemata ist die Bewältigung der Komplexität. Ein Unternehmensdatenmodell (teilweise auch schon Bereichsmodelle von Unternehmen) kann sehr schnell tausend und mehr Objektarten umfassen.

Die Komplexität großer Schemata äußert sich im allgemeinen in folgenden Punkten:

- **Problematik der Visualisierung.** Datenmodellierung wird oft mittels computergestützter Werkzeuge durchgeführt. Selbst auf großen Bildschirmen kann aber nur eine beschränkte Anzahl von Objektarten und Beziehungen zwischen diesen Objektarten dargestellt werden. Dies bedeutet, daß man nur Teilsichten auf Schemata repräsentieren kann. Teilsichten erlauben aber nicht immer ein Verständnis des gesamten Modells. Aus diesem Grund wurden Verdichtungsverfahren entwickelt. Diese werden in Abschnitt 6.5 ausführlicher dargestellt.
- **Sicherstellung der Vollständigkeit des zu modellierenden Realitätsausschnittes.** Sämtliche relevanten Objekt- und Beziehungsarten des zu modellierenden Realitätsausschnitts müssen im späteren Detailentwurf vorhanden sein. Zusammenhänge lassen sich dabei erfassen durch die Verwertung anderer Lösungen (in anderen Unternehmen, durch Unternehmensberatungen, ...), Analyse von Formularen und Formblättern, (strukturierte) Interviews in der Fachabteilung, Analyse vorhandener Anweisungen und Beschreibungen sowie (DV-technisch) durch Analyse bereits vorhandener Dateien. Auf diese Weise können Teilmodelle konstruiert werden, die dann im nächsten Schritt in ein Gesamtmodell zu integrieren sind. Die eben skizzierte Vorgehensweise stellt eine mögliche Entwurfsstrategie dar. Diese und weitere Entwurfsstrategien werden in Abschnitt 6.2 behandelt.

Die Bedeutung der Unternehmensmodellierung, insbesondere die Bedeutung eines Unternehmensdatenmodells wird in Abschnitt 6.3 diskutiert. Der

Werkzeugunterstützung kommt im Rahmen der Datenmodellierung eine wichtige Bedeutung zu. Gegenwärtig sind zahlreiche CASE-Werkzeuge, die auch den Bereich der Datenmodellierung unterstützen, kommerziell verfügbar. Die meisten CASE-Werkzeuge verfügen über einen Datenkatalog (teilweise auch Enzyklopädie genannt), in dem Informationen über die Datenobjekte für jede Stufe des Entwicklungsprozesses gespeichert und abrufbar sind. Allerdings ist bereits jetzt anzumerken, daß es kaum Werkzeuge gibt, die den Prozeß der Qualitätssicherung im Rahmen der Datenmodellierung angemessen unterstützen. Ebenso gibt es kaum Werkzeuge, die eine Verdichtung von Datenmodellen in geeigneter Form erlauben. Auf diese Problematik wird im Abschnitt 6.4 näher eingegangen.

In den Abschnitten 6.6 und 6.7 werden schließlich detailliert der Prozeß der Schema- bzw. Sichtenintegration und die damit verbundenen Probleme diskutiert.

6.2 Entwurfsstrategien

6.2.1 Wesentliche Strategien im Überblick

Die Strategien zum Entwurf großer Schemata werden gewöhnlich mit den Begriffen "Top-Down", "Bottom-Up" sowie "Inside-Out" bezeichnet. Diese Begriffe sind allerdings stark "abgenutzt". Bei näherem Hinsehen sind es ganz unterschiedliche Dinge, die beispielsweise mit dem Begriff "Top-Down" verbunden sind:

- Entwicklung von Objektarten zu Attributen (Objektart wird als allgemeineres Konstrukt betrachtet, durch Verfeinerung kommt man zu Attributen)
- von abstrakten Objektarten zu weniger abstrakten Objektarten
- Zusammenfassung dieser beiden Aspekte.

Entsprechend gibt es auch für den Begriff "Bottom-Up" unterschiedliche Interpretationen:

- von Attributen zu Objektarten

- von speziellen Objektarten durch Generalisierung zu abstrakteren Objektarten
- Zusammenfassung dieser beiden Aspekte
- von Teilschemata durch Integration zu größeren, globalen Schemata.

Im folgenden sollen vier Ansätze betrachtet werden:

- Die Spezialisierungsstrategie nach Scheer, die ein Top-Down-Ansatz im Sinne der sukzessiven Spezialisierung abstrakter Objektarten zu weniger abstrakteren Objektarten darstellt.
- Ein von Batini et al. vorgeschlagener Ansatz, der eine Verbindung der oben skizzierten Top-Down-Ansätze darstellt.
- Die Strategie der Funktionsanalyse und anschließenden Datenmodellsynthese, die einen Bottom-Up-Ansatz im Sinne der Integration kleinerer Schemata zu größeren Schemata und gleichzeitig eine Top-Down-Strategie im Sinne der Modellierung von Attributen nach Erfassung von Objektarten sowie der Top-Down-Ermittlung betrieblicher Funktionen darstellt.
- Die Inside-Out-Strategie, die Top-Down- und Bottom-Up-Ansätze kombiniert.

Zunächst wird anhand von Abb. 6.2-1 bzw. 6.2-2 die Spezialisierungsstrategie nach Scheer verdeutlicht. Es werden auf einer sehr abstrakten Ebene die wichtigsten Kernobjekte identifiziert. In Abb. 6.2-1 wurde ein kompletter Industriebetrieb modelliert. Marktpartner des Unternehmens sind Lieferanten und Kunden. Von diesen Marktpartnern bzw. für die Marktpartner werden Leistungen erbracht. Dazu benötigt man Informationen über Konditionen und die entsprechenden (externen) Aufträge. Das Unternehmen verfügt über Ressourcen, die zur Produktion eingesetzt werden. Die Objektart *Zeit* erlaubt die Modellierung zeitlicher Aspekte in Zusammenhang mit der Auftragsbearbeitung.

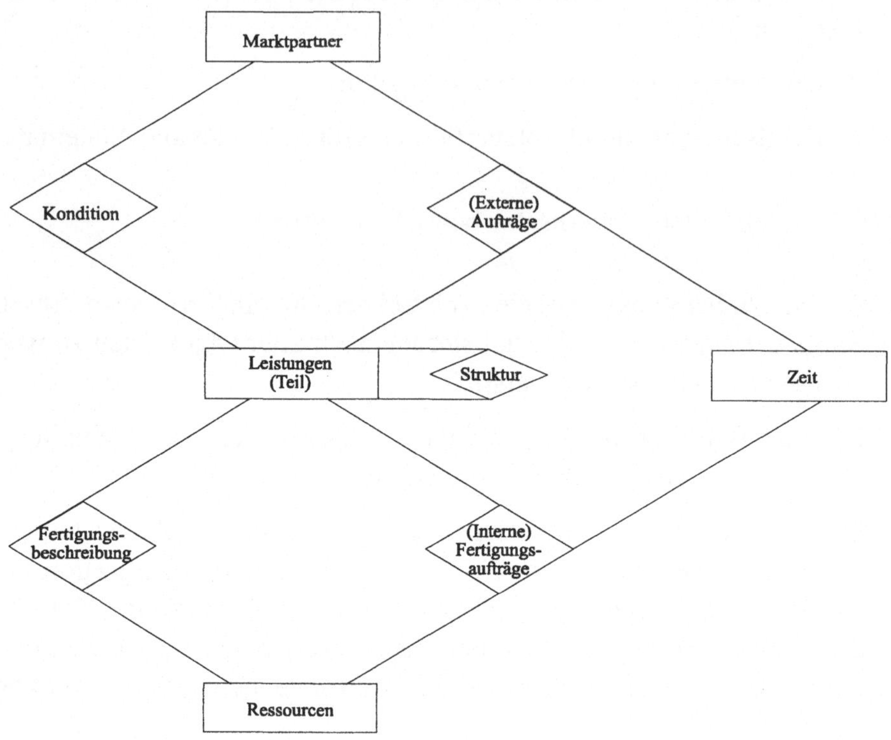

Abb. 6.2-1: Industriebetrieb - oberste Ebene

Im nächsten Schritt werden abstrakte Objektarten durch Spezialisierung verfeinert. Dabei kann man zwischen *Lieferanten* und *Kunden* des Unternehmens unterscheiden. Dies stellt eine Spezialisierung der Objektart *Marktpartner* dar. Entsprechend kann zwischen *Lieferanten-* und *Kundenkonditionen* sowie zwischen *Beschaffungs-* und *Kundenaufträgen* unterschieden werden. *Kundenaufträge* beziehen sich auf bestimmte *Artikel,* von *Lieferanten* werden *Fremdteile* bezogen. Im Rahmen des Produktionsprozesses werden *Eigenteile* gefertigt. Diese drei Objektarten stellen eine Spezialisierung der Objektart *Leistungen* dar. Die Objektart *Ressourcen* wird spezialisiert in die Objektarten *Betriebsmittel, Werkzeuge* bzw. *Mitarbeiter.*

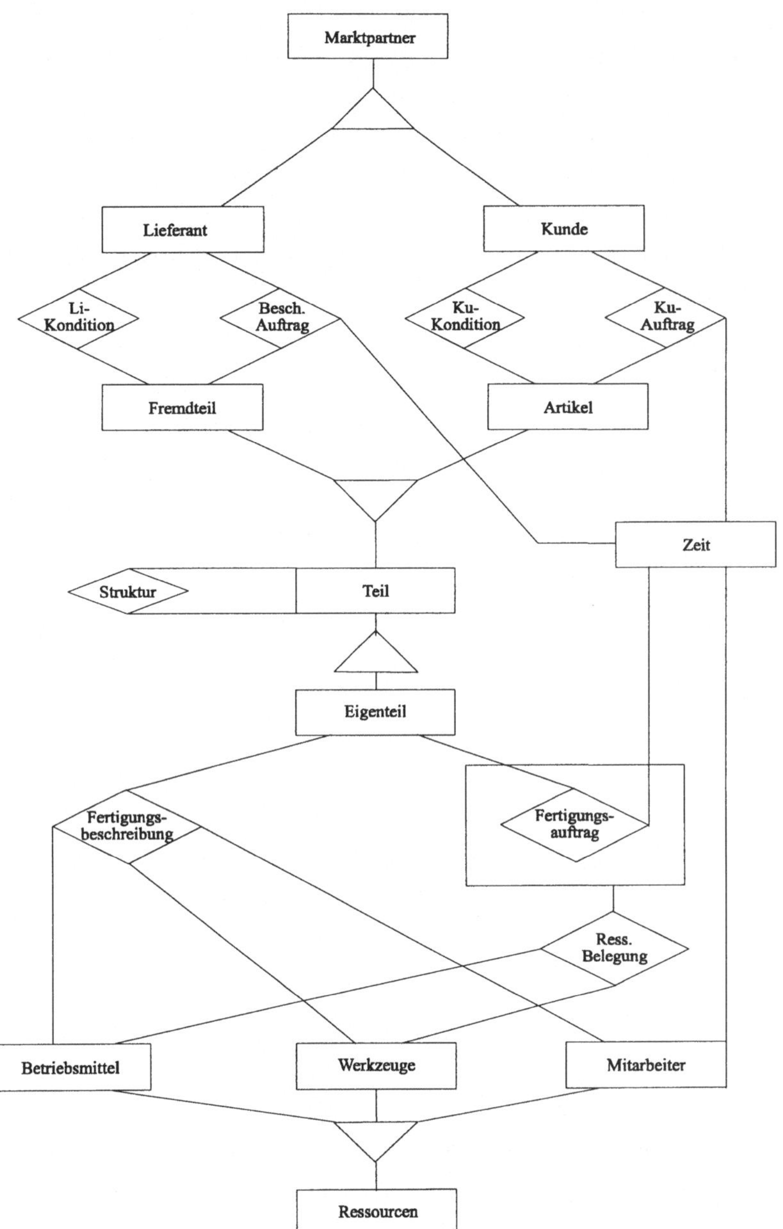

Abb. 6.2-2: Industriebetrieb - Verfeinerung

Scheer verwendet ein Konstrukt, das es erlaubt, Beziehungen zwischen Beziehungsarten darzustellen. *Fertigungsauftrag* taucht als Objektart auf und steht in Beziehung zu *Betriebsmitteln* und *Werkzeugen* (*Ressourcen-Belegung*). *Fertigungsauftrag* stellt jedoch auch eine Beziehung zwischen *Zeit* und *Eigenteil* dar. *Fertigungsauftrag* kann im wesentlichen als assoziative Objektart betrachtet werden. Durch diese Interpretation von Beziehungsarten als Objektart kann eine auf diesem Abstraktionsgrad bessere Umsetzung der zu modellierenden Realität in das konzeptuelle Datenbankmodell erreicht werden.

Der von Scheer propagierte Top-Down-Ansatz stellt sehr hohe Anforderungen an das Abstraktionsvermögen von Modellierern. Ohne einen erfahrenen Moderator, der über umfangreiche Erfahrungen im Bereich der Datenmodellierung verfügt, kann diese Strategie wohl kaum angewendet werden. Vielmehr wird es in der betrieblichen Praxis zu Rückkopplungen kommen. Im Laufe der Modellierung wird man realisieren, daß bestimmte Objektarten Gemeinsamkeiten besitzen. Diese Objektarten werden dann im Rahmen der Generalisierung zu einer abstrakteren Objektart zusammengefaßt. In diesem Fall wird also ein Bottom-Up-Entwurfsschritt dazwischen geschaltet. Ebenso ist zu beachten, daß die Verfeinerung des Datenmodells der Abb. 6.2-1 nicht ausschließlich durch Verwendung von Spezialisierungen vorgenommen wurde. Andere, nicht explizit definierte Entwurfsschritte sind zu verwenden. Ebenso wird durch die Verwendung neuer Konstrukte der Rahmen des verwendeten Entity-Reationship-Modells verlassen. Insgesamt handelt es sich um ein nicht formalisiertes und wenig strukturiertes Entwurfsverfahren, das dem Benutzer viele Freiheiten läßt.

Die Vorgehensweise nach Batini et al. basiert auf Entwurfsprimitiven, die von den Autoren definiert wurden. Abb. 6.2-3 stellt diese Entwurfsprimitive in Form einer Tabelle zusammen. T1 zerlegt eine Objektart in zwei Objektarten, die zueinander in Beziehung stehen. T2 entspricht der von Scheer verwendeten Spezialisierungsstrategie. T3 stellt eine Art Normalisierungsoperation dar. Nicht zusammengehörige Konstrukte werden durch Zerlegung einer Objektart in mehrere Objektarten korrekt separiert.

Die Primitive T4 und T5 verfeinern Beziehungsarten. T4 spaltet eine Beziehungsart in mehrere parallele Beziehungsarten auf, T5 führt eine serielle

Entwurfsprimitiv	Ausgangsschema	Ergebnisschema
T1: E-Set ⟶ Zusammenhängende E-Sets		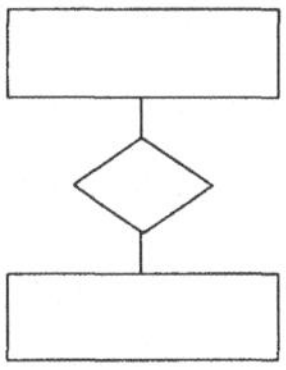
T2: E-Set ⟶ Spezialisierung/ Generalisierung	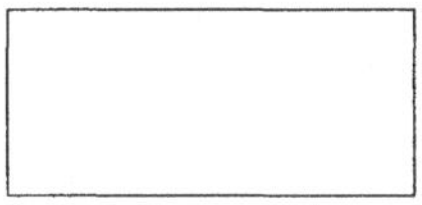	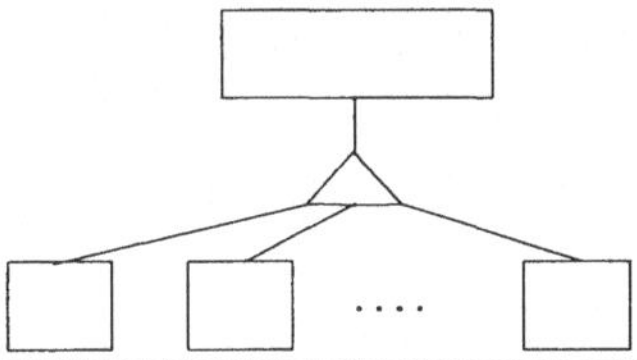 ....
T3: E-Set ⟶ nicht zusammengehörige E-Sets		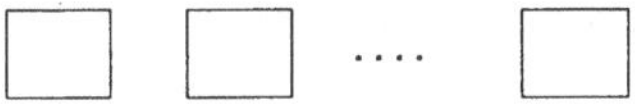 ....
T4: R-Set parallele R-Sets	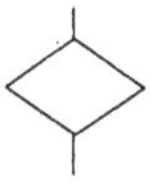	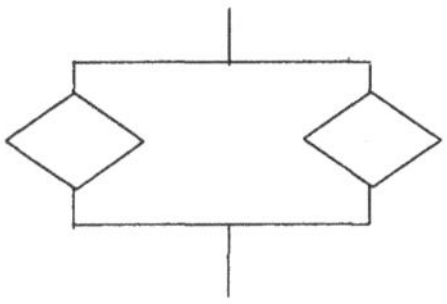
T5: R-Set E-Sets mit R-Sets	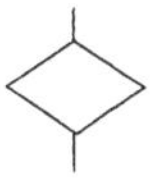	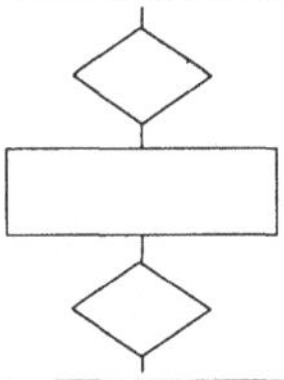
T6: Einführung von Attributen	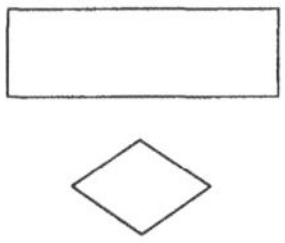	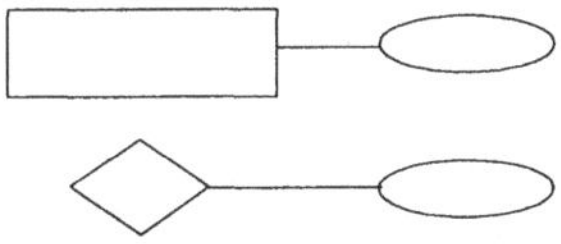
T7: Einführung zusammengesetzter Attribute	vgl. T6	vgl. T6
T8: Verfeinerung von Attributen	vgl. T7 bzw. T6	vgl. T7 bzw. T6

Abb. 6.2-3: Entwurfsprimitive

Aufspaltung unter Generierung einer neuen Objektart durch. T5 entspricht dem Primitiv T1, welches dasselbe für Objektarten durchführt. T6 erlaubt schließlich die Einführung von Attributen.

Die Primitive T7 und T8 werden nur benötigt, wenn man innerhalb der ER-Modellierung mehrwertige und/oder zusammengesetzte Attribute zuläßt.

Der von Batini et al. vorgestellte Ansatz kann als "intuitive Top-Down-Vorgehensweise" verstanden werden. Die Grundidee wird anhand eines Tagungsinformationssystems präsentiert. Dieses System soll folgende Funktionen übernehmen:

- Verwaltung der Teilnehmer, Autoren, Gutachter und Sitzungsleiter
- Zeit- und Raumplanung
- Überwachung der Zahlung
- Abwicklung der Begutachtungen und der Benachrichtigung der Autoren.

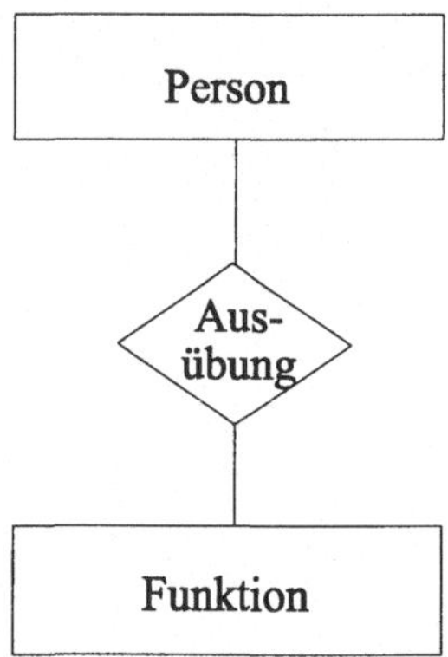

Abb. 6.2-4: Tagungsinformationssystem - oberste Abstraktionsebene

Abb. 6.2-4 zeigt das zur ersten Abstraktionsebene gehörende Schema. Durch Verfeinerung gelangt man zum Schema der Abb. 6.2-5. Eine Anwendung des Primitivs T2 zerlegt die Objektart *Person* in Teilklassen. Die Beziehungsart *Ausübung* wird nach Umbenennung von *Funktion* in *Beitrag* mittels T4 in die Beziehungsarten *Beteiligung* und *Gutachten* verfeinert (man beachte, daß dies strenggenommen keine korrekte Anwendung von T4 ist, da *Gutachten* die *Objektart* Gutachter und Beteiligung die Objektart

Autor mit *Beitrag* verbindet). Schließlich erhält man aus *Beitrag* durch sukzessive Anwendung des Primitivs T1 die über Beziehungsarten verbundenen Objektarten *Raum* und *Sitzung*.

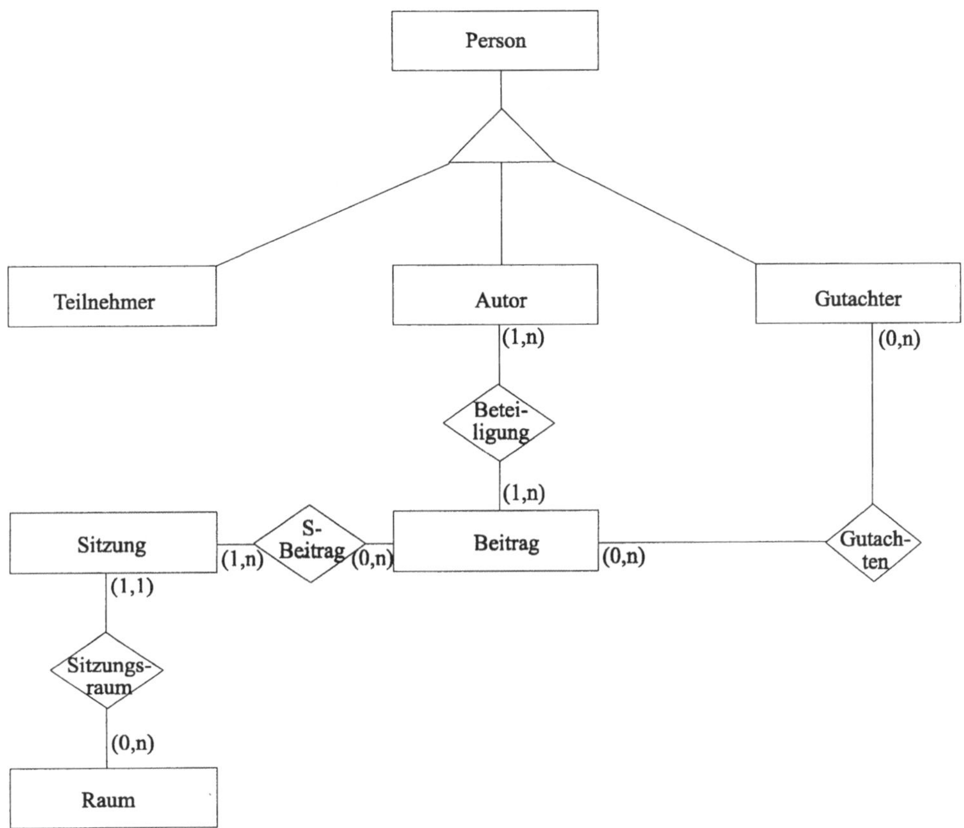

Abb. 6.2-5: Tagungsinformationssystem - 1. Verfeinerung

Im nächsten Schritt wird nun durch ein erneutes Studium der Anforderungen festgestellt, daß Sitzungsleiterdaten noch nicht modelliert wurden. Darüber hinaus soll explizit ein vortragender Autor benannt werden, wenn ein Beitrag angenommen wurde. Letzteres entspricht einer erneuten Anwendung des Primitivs T4. Die Modellierung der Sitzungsleiterdaten durch Einfügen einer Beziehungsart ist durch kein Entwurfsprimitiv abgedeckt. Sie hätte eigentlich bereits im ersten Verfeinerungsschritt bei der Einführung der Beziehungsarten *Gutachten* und *Beteiligung* erfolgen sollen. Insgesamt erhält man jetzt das verfeinerte Schema der Abb. 6.2-6. Im letzten Schritt werden den Objekt- bzw. Beziehungsarten Attribute und Schlüssel zugeordnet (vgl. Tab. 6.2-1 für die wichtigsten Attribute).

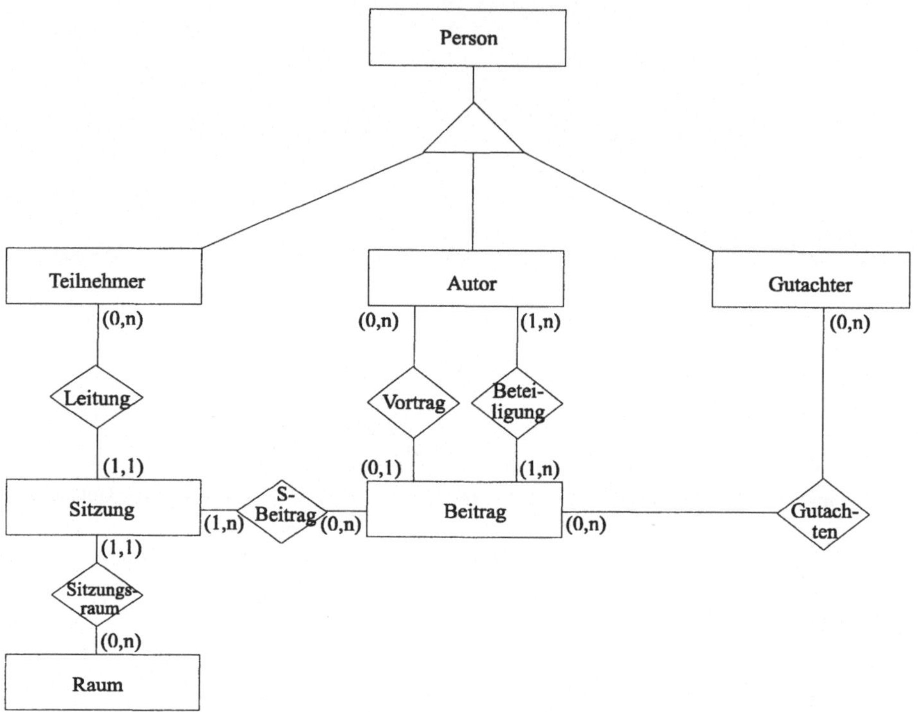

Abb. 6.2-6: Tagungsinformationssystem - 2. Verfeinerung

Der von Batini et al. vorgestellte Ansatz bleibt durch die Anwendung von (nur) acht Entwurfsprimitiven überschaubar. Es handelt sich insgesamt um einen strikten Top-Down-Ansatz. Der Vorteil liegt in der durch die Entwurfsprimitive vorgegebenen Strukturierung des Modellierungsprozesses. Vorstellbar ist eine Werkzeugunterstützung, die zur Verwendung der Entwurfsprimitive zwingt. Andererseits wurde bei der Bearbeitung des Beispiels klar, daß man sich oft gar nicht exakt an die Primitive halten kann.

Person	Person_Id Name Vorname Titel Institution Straße Hausnummer Postleitzahl Ort Land	Primärschlüssel
Autor	Autor_Id	Primärschlüssel
Gutachter	Gutachter_Id	Primärschlüssel
Teilnehmer	Teilnehmer_Id Teilnehmerart Anmeldedatum Zahlungsdatum Teilnahmestatus	Primärschlüssel
Beitrag	Beitrag_Id Titel Beitragsstatus	Primärschlüssel
Sitzung	Sitzung_Id Thema Tag_Beginn Zeit_Beginn Tag_Ende Zeit_Ende	Primärschlüssel
Raum	Raum_Id Plätze	Primärschlüssel
Gutachten	Note_1 Note_2 Note_3 Note_4 Note_5 Gesamturteil	
Beteiligung	Position	

Tab. 6.2-1: Wichtige Attribute im Überblick

In der betrieblichen Praxis dürfte es auch hier zu notwendigen Rückkopplungen (beispielsweise wenn die Einführung von Objekt- oder Beziehungsarten in früheren Modellierungsschritten vergessen wurde) und zur Verwendung von (neu zu definierenden) Bottom-Up-Entwurfsprimitiven kommen. Das Verfahren bietet keine Hilfestellung hinsichtlich der sinnvollen Primitivanwendung beziehungsweise hinsichtlich deren Reihenfolge. Insgesamt handelt es sich um einen halbformalen Modellierungsansatz.

Im Rahmen der Systementwicklung werden vor allem funktions- und datenorientierte Vorgehensweisen unterschieden (als dritte Vorgehensweise tritt das hier nicht interessierende objektorientierte Entwurfsprinzip auf). Beim funktionsorientierten Entwurfsprinzip richtet sich der Entwickler an den betrieblichen Funktionen, Abläufen und Aufgaben, die zu modellieren sind, aus. Es wird folglich zunächst ein Funktionsmodell erstellt. Ausgehend von den Abläufen werden durch schrittweise Verfeinerung Teilfunktionen gebildet, die dann ihrerseits immer weiter in Teilfunktionen zerlegt werden. Nachdem die betrieblichen Funktionen in (programmierbare) Teilfunktionen zerlegt sind, wird untersucht, welche Daten von welchen Funktionen benötigt, verändert oder erzeugt werden. Im allgemeinen sind also die Daten den Funktionen untergeordnet bzw. an die Struktur dieser Funktionen angepaßt. Als negative Konsequenz ergibt sich, daß bei einer Änderung von Funktionen in aller Regel auch die zugehörigen Datenstrukturen betroffen sind. Darüber hinaus werden vorhandene Abläufe akzeptiert, mögliche Veränderungen im Sinne eines Business Process Reengineering werden nicht ins Auge gefaßt.

Im Zeitablauf ändern sich nun betriebliche Funktionen relativ rasch, während Datenstrukturen über längere Zeit stabil bleiben. Das datenorientierte Entwurfsprinzip stellt konsequenterweise die Datenstrukturen, die im Informationssystem abzubilden sind, in den Mittelpunkt der Betrachtung. Erst nachdem die Datenmodellierung abgeschlossen ist, werden die betrieblichen Abläufe analysiert und modelliert. In der Praxis zeigt sich allerdings immer wieder die Schwierigkeit einer von Funktionen losgelösten Datenmodellierung. Insbesondere Mitarbeiter in den Fachabteilungen denken eher funktionsorientiert. Oft fehlt es am für die Datenmodellierung notwendigen Abstraktionsvermögen.

Aufgrund dieser Beobachtungen schlägt Rauh eine "Bottom-Up-Modellierungsvariante" vor, die zunächst betriebliche Funktionen analysiert. Auf der untersten Ebene werden dann entsprechende Teildatenmodelle zu den betrieblichen Funktionsprimitiven erstellt. Diese Datenmodelle werden in Form einer Datenmodellsynthese integriert, so daß schließlich ein konzeptuelles Schema des Anwendungsbereichs entsteht. Abb. 6.2-7 verdeutlicht die Vorgehensweise. Die Anwendung dieses Ansatzes setzt geeignete Techniken zur Schemaintegration voraus. Dabei sind insbesondere Vorkehrungen zur Eliminierung von Homonymen und Synonymen sowie zur Vermeidung einander widersprechender Konstrukte notwendig. Auf Ansätze der Schemaintegration wird detailliert in Abschnitt 6.5 eingegangen.

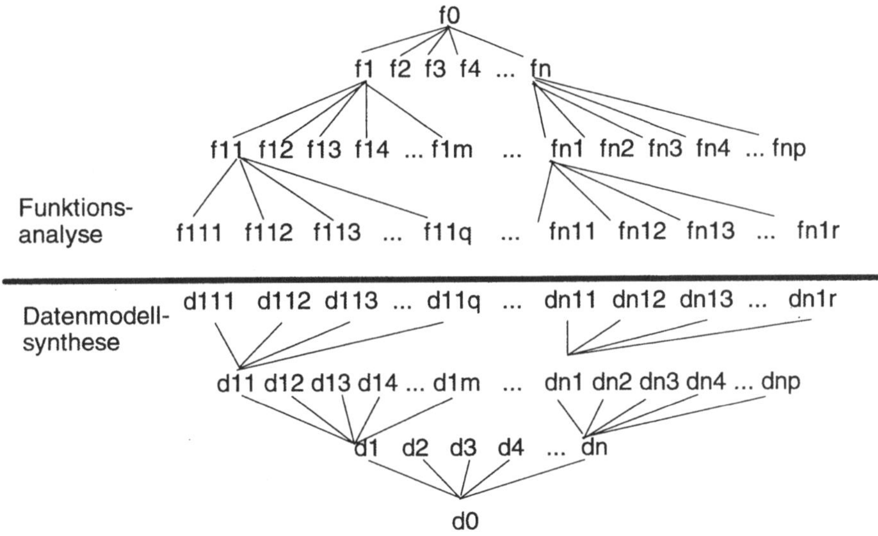

Abb. 6.2-7: Funktionsanalyse mit anschließender Datenmodellsynthese

Um die Anwendung des Verfahrens zu skizzieren, zeigt Abb. 6.2-8 einen Ausschnitt aus der Funktionsanalyse eines Handelsbetriebes. Auf der Ebene vier stehen nicht mehr weiter zu verfeinernde Funktionsprimitive.

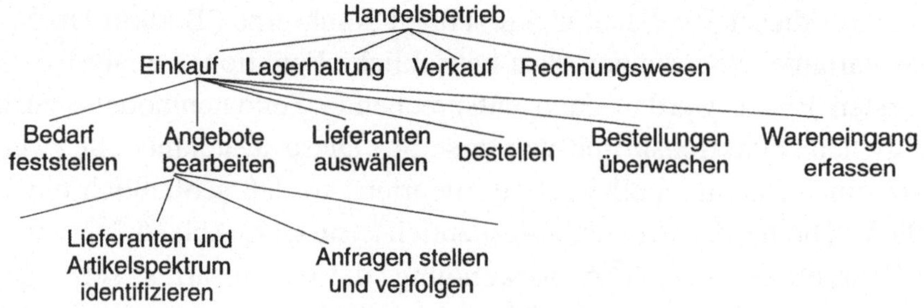

Abb. 6.2-8: Funktionsanalyse eines Handelsbetriebes

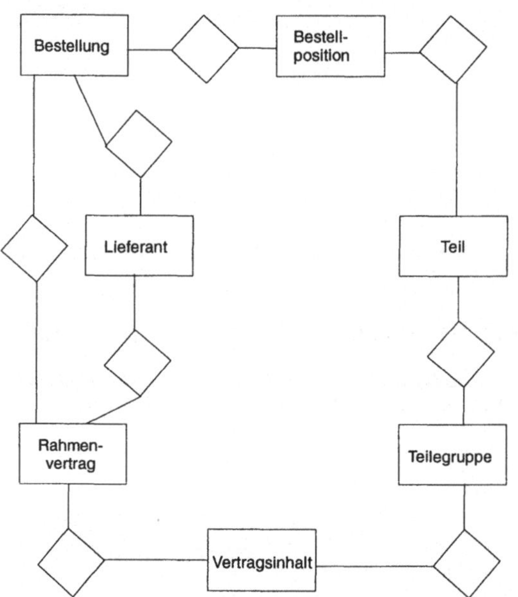

Abb. 6.2-9: Datenmodell für Funktion *Lieferanten und Artikelspektrum identifizieren*

Zu diesen Funktionsprimitiven wird jeweils ein zugehöriges Datenmodell erstellt. Durch Integration der Datenmodelle von Ebene drei erhält man zunächst ein Datenmodell für die Teilfunktion *Angebote bearbeiten*. Durch Integration sämtlicher Datenmodelle auf dieser Ebene erhält man ein Modell für den Bereich *Einkauf*. Die Integration der Modelle für die Bereiche *Einkauf*, *Lagerhaltung*, *Verkauf* und *Rechnungswesen* führt dann gegebenenfalls zu einem Gesamtdatenmodell für den Handelsbetrieb.

Abb. 6.2-9 enthält ein Datenmodell für die Funktion *Lieferanten und Artikelspektrum identifizieren*, Abb. 6.2-10 entsprechend ein Modell für die Teilfunktion *Anfragen stellen und verfolgen*. Abb. 6.2-11 enthält das integrierte Modell (dies entsteht im vorliegenden Fall aufgrund fehlender Konflikte durch einfache Überlagerung).

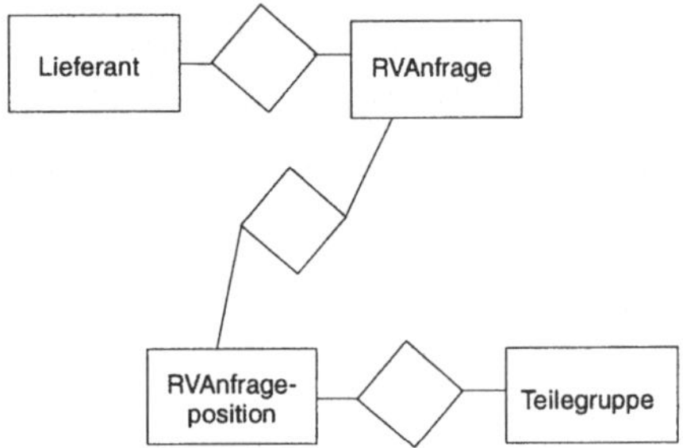

Abb. 6.2-10: Datenmodell für Funktion *Anfragen stellen und verfolgen*

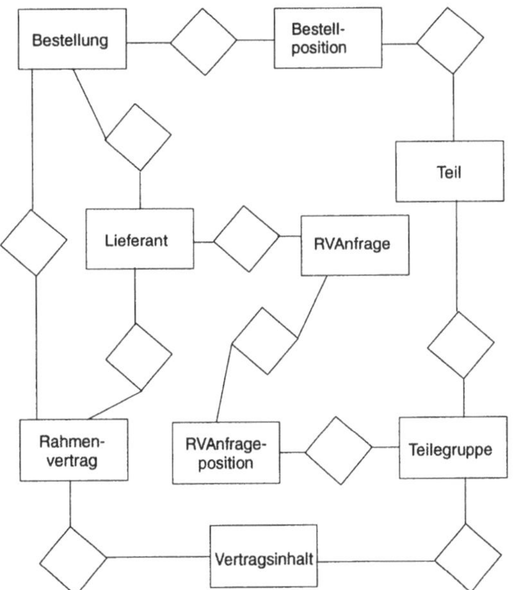

Abb. 6.2-11: Integriertes Gesamtmodell

Das eben skizzierte Bottom-Up-Verfahren bietet den Vorteil, daß es sich direkt an die Funktionsanalyse, die normalerweise einfach und leicht zu erstellen ist, anschließt. Für die Funktionsprimitive der untersten Ebene ergeben sich normalerweise einfache und übersichtliche Datenmodelle. Hält man sich an Namens- und Modellierungskonventionen, ist es wahrscheinlich, daß sich Konflikte zwischen einzelnen Schemata in engen Grenzen halten. Dennoch stellen mögliche Konflikte den Hauptnachteil dieses Verfahrens dar.

Bei der Inside-Out-Strategie werden zunächst die wichtigsten bzw. offensichtlichsten Objekt- und Beziehungsarten identifiziert. Ausgehend von diesen Objekt- bzw. Beziehungsarten werden dann Modellierungskonstrukte, die in enger Verbindung zu diesen stehen, in das Schema eingefügt. Auf diese Weise bewegt man sich schließlich zu bedeutungsmäßig immer weiter entfernten Konstrukten. Die Vorgehensweise wird wieder anhand des Beispiels *Tagungsorganisation* illustriert (vgl. Abb. 6.2-12).

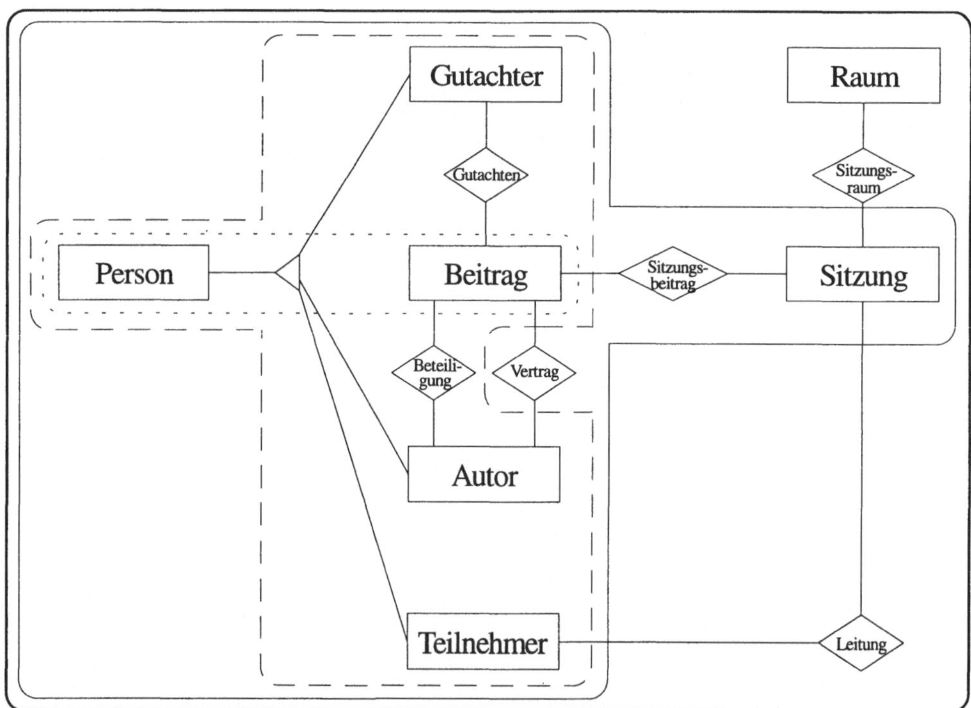

Abb. 6.2-12: Inside-Out-Strategie

Angewandt auf dieses Beispiel identifiziert man zunächst die Objektarten *Person* und *Beitrag*. Um nun von "innen nach außen" zu gelangen, werden Modellierungskonstrukte gesucht, die in enger Beziehung zu diesen beiden

Objektarten stehen. Dies führt zur Spezialisierung der Objektart *Person* in die Teilklassen *Teilnehmer*, *Autor* und *Beitrag*. Darüber hinaus werden die Beziehungsarten *Beteiligung* und *Gutachten* eingefügt. In einem weiteren Verfeinerungsschritt werden die Objektart *Sitzung* und die Beziehungsarten *Sitzungsbeitrag* sowie *Vortrag* eingefügt. In einem letzten Verfeinerungsschritt wird sodann die Objektart *Raum* aufgenommen. Darüber hinaus werden die Beziehungsarten *Leitung* und *Sitzungsraum* eingefügt.

Insgesamt handelt es sich um eine intuitiv einleuchtende Strategie. Es wird allerdings nicht deutlich gemacht, was das Konzept 'naheliegender Objekte' letztlich bedeutet. Man erhält folglich ein wenig formalisiertes Verfahren, das dem Modellierer zahlreiche Freiräume läßt.

Es wurde bereits angedeutet, daß in der Praxis die eben skizzierten reinen Strategien kaum angewendet werden. Vielmehr findet man einen unterschiedlichen Mix von Bottom-Up-, Top-Down- bzw. Inside-Out-Strategien.

6.2.2 Konstruktion von Teildatenmodellen

Zur Konstruktion von Teildatenmodellen können diverse Techniken verwendet werden. Im einzelnen handelt es sich um die Verwertung anderer Lösungen (kommerziell von Unternehmensberatung bzw. im Rahmen des Erfahrungsaustauschs mit anderen Unternehmen), Interviews, Formularanalysen, Analysen vorhandener Beschreibungen und Dokumentationen sowie um die Analyse vorhandener Dateien. Tab. 6.2-2 gibt einen kurzen Überblick über Interviewtechniken.

Interessant sind in diesem Zusammenhang auch Formularanalysen. Abb. 6.2-13 enthält einen Materialschein. Anhand dieses Materialscheins soll nun versucht werden, ein zugehöriges Datenmodell zu erzeugen. Durch Inspektion der jeweiligen Formularfelder ergeben sich zunächst die Modellkonstrukte *Materialschein, Kostenstelle, Auftrag, Lagerort, Material, Materialposition, Beleg* sowie *Mitarbeiter* (einmal in der Rolle des *Anfordernden,* einmal in der Rolle des *Ausgebenden*). Abb. 6.2-14 enthält ein erstes zugehöriges Datenmodell. Zur Modellierung von Zeitaspekten (Abbildung des Ausgabe- bzw. Ausstelldatums) kann in einem zweiten Schritt eine Objektart *Zeit* eingefügt werden. In einem dritten Schritt können diesen Objektarten nun Attribute zugeordnet werden. Dabei können die Schlüssel der Objektarten sehr gut aus dem Formular abgelesen werden. Man erhält die Darstellung von Tab. 6.2-3.

Fischen:	"Erzählen Sie uns etwas über Hitzeregulator"
	Die Schilderung wird Attribute enthalten und vielleicht auch andere Objektarten und einige ihrer Attribute.
Anzahl:	"Wieviele Regulatoren gibt es?"
Verbindungen:	"Was hat der Regulator mit dem Brennofen zu tun?"
Ohne-Fragen:	"Würde der Brennofen ohne den Regulator richtig arbeiten?"
	"Kann man eine Bewilligung ohne Antrag bekommen?"
	"Gibt es irgendeine andere Möglichkeit, eine Bewilligung ohne einen Antrag zu bekommen?"
	"Kann jemand sich an einer Klausur beteiligen, ohne daß er den Kurs belegt hat?"
Wandern:	"Was ist sonst noch mit dem Brennofen verbunden?"
Standpunkte:	"Was hält Ihr Chef von dieser Regelung?"
	"Was sagen Ihre Mitarbeiter dazu?"
Vergewisserung:	"Habe ich das jetzt wirklich richtig verstanden? ..."

Tab. 6.2-2: Interviewtechniken

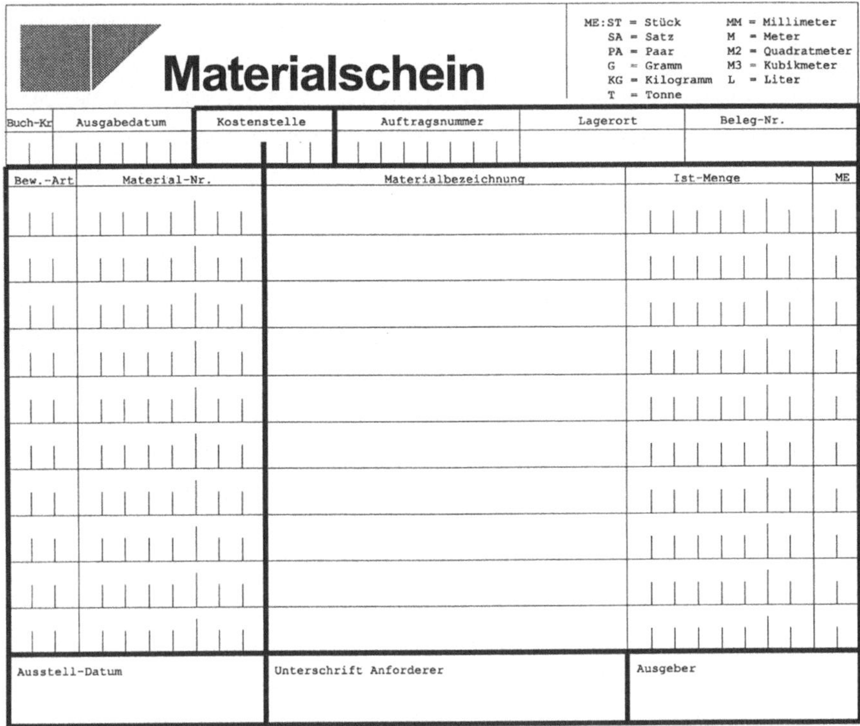

Materialschein

ME: ST = Stück
SA = Satz
PA = Paar
G = Gramm
KG = Kilogramm
T = Tonne
MM = Millimeter
M = Meter
M2 = Quadratmeter
M3 = Kubikmeter
L = Liter

Buch-Kz	Ausgabedatum	Kostenstelle	Auftragsnummer	Lagerort	Beleg-Nr.

Bew.-Art	Material-Nr.	Materialbezeichnung	Ist-Menge	ME

Ausstell-Datum	Unterschrift Anforderer	Ausgeber

Abb. 6.2-13: Formularanalyse Materialschein

Teil	TeileNr	Schlüssel
Zeit	Datum	Schlüssel
Kostenstelle	KStNr	Schlüssel
Mitarbeiter	PNr	Schlüssel
Materialschein	BNr	Schlüssel
Materialposition	BNr	Schlüsselattribut
	TeileNr	Schlüsselattribut
	Bewegungsart	
Beleg	BNr	Schlüssel
Lagerort	LNr	Schlüssel
Auftrag	ANr	Schlüssel

Tab. 6.2-3: Formularanalyse - Schlüssel und Attribute

In der Literatur werden zahlreiche Verfahren zur Automatisierung von Formularanalysen vorgestellt und diskutiert. Denkbar ist darüber hinaus eine Extraktion von Datenmodellen aus Dateien, Datenbanken bzw. Anwendungsprogrammen. Damit beschäftigen sich Ansätze des Reengineering und des Data Mining. Im Rahmen des Reverse Engineering von Datenbanken wird versucht, aus unvollständigen Dokumentationen bzw. allein aus der physischen Definition einer Datenbank durch Umkehrung des Designprozesses ein konzeptuelles Modell (ER-Modell) zu generieren. Daran anschließend kann man im Sinne eines Forward Engineering die Migration in ein neues Datenbankmodell durchführen. Der Prozess des Reverse und des Forward Engineering zusammen wird als Datenbank-Reengineering bezeichnet. Data Mining beschäftigt sich mit der Strukturextraktion aus Datenbeständen durch Inspektion der Instanzen. Zur Analyse und Klassifizierung von Daten werden im Rahmen des Data Mining unterschiedliche Methoden eingesetzt. Verbreitet sind Verfahren aus dem Bereich der mathematischen Statistik (Clusteranalyse, Bayes-Statistiken u. ä.) sowie aus dem Bereich des induktiven Lernens. Die diskutierten Methoden verwenden als Input Daten aus der Datenbank (Instanzen), Informationen aus einem Data Dictionary sowie weiteres Wissen über das Anwendungsgebiet (beispielsweise Benutzereingaben). Es wird dann versucht, vorhandene Strukturen zu erkennen und zu bewerten. Als Ausgabe erhält man Aussagen, Fakten und Regeln. Algorithmen zur Unterstützung des Prozesses des Data Mining benötigen oft lange Rechenzeiten. Darüber hinaus sind nur wenige Algorithmen robust gegenüber unvollständigen und fehlerhaften Daten. Die im Rahmen des Data Mining produzierten Ergebnisse sind kritisch zu überprüfen und dürfen keinesfalls kritiklos hingenommen werden. Insgesamt ist in diesem Bereich noch sehr viel Forschungsarbeit zu leisten, bis ein ertragreicher Praxiseinsatz gewährleistet werden kann.

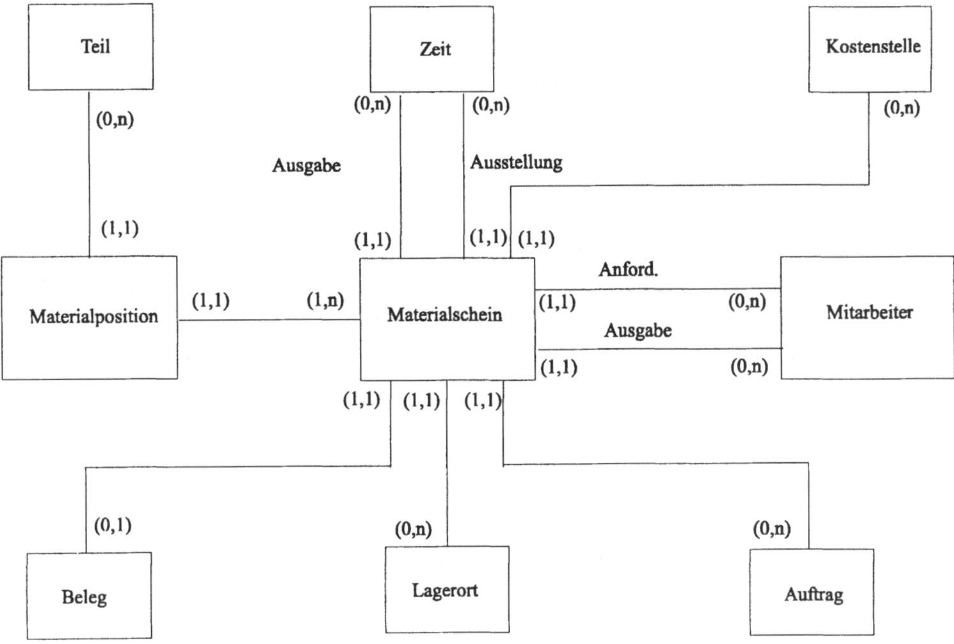

Abb.6.2-14: Formularanalyse - erstes Datenmodell

6.3 Unternehmensmodellierung

6.3.1 Bedeutung der Unternehmensmodellierung

Informationssysteme sollen die Aufgaben einzelner Nutzer innerhalb der Geschäftsprozesse eines Unternehmens unterstützen. Der Entwurf derartiger Informationssysteme gestaltet sich komplex, eine Betrachtung einzelner Teilbereiche und die damit verbundene Unterstützung von Einzelfunktionen führt selten zu guten Lösungen. Erforderlich ist ein ganzheitlicher Ansatz, in dessen Mittelpunkt eine unternehmensweite Sicht auf die Organisation, die Geschäftsprozesse, die betrieblichen Funktionen und die Daten bzw. Informationen steht. Der Fokus der Unternehmensmodellierung liegt folglich auf den Bereichen

- Organisation
- Prozeßketten (Steuerung)

- Funktionen
- Daten.

Auf Basis dieser vier Bereiche wurde von Scheer die Architektur integrierter Informationssysteme (ARIS) entwickelt. Die Datensicht beschreibt die statischen Informationsstrukturen des Unternehmens. Die Funktionssicht betrachtet die Abläufe und deren Abhängigkeiten. Aufbau- und ablauforganisatorische Aspekte werden durch die Organisationssicht abgedeckt. Die Steuerungssicht stellt die Beziehung zwischen den vorgenannten Sichten dar (vgl. Abb. 6.3-1).

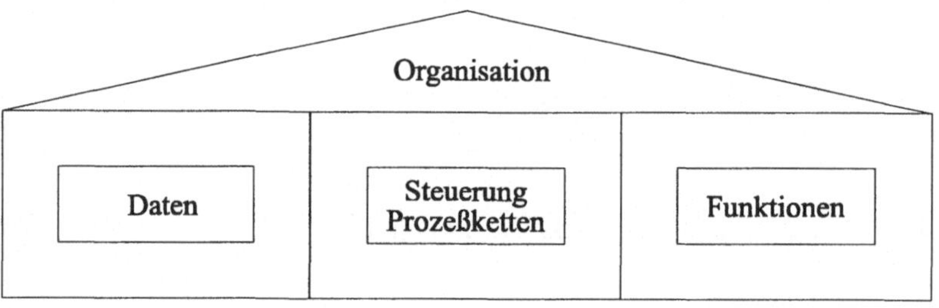

Abb. 6.3-1: Dimensionen der Unternehmensmodellierung

Innerhalb der Organisations-, Funktions-, Prozeß- und Datenmodellierung kann man dann unterschiedliche Phasen unterscheiden. Ein einfaches Phasenschema ist in Abb. 6.3-2 enthalten. Die rechte Seite stellt dabei eine Spezialisierung des linken Vorgehensmodells für die Datenmodellierung dar. Für die Effizienz des Modellierungsprozesses ist das gemeinsame Verständnis aller Beteiligten über Unternehmens- und Projektziele sowie über die Basisprozesse des Unternehmens, die Kenntnis der Wechselwirkungen zwischen Geschäftsabläufen und Systemlösungen und die Durchgängigkeit von der Planungs- bis zur Implementierungsphase von zentraler Bedeutung. Aufgrund der Komplexität der Modellierungsaufgabe ist die Anwendung von Modellen und Modellierungsmethoden, die durch geeignete Werkzeuge zu unterstützen sind, hilfreich.

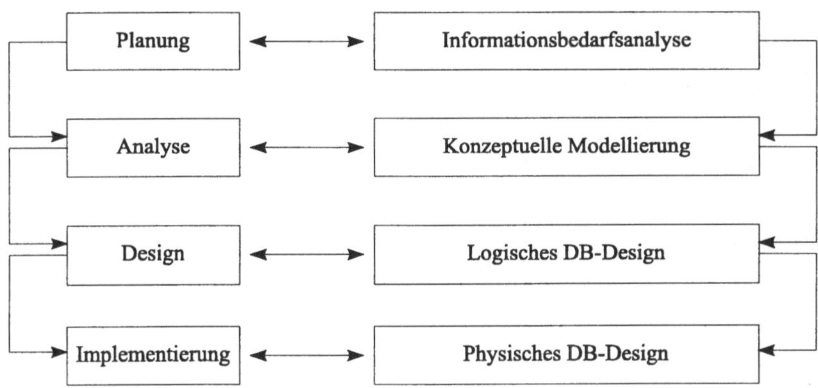

Abb. 6.3-2: Phasen der Modellierung

6.3.2 Entwicklungsstrategien

Es stellt sich nun die Frage nach der Priorisierung der in Abb. 6.3-1 angegebenen Sichten. Im Rahmen des funktionsorientierten Entwicklungsprinzips wird der Funktionsmodellierung der Vorzug eingeräumt. Aus der Unternehmensstrategie folgen die Funktionen, die das Unternehmen effizient ausführen muß. Insofern ist zunächst sicherzustellen, daß die Informationsverarbeitung überall dort, wo sie zur Effizienzsteigerung der Funktionserfüllung beitragen kann, hilft. Die modellierten Funktionsbäume können daraufhin überprüft werden, ob die entsprechenden Funktionen bereits durch vorhandene Informationssysteme unterstützt werden. Für betriebliche Funktionen, für die noch keine IV-Unterstützung vorhanden ist, sind geeignete Entwicklungsprojekte zu definieren. Im Rahmen der Projektauswahl ist eine Priorisierung mit dem Ziel der Bildung einer Rangfolge von Projekten durchzuführen.

Bei der Priorisierung betrieblicher Funktionen darf allerdings nicht übersehen werden, daß bestehende Abläufe als gegeben betrachtet werden. Vorhandenes Restrukturierungspotential (Business Process Reengineering) wird nicht ausgeschöpft, da die vorhandenen Funktionen im allgemeinen nicht kritisch hinterfragt werden. Es besteht folglich die Gefahr, "schlechte" Abläufe auf Dauer festzuschreiben. Daran ändert auch die Effizienzsteigerung durch geeignete Informationssysteme nur wenig.

Im Gegensatz zu den betrieblichen Funktionen, die häufigen Veränderungen unterliegen, sind Datenstrukturen im Zeitablauf eher stabil. Aus diesem Grund haben viele Unternehmen die Datenmodellierung in den Mittelpunkt ihrer Aktivitäten gestellt. Auffallend ist, daß kaum ein Unternehmen mit der Erstellung eines unternehmensweiten Datenmodells erfolgreich war. Die Modellierung der Datensicht unabhängig von bestehenden oder geplanten Anwendungen und vorhandenen betriebswirtschaftlichen Funktionen erfordert zwangsläufig einen hohen Abstraktionsgrad. Insgesamt handelt es sich bei derartigen Projekten um aufwendige Entwicklungsvorhaben, die aufgrund der langen Dauer mit erheblichen Kosten verbunden sind. In der Literatur wird beispielsweise angegeben, daß ein Unternehmen für die Umsetzung eines Unternehmendatenmodells zwischen zehn und zwanzig Jahre benötigt. Man kann also einwenden, daß der Zeitraum der Erhebung des Ist-Zustandes in vielen Fällen der Anpassung an Umgebungsbedingungen im Wege stehen wird.

Zum Aufbau einer unternehmensweiten Datenbasis gibt es Strategien, die auf einer Top-Down-Vorgehensweise bzw. auf einer Bottom-Up-Vorgehensweise basieren. Bei der Top-Down-Vorgehensweise werden ausgehend von den Zielen des Unternehmens die kritischen Erfolgsfaktoren identifiziert. Die Identifizierung dieser kritischen Erfolgsfaktoren, die für den Erfolg eines Unternehmens maßgeblich sind, ist Aufgabe der Unternehmensleitung. Typischerweise ergeben sich drei bis sechs solcher Erfolgsfaktoren. Im Finanzdienstleistungsbereich könnten dies beispielsweise die Beratungsqualität, die Verwaltungskosten und die Innovationsfähigkeit im Produktbereich sein. Auf Basis der kritischen Erfolgsfaktoren wird in einem zweiten Schritt der Informationsbedarf der Geschäftsleitung ermittelt. Dies erfolgt ausgehend von der Fragestellung, welche Daten zur Unterstützung der kritischen Erfolgsfaktoren und zur Kontrolle der Zielerreichungsgrade benötigt werden. Auf diese Weise entsteht ein erstes grobes Kerndatenmodell auf einem sehr hohen Abstraktionsniveau. Abb. 6.3-3 zeigt ein derartiges Kerndatenmodell für eine Bank.

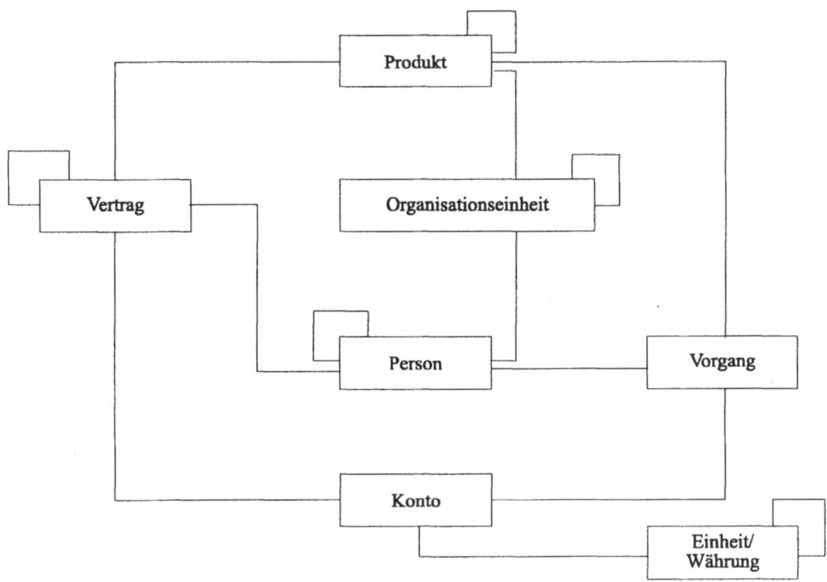

Abb. 6.3-3: Kerndatenmodell für Banken

Der Erwerb von *Produkten* durch Kunden (*Personen*) erfolgt über einen *Vertrag*. Typischerweise sind derartige Verträge an bestimmte *Konten* gebunden. *Vorgänge* können selbst Produkte sein (etwa Zahlungsverkehr) und bewirken Veränderungen auf *Konten* bzw. modifizieren Daten von *Personen* (etwa Stammdatenänderung). Mitarbeiter (Personen) sind bestimmten *Organisationseinheiten* zugeordnet. Die rekursive Beziehung bei *Organisationseinheiten* erlaubt die Modellierung der Aufbauorganisation des Kreditinstitutes. Organisationseinheiten betreuen *Produkte.* Die rekursive Beziehung bei *Produkt* erlaubt die Bündelung von Bankprodukten. Verträge können aus Teilverträgen bestehen. Personen können zu Gruppen kombiniert werden. Aus diesen Gründen findet sich bei *Produkt, Vertrag* bzw. *Person* jeweils eine rekursive Beziehungsart. Schließlich werden *Konten* in bestimmten *Einheiten/Währungen* geführt. Die rekursive Beziehungsart erlaubt deren Umrechnung.

Der Nutzen dieser Kerndatenmodelle für das Tagesgeschäft ist offenbar stark eingeschränkt. Das Abstraktionsniveau ist sicherlich noch zu groß. Ein derartiges Kerndatenmodell kann lediglich als Grundlage für die Entwicklung verfeinerter Bereichsmodelle dienen. Darüber hinaus stellt es einen Bezugsrahmen dar, innerhalb dessen nachfolgende verfeinerte Modelle "passen" müssen. Derartige Kerndatenmodelle werden von diversen Unternehmensberatungsgesellschaften angeboten und gegebenenfalls auch an individuelle Bedürfnisse des jeweiligen Instituts angepaßt.

Im nächsten Schritt erfolgt dann die Verfeinerung zu Bereichsdatenmodellen, daran anschließend die Verfeinerung von Bereichsmodellen zu Projektmodellen. Nachteilig an dieser Vorgehensweise ist, daß bereits vorhandene Projektdatenmodelle nicht mit den im Rahmen des Top-Down-Ansatzes entwickelten Projektdatenmodellen übereinstimmen müssen. Strukturkonflikte, Homonyme und Synonyme können auftreten und müssen dann in mühevoller Kleinarbeit bereinigt werden. Darüber hinaus ist der Modellierer sofort der vollen Komplexität des Unternehmens ausgesetzt. Er benötigt einen Überblick über alle relevanten Bereiche des Unternehmens. Schließlich dauert es sehr lange, bis die Modellierungsergebnisse nutzbar sind. In vielen Unternehmen ist deshalb die Top-Down-Entwicklung von unternehmensweiten Datenmodellen am vorhandenen Realisierungsdruck gescheitert.

Der zweite Weg besteht darin, aus vorhandenen Teildatenmodellen durch Integration dieser Modelle sukzessive ein Unternehmensdatenmodell zu erstellen (Bottom-Up-Strategie). Im Rahmen des Integrationsprozesses sind strukturelle und semantische Konflikte zu beseitigen (vgl. Abschnitt 6.6). Ebenso besteht die Gefahr, daß qualitativ schlechte Modelle übernommen werden (redundante Modellierungskonstrukte, nicht normalisierte ER-Entwürfe). Darüber hinaus ist die Werkzeugunterstützung für Datenintegrationsvorhaben als äußerst dürftig zu bezeichnen.

Grundsätzlich ist anzumerken, daß man bei der Formulierung von großen Unternehmens-Gesamtmodellen auf das nach Bonini benannte Paradoxon trifft. Jedes Modell fordert die nächste Verfeinerungsstufe. Schließlich gelangt man zu so komplexen Modellen, daß es sich nicht mehr nachvollziehen läßt, welcher Output auf welche Kombination von Input-Werten zurückzuführen ist.

6.3.3 Nutzeffekte der Unternehmensmodellierung

Trotz der eben skizzierten Schwierigkeiten dürfen die Nutzeffekte, die ein vorhandenes Unternehmensdatenmodell bietet, nicht unterschätzt werden. Das Unternehmensdatenmodell strukturiert die gesamten Daten eines Unternehmens und ist insofern die Basis für künftige Softwareentwicklungsprojekte. Wird die vorgegebene Struktur beachtet, können zukünftig Schnittstellenprobleme zwischen Anwendungen vermieden werden. Darüber hinaus kann die vielfach beschworene integrierte Informationsverarbeitung ohne eine Gesamtkonzeption für die Datenstrukturen eines Unternehmens nicht erfolgreich sein. Auch der Einsatz und insbesondere die Integration von Standardsoftware in das bestehende Anwendungsportfolio eines Unternehmens wird durch ein vorhandenes Unternehmensdatenmodell unterstützt. Zahlreiche Anbieter von Standardsoftware haben ihre Pakete auf Basis eines Unternehmensmodells entwickelt. Dieses Modell wird dem Käufer zur Verfügung gestellt. Im allgemeinen sind Änderungen und Erweiterungen der Standardsoftware beim Käufer notwendig. Durch Abgleich der Unternehmensmodelle kann der Aufwand für diese Änderungsarbeiten oft reduziert werden.

Schließlich erfordert die dezentrale Datenhaltung mit intensivem Datenaustausch sauber dokumentierte Datenstrukturen. Aufgrund technischer Restriktionen müssen Datenbestände redundant auf den einzelnen dezentralen Knoten gehalten werden. Das Unternehmensdatenmodell erlaubt die saubere Dokumentation dieser Redundanzen und hilft, Integritätsverletzungen vorzubeugen.

Künftig werden langfristig angelegte konzeptionelle Arbeiten einen immer größeren Anteil an den Entwicklungsbudgets von IV-Bereichen haben. Der eigentliche Implementierungsaufwand wird aufgrund steigenden Werkzeugeinsatzes prozentual stark zurückgehen. Insofern ist der hohe Aufwand für die Erstellung eines Unternehmensdatenmodells zu rechtfertigen, da er sich später in aller Regel mehrfach auszahlen wird. Insbesondere in größeren Unternehmen ist es nicht notwendig, die gesamten Datenstrukturen zu modellieren. Vielmehr kann man sich auf wichtige Teilbereiche mit besonders hohem Datenaustausch konzentrieren. Diese Strategie reduziert den

Aufwand oft auf ein erträglicheres Maß. In Abschnitt 6.7 wird auf diesen Aspekt der Erstellung eines Unternehmensdatenmodells eingegangen.

Die Entwicklung eines Unternehmensdatenmodells erfordert im allgemeinen Werkzeugunterstützung und das Vorhandensein eines Datenkatalogs (Data Dictionary), wenn man von den skizzierten Nutzeffekten profitieren will. Der nächste Abschnitt 6.4 ist folglich den Themen Werkzeugunterstützung und Data Dictionary gewidmet.

6.4 Entwurfswerkzeuge und Datenkataloge

6.4.1 Entwurfswerkzeuge

Die kommerziell verfügbaren Werkzeuge zur Unterstützung der Datenmodellierung können in zwei Gruppen eingeteilt werden. Zum einen handelt es sich um Werkzeuge, die ausschließlich den Prozeß der Datenmodellierung unterstützen, zum andern handelt es sich um CASE-Werkzeuge, die bestimmte, gegebenenfalls auch alle Phasen des Softwareentwicklungsprozesses begleiten. Im letzten Fall stellt das Datenmodellierungswerkzeug eine Komponente des CASE-Werkzeugs dar. Werkzeuge zur Datenmodellierung beinhalten im allgemeinen

- Grafikeditor zum Anlegen, Pflegen und Löschen von Objekt- bzw. Beziehungsarten
- Eingabemöglichkeiten für Attribute, Wertebereiche und Typdefinitionen
- Editor (oft Texteditor) zum Hinterlegen von Integritätsbedingungen
- Texteditor zur zusätzlichen Dokumentation
- Möglichkeit zur Definition von Sichten; dies erleichtert die Übersichtlichkeit bei großen zu modellierenden Schemata
- Komponenten zur weitgehend automatischen Umsetzung von ER-Entwürfen in logische Datenmodelle (relationales Modell, Netzwerkmodell, gegebenenfalls auch hierarchisches Datenmodell)
- Komponenten zur Generierung von physischen Datenbankbeschreibungen (etwa Generator für SQL)

- "Datenbank" zur permanenten Speicherung der entwickelten Modelle.

Sehr viele Entwicklungswerkzeuge arbeiten mit einem binären ER-Modell, in welchem aus Übersichtlichkeitsgründen auf die Darstellung von Rauten verzichtet wird. Beziehungsarten mit Attributen müssen dann über assoziative Objektarten modelliert werden. Dabei bieten die Werkzeuge teilweise die Möglichkeit, assoziative Objektarten durch ein spezielles grafisches Symbol zu kennzeichnen. Die gleichen Ausführungen gelten für Beziehungen vom Grade $g \geq 3$. Auch die Darstellung der Kardinalitäten ist nicht einheitlich. Im vorliegenden Buch wurde die Notation von Schlageter/Stucky verwendet. Andere Darstellungen sind die Bachman-Darstellung bzw. die Krähenfuß-Notation. Angelegte Objekt- und Beziehungsarten, Attribute und sonstige Dokumentationen werden im allgemeinen in einem Datenbanksystem des Modellierungswerkzeugs abgelegt. Von Vorteil ist, wenn das zugrundeliegende Datenbanksystem ein Standardprodukt ist. Erforderlich ist, daß das Entwicklungswerkzeug Schnittstellen zu gegebenenfalls verwendeten anderen Modellierungswerkzeugen bzw. zum eingesetzten Data-Dictionary-System des Unternehmens aufweist.

Entwicklungswerkzeuge für die Unterstützung der Geschäftsprozeßmodellierung bieten im allgemeinen ebenso eine Komponente zur Datenmodellierung. Beispielhaft sei auf das ARIS-Tool-Set von Scheer beziehungsweise auf INCOME der Firma Promatis verwiesen.

Die meisten Entwicklungswerkzeuge bieten keinerlei Unterstützung für das Qualitätsmanagement innerhalb der Datenmodellierung. Wünschenswert wäre hier die Unterstützung der in diesem Buch besprochenen Techniken zur Modellierung nach Qualitätszielen. In diesem Bereich muß man sich zumindest gegenwärtig noch durch Eigenentwicklungen behelfen. Die Verbindung von eigenentwickelten Modellierungsmodulen mit verwendeten Entwicklungswerkzeugen setzt erneut sinnvolle Schnittstellen beim verwendeten Entwicklungswerkzeug voraus.

Die Vorteile des Einsatzes von Entwicklungswerkzeugen zur Unterstützung des Datenmodellierungsprozesses bzw. ganz allgemein die Vorteile des Einsatzes von CASE-Werkzeugen sind nur schwer quantifizierbar. In der Literatur geht man im allgemeinen davon aus, daß Investitionen in CASE-Werkzeuge nicht durch Kostensenkungen bzw. Produktivitätsgewinne zu rechtfertigen sind. Hauptvorteile des Einsatzes von Entwicklungswerkzeugen liegen in den folgenden Bereichen:

- permanente Visualisierung aller Designschritte
- effiziente Kommunikation zwischen Entwicklern und Anwendern
- Möglichkeit, bestimmte Teile eines Modells zu bearbeiten; dadurch kann eine komplexe Aufgabe in weniger komplexe Teilaufgaben zerlegt werden; diese Teilaufgaben können von unterschiedlichen Entwicklern bearbeitet werden; daran anschließend können die Teilergebnisse "integriert" werden
- Entwickler werden gezwungen, Konventionen und Vorgaben einzuhalten
- Plausibilitätsprüfungen, die in das Entwicklungswerkzeug eingebaut sind, können automatisch ablaufen
- sofortige saubere und vollständige Dokumentation der Entwicklungsschritte
- Unterstützung des Daten- und Funktionsmanagements des Unternehmens
- Verbesserung der Qualität der Datenmodellierung.

6.4.2 Das Data Dictionary

Der Datenkatalog, auch als Data Dictionary oder Repository bezeichnet, enthält sämtliche Informationen über die im Unternehmen vorhandenen Datenbasen sowie über die entsprechenden Entwicklungsprozesse. Die Instanzen einer Datenbank verändern sich häufig kurzfristig im Bereich der gespeicherten Daten und langfristig auch auf der Meta- oder Strukturebene. Aufgabe des Data Dictionaries ist die korrekte und vollständige Verwaltung der Metaobjekte. Das Data Dictionary ist unter anderem ein Werkzeug zur Verwaltung der Datenstrukturen. Voraussetzung für die effektive und effiziente Nutzung eines solchen Datenkatalogs sind ablauf- und aufbauorganisatorische Maßnahmen, die unter anderem festlegen, wer in welcher Weise auf die Metadaten zugreifen kann bzw. wer die Metadaten verändern darf. Die Verwaltung des Data Dictionaries obliegt in aller Regel der Datenadministration.

Innerhalb eines Data Dictionaries werden abgelegt

- Informationen über Objektarten und Beziehungsarten einschließlich der Kardinalitäten
- Informationen über Attribute, Wertebereiche und Typdeklarationen
- Integritätsbedingungen
- Geschäftsregeln
- zusätzliche Textdokumentationen
- Transformationsregeln für die Ableitung des logischen Schemas aus dem konzeptuellen Schema
- Transformationsregeln für die Ableitung des physischen Schemas aus dem logischen Schema
- Definitionen externer Sichten
- Informationen über Tabellen (bei relationalen Systemen), Records bzw. Felder (bei Netzwerkdatenbanken bzw. hierarchischen Datenbanken), Informationen über Formate, Schlüssel, Fremdschlüssel sowie Informationen über die Zugriffsberechtigung auf einzelne Datenfelder

Innerhalb eines Data Dictionaries kann der Datenbegriff sehr weit gefaßt werden. So können neben den bereits beschriebenen Inhalten Informationen über Anwendungsprogramme, Module, Masken und ähnliches abgelegt werden. Im Idealfall wird der gesamte Lebenszyklus der betrieblichen Informationssysteme von der konzeptionellen Entwurfsphase bis zur Wartungsphase abgedeckt. In diesem Fall geht der Inhalt eines Data Dictionaries weit über einen reinen Datenkatalog hinaus.

In der betrieblichen Praxis findet man Datenkataloge in den unterschiedlichsten Entwicklungsstadien. Teilweise wird das Data Dictionary benutzt, um Informationen für den Benutzer und Datenadministrator bereitzustellen. Primär werden die Meta-Informationen jedoch von den Anwendungssystemen und Entwicklungswerkzeugen selbst genutzt (etwa von Report-Generatoren, Compilern, Abfrageoptimierern, CASE-Werkzeugen). In diesem Fall liegt ein aktives Data Dictionary vor. Von einem passiven Data Dictionary spricht man, wenn der Datenkatalog ausschließlich Dokumentationszwecken dient. Die Anforderungen an die Aktualität eines aktiven Data Dictionaries sind sehr hoch. Sämtliche Veränderungen an den Datenbasen bzw. Anwendungsprogrammen müssen sofort im Datenkatalog dokumentiert werden. In der betrieblichen Praxis existieren zahlreiche Zwischenstufen zwischen einem rein passiven und einem rein aktiven Data Dictionary. Wichtig ist in jedem Fall, daß der Datenkatalog ständig auf dem neuesten Stand ist. Nur dadurch kann die Akzeptanz bei Entwicklern und Anwendern gewährleistet werden.

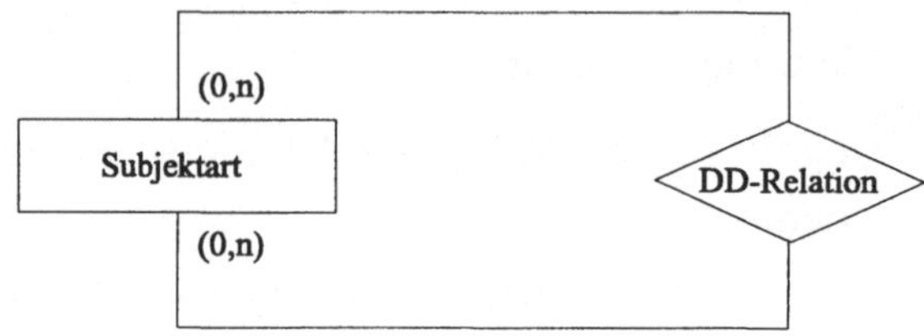

Abb. 6.4-1: Data Dictionary - Basisstruktur

Ein Datenkatalog läßt sich zumindest theoretisch über eine Objektart und eine rekursive Beziehungsart implementieren (vgl. Abb. 6.4-1). In der *Subjektart* werden Informationen über die abgelegten Objekte, wie etwa Schlüssel, Kategorie (Datenbank, Relation, Objektart, Beziehungsart, Attribut usw.) sowie gegebenenfalls weitere Beschreibungen abgelegt. Die rekursive Beziehungsart *DD-Relation* stellt die Beziehung zwischen übergeordneten und untergeordneten Objekten dar (etwa Relation R gehört zu Datenbank D, Attribut A gehört zu Objektart E usw.). Dieses Prinzip entspricht der klassischen Verarbeitung von Stücklistenstrukturen. Möglich ist nun die Stücklistenauflösung (Explosion), also die Bestimmung aller einem bestimmten Objekt direkt oder indirekt untergeordneten Objekte, sowie der Verwendungsnachweis (Implosion), also die Bestimmung aller einem bestimmten Objekt übergeordneten Objekte. Wird das Data Dictionary in Form einer relationalen Datenbank implementiert, sind im allgemeinen nur einstufige Explosionen bzw. Implosionen möglich. Die relationale Abfragesprache SQL unterstützt keine Rekursion. Die Metastruktur kommerziell verfügbarer Data Dictionaries ist natürlich wesentlich komplexer als die hier dargestellte Version. Das Metamodell eines einfachen Data Dictionaries kann sehr leicht aus hundert Objekt- und nochmals der gleichen Zahl von Beziehungsarten bestehen. Beispielhaft zeigt Abb. 6.4-2 eine Metastruktur für den Bereich *Datenmodellierung*. Diese Metastruktur kann gegebenenfalls Teil eines entsprechenden Data Dictionaries sein.

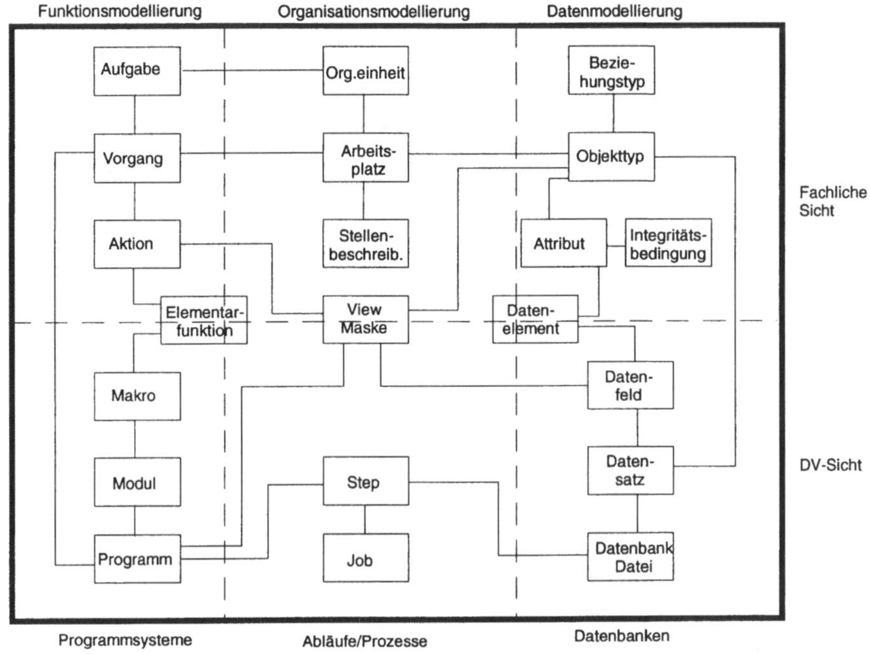

Abb. 6.4-2: Metastruktur eines Data Dictionaries (beispielhaft)

6.5 Schemaverdichtung

6.5.1 Verdichtungsverfahren im Überblick

Detaillierte ER-Diagramme ganzer Unternehmen bzw. Diagramme von Teilbereichen eines Unternehmens sind in aller Regel komplex und aus diesem Grunde nur schwer zu verstehen. Die Betrachtung kleiner Ausschnitte des Modells, dies wird durch diverse CASE-Tools unterstützt, kann nicht zum Verständnis des gesamten Modells beitragen. Zur Dokumentation und Veranschaulichung komplexer Datenmodelle ist es folglich notwendig, die konzeptuellen Schemata geeignet zu verdichten. Gleiches kann im Fall der

Schemaintegration angewendet werden, wenn zwei komplexe ER-Schemata in ein globales Schema zu integrieren sind.

Die Schemaverdichtung führt zu einer Eliminierung weniger wichtiger Objekt- bzw. Beziehungsarten. Im Idealfall bleiben nur die für das Verständnis des Datenmodells wichtigsten Konstrukte übrig. Der Verdichtungsprozeß sollte umkehrbar sein. Im Falle der Schemaintegration hat dies den Vorteil, daß zunächst die verdichteten Schemata integriert werden können. Daran anschließend kann der Verdichtungsprozeß sukzessiv rückgängig gemacht werden, so daß am Ende eine Integration der gesamten Schemata erfolgt ist.

	Abstraction Hierarchies	Entity Model Clustering	Entity Clustering	Pragmatische Begriffs-hierarchie	Entity und Relationship Clustering	Entity Tree Clustering
Verdichtungs-form	Manuelle Selektion von Key Concepts und der diese verbindenden Beziehungs-arten. Alle übrigen Ob-jektarten werden völlig ausgeblendet.	Manuelle Selektion wichtiger Objektarten und Aggre-gation aller übrigen Ob-jektarten in verschiedene Cluster.	Aggregation von Objektarten in ver-schiedene Cluster.	Aggregation von Objektarten in 'Führungsob-jektarten' hin-ein.	Aggregation von Objekt- und Bezie-hungsarten in verschiedene Cluster.	Automatische Aggregation von Objektar-ten in Parent-Objekttypen hinein.
Verdichtungs-kriterium für Objekttypen	Graph Cohe-rence: Ohne das jeweilige Key Concept würde der Graph in zwei Teile zerfal-len.	Wichtige Ob-jektarten stehen im Mittelpunkt. Sie stehen nur mit anderen wichtigen Objektarten in Verbindung. Die zu aggre-gierenden Ob-jektarten müs-sen durch Referen-zierungen verbunden sein.	Durchfüh-rung von vier Clusterbil-dungsheuri-stiken in Rei-henfolge ab-nehmender Kohäsions-kraft. Die zu aggregieren-den Objekt-arten müssen durch Refe-renzierungen verbunden sein.	Semantische Dominanz einer Führungsob-jektartauf der Grundlage der pragmatischen Begriffshierar-chie. Die zu ag-gregierenden Objektarten müssen durch Referenzierun-gen-verbunden sein.	Drei Cluster-bildungsvor-schriften. Die zu aggregier-enden Objekt-arten müssen nicht immer durch Referen-zierungen verbunden sein.	Parenthood: In 1:N-Beziehun-gen wird der eindeutige Objekttyp als Parent, der nicht eindeu-tige als Child angesehen. Die zu aggre-gierenden Ob-jektarten müssen durch Referenzier-ungen verbun-den sein.

Tab. 6.5-1: Klassifikation von Verdichtungsverfahren

	Abstraction Hierarchies	Entity Model Clustering	Entity Clustering	Pragmatische Begriffs-hierarchie	Entity und Relationship Clustering	Entity Tree Clustering
Benennungs-regel für ver-dichtete Objektarten	Entfällt	Vergabe neuer Namen	Nach der do-minanten, abstrakten oder Parent-Objektart, sonst Vergabe neuer Namen	Name der Führungs-Objektart	Nach der do-minanten bzw. abstrakten Objektart, sonst Vergabe neuer Namen	Name der Parent-Ob-jektart
Mehrstufig-keit	Beliebig viele Stufen	Zwei Stufen in Originalarbeit	Beliebig viele Stufen	Sieben vor-gegebene Ebenen	Beliebig viele Stufen	Iterative Ab-arbeitung des Entity Tree
Ableitung von Refe-renzierungen	Referenzierun-gen zwischen selektierten Objektarten bleiben erhalten. Alle anderen Re-ferenzierungen gehen verloren.	Referenzierun-gen zwischen wichtigen Objektarten und Aggregaten werden zu Referenzier-ungen des Ag-gregats. Referen-zierungen innerhalb des Aggregats wer-den ignoriert.	Keine Aus-sage	Übernahme aller Referenzie-rungen zwi-schen Führungs-objektarten. Auswahl u. Konkatenierung von Referenzie-rungen zw. Füh-rungs- u. Nicht-Führungs-Ob-jektarten; Igno-rieren v. Refe-renzierungen zw. Nicht-Füh-rungs-Objektar-ten	Übernahme aller Referen-zierungen der Children in die Parent-Objekt-art.	Übernahme aller Referen-zierungen der Children in die Parent-Objektart.

Tab. 6.5-2: Klassifikation von Verdichtungsverfahren - Fortsetzung

Die in der Literatur diskutierten Verdichtungsverfahren sind in Tab. 6.5-1 beziehungsweise Tab. 6.5-2 nach diversen Kriterien klassifiziert worden.

Ein Verdichtungsverfahren sollte die folgenden Minimalforderungen erfüllen:

- Die Verdichtung sollte schrittweise erfolgen. Der Anwender kann so zwischen verschiedenen Abstraktionsebenen wechseln.
- Objekte, die im Rahmen des Verdichtungsprozesses entstehen, sollten trotz Abstraktion eine Bedeutung im Kontext der Anwendung haben. So sollten beispielsweise im Rahmen der Verdichtung entstandene Konstrukte sinnvoll benannt werden.
- Der Verdichtungsprozeß sollte soweit als möglich automatisiert werden. In Ausnahmefällen sollten zusätzliche Informationen, die über die Informationen, die im Ausgangsmodell enthalten sind, hinausgehen, spezifiziert werden. Andernfalls ist der Aufwand, um die verdichteten Schema auf dem aktuellen Stand zu halten, zu groß.
- Der Verdichtungsprozeß sollte sich innerhalb des verwendeten ER-Modells bewegen. Die Einführung neuer Konstrukte sollte nach Möglichkeit vermieden werden.

Aus der obigen Klassifikation (vgl. Tab. 6.5-1 und 6.5-2) werden die wichtigsten Unterschiede der einzelnen Verdichtungsverfahren deutlich. Alle Verfahren bis auf Entity Tree Clustering erfordern die vollständige beziehungsweise teilweise manuelle Auswahl der zu verdichtenden Objekt- beziehungsweise Beziehungsarten. Entity und Relationship Clustering basiert auf Entity Tree Clustering, lediglich die Verdichtung von Beziehungsarten wird manuell vorgenommen. Ein zu verdichtendes Schema muß also zuerst im Hinblick auf wichtige Konzepte analysiert und verstanden werden. Dies bedeutet, daß derartige Ansätze eigentlich nur zur Nachdokumentation verwendet werden können. Eine solche ist allerdings nur dann nötig, wenn Entwurfsstrategien nicht konsistent angewendet und dokumentiert worden sind.

Besonders kritisch bei den meisten Verfahren ist, daß im allgemeinen Mehrfachaggregationen verboten sind. Dies führt dazu, daß untergeordnete Objektarten nur in eine übergeordnete Objektart verdichtet werden können. Der semantische Gehalt des verdichteten Schemas wird dadurch unnötig eingeschränkt. Im folgenden wird detailliert auf das Verdichtungsverfahren Entity Tree Clustering (ETC) eingegangen.

6.5.2 Entity Tree Clustering (ETC)

Das Verfahren basiert auf einer hierarchischen Anordnung von Objektarten. Im Rahmen des Verdichtungsprozesses werden hierarchisch untergeordnete Objektarten von hierarchisch übergeordneten Objektarten "absorbiert". ETC besitzt die folgenden Eigenschaften:

- Der Ablauf des Verfahrens ist vollautomatisch, manuelles Eingreifen des Anwenders ist nicht notwendig.
- Das Verfahren kann auf "einfache" Varianten der ER-Methode angewendet werden. Erforderlich sind Varianten, in denen Objekt- und Beziehungsarten unterschieden werden können. Darüber hinaus sind Kardinalitäten anzugeben. Weitere komplexe Konstrukte, wie Generalisierung, Spezialisierung bzw. Aggregation werden nicht benötigt.
- Hierarchisch untergeordnete Objektarten werden durch hierarchisch übergeordnete Objektarten absorbiert. Dabei kann es vorkommen, daß eine untergeordnete Objektart von mehreren übergeordneten Objektarten aufgenommen wird. Beziehungsarten zwischen untergeordneten Objektarten werden durch entsprechende komplexe Beziehungsarten zwischen den übergeordneten Objektarten im verdichteten Schema repräsentiert.

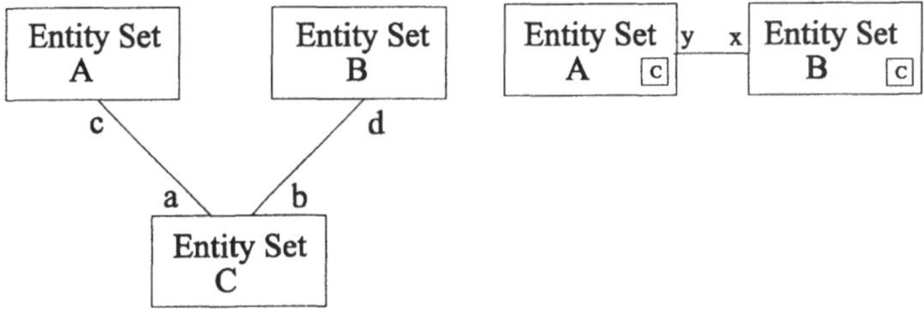

Abb. 6.5-1: Verdichtungsprinzip

Zur Festlegung hierarchischer Unterordnungs- bzw. Überordnungsbeziehungen wird zwischen den Kardinalitäten von Beziehungsarten die folgende Halbordnung "$\succ$" definiert:

$$(1,1) \succ (0,1) \succ (0,n); (1,1) \succ (1,n) \succ (0,n); (0,1) \succ (1,n).$$

Das Prinzip verdeutlicht Abb. 6.5-1. Zur Vereinfachung der Notation wurde auf die Darstellung von Rauten verzichtet.

Gilt $a \succ c$ und $b \succ d$, so ist die Objektart C den beiden Objektarten A bzw. B jeweils untergeordnet. Im Rahmen des Verdichtungsverfahrens wird die Objektart C durch die Objektarten A bzw. B absorbiert. Dadurch entsteht eine Beziehungsart zwischen den Objektarten A und B. Die Kardinalitäten dieser komplexen Beziehungsart lassen sich relativ einfach errechnen. Dies verdeutlicht Tabelle 6.5-3. Als Beispiel betrachten wir a=(1,1), b=(1,1), c=(0,n), d=(0,1). Eine Instanz von C steht dann jeweils zu genau einer Instanz von A bzw. B in Beziehung. C wird von A und B absorbiert, da nach der definierten Halbordnung $a=(1,1) \succ (0,n)=c$ und $b=(1,1) \succ (0,1)=d$ gilt. Eine Instanz von A steht in Beziehung zu null oder mehreren Instanzen von C, eine Instanz von C zu genau einer Instanz von B. Daraus ergibt sich durch Komposition, daß eine Instanz von A zu null oder mehreren Instanzen von B in Beziehung steht. Deshalb gilt nach Tabelle 6.5-3 y=(0,n). Umgekehrt steht eine Instanz von B zu null oder einer Instanz von C in Beziehung. Zu einer Instanz von C gehört genau eine Instanz von A, so daß eine Instanz von B zu null oder einer Instanz von A in Beziehung steht. Entsprechend gilt deshalb in Übereinstimmung mit Tabelle 6.5-3 für die Kardinalität x=(0,1).

x \ y	(0,1)	(1,1)	(0,n)	(1,n)
(0,1)	(0,1)	(0,1)	(0,n)	(0,n)
(1,1)	(0,1)	(1,1)	(0,n)	(1,n)
(0,n)	(0,n)	(0,n)	(0,n)	(0,n)
(1,n)	(0,n)	(1,n)	(0,n)	(1,n)

Tab. 6.5-3: Kardinalitäten nach Verdichtung

Zur Vorbereitung des Verdichtungsprozesses kann es notwendig sein, in einem vorgelagerten Schritt die Schemata entsprechend zu modifizieren. Beziehungsarten vom Grade g≥3 sowie m-n-Beziehungsarten werden durch Einführung einer assoziativen Objektart eliminiert. Nach Einführung dieser assoziativen Objektart treten nur noch 1-1- bzw. 1-n-Beziehungsarten auf. Im Falle von 1-1-Beziehungsarten zwischen zwei Objektarten sind darüber hinaus zwei weitere Fälle zu unterscheiden. Falls zwischen zwei Objektarten eine 1-1-Beziehung mit den Kardinalitäten (1,1) auf beiden Seiten existiert, werden diese beiden Objektarten noch vor Beginn des Verdichtungsprozesses zu einer neuen Objektart verschmolzen. Das gleiche gilt, falls eine 1-1-Beziehung mit Kardinalitäten (0,1) auf beiden Seiten auftaucht.

Nach diesen vorbereitenden Umformungen des Originalschemas tauchen nur noch binäre Beziehungsarten mit jeweils unterschiedlichen Kardinalitäten an beiden Enden auf. Somit bestimmt jede Beziehungsart eine übergeordnete bzw. untergeordnete Objektart.

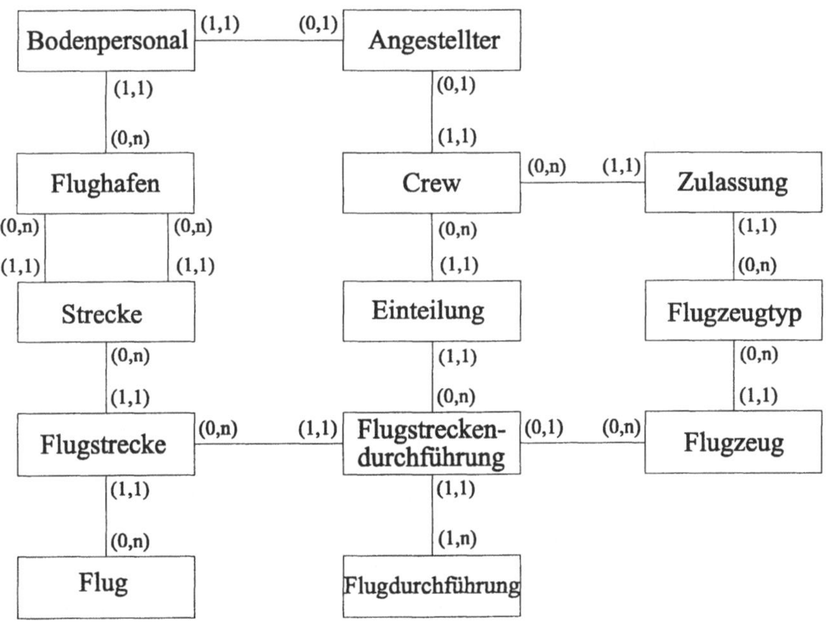

Abb. 6.5-2: Fluginformationssystem

Die Vorgehensweise des Verdichtungsalgorithmus wird am Beispiel des ER-Schemas von Abb. 6.5-2 präsentiert. Es handelt sich um ein einfaches Fluginformationssystem. Unterschieden werden zwei Kategorien von *Angestellten*, nämlich *Bodenpersonal* und fliegendes Personal (*Crew*). Das *Bodenpersonal* ist jeweils einem bestimmten *Flughafen* zugeordnet. Dieser *Flughafen* ist Ankunfts- bzw. Abflugsort mehrerer *Strecken*. Die Objektart *Flugstrecke* wurde eingefügt, da bestimmte Strecken im Laufe der Zeit mehrfach geflogen werden. Ein bestimmter *Flug* (mit identifizierender Flugnummer) besteht aus der Kombination mehrerer *Flugstrecken*. Finden Flüge tatsächlich statt, kommt es zur *Flugdurchführung* bzw. zur *Flugstreckendurchführung*. Zur *Flugstreckendurchführung* ist jeweils eine bestimmte Crew eingeteilt (*Einteilung*), die auf dem zum Einsatz kommenden *Flugzeug* eines bestimmten Flugzeugtyps ausgebildet sein muß (*Zulassung*).

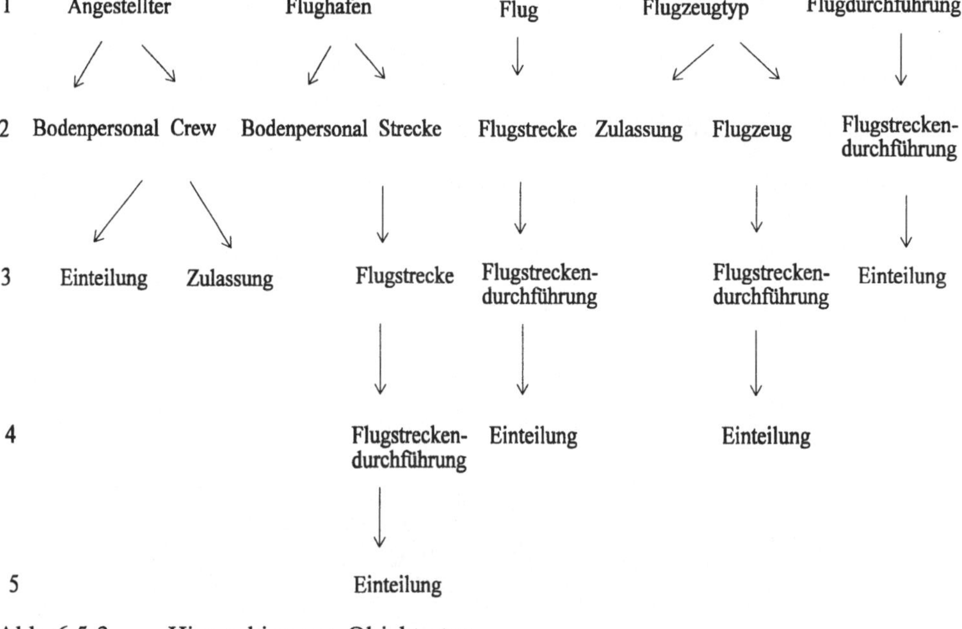

Abb. 6.5-3 Hierarchien von Objektarten

Im ersten Schritt des Clustering-Algorithmus werden die Objektarten in eine hierarchische Rangfolge gebracht. Die entstehenden Baumstrukturen zeigt Abb. 6.5-3. In den einzelnen Teilbäumen tauchen einige Objektarten mehrfach auf unterschiedlichen Hierarchieebenen auf (etwa Einteilung bzw. Zulassung). Um nun diese Teilbäume in eine einheitliche Quasi-Baumstruktur zu überführen, können zwei unterschiedliche Strategien angewendet werden. Zum einen kann versucht werden, Objektarten der unteren Hierarchieebenen möglichst früh zu absorbieren, zum anderen kann dies zu einem möglichst späten Zeitpunkt erfolgen. Die erste Strategie wird im folgenden mit EAP-Strategie bezeichnet (Early as Possible). Entsprechend wird die zweite Strategie als LAP-Strategie bezeichnet (Late as Possible).

Abb. 6.5-4 zeigt die Quasi-Baumstruktur bei Anwendung der LAP-Strategie, Abb. 6.5-5 verdeutlicht das Ergebnis bei Anwendung der EAP-Strategie. Die Auswirkungen der Anwendung der jeweiligen Strategie sind offensichtlich. Im Falle von LAP wird die Objektart *Zulassung* erst im dritten Schritt in die Objektarten *Crew* bzw. *Flugzeugtyp* absorbiert. Bei Anwendung von EAP erfolgt dies bereits im ersten Schritt. Die algorithmische Ermittlung der Quasi-Baumstruktur ist einfach möglich. Ausgehend von einer beliebigen Objektart bestimmt man die Menge der dieser Objektart übergeordneten Objektarten, anschließend bestimmt man für jedes Element dieser Menge wieder die übergeordneten Objektarten. Enthält das ER-Diagramm keinen Zyklus einander sich gegenseitig dominierender Objektarten, so terminiert dieses Verfahren.

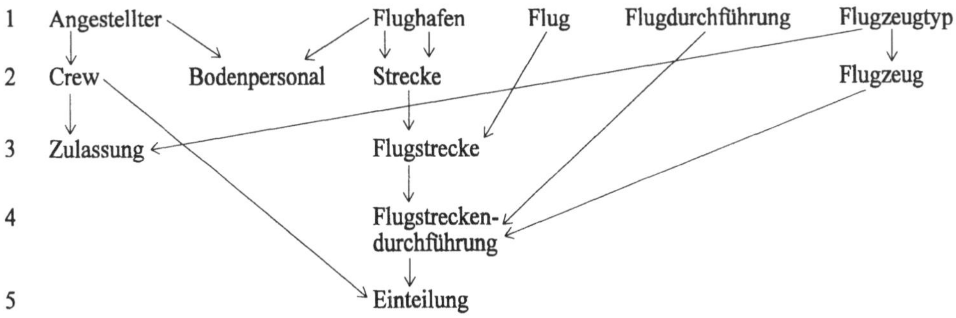

Abb. 6.5-4: LAP-Strategie

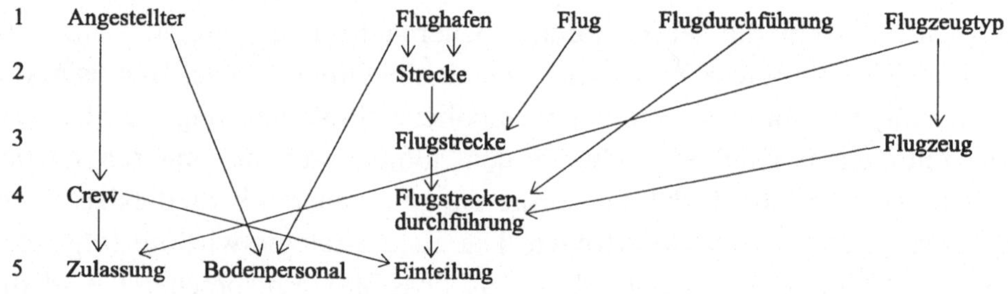

Abb. 6.5-5: EAP-Strategie

Auf der obersten Ebene hat man dann die sogenannten dominanten Objektarten, die nie durch andere Objektarten dominiert werden, bestimmt. Ausgehend von diesen dominanten Objektarten kann dann die Quasi-Baumstruktur mühelos erstellt werden. Im vorliegenden Beispiel ergeben sich *Angestellter, Flughafen, Flug, Flugdurchführung* und *Flugzeugtyp* als dominante Objektarten. Dies sind auch die wichtigsten Kernobjektarten des Schemas. Enthält das ER-Diagramm Zyklen einander gegenseitig sich dominierender Objektarten (vgl. Abb. 6.5-6), so ist dieser Zyklus durch Eliminierung einer Beziehungsart aufzulösen.

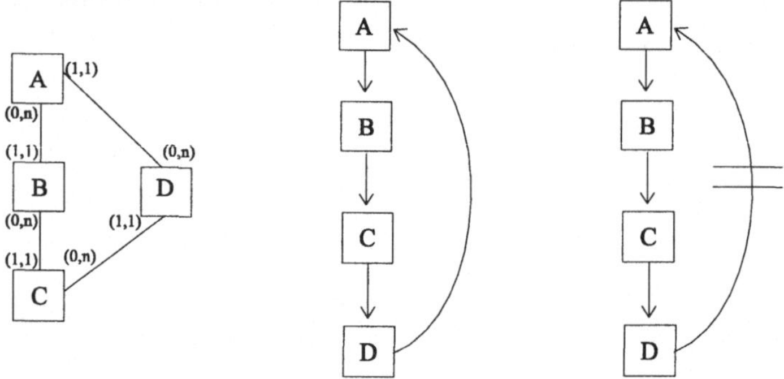

Abb. 6.5-6: Zyklen und ihre Behandlung

Dominiert Objektart A die Objektart B, so heißt A im folgenden Parent-Objektart bezüglich B. Ist B existenzabhängig von A (Minimumkardinalität von 1), so heißt A existentielle Parent-Objektart, andernfalls spricht man von einer nichtexistentiellen Parent-Objektart.

Im folgenden bezeichne

- $K_1(E)$: Menge aller existentiellen Parent-Objektarten von E
- $K_2(E)$: Menge aller nichtexistentiellen Parent-Objektarten von E
- $K_3(E)$: Menge aller komplexen Beziehungsarten, an denen die Objektart E beteiligt ist.

Komplexe Beziehungsarten entstehen bei der Absorbierung von dominierten Objektarten. Es wird nun angegeben, wie diese komplexen Beziehungsarten zu konstruieren sind. Dazu werden mehrere Fälle unterschieden.

- $K_1(E) \neq \emptyset$. In diesem Fall existieren existentielle Parent-Objektarten von E. Die Elemente von $K_1(E)$ sind miteinander über einen zyklenfreien Weg zu verbinden. Jedes Element der Mengen $K_2(E)$ und $K_3(E)$ ist mit genau einem Element aus $K_1(E)$ zu verbinden. Die Kardinalitäten der entstehenden komplexen Beziehungsarten lassen sich über Tab. 6.5-3 errechnen.
- $K_1(E) = \emptyset$. In diesem Fall existieren keine existentiellen Parent-Objektarten von E. Jedes Element von $K_2(E)$ ist mit jedem anderen Element dieser Menge zu verbinden. Jedes Element von $K_3(E)$ ist mit jedem Element von $K_2(E)$ zu verbinden.

Besteht zwischen Instanzen einer zu absorbierenden Objektart eine rekursive Beziehungsart, so wird eine rekursive Beziehungsart für jede der absorbierenden Objektarten generiert. Bestehen zwischen zwei Objektarten mehrere Beziehungsarten, so sind diese zusammenzufassen (gegebenenfalls könnte man beide Beziehungsarten auch während des Verdichtungsverfahrens 'nebeneinander' führen).

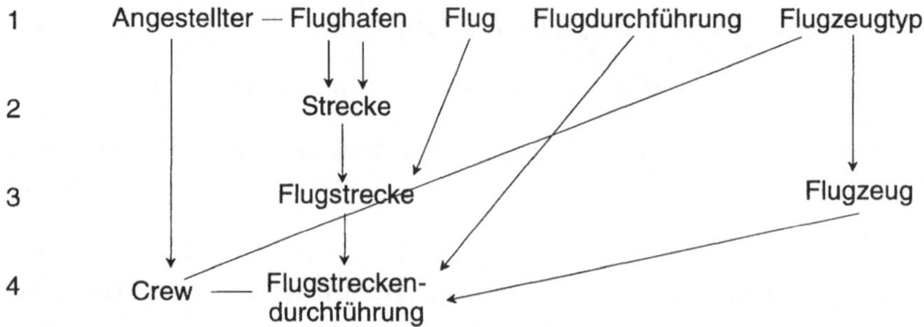

Abb. 6.5-7: Erster Verdichtungsschritt

Im folgenden sollen diese Vorschriften auf das Beispiel der Abb. 6.5-2 angewendet werden. Zwischen den Objektarten *Flughafen* und *Strecke* bestehen zwei Beziehungsarten (Start beziehungsweise Ziel). Diese werden zusammengefaßt. Im ersten Schritt werden die Objektarten *Zulassung*, *Bodenpersonal* und *Einteilung* absorbiert. Dies führt zur Einführung komplexer Beziehungsarten zwischen den Objektarten *Bodenpersonal* und *Flugzeugtyp*, *Angestellter* und *Flughafen* sowie zwischen *Bodenpersonal* und *Flugstreckendurchführung*. Abb. 6.5-7 enthält das entstehende Ergebnis dieses ersten Verdichtungsschrittes. In Abb. 6.5-8 sind die weiteren Verdichtungsschritte zusammengefaßt.

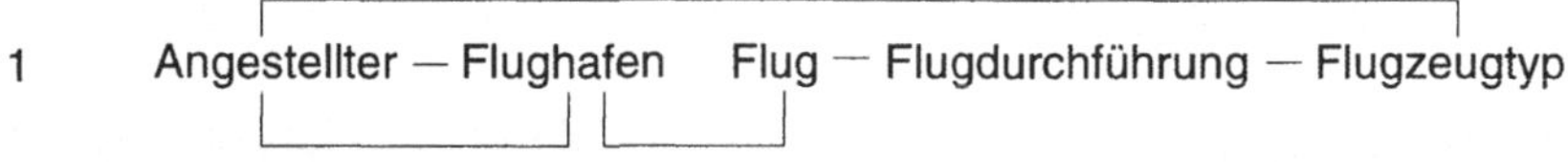

Abb. 6.5-8: Letzter Verdichtungsschritt

6.5.3 Weitere Details von ETC

Im folgenden Abschnitt werden weitere Details des Verdichtungsverfahrens ETC diskutiert. Zum Abschluß wird ein prototypisches Werkzeug zur automatischen Durchführung von ETC präsentiert. Der Abschnitt ist im Rahmen einer ersten Lektüre entbehrlich. Die Inhalte dieses Abschnitts werden im weiteren Verlauf dieses Kapitels nicht verwendet.

Die in Abschnitt 6.5.2 angegebenen Konstruktionsvorschriften für komplexe Beziehungsarten garantieren, daß vor der Schemaverdichtung bestehende mittelbare Beziehungen zwischen Objektarten auch nach der Verdichtung erhalten bleiben. Dies wird nochmals durch Abb. 6.5-9 verdeutlicht.

Hier wird die Objektart D in die drei Objektarten A, B und C absorbiert. A, B und C sind dabei existentielle Parent-Objektarten von D. Jeder Instanz der Objektart C werden nach Verdichtung die gleichen Instanzen der Objektarten A bzw. B zugeordnet wie zuvor.

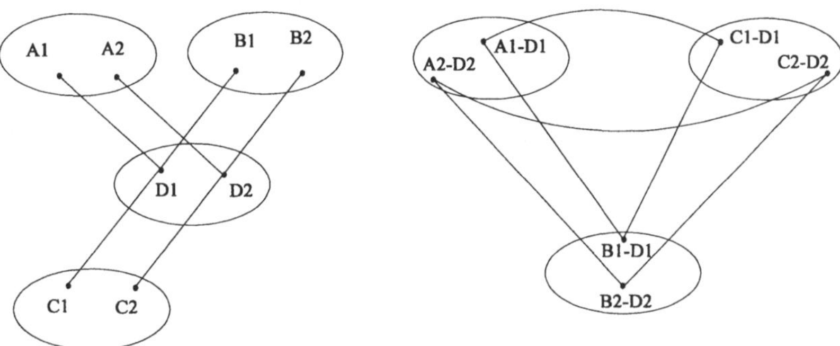

Abb. 6.5-9: Komplexe Beziehungsarten

Die skizzierte Vorgehensweise erinnert stark an Vererbungsmechanismen im Rahmen des objektorientierten Paradigmas. Insofern dienen komplexe Beziehungsarten primär als Bindeglied zwischen hierarchisch höhergelagerten Objektarten. Dies gilt insbesondere dann, wenn eine Objektart absorbiert wird, die bereits an einer komplexen Beziehungsart beteiligt war. Komplexe Beziehungsarten dienen also zur Navigation durch die verdichteten Schemata.

Das geschilderte Verdichtungsverfahren ist nicht deterministisch. Bei der Konstruktion der komplexen Beziehungsarten bestehen Wahlmöglichkeiten. Je nach Wahlmöglichkeit erhält man unterschiedliche verdichtete Schemata. Die folgenden Abbildungen skizzieren diesen Sachverhalt. Abb. 6.5-10 zeigt ein Schema vor der Verdichtung.

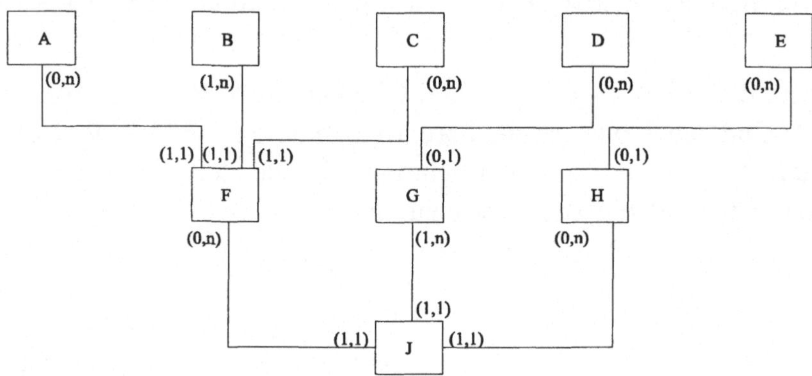

Abb. 6.5-10: Beispiel vor Verdichtung

Es gilt $K_1(J) = \{F, G, H\}$ und $K_2(J) = \emptyset$. Nach einem Verdichtungsschritt gibt es also bereits drei äquivalente Schemata. Zum einen ist es möglich, G mit F und F mit H zu verbinden (vgl. Abb. 6.5-11). Zum andern kann G über H mit F verbunden werden (vgl. Abb. 6.5-12). Als dritte Variante kann schließlich F mit G und G mit H verbunden werden. Wir betrachten nun die Entwicklung der ersten Variante nach Durchführung eines weiteren Verdichtungsschritts (vgl. Abb. 6.5-13). Es gilt jetzt

$$K_1(F) = \{A, B, C\},\ K_2(F) = \emptyset,\ K_1(G) = \emptyset,$$
$$K_2(G) = \{D\},\ K_1(H) = \emptyset,\ K_2(H) = \{E\}.$$

Weiter gilt $K_3(F) = \{G, H\}$, $K_3(G) = \{F\}$, $K_3(H) = \{F\}$. Objektart F wird von den Objektarten A,B und C absorbiert. Da jede Instanz von F existentiell von Instanzen von A bzw. B bzw. C abhängig ist, existieren drei Wahlmöglichkeiten zur zyklenfreien Verbindung von A, B und C. Objektarten D und E sind nicht existentielle Parent-Objektarten von G und H. Nach den aufgestellten Regeln ist D bzw. E mit genau einem der drei Objektarten A, B bzw. C zu verbinden. In Abb. 6.4-11 erfolgt die Verbindung von D und E über C.

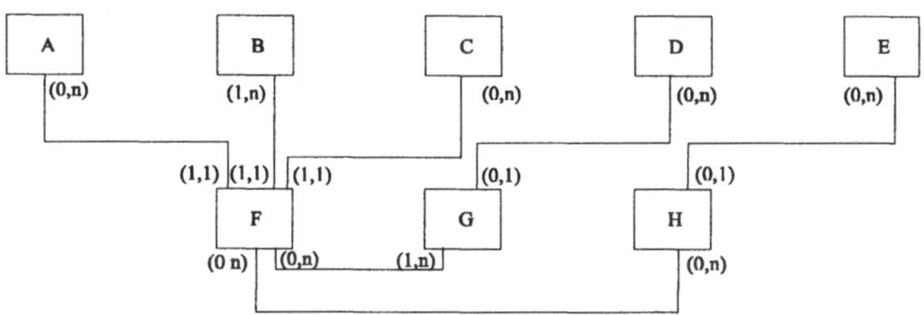

Abb. 6.5-11: Beispiel nach erstem Verdichtungsschritt - Variante 1

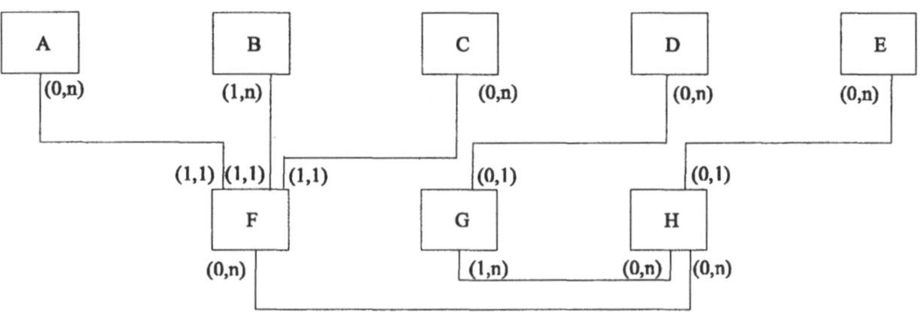

Abb. 6.5-12: Beispiel nach erstem Verdichtungsschritt - Variante 2

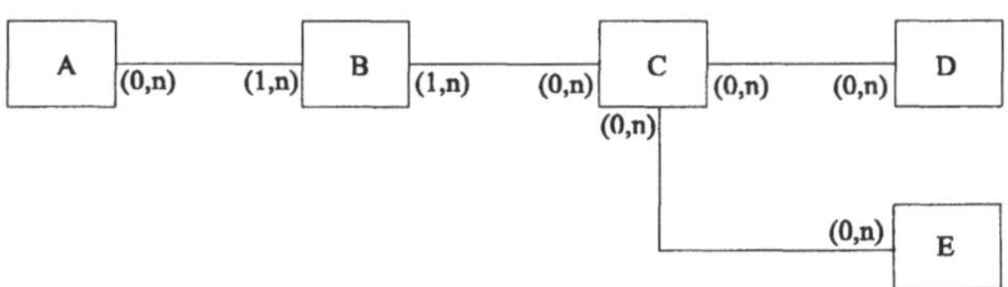

Abb. 6.5-13: Zweiter Verdichtungsschritt für Variante 1

Insgesamt gibt es auf dieser Stufe bereits 27 äquivalente Schemata. Dabei ist nicht auf den ersten Blick einzusehen, welches dieser 27 Schemata nun die beste Verdichtungsmöglichkeit repräsentiert. Schon aus diesem Grund ist es sinnvoll, das bestehende Verdichtungsverfahren in Form eines Werkzeugs zur Verfügung zu stellen. Durch manuelle Auswahl im Falle diverser Wahlmöglichkeiten sowie durch das Navigieren zwischen verschiedenen

Verdichtungsstufen kann so sukzessive ein sinnvolles verdichtetes Schema generiert werden.

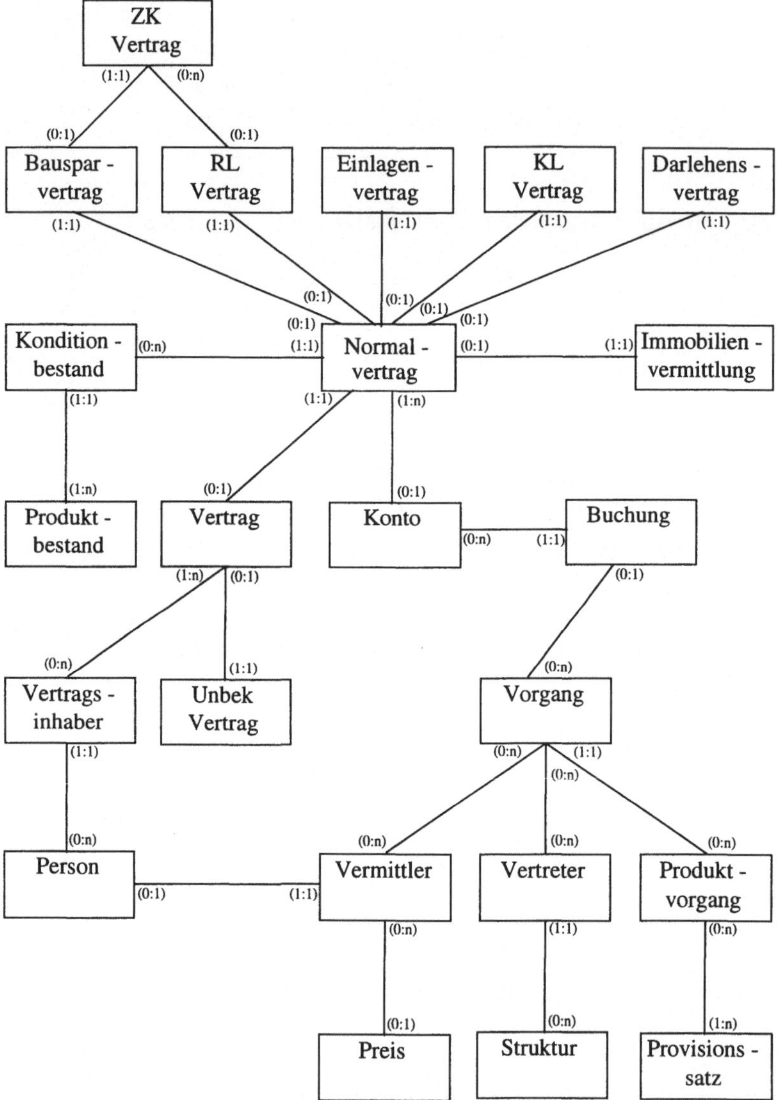

Abb. 6.5-14: Verdichtung am Praxisbeispiel

Im folgenden soll die Anwendung eines entwickelten Werkzeugs auf das konzeptuelle Schema einer Vertragsverwaltung im Bauspar- und Versicherungsgeschäft verdeutlicht werden. Abb. 6.5-14 zeigt das zu verdichtende Ausgangsschema.

```
*************************************************************************
* ER-Schema: PVM_DB
*************************************************************************/
```

Objektarten:

KLVertrag,

Einlagenvertrag,

Immobilienvermittlung,

Darlehensvertrag,

Normalvertrag,

Konditionbestand,

RLVertrag,

UnbekVertrag,

Bausparvertrag,

ZKVertrag,

Konto,

Vertrag,

Vertragsinhaber,

Person,

Produktbestand,

Buchung,

Vorgang,

Produktvorgang,

Vertreter,

Struktur,

Vermittler,

Preis,

Provisionssatz;

Beziehungsarten:

KLVertrag,	Normalvertrag,	0:1,	1:1;
Einlagenvertrag,	Normalvertrag,	0:1,	1:1;
Immobilienvermittlung,	Normalvertrag,	0:1,	1:1;
Darlehensvertrag,	Normalvertrag,	0:1,	1:1;
RLVertrag,	Normalvertrag,	0:1,	1:1;
Bausparvertrag,	Normalvertrag,	0:1,	1:1;
Bausparvertrag,	ZKVertrag,	1:1,	0:1;
ZKVertrag,	RLVertrag,	0:1,	0:n;
Normalvertrag,	Vertrag,	0:1,	1:1;
Vertrag,	UnbekVertrag,	1:1,	0:1;
Normalvertrag,	Konditionbestand,	0:n,	1:1;
Normalvertrag,	Konto,	0:1,	1:n;
Vertrag,	Vertragsinhaber,	0:n,	1:n;
Vertragsinhaber,	Person,	0:n,	1:1;
Konto,	Buchung,	1:1,	0:n;
Konditionbestand,	Produktbestand,	1:n,	1:1;
Buchung,	Vorgang,	0:n,	0:1;
Vorgang,	Produktvorgang,	0:n,	1:1;
Vertreter,	Struktur,	0:n,	1:1;
Vorgang,	Vertreter,	0:n,	0:n;
Produktvorgang,	Provisionssatz,	1:n,	0:n;
Vorgang,	Vermittler,	0:n,	0:n;
Person,	Vermittler,	1:1,	0:1;
Vermittler,	Preis,	0:1,	0:n;

Abb. 6.5-15: Eingabetext für ER-Schema von Abb. 6.5-14

Objekt- und Beziehungsarten werden dem Werkzeug in Form eines Textfiles zur Verfügung gestellt. Einen Ausschnitt der Deklaration zeigt die Abb. 6.5-15. Das Werkzeug generiert nun aus der Eingabedatei eine grafische Darstellung (vgl. Abb. 6.5-16).

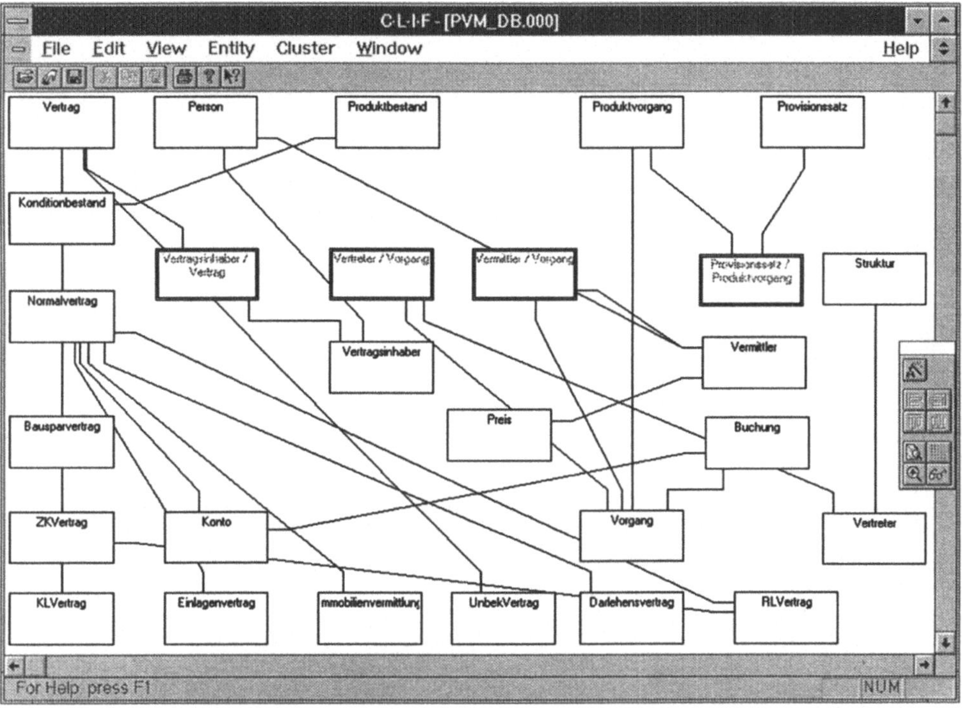

Abb. 6.5-16: Anfangsdarstellung des ER-Schemas

Nach Verdichtung mit der EAP-Strategie erhält man in fünf Schritten das in Abb. 6.5-17 dargestellte verdichtete Endschema.

Das eben skizzierte Werkzeug übernimmt auch die Aufbereitung des ER-Diagramms (im Falle von m-n-Beziehungsarten bzw. bestimmten 1-1-Beziehungsarten). Darüber hinaus werden Zyklen einander gegenseitig dominierender Objektarten bestimmt. Der Benutzer kann dann vorschlagen, welche Kante des Zyklus eliminiert wird (vgl. Abb. 6.5-18).

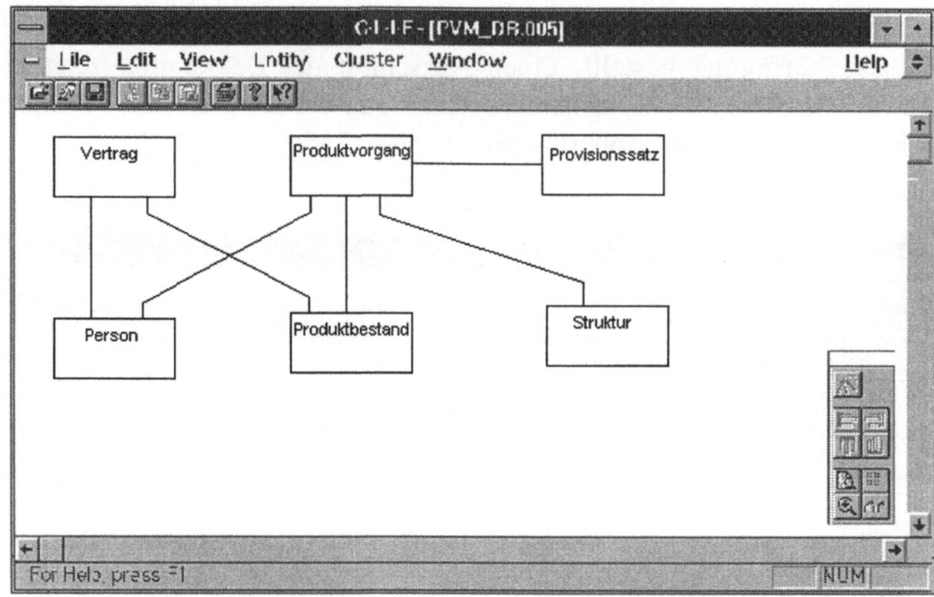

Abb. 6.5-17: Endschema nach dem letzten Clustering-Schritt

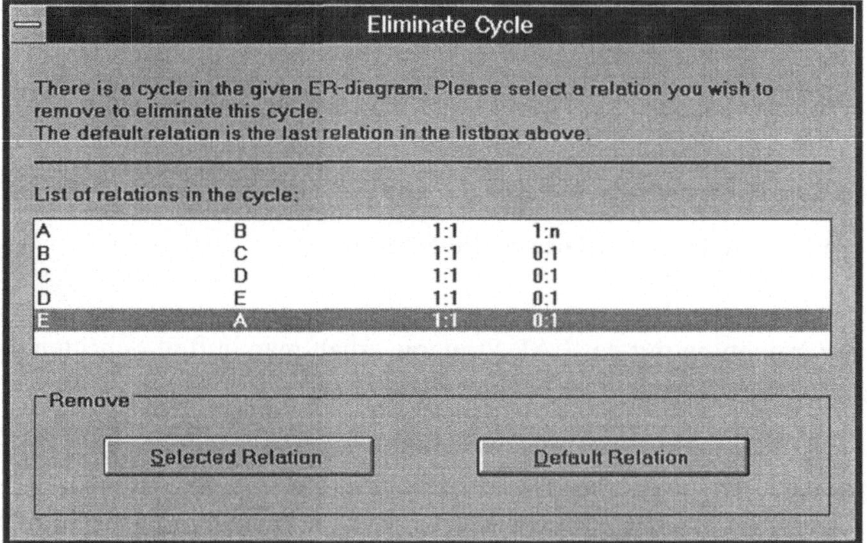

Abb. 6.5-18: Dialogbox zum Beseitigen zyklischer Dominanz

6.6 Schemaintegration

6.6.1 Grundlagen

Im folgenden soll betrachtet werden, wie zwei bzw. mehrere konzeptuelle Schemata in ein gemeinsames globales Schema integriert werden können. Diese Technik kann angewendet werden, um ausgehend von Teildatenmodellen ein Gesamtdatenmodell zu erstellen.

Im Rahmen der Schemaintegration lassen sich diverse Strategien unterscheiden. Diese werden in Abb. 6.6-1 grafisch dargestellt.

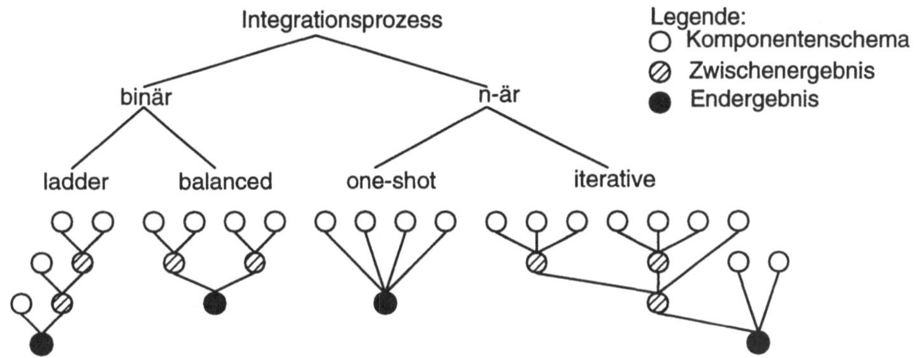

Abb. 6.6-1: Strategien für Integrationsprozesse

Grundsätzlich kann man pro Integrationsschritt zwei oder aber mehrere Schemata integrieren. Im ersten Fall kommt man zu einer binären Integrationstechnik. Innerhalb dieser binären Integrationstechnik kann man zwei weitere Strategien unterscheiden. Im Rahmen der "Ladder-Strategie" werden zunächst zwei Teildatenmodelle in ein gemeinsames Teildatenmodell integriert. Daran anschließend wird ein weiteres Teildatenmodell zum bereits erstellten "Zwischenmodell" integriert. Bei der zweiten Technik erfolgt die Integration symmetrisch im Sinne einer Baumstruktur. Werden gleichzeitig mehr als zwei Schemata integriert, kann dies im Extremfall parallel erfolgen (one-shot) oder sukzessive wie bei der iterativen Strategie.

Da bereits die Teildatenmodelle eine gewisse Komplexität aufweisen, wird man im allgemeinen nicht in der Lage sein, mehr als zwei Schemata zu integrieren. Aus diesem Grund wird für die Praxis wohl nur die binäre Integrationsstrategie relevant sein. Deshalb wollen wir uns im folgenden auch auf diese Strategie beschränken. Die Schemaintegration wird grundsätzlich in fünf Phasen durchgeführt:

- **Vorintegration.**

  Bei der Vorintegration findet eine Analyse der Schemata statt. Dazu gehört unter anderem die Entscheidung, welche Schemata in welcher Reihenfolge (Gewichtung bzw. Priorisierung der Schemata) zu integrieren sind. Ebenso ist zu entscheiden, ob eine vollständige Integration der Schemata stattfindet, oder ob nur bestimmte Teilsichten integriert werden sollen. Außerdem schließt diese Phase auch das Sammeln zusätzlicher für die Integration erforderlicher Informationen ein.

- **Schemavergleich.**

  Diese Phase dient dazu, Beziehungen zwischen Objekten der verschiedenen Schemata zu bestimmen. Bestehende Konflikte sind zu erkennen und nach Möglichkeit auch schemaübergreifende Beziehungen, die erst bei der gemeinsamen Betrachtung zu entdecken sind. Konflikte ergeben sich durch die Verwendung unterschiedlicher Modellierungskonstrukte (im einen Schema wird ein Sachverhalt durch ein Attribut einer Objektart modelliert, im andern Schema wurde für den gleichen Sachverhalt eine eigene Objektart geschaffen), durch Synonyme und Homonyme (im Falle von Synonymen werden gleiche Objektarten durch unterschiedliche Namen gekennzeichnet, im Falle von Homonymen wird der gleiche Name für unterschiedliche Sachverhalte verwendet) sowie durch Angaben einander widersprechender Kardinalitäten (beispielsweise durch Existenzabhängigkeit in einem Schema, während im andern Schema diese Existenzabhängigkeit nicht gefordert wird). Interschema-Abhängigkeiten ergeben sich durch Beziehungen, die zwischen Objekten verschiedener Schemata bestehen, die jedoch in den zu integrierenden Teilschemata nicht abgebildet wurden (weil beispielsweise nicht beide Objektarten im gleichen Schema aufgetreten sind). Als Beispiel betrachten wir ein Personalinformationssystem mit der Objektart Mitarbeiter und ein Lagerverwaltungssystem, in dem Mitarbeiter nicht explizit modelliert wurden. Vielmehr wurden innerhalb des zweiten Systems nur die Namen der jeweils verantwortlichen Mitarbeiter bei der Objektart Lager in Form eines Attributes angegeben. Nach Integration besteht offenbar eine

Beziehung zwischen Instanzen der Objektart Mitarbeiter und Instanzen der Objektart Lager (Mitarbeiter leitet Lager). Diese Interschema-Abhängigkeit ist explizit in keinem der beiden Schemata modelliert worden.

- **Anpassungsphase.**

  In dieser Phase sind die beim Vergleich der Schemata festgestellten Konflikte zu lösen, so daß im Anschluß daran das Mischen bzw. Überlagern der Schemata möglich ist. Bei den meisten der bisher in der Literatur vorgestellten Methoden ist eine automatische Konfliktlösung im allgemeinen nicht möglich. Vielmehr werden sämtliche Konflikte interaktiv gelöst, was einerseits eine enge Zusammenarbeit zwischen den Entwicklern der zu integrierenden Schema untereinander und andererseits zwischen Designern und Integrierenden erforderlich macht.

- **Überlagerungsphase.**

  Die eigentliche Integration der Schemata erfolgt in dieser Phase. Die Konflikte zwischen den Schemata wurden in der vorhergehenden Phase gelöst. Aus diesem Grund können jetzt die Schemata einfach überlagert werden. Das entstehende globale Schema sollte vollständig, korrekt, verständlich, minimal und redundanzfrei sein. Insbesondere die Redundanzfreiheit und die Vollständigkeit verursachen größere Probleme. Bezüglich der Vollständigkeit ist zu klären, ob sämtliche Interschema-Abhängigkeiten entdeckt wurden. Dieser Prozeß dürfte kaum automatisierbar sein.

- **Restrukturierungs- und Optimierungsphase.**

  In dieser Phase kann es notwendig sein, Modifikationen des globalen Schemas vorzunehmen. Dies gilt besonders für redundante Beziehungsarten, wie sie bei der Integration von Schemata sehr oft und leicht entstehen können. Hier können die in Abschnitt 3.4 vorgestellten Techniken Verwendung finden.

Im folgenden sollen nun die einzelnen Integrationsphasen einer detaillierteren Betrachtung unterzogen werden.

6.6.2 Vorintegration

Im Rahmen der Vorintegration ist zu untersuchen, in welcher Reihenfolge (bzw. ob überhaupt) Schemata zu integrieren sind. Dazu kann eine relativ einfache Methode, die auf Assoziationsmatrizen beruht, verwendet werden. Die Unterstützung kritischer Geschäftsprozesse ist heute die wesentliche Aufgabe der Informationsverarbeitung. Aus diesem Grund sollte deren Studium Aufschluß über die Integrationsreihenfolge geben können. Dabei ist die Frage zu untersuchen, welche Informationen aus welchen Datenbanken bzw. konzeptuellen Schemata zur Unterstützung dieser Geschäftsprozesse benötigt werden. Auf Basis dieser Informationen können dann "zusammengehörige Schemata" bevorzugt integriert werden. Im ersten Schritt wird eine Datenbank/Prozeß-Matrix ermittelt. Eine 1 in der i-ten Zeile und der j-ten Spalte dieser Matrix bedeutet, daß die i-te Datenbank den j-ten Geschäftsprozeß unterstützt. Eine 0 bedeutet dagegen, daß der j-te Prozeß keine Daten aus der i-ten Datenbank benutzt.

$$
A = \begin{bmatrix}
0 & 0 & 1 & 0 & 1 \\
0 & 0 & 1 & 0 & 1 \\
0 & 0 & 0 & 0 & 1 \\
0 & 1 & 1 & 0 & 1 \\
0 & 1 & 0 & 0 & 0 \\
0 & 0 & 0 & 0 & 1 \\
0 & 0 & 0 & 0 & 1 \\
1 & 0 & 1 & 0 & 1 \\
1 & 1 & 1 & 0 & 1 \\
1 & 0 & 0 & 0 & 1 \\
1 & 0 & 1 & 1 & 1 \\
0 & 0 & 0 & 1 & 1 \\
1 & 1 & 1 & 1 & 0 \\
0 & 0 & 0 & 1 & 0 \\
0 & 0 & 0 & 1 & 0 \\
0 & 1 & 0 & 1 & 1 \\
0 & 0 & 0 & 1 & 0
\end{bmatrix}
\qquad
B = \begin{bmatrix}
2 & 2 & 1 & 2 & 0 & 1 & 1 & 2 & 2 & 1 & 2 & 1 & 1 & 0 & 0 & 1 & 0 \\
2 & 2 & 1 & 2 & 0 & 1 & 1 & 2 & 2 & 1 & 2 & 1 & 1 & 0 & 0 & 1 & 0 \\
1 & 1 & 1 & 1 & 0 & 1 & 1 & 1 & 1 & 1 & 1 & 1 & 0 & 0 & 0 & 1 & 0 \\
2 & 2 & 1 & 3 & 1 & 1 & 1 & 2 & 3 & 1 & 2 & 1 & 2 & 0 & 0 & 2 & 0 \\
0 & 0 & 0 & 1 & 1 & 0 & 0 & 0 & 1 & 0 & 0 & 0 & 1 & 0 & 0 & 1 & 0 \\
1 & 1 & 1 & 1 & 0 & 1 & 1 & 1 & 1 & 1 & 1 & 1 & 0 & 0 & 0 & 1 & 0 \\
1 & 1 & 1 & 1 & 0 & 1 & 1 & 1 & 1 & 1 & 1 & 1 & 0 & 0 & 0 & 1 & 0 \\
2 & 2 & 1 & 2 & 0 & 1 & 1 & 3 & 3 & 2 & 3 & 1 & 2 & 0 & 0 & 1 & 0 \\
2 & 2 & 1 & 3 & 1 & 1 & 1 & 3 & 4 & 2 & 3 & 1 & 3 & 0 & 0 & 2 & 0 \\
1 & 1 & 1 & 1 & 0 & 1 & 1 & 2 & 2 & 2 & 2 & 1 & 1 & 0 & 0 & 1 & 0 \\
2 & 2 & 1 & 2 & 0 & 1 & 1 & 3 & 3 & 2 & 4 & 2 & 3 & 1 & 1 & 2 & 1 \\
1 & 1 & 1 & 1 & 0 & 1 & 1 & 1 & 1 & 1 & 2 & 2 & 1 & 1 & 1 & 2 & 1 \\
1 & 1 & 0 & 2 & 1 & 0 & 0 & 2 & 3 & 1 & 3 & 1 & 4 & 1 & 1 & 2 & 1 \\
0 & 0 & 0 & 0 & 0 & 0 & 0 & 0 & 0 & 0 & 1 & 1 & 1 & 1 & 1 & 1 & 1 \\
0 & 0 & 0 & 0 & 0 & 0 & 0 & 0 & 0 & 0 & 1 & 1 & 1 & 1 & 1 & 1 & 1 \\
1 & 1 & 1 & 2 & 1 & 1 & 1 & 1 & 2 & 1 & 2 & 2 & 2 & 1 & 1 & 3 & 1 \\
0 & 0 & 0 & 0 & 0 & 0 & 0 & 0 & 0 & 0 & 1 & 1 & 1 & 1 & 1 & 1 & 1
\end{bmatrix}
$$

Abb. 6.6-2: Inzidenz- und unnormalisierte Affinitätsmatrix

Abb. 6.6-2 zeigt ein Beispiel für eine solche Inzidenz-Matrix. 17 vorhandene konzeptuelle Schemata eines Finanzdienstleistungsunternehmens, die im Rahmen eines Reverse Engineering aus IMS-Datenbasen gewonnen wurden, werden fünf identifizierten kritischen Geschäftsprozessen, nämlich (1) Research- und Marktforschung, (2) Geldverkehr, Liquidität und Kapitalanlagen, (3) Produktentwicklung, (4) Personal und (5) Beratung und Vertrieb gegenübergestellt. Tab. 6.6-1 verdeutlicht stichwortartig die "Inhalte" der konzeptuellen Schemata.

1	Anschriften	2	Kunden	3	Beziehungen/Kunden
4	Salden	5	Umsatz	6	Briefe
7	Bausparverträge	8	Versicherungsverträge	9	Hypotheken
10	Objekte	11	Vertreter/Zuordnung	12	Produkt/Vermittlungen
13	Gebiete/Vertrieb	14	Vertreterdaten	15	Vermittler/Stammdaten
16	Vermittler/Bewegungsdaten	17	Provisionen		

Tab. 6.6-1: Datenschemata für Fallbeispiel

Im folgenden wird die Datenbank/Prozeß-Matrix mit A bezeichnet. Transponiert man A (Vertauschen von Zeilen und Spalten) zu A^T und bildet die Matrix $B = AA^T$, so enthält die Komponente b_{ij} die Anzahl der verschiedenen Geschäftsprozesse, die Informationen aus beiden Datenbanken i und j benötigen. Abb. 6.6-2 enthält auch die Matrix B für das eben diskutierte Fallbeispiel. Aus dieser Matrix B errechnet man eine Affinitätsmatrix C. Dazu definiert man

$$c_{ij} = \frac{b_{ij}}{\sqrt{b_{ii} b_{jj}}} .$$

Wir bestimmen im nächsten Schritt eine maximale Komponente der Matrix C unter der Nebenbedingung, daß diese nicht auf der Diagonalen liegt. Wurde etwa die Komponente c_{ij} ausgewählt, so werden zunächst die Schemata i und j integriert. Ohne Beschränkung der Allgemeinheit nehmen wir an, daß $i < j$ gilt. Dann wird die j-te Zeile der Matrix A zur i-ten Zeilen der Matrix A addiert und die j-te Zeile dieser Matrix eliminiert. Bei der Addition verwendet man das "logische oder". Es gilt dann $0+0=0$, $0+1=1+0=1+1=1$. Erneut bildet man die Matrix $B=AA^T$ und führt die eben beschriebenen Schritte nochmals durch. Auf diese Weise gelangt man zu einer Integrationsreihenfolge für das skizzierte Fallbeispiel. Abb. 6.6-3 zeigt die sich so ergebende Reihenfolge. Sind die zugrundeliegenden Diskurswelten hinreichend disjunkt, kann die Integration auf einer mittleren Ebene beendet werden. So wurde im vorstehenden Beispiel ermittelt, daß drei globale Teilschemata vollkommen ausreichen und daß auf die komplette Integration (d. h. auf die Erstellung eines unternehmensweiten Datenmodells) verzichtet werden kann. Im Beispiel sind dies die aus dem Ausgangsschemata 1-2-3-6-7, 4-8-9-11-12-13-16 und 14-15-17 bestehenden Schemata. Schemata 5 und 10 werden nicht integriert.

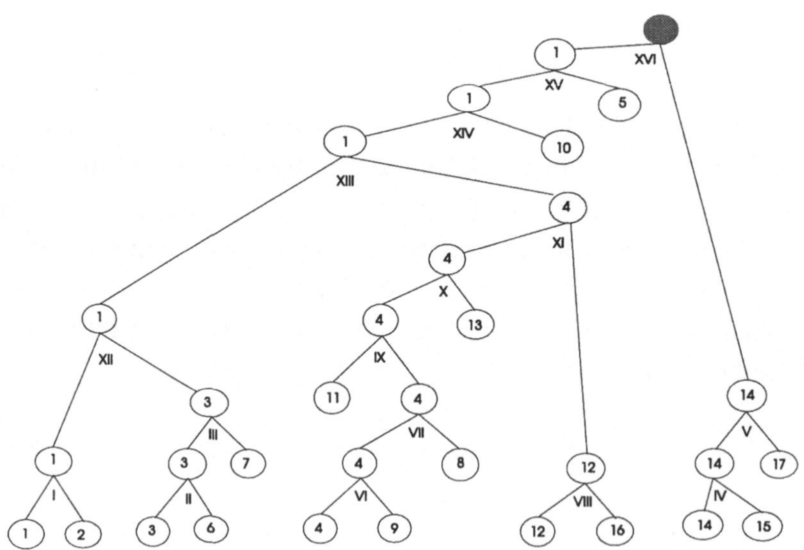

Abb. 6.6-3: Integrationsreihenfolge

Der vorgestellte Ansatz ist relativ grob. Allerdings kann das vorgestellte Verfahren leicht verallgemeinert werden. Eine einfache Erweiterung besteht in der Möglichkeit, den Zusammenhang zwischen Datenbanken und Prozessen gewichtet zu beschreiben. In diesem Fall werden anstelle der reinen Inzidenzbeziehungen je nach Gewicht Zahlen zwischen 0 und 1 vergeben. Ansonsten wird das Verfahren unverändert angewendet.

Eine höhere Granularität der Betrachtungsweise erhält man durch die Berücksichtigung der Ebene der Objektarten. Die Objektart/Prozeß-Matrix OP gibt an, ob eine bestimmte Objektart von einem bestimmten Geschäftsprozeß benutzt wird. Die Datenbank/Objektart-Matrix DO gibt an, in welchen Datenbanken eine bestimmte Objektart gespeichert ist. Die Datenbank/Prozeß-Matrix DP ergibt sich dann durch Multiplikation von DO mit OP. Unter Verwendung des bereits beschriebenen Verfahrens kann daraus wieder eine Affinitätsmatrix gewonnen werden. Dabei ist zu beachten, daß es natürlich keinen Sinn macht, alle Objektarten der lokalen Schemata zu betrachten. Nur die wichtigsten Objektarten sollten in den Assoziationsmatrizen OP und DO berücksichtigt werden. Andernfalls wird die Problematik der Entdeckung von Homonymen und Synonymen bereits auf diese Vorintegrationsphase verlagert. Die "wichtigsten" Objektarten können beispielsweise durch das in Abschnitt 6.5 vorgestellte Verdichtungsverfahren ermittelt werden. Die Betrachtung von Objektart/Prozeß-Matrizen erlaubt auch die Bestimmung von Schemaausschnitten, die vorrangig zu integrieren sind. Insofern kann das skizzierte Verfahren also auch verwendet werden, um den Integrationsgrad (dies bedeutet genauer die Objektarten, die zu integrieren sind) zu bestimmen.

6.6.3 Schemavergleich und Schemaanpassung

Im folgenden sollen einige Konflikte, die beim Vergleich von Schemata identifiziert werden sollten, und deren Auflösung diskutiert werden.

Sehr oft treten Namenskonflikte auf. Dabei ist zwischen Homonymen und Synonymen zu unterscheiden. Von Homonymen spricht man, wenn für unterschiedliche Objektarten die gleiche Bezeichnung verwendet wird. Synonyme liegen vor, wenn für die gleichen Objektarten in den verschiedenen Schemata unterschiedliche Namen verwendet werden. Nicht beseitigte Homonyme können zu einer fehlerhaften Integration führen. Sachverhalte, die nicht zusammenhängen, werden integriert. Synonyme können dagegen eine mögliche Integration verhindern, wenn die Konzepte nicht als gleichartig identifiziert werden. Ein typisches Beispiel für Synonyme ist die Verwendung von *Personal* im einen und von *Mitarbeiter* im anderen Schema für die Beschäftigten eines Unternehmens. Die Verwendung von *Auftrag* für *Kundenaufträge* im einen und für *Bestellungen* bei Lieferanten im anderen Schema ist ein Beispiel für das Auftreten von Homonymen. Die Beseitigung dieser Konflikte erfolgt durch Umbenennung der betreffenden Objektarten eines Schemas. Selbstverständlich können auch bei Attributen Synonyme und Homonyme vorkommen. Sie sollten ebenfalls beseitigt werden.

Überlappende Objektarten stellen einen weiteren möglichen Konflikt dar. Abb. 6.6-4 verdeutlicht die Problematik überlappender Objektarten. Eine Instanz der Objektart *Lieferant* im linken Schema kann gleichzeitig Instanz der Objektart *Kunde* im rechten Schema sein.

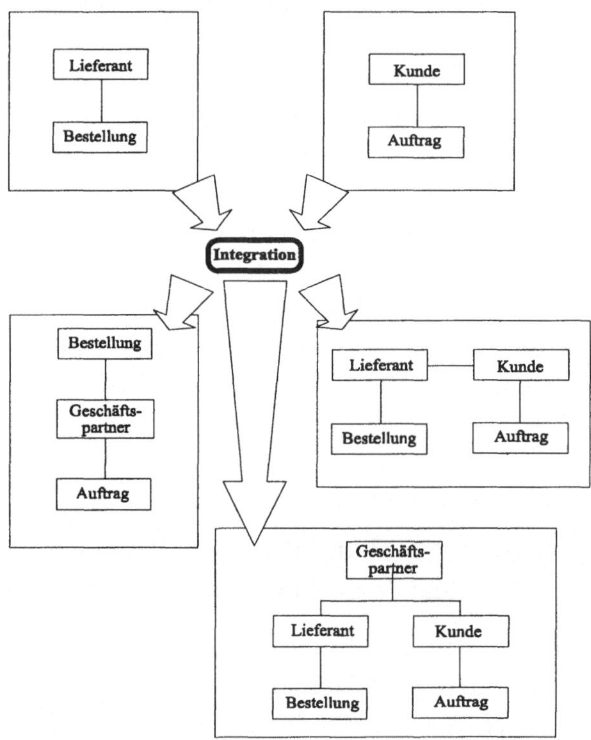

Abb. 6.6-4: Überlappende Objektarten

Bei der Integration hat man nun prinzipiell drei Wahlmöglichkeiten. Im ersten Fall erfolgt eine Abstraktion. *Lieferant* und *Kunde* werden in eine gemeinsame Oberklasse *Geschäftspartner* zusammengefaßt. Je nach Art des Geschäftspartners kommt es dann zu *Bestellungen* und *Aufträgen*. Die eben skizzierte Vorgehensweise ist noch deutlicher im mittleren Teil von Abb. 6.6-4 skizziert. Dort wurde die Oberklasse *Geschäftspartner* eingeführt, die Teilklassen *Lieferant* und *Kunde* bleiben explizit erhalten. Eine weitere, wenn auch die schlechteste Möglichkeit, zeigt der rechte obere Teil von Abb. 6.6-4. Dort wurde die eventuelle Identität zwischen Instanzen der Objektarten *Lieferant* und *Kunde* durch eine Beziehung mit den Kardinalitäten (0,1) auf beiden Seiten modelliert. Diese Modellierungskonstrukt umgeht die Technik der Generalisierung bzw. Spezialisierung. Die Tatsache, daß Lieferanten und Kunden identisch sein können, wird dadurch semantisch allerdings nicht ausgedrückt. Die beste Lösung stellt das mittlere Schema von Abb. 6.6-4 dar. Sämtliche Objekt- und Beziehungsarten der Ausgangsschemata treten auch im integrierten Schema auf.

Typenkonflikte stellen eine weitere große Klasse von potentiellen Problemen dar. Sie entstehen beispielsweise durch die Verwendung unterschiedlicher Modellierungskonzepte beziehungsweise unterschiedlicher Abstraktionsniveaus in den diversen Schemata. Zur Illustration betrachten wir ein erstes Schema mit der Objektart

```
entityset Abteilung
(       attributes:     AbtNr           integer    not null,
                        AbtName         char(20),
                        BetriebsNr      integer    not null;
        identifier:     AbtNr);
```

und ein zweites Schema mit den Objekt- und Beziehungsarten

```
entityset Abteilung
(       attributes:     AbtNr           integer    not null,
                        AbtName         char(20),
        identifier:     AbtNr);
```

```
entityset Betrieb
(       attributes:     BetriebsNr      integer   not null,
                        BetName         char(20),
        identifier:     BetriebsNr);

relationshipset Zugehörigkeit
( participants:         (Abteilung,     (1,1)),
                        (Betrieb,       (0,n)));
```

Grundsätzlich wurde in beiden Schemata der gleiche Sachverhalt modelliert: Eine *Abteilung* wird genau einem *Betrieb* zugeordnet. Im ersten Schema wurde allerdings auf die Angabe weiterer Spezifika dieses Betriebs verzichtet. Das Konzept *Betrieb* war innerhalb dieses Schemas von untergeordneter Bedeutung. Im zweiten Schema wurde der *Betrieb* als eigenständige Objektart modelliert und über eine Beziehungsart mit *Abteilung* verbunden. Überlagert man beide Schemata, so wird die Beziehungsart *Zugehörigkeit* im integrierten Schema redundant modelliert. Das Attribut *BetriebsNr* ist im integrierten Schema kein Attribut von *Abteilung* mehr. Im Rahmen der Schemaanpassung sollte folglich das erste Schema transformiert werden. Das Attribut *BetriebsNr* wird in eine eigene Objektart transformiert, eine Beziehungsart zwischen den dann vorhandenen beiden Objektarten wird eingerichtet. Da das Attribut *BetriebsNr* keinen Nullwert enthalten durfte, wird diese Beziehungsart existenzabhängig auf der Seite von *Abteilung* eingerichtet. Man erhält dann den folgenden relevanten Ausschnitt des Schemas.

```
entityset Abteilung
(       attributes:     AbtNr           integer   not null,
                        AbtName         char(20),
        identifier:     AbtNr);
entityset Betrieb
(       attributes:     BetriebsNr      integer   not null,
        identifier:     BetriebsNr);
```

relationshipset Zugehörigkeit

(participants: (Abteilung, (1,1)),

(Betrieb, (0,n)));

Jetzt ist eine Überlagerung beider Schemata problemlos möglich. Im besprochenen Beispiel wurde die Transformation in Richtung zum allgemeineren Modellierungskonzept (vom Attribut zur Objektart) vorgenommen. Diese Strategie ist grundsätzlich empfehlenswert.

Weitere Konflikte ergeben sich bei verschiedenen Datenformaten bzw. Wertebereichen des gleichen Attributs (etwa *Smallint* im einen und *Integer* im zweiten Schema).

Kardinalitätenkonflikte können auf Fehlern beruhen. Es kann aber auch sein, daß innerhalb verschiedener Funktionen unterschiedliche Kardinalitäten gelten. Abb. 6.6-5 verdeutlicht die Problematik. Im linken Schema kann einem *Mitarbeiter* kein oder höchstens ein *Dienstwagen* zugeordnet werden. Im rechten Schema dagegen können einem *Mitarbeiter Dienstwagen* zugeordnet sein. Bei der Integration ist nun zu prüfen, ob beide Beziehungsarten den gleichen Sachverhalt beschreiben. Geht es wirklich nur um die Zuordnung von *Dienstwagen* zu *Mitarbeitern*, so empfiehlt es sich, die Integration so durchzuführen, daß das linke untere Schema entsteht. Gewählt wird die weniger restriktive Kardinalität (0,n). Wird hingegen modelliert, daß *Reisende* einen *Dienstwagen* gestellt bekommen (es handelt sich dann immer um den gleichen *Dienstwagen*) und soll im rechten Schema dargestellt werden, daß *Fahrer* im Rahmen der Fahrbereitschaft unterschiedliche *Dienstwagen* fahren können bzw. dürfen, so ist die Integration entsprechend des rechten unteren Schemas vorzunehmen. Dort wurde jetzt zwischen *Reisenden* und *Fahrern* durch die Einführung entsprechender Teilklassen differenziert. Die Verbindung von *Reisenden* bzw. *Fahrern* zu *Dienstwagen* kann dann mit den Kardinalitäten des linken bzw. rechten Schemas erfolgen.

Das Erkennen und Bereinigen von Konflikten ist eine wesentliche Voraussetzung für den Erfolg eines Integrationsprojektes. Die Qualität des integrierten Schemas steht und fällt mit der Beseitigung der eben skizzierten Konflikte. Der Prozeß der Konfliktbeseitigung kann nicht vollkommen automatisiert werden, dennoch können geeignete Werkzeuge wertvolle Unterstützung bieten. So kann ein (intelligentes) Wörterbuch von Homonymen und Synonymen, das selbstverständlich fachspezifische Belange berücksich-

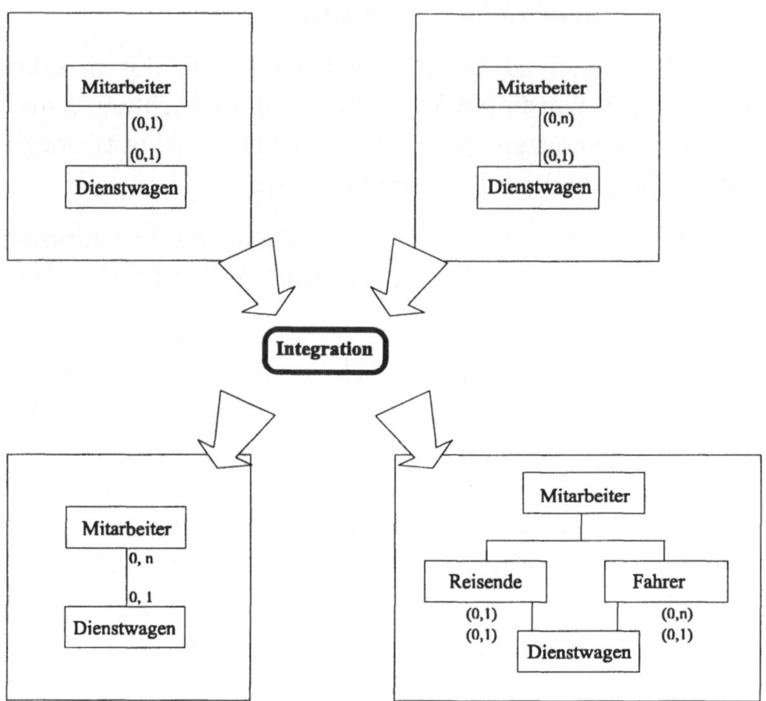

Abb. 6.6-5: Kardinalitätenkonflikte

tigen muß, bei der Homonym- bzw. Synonymentdeckung und -beseitigung wertvolle Dienste leisten. Die in Abschnitt 3.4 diskutierten Techniken unterstützten die Eliminierung redundanter Beziehungsarten (Kurzschlüsse). Dennoch kann ein Teil der Konflikte (etwa Kardinalitätenkonflikte bzw. bestimmte Arten von Typkonflikten) nur durch genaue Analyse der semantischen Gegebenheiten eliminiert werden. Geeignete Ansprechpartner in den Fachabteilungen, die mit den Ursachen und Arbeitsabläufen genauestens vertraut sind, sind unverzichtbar.

Nach Konfliktbeseitigung können die dann vorhandenen Schemata überlagert werden.

6.6.4 Restrukturierung und Optimierung

Nachdem das integrierte Schema durch Überlagerung der Teilschemata gewonnen wurde, kann es notwendig sein, Restrukturierungen vorzunehmen. Gerade durch die Überlagerung ist es nämlich möglich, daß zahlreiche ableitbare Beziehungsarten entstehen.

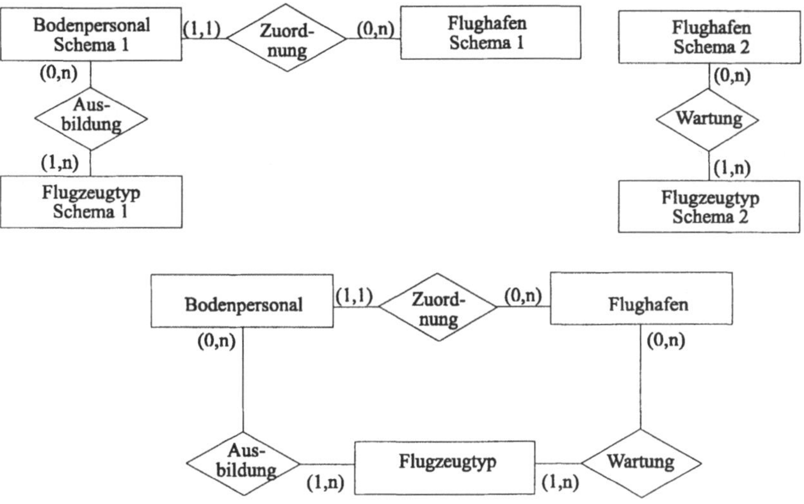

Abb. 6.6-6: Zyklen bei Überlagerung

Abb. 6.6-6 verdeutlicht die Problematik. Im ersten Schema wurde modelliert, daß Mitglieder des *Bodenpersonals* einem bestimmten *Flughafen* zugeordnet sind. Darüber hinaus sind Mitglieder des *Bodenpersonals* für die *Wartung* bestimmter *Flugzeugtypen* ausgebildet. Implizit steckt damit im ersten Schema bereits eine ableitbare Beziehungsart *Wartung*. Ein bestimmter *Flugzeugtyp* kann auf einem bestimmten *Flughafen* gewartet werden, wenn *Bodenpersonal* mit entsprechender *Ausbildung* diesem *Flughafen* zugeordnet ist. Im zweiten Schema wurde nur modelliert, daß *Flugzeugtypen* auf einem bestimmten *Flughafen* gewartet werden können. Dies entspricht der abgeleiteten Beziehungsart des ersten Schemas. Bei der Verschmelzung der beiden Schemata erhält man folglich die redundante Beziehungsart *Wartung*, die durch Komposition der Beziehungsarten *Ausbildung* und *Zuordnung* rekonstruiert werden kann. Strenggenommen handelt es sich dabei um eine S-ableitbare Beziehungsart, die die Regel *Wartung, wenn Zuordnung und Ausbildung* beinhaltet. Dann kann diskutiert werden, ob tatsächlich eine Restrukturierung durch Löschen der Beziehungsart *Wartung* erfolgen soll. In jedem Fall ist jedoch das Erkennen solcher S-ableitbaren Beziehungsarten eine wichtige Aufgabe.

6.7 Ein prototypisches Werkzeug zur Schemaintegration

Bereits in Abschnitt 6.5 wurde ein prototypisches Werkzeug zur Schemaverdichtung vorgestellt. Im folgenden wird eine Weiterentwicklung dieses Prototyps mit dem Ziel der möglichst automatischen Integration vorgestellt. Dieser Abschnitt ist wie Abschnitt 6.5 im Rahmen einer ersten Lektüre entbehrlich.

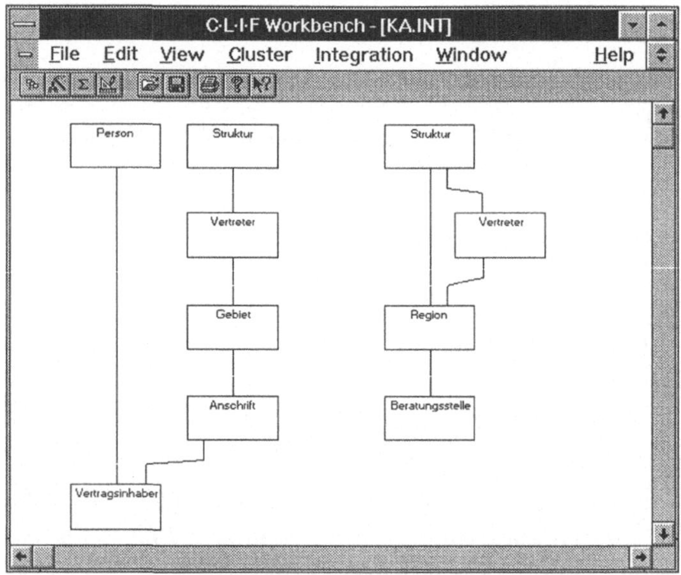

Abb. 6.7-1: Zu integrierende Schemata

Da die Integration zweier konzeptueller Schemata mit einer sehr hohen Komplexität verbunden sein kann, empfiehlt es sich, die zu integrierenden Schemata zunächst zu verdichten. Die Verdichtung führt zu einer temporären Vereinfachung mit dem Ziel, die Integration der Teilschemata schrittweise vorzunehmen und so den Nutzer sukzessive an die volle Komplexität der Integrationsaufgabe heranzuführen. Teilschemata werden bis zur obersten Ebene verdichtet, es erfolgt die Integration der Objektarten dieser obersten Ebene, daran anschließend wird der Verdichtungsprozeß sukzessive rückgängig gemacht. Am Ende sind dann sämtliche Objektarten der Teilschemata in das globale Schema integriert.

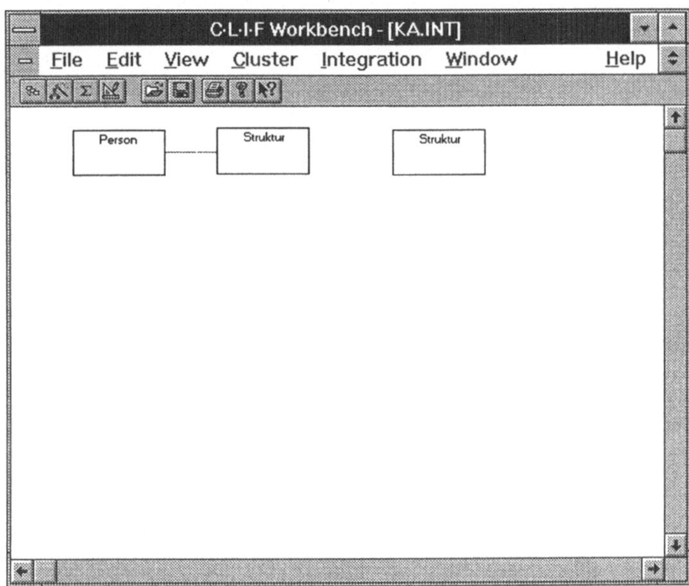

Abb. 6.7-2: Verdichtung vor Integration

Die Vorgehensweise wird in den Abbildungen 6.7-1, 6.7-2, 6.7-3 und 6.7-4 an einem sehr einfachen Beispiel verdeutlicht. Nach Verdichtung werden zunächst die Schemata der Abb. 6.7-2 integriert (Objektart *Struktur*). Der Verdichtungsprozeß wird sukzessive rückgängig gemacht (Abb. 6.7-3), so daß im nächsten Schritt die Objektart *Vertreter* integriert werden kann. Das Endergebnis enthält Abb. 6.7-4. Erwähnenswert ist die automatische Integration der Objektarten *Gebiet* bzw. *Region* (Erkennung von Synonymen).

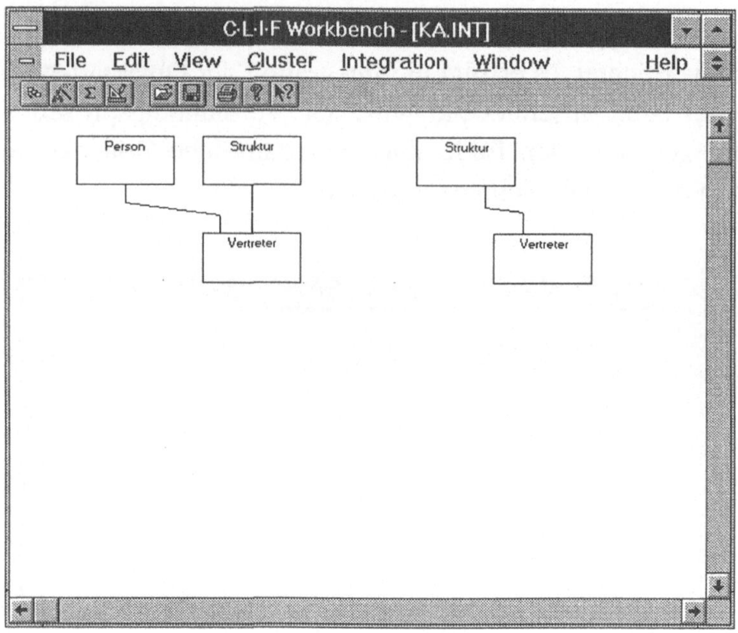

Abb. 6.7-3: Umkehrung des Verdichtungsprozesses

Ziel des skizzierten Integrationsansatzes ist die weitestgehende Automatisierung dieses Prozesses. Eine vollautomatische Integration konzeptueller Schemata wird nie möglich sein, dennoch soll der Anwender bei der Lösung der Integrationsaufgabe systematisch geführt und unterstützt werden. Eine umfassende Analyse der Schemabeschreibungen der Komponenten soll sowohl Ähnlichkeiten zwischen den Objekten der zu integrierenden Schemata feststellen als auch Konflikte zwischen den Strukturen erkennen.

Die bei der Untersuchung der Schemata gewonnenen Informationen werden mit Hilfe gewichteter Prädikate beschrieben. Diese Prädikate drücken Annahmen über die Ähnlichkeit von Objekten aus. Auf der Grundlage dieser Ähnlichkeitsannahmen werden dann letztendlich Integrationsvorschläge abgeleitet, die entweder automatisch zur Integration führen können oder aber dem Anwender zur Bestätigung vorgelegt werden.

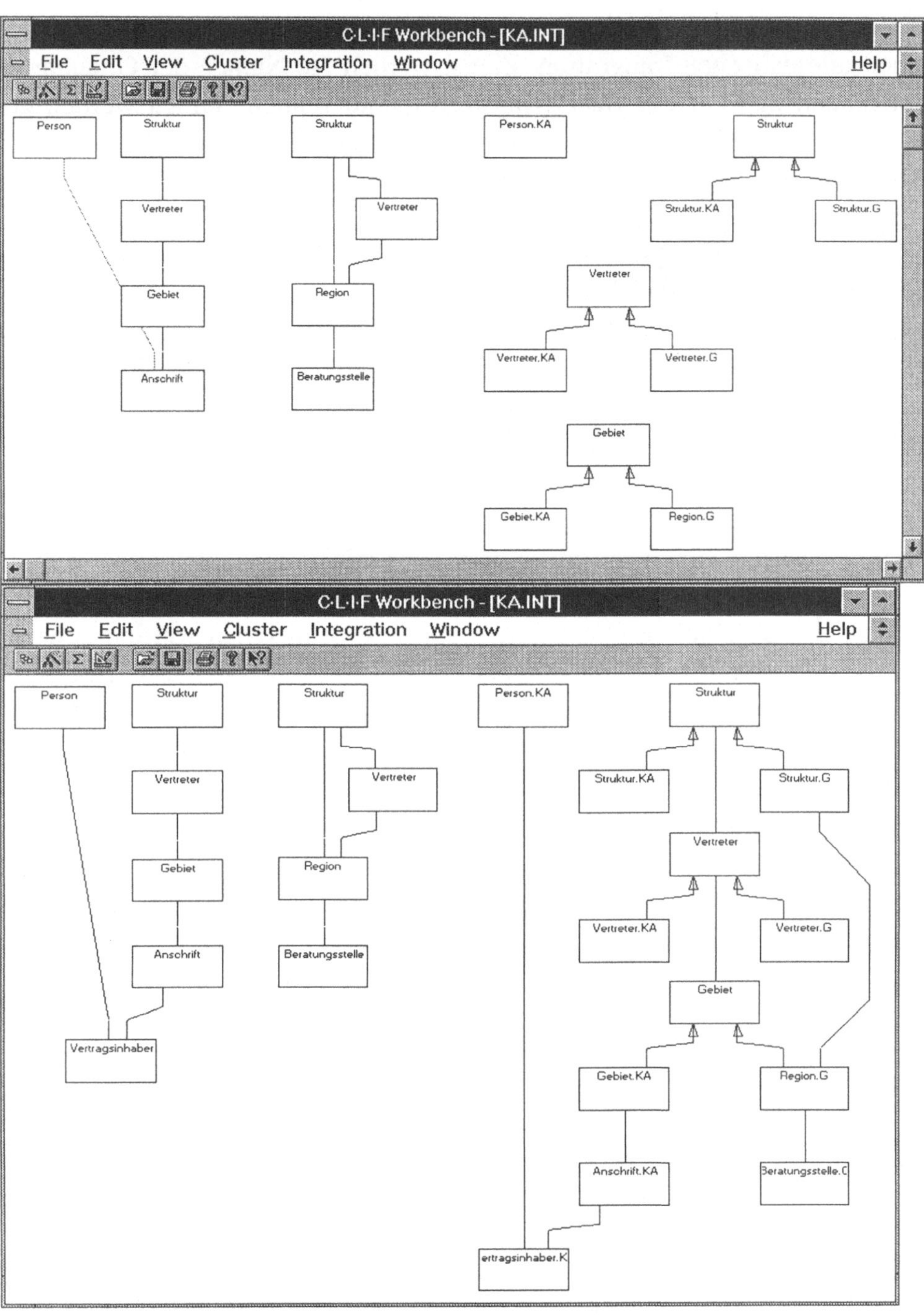

Abb. 6.7-4: Integration nach Umkehrung des Verdichtungsprozesses

Die Erkennung von Ähnlichkeiten zwischen den Objektarten ist Kernstück einer automatischen Integration. Zuerst werden die Namen der Objektarten untersucht, und auf der Basis von korrespondierenden Namen werden gewichtete "Name Assertions" abgeleitet. Zu bemerken ist, daß sowohl die Ableitung als auch die Gewichtung der Annahme unter Berücksichtigung von Homonymen und Synonymen erfolgt, die durch die Verwendung von bereichsspezifischen Wörterbüchern ermittelt werden. Diese Wörterbücher können einerseits manuell manipuliert werden, andererseits trägt ein Feedback-Prozeß, der auf der Basis von getroffenen Integrationsentscheidungen arbeitet, zu einer permanenten Erweiterung der verwendeten Wörterbücher bei. Auf diese Art und Weise werden bereits vorhandene Informationen über Beziehungen zwischen Namen auch bei künftigen Integrationen verwendet. Eine möglichst genaue Bestimmung von Ähnlichkeiten bzw. die Erkennung von Konflikten zwischen Objektarten wird unterstützt. Im zweiten Schritt werden die Strukturen der Objektarten miteinander verglichen. Aus diesem Vergleich werden Annahmen über die strukturelle Ähnlichkeit der Objektarten abgeleitet. Auch diese Annahmen werden gewichtet. Der Gewichtungsfaktor ist dabei ein Ausdruck für den Anteil gemeinsamer Attribute im Verhältnis zu den insgesamt bei den betrachteten Objektarten vorliegenden Attributen. In Abb. 6.7-4 wurde beispielsweise automatisch erkannt (auf Basis der Struktur und der Namen), daß *Region* und *Gebiet* Synonyme darstellen.

Die bisher getroffenen Annahmen werden dann zusammengefaßt. Die Menge der dabei entstehenden Prädikate bildet die Basis für die weitere Untersuchung, die mit dem Ziel durchgeführt wird, die Annahmen entweder zu präzisieren oder zu verwerfen.

Für Paare von Objektarten, für die Annahmen vorliegen, erfolgt eine Analyse der Umgebung. Dabei werden Übereinstimmungen zwischen den Beziehungsarten, an denen die Objektarten teilnehmen, gesucht und in entsprechenden Prädikaten notiert. Die so getroffenen Annahmen können dann zu einer allgemeinen „Overlap Assertion“ zusammengefaßt werden. Diese Annahme drückt aus, daß die beiden betroffenen Objektarten einen gleichen oder ähnlichen Umweltsachverhalt modellieren könnten und daß sich die Instanzmengen der Objektarten überlappen könnten. Durch weitere Strukturuntersuchung kann diese "Overlap Assertion" gegebenenfalls weiter präzisiert werden. Die Integration der Objektarten erfolgt unter Bildung gemeinsamer Oberklassen bzw. unter Einrichtung einer Generalisierungsbeziehung zwischen den betroffenen Objektarten (vgl. Abb. 6.7-4 oberer Teil). Dies entspricht der im letzten Abschnitt skizzierten Behandlung überlappender Domänen im Rahmen der Konfliktbeseitigung. Dabei hat der Nutzer die Möglichkeit, Abbildungsvorschriften zwischen einfachen oder zusammengesetzten Attributen der Oberklasse und dem korrespondierenden Attributen der Unterklasse festzulegen. Auch weiterführende Integrationen, wie beispielsweise das Zusammenlegen zweier Objektarten, können durchgeführt werden. Nach der Integration der Objektarten werden aus den dabei getroffenen Entscheidungen Vorschläge für die Integration der Beziehungsarten abgeleitet. Integration von Beziehungsarten heißt, daß im integrierten Schema die Beziehungen nicht zwischen den ursprünglich beteiligten Unterklassen, sondern zwischen den bei der Objektartenintegration neugeschaffenen Oberklassen eingerichtet werden. Eine Voraussetzung für die Integration von Beziehungsarten ist allerdings, daß diese Beziehungsarten paarweise die gleichen Kardinalitäten aufweisen (vgl. etwa die Beziehung zwischen *Gebiet* und *Vertreter* im unteren Teil der Abb. 6.7-4).

Der eben skizzierte Ansatz gibt abschließend dem Nutzer die Möglichkeit, das integrierte Schema zu restrukturieren. Im Rahmen dieses Restrukturierungsprozesses können vorhandene redundante Beziehungen entfernt oder aber auch getroffene Integrationsentscheidungen rückgängig gemacht werden. Dabei wird insbesondere das automatische Zusammenlegen von Objektarten unterstützt, die einer gemeinsamen Oberklasse untergeordnet worden sind.

6.8 Literaturhinweise und Kommentare

Die in Abschnitt 6.2 diskutierte Spezialisierungsstrategie von Scheer wird in [Sche 94] ausführlich vorgestellt. Der intuitive Top-Down-Ansatz nach Batini et al. ist in [BaCN 92, S. 55-81] enthalten. Die Verbindung von Funktionsanalyse und Datenmodellsynthese beschreibt [Rauh 90].

In der Literatur werden zahlreiche Verfahren zur Automatisierung von Formularanalysen behandelt. In [Choo 92] wird ein wissensbasierter Ansatz zur computergestützten Formularanalyse vorgestellt. Andere Ansätze findet man in [TsMa 89] und [Tsic 82].

In der Literatur werden unterschiedliche Ansätze für das Reverse Engineering von hierarchischen, Netzwerk- bzw. relationalen Datenbanksystemen diskutiert. Detaillierte Informationen findet man in [Gill 90] (Reverse Engineering von Netzwerk-Datenbanken), [WiDa 90] (Reverse Engineering einer IMS-Datenbank), in [DaAr 88] (Reverse Engineering einer relationalen Datenbank), [DaAd 85] (Reverse Engineering eines Dateisystems) sowie in [HTJC 84], wo ein genereller Überblick vermittelt wird.

Eine ausführliche Darstellung der Probleme und Techniken des Data Mining enthält [FrPM 90]. Für Informationen über Verfahren aus dem Bereich des induktiven Lernens sei auf [Quin 86] verwiesen.

Die Architektur integrierter Informationssysteme (ARIS) wird von Scheer in [Sche 92] präsentiert. Die Technik der kritischen Erfolgsfaktoren wird in [Rock 79] entwickelt. Das Kerndatenmodell der Abb. 6.3-3 wurde erstmalig in [SeSt 92] vorgestellt und für die Zwecke dieses Lehrbuchs leicht modifiziert. Die Aussagen bezüglich der Entwicklungs- und Umsetzungsdauer eines Unternehmensdatenmodells sind aus [Öste 94] entnommen. Eine kritische Auseinandersetzung mit diesem Thema enthält darüber hinaus [Mert 95]. Mehr zum Bonini-Paradoxon bezüglich der Auswirkungen steigender Komplexität bei sukzessiver Verfeinerung findet man in [Boni 63]. Bemerkungen zum Unternehmensatenmodell aus Sicht eines Praktikers findet man bei [Gera 93].

Der Zusammenhang zwischen unterschiedlichen Kardinalitäten wird in [RaSt 92a] ausführlich erörtert. Eine Übersicht über bekannte CASE-Werkzeuge und die von ihnen unterstützten Entwicklungsmethoden findet man in [VeJT 92]. Das INCOME-Werkzeug wird auszugsweise in [Jaes 95] diskutiert. Eine Untersuchung zum Problem der Wirtschaftlichkeit des CASE-Einsatzes wurde in [OtRa 92] vorgelegt. Die Wichtigkeit von Geschäftsregeln und Techniken zu deren Verwaltung in Werkzeugen diskutieren [KnHe 93] beziehungsweise [Herb 96].

Die in Abschnitt 6.4 vorgestellte Metastruktur eines Data Dictionaries wurde in leicht modifizierter Form aus [OrSö 89] entnommen. In diesem Artikel werden weitere Eigenschaften eines Data Dictionaries aus Sicht der Praxis diskutiert.

Bei der Klassifikation und Bewertung der Verdichtungsverfahren wurde auf die Darstellung in [BoWi 95] zurückgegriffen. Die Verdichtung auf der Basis von Abstraction Hierarchies wird in [Verm 83] diskutiert. Das Entity Model Clustering geht auf [FeMi 86] zurück und erfährt in Form des Entity Clustering nach [TWBK 89] eine erweiternde Modifikation. Ein eher intuitives Verdichtungsverfahren (pragmatische Begriffshierarchie) beschreibt [Mist 91]. Das hier vorgestellte Verfahren wurde in [RaSt 92] entwickelt und wird in [JaOS 94] um das Konzept des Relationship Clustering erweitert. Ein weiterer automatischer Verdichtungsansatz wird in [AkCW 94] präsentiert. Das beschriebene Werkzeug wurde erstmalig in [SHOO 94] vorgestellt.

In [BaLN 87] wird ein Überblick über Integrationsstrategien und Integrationsverfahren gegeben. Weitere Verfahren, deren Ergebnisse teilweise in das in Abschnitt 6.7 vorgestellte Verfahrern eingehen, findet man bei [GoLN 92] und [SpPa 94]. Das vorgestellte Verfahren wird in [SHOO 95] sowie in [HuRS 96] ausführlich vorgestellt. Die Technik der Affinitätsanalyse zur Bestimmung der Integrationsreihenfolge ist aus [SHOO 95] entnommen. Weitere mögliche Techniken zur Entdeckung von Homonymen und Synonymen benutzen Begriffshierarchien. Details findet man bei [FaKN 91] und [YJSD 91].

7 Organisation der Datenmodellierung

7.1 Datenmanagement

Sämtliche betrieblichen und technischen Funktionen, die im Zusammenhang mit der Datenarchitektur, der Datenadministration, der Datenbankadministration, der Datentechnik sowie des Benutzerservice stehen, faßt man unter dem Begriff Datenmanagement zusammen. Die Analyse, Klassifizierung und Strukturierung der Unternehmensdaten und deren Darstellung bilden die Basis der Datenarchitektur. Die Datenadministration beschäftigt sich hauptsächlich mit der Entwicklung, Wartung und Pflege konzeptueller Schemata. Wichtiges Sachziel ist die Gewährleistung der anwendungsübergreifenden Nutzung wichtiger Unternehmensdaten (Data Warehouse Konzept). Vor dem Hintergrund der heutigen Trends zu einer dezentralen Datenhaltung auf intelligenten Workstations, kommt der Datenadministration eine immer größere Verantwortung zu.

Abzugrenzen von der Datenadministration ist die Datenbankadministration, die vorwiegend mit Design-, Implementierungs-, Pflege- und Wartungsarbeiten an den im Unternehmen vorhandenen Datenbanksystemen beschäftigt ist. Aufgabe der Datenbankadministration ist also vorrangig das Management bestehender Datenbankanwendungen. Dazu gehört selbstverständlich auch die Planung des zukünftigen Datenbankeinsatzes, allerdings primär unter technischen Aspekten. Die Datenbankadministration ist darüber hinaus für die Einhaltung von Datenbankstandards, Zugriffskontrolle und Zugriffsschutz sowie für die Datensicherung verantwortlich.

Im Rahmen der eigentlichen Datennutzung obliegt dem Benutzerservice, der unter Umständen organisatorisch in ein sogenanntes Information Center integriert werden kann, die gezielte Betreuung der Fachabteilungen. Ziel ist es, daß die Fachabteilungen ihre eigenen Datenbestände selbständig pflegen und auswerten können.

Sowohl Datenadministration als auch Datenbankadministration und Benutzerservice profitieren von einem leistungsfähigen Data Dictionary. Der Aufbau sowie die Wartung und Pflege dieses Data Dictionaries ist eine weitere wichtige Aufgabe der Datenadministration. In den Unternehmen trifft man auf im Laufe der Jahre gewachsene Datenbanksysteme. Oft verfügt jedes Datenbanksystem über ein eigenes Datenverzeichnis, jedes Entwicklungswerkzeug führt sein eigenes Data-Dictionary-System. Eine Integration dieser vielfältigen Beschreibungsdaten ist für eine leistungsfähige Datenadministration unabdingbar.

Die Bereinigung und Anpassung bestehender Datenstrukturen an moderne Anforderungen stellen eine weitere große Herausforderung sowohl für die Datenadministration als auch für die Datenbankadministration dar. Insbesondere bei der Migration von Altsystemen zu moderneren Datenbanksystemen (etwa von hierarchischen zu relationalen Datenbanksystemen) müssen Daten- und Datenbankadministration sehr eng zusammenarbeiten. Die Ableitung eines globalen Datenmodells aus bestehenden konzeptuellen Datenmodellen ist grundsätzlich Aufgabe der Datenadministration. Diese Aufgabe entspricht der Integration auf der konzeptuellen Ebene. Daneben ist aber auch die Integration auf der physischen Ebene durchzuführen. So ist sicherzustellen, daß bei Auswertungen über mehrere Datenbanksysteme Informationen, die zu einer Instanz gehören, aber in mehreren Datenbasen gespeichert sind, korrekt zusammengeführt werden. In diesem Zusammenhang taucht das Problem der Integration auf der Instanzebene auf. Dies wiederum ist eine Aufgabe der Datenbankadministration. An der Schnittstelle zwischen der Integration konzeptueller Schemata und der Integration auf der Instanzebene überlappen sich die Aufgabenbereiche von Datenadministration und Datenbankadministration.

Die Entwicklung und Pflege eines unternehmensweiten Datenmodells sowie die Unterstützung der Anwendungsentwicklung bei Datenmodellierungsprojekten ist eine weitere wichtige Aufgabe der Datenadministration. Es wurde bereits ausgeführt, daß bei der Entwicklung unternehmensweiter Datenmodelle eine gewisse Standardisierung der Objekt- und Beziehungsarten zu erfolgen hat. Die Datenadministration übernimmt in diesem Zusammenhang die Rolle eines Koordinators. Neu zu definierende Objekt- bzw. Beziehungsarten werden der Datenadministration zur Begutachtung und Genehmigung vorgelegt.

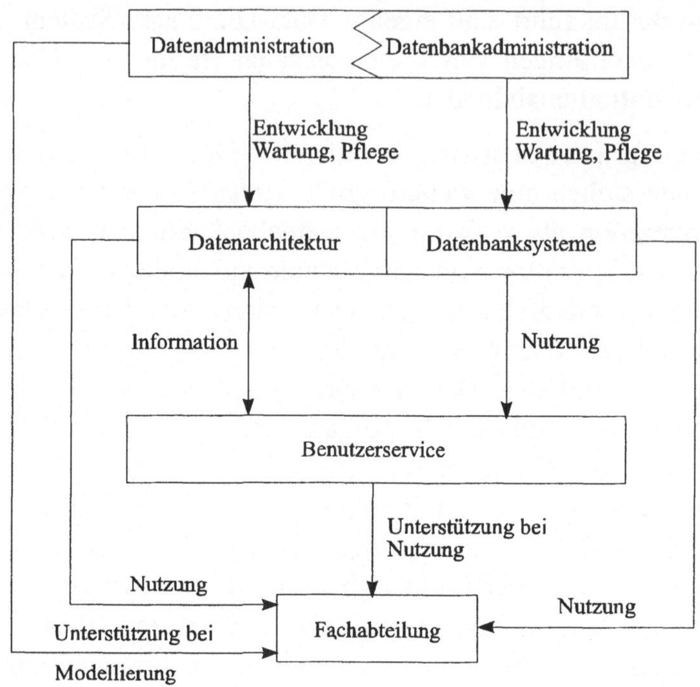

Abb. 7.1-1: Datenmanagement

Schließlich übernimmt die Datenadministration die Koordinierung des Werkzeugeinsatzes im Rahmen der Datenmodellierung. Dabei ist durchaus vorstellbar, daß der Datenadministration auch die Auswahl der einzusetzenden Werkzeuge übertragen wird. Dies hat den Vorteil, daß eine einheitliche Werkzeugunterstützung für alle Fachbereiche gewährleistet ist. Der "Wildwuchs" von Werkzeugen und die damit verbundenen Inkompatibilitäten und Schnittstellenprobleme können dadurch bereits im Ansatz vermieden werden.

7.2 Organisation des Datenmanagements

Die aufbauorganisatorische Eingliederung des Datenmanagements wird in der Literatur kontrovers diskutiert. Einerseits wird davon ausgegangen, daß die Aufgaben des Datenmanagements nicht einer Stelle im Unternehmen zugeordnet werden können. Vielmehr werden diese Aufgaben von verschiedenen Bereichen innerhalb der Informationsverarbeitung wahrgenommen. Die Datenadministration wäre demnach der Anwendungsentwicklung zuzuordnen, die Datentechnik dementsprechend der Systemtechnik bzw. dem RZ-Betrieb. Andererseits zeigt eine empirische Untersuchung über das Datenmanagement in deutschen Großunternehmen, daß über 80 % der an der Untersuchung aktiv beteiligten Firmen (das waren 60 Unternehmen) eine eigenständige Organisationseinheit, die mit den Aufgaben des Datenmanagements betraut ist, besitzen. Innerhalb dieser Organisationseinheit sind in aller Regel zwischen drei und fünf Mitarbeiter tätig. Anzumerken ist, daß über die Hälfte der aus verschiedenen Branchen stammenden Unternehmen, die sich an der Untersuchung beteiligt haben, im Informatikbereich zwischen hundert und fünfhundert Mitarbeiter beschäftigen. In diesem Fall wird also Datenadministration und Datenbankadministration in einer organisatorischen Einheit untergebracht, der Benutzerservice bildet eine eigene Organisationseinheit oder wird durch ein Information Center wahrgenommen. Da sich die Aufgaben der Datenadministration und Datenbankadministration, wie bereits ausgeführt wurde, teilweise überlappen, bietet die letzte Strategie offensichtliche Vorteile. Darüber hinaus unterstreicht sie die strategische Bedeutung und Wichtigkeit der Daten bzw. Informationen für die Unternehmen.

Als nächstes stellt sich die Frage der hierarchischen Einordnung des Datenmanagements in die Organisationsstruktur eines Unternehmens. Der Bedeutung der Ressource Information entsprechend wurden in vielen Unternehmen auf der obersten Hierarchieebene spezielle Verantwortungsbereiche für das Informationsmanagement geschaffen (vgl. Abb. 7.2-1). Der Leiter dieses Bereichs wird in der englischsprachigen Originalliteratur als Chief Information Officer (CIO) bezeichnet. Der Verantwortungsbereich des CIO umfaßt im allgemeinen die Bereiche

- Management der Informationstechnologie

- Konfigurationsmanagement, Management des RZ-Betriebs
- individuelle Datenverarbeitung
- Anwendungsentwicklung und Anwendungsmanagement
- Datenmanagement.

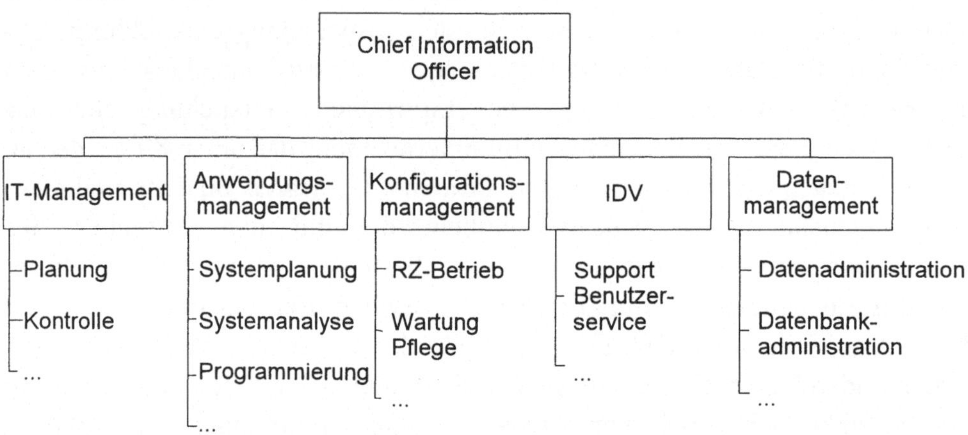

Abb. 7.2-1: Organigramm (beispielhaft)

Dabei ist das Datenmanagement auf der zweiten Hierarchieebene des Unternehmens angesiedelt. Es ist sichergestellt, daß durch den direkten Zugang zu den obersten Managementebenen das Datenmanagement einen ihm gebührenden Einfluß auf die einzelnen Bereiche des Unternehmens ausüben kann. Teilweise wird auch versucht, das Datenmanagement als in der Hierarchie weit oben angesiedelte Stabsstelle zu etablieren. Grundsätzlich haben die Stelleninhaber eines solchen Datenmanagements einen schweren Stand, da sie ohne Weisungsbefugnis und weit weg von den praktischen Gegebenheiten operieren müssen. Die Eingliederung des Datenmanagements in die Anwendungsentwicklung erscheint gleichfalls nicht ratsam. Die Anwendungsentwicklung ist normalerweise einem starken Realisierungsdruck ausgesetzt. Längerfristigen Aspekten, wie sie im Rahmen des Datenmanagements unabdingbar sind, kann so nicht das erforderliche Gewicht zukommen. Darüber hinaus sollte das Datenmanagement auf Basis der beschlossenen Grundsätze der Datenarchitektur gegenüber der Anwendungsentwicklung eine Weisungsbefugnis besitzen.

Aufbauorganisatorisch sollte das Datenmanagement also als eigenständiger Linienbereich im Rahmen des Informationsmanagements angesiedelt sein. Denkbar ist auch die Etablierung als Verbindungsglied zwischen Fachbereich und Informationsverarbeitung. In diesem Fall muß das Datenmanagement mit einer klaren Weisungsbefugnis ausgestattet sein.

Bisher wurde davon ausgegangen, daß das Informations- und damit auch das Datenmanagement zentralisiert sind. Im Rahmen der Dezentralisierung der Informationsverarbeitung ist selbstverständlich auch über die Dezentralisierung des Datenmanagements zu entscheiden. Es ist möglich, dezentrale Stellen für die Datenadministration zu schaffen. Dezentrale Datenadministratoren überwachen in den dezentralisierten Geschäftsbereichen die generellen Richtlinien des Datenmanagements, unterstützen dezentrale Anwendungsentwicklung und die dezentralisierten Fachbereiche. Sie berichten an das übergeordnete Datenmanagement. Dieses zentrale Datenmanagement wird benötigt, um die bereichsübergreifende Verfügbarmachung von Informationen zur garantieren. Die eben skizzierte teilweise Dezentralisierung des Datenmanagements bietet folgende Vorteile:

- Die anwendungs- und bereichsübergreifende Nutzung von Daten bleibt möglich.
- Dezentralisierung verbunden mit lokaler Verantwortung für die dort anfallenden Daten erhöht deren Qualität und Konsistenz.

Die Vorteile eines zentralen Datenmanagements bleiben bei dieser Konstruktion ebenso erhalten.

7.3 Literaturhinweise und Kommentare

Mit den Aufgaben und der Einordnung des Datenmanagements beschäftigen sich [BiRo 90]. Die Autoren gehen davon aus, daß die Aufgaben des Datenmanagement nicht einer Stelle im Unternehmen zugeordnet werden können. Eine ausführliche Darstellung des Aufgabenspektrums findet man darüber hinaus bei [Hein 96, S. 220 ff.]. Die zitierte empirische Untersuchung stammt aus [Gemü 91].

Literaturverzeichnis

[AkCW 94] Akoka, J., Comyn-Wattiau, I.: A Framework for Automatic Clustering of Semantic Models. In [ERCo 93], S. 438-450

[ANSI 75] Study Group on Data Base Management Systems: Interim Report, FDT 7:2, ACM, New York, 1975

[AtDA 93] Atzeni, P., De Antonellis, V.: Relational Database Theory. Redwood City : Benjamin/Cummings, 1993

[Bach 88] Bachman, C.: A CASE for Reverse Engineering. Datamation 34 (1988), No. 13, S. S. 49-56

[BaCN 92] Batini, C., Ceri, S., Navathe, S.: Conceptual Database Design: An Entity-Relationship Approach. Redwood City, California: Benjamin/Cummings, 1992

[BaLN 87] Batini, C., Lenzerini, M., Navathe, S.: Comparison of Methodologies for Database Schema Integration. ACM Computing Surveys 18, No. 4, Dec 1986: S. 323-364

[Baum 90] Baumgarten, B.: Petri-Netze. Grundlagen und Anwendungen. Mannheim: BI Wissenschaftsverlag, 1990

[BiRo 90] Biethahn, J., Rohrig, N.: Datenmanagement. In Kurbel, K., Strunz, H. (Hrsg.): Handbuch der Wirtschaftsinformatik. Poeschel Verlag, Stuttgart 1990, S. 737-755

[Boni 63] Bonini, C.: Simulation of Information and Decision Systems in the Firm. Englewood Cliffs, N. J., 1963

[Booc 91] Booch, G.: Object Oriented Design, With Applications. Redwood City, California: Benjamin/Cummings, 1991

[Booc 94] Booch, G.: Object Oriented Design, With Applications. 2nd edition, Redwood City, California: Benjamin/Cummings, 1994

[BoWi 95] Boßhammer, M., Winter, R.: Formale Validierung von Verdichtungsoperationen in konzeptionellen Datenmodellen. In König, W. (Hrsg.): Wirtschaftsinformatik '95, Heidelberg, 1995, S. 223-242

[Bray 88] Bray, O.: Computer Integrated Manufacturing. The Data Management Strategy. Digital Press, 1988

[BrMS 84] Brodie, M., Mylopoulos, J., Schmidt, J. (eds.): On Conceptual Modelling. New York: Springer-Verlag, 1984

[Brod 84] Brodie, M.: On the Development of Data Models. In [BrMS 84], S. 19-47

[CeGT 90] Ceri, S., Gottlob, G., Tanca, L.: Logic Programming and Databases. Berlin: Springer-Verlag, 1990

[Chen 76] Chen, P.: The Entity-Relationship Model: Toward a Unified View of Data. ACM Trans. Database Syst. 1, No. 1, Mar 1976

[CHNC81] Chung, I., Nakamura, F., Chen, P.P.: A Decomposition of Relations Using the Entity-Relationship Approach. In [ERCo 81], S. 149-172

[Choo 92] Choobineh, J., Mannino, M, Tseng, V. P.: A Form-Based Approach for Database Analysis and Design. Comm. ACM 35, No. 2, 1992, S. 108-120

[Codd 70] Codd, E.: A Relational Model of Data for Large Shared Data Banks. Comm. ACM 13, No. 6, 1970, S. 377-387

[Codd 72] Codd, E.: Relational Completeness of Data Base Sublanguages. In R. Rustin (ed.): Data Base Systems. Englewood Cliffs, New Jersey: Prentice-Hall, 1972

[Codd 79] Codd, E.: Extending the Database Relational Model to Capture More Meaning. ACM Trans. Database Syst. Vol. 4, 4, Dec 1978, 397-434

[Czap 95] Czap, H.: Metadatenmodelle. In Zilahi-Szabo, M. (Hrsg.): Kleines Lexikon der Informatik, München: Oldenbourg, 1995

[DaDa 94] Date, C., Darwen, H.: A Guide to the SQL Standard. 3rd edition. Reading, Mass.: Addison-Wesley, 1994

[Date 86] Date, C.: Relational Database: Selected Writings. Reading, Mass.: Addison-Wesley, 1986

[Date 90] Date C.: A Contribution to the Study of Database Integrity. In Date, C.: Relational Database Writings 1985-1989. Reading, Mass.: Addison-Wesley, 1990

[Date 95] Date, C.: An Introduction to Database Systems, 6th edition. Reading, Mass.: Addison-Wesley, 1990

[DaAd 85] Davis, K., Adarsh, K.: Methodology for Translating a Convential File System into an Entity-Relationship-Model. In [ERCo 85]

[DaAr 88] Davis, K., Arora, A.: Converting a Relation Database Model into an Entity-Relationship-Model. In [ERCo 88], S. 271-285

[DeMa 78] DeMarco, T.: Structured Analysis and System Specification. Englewood Cliffs, Prentice Hall, 1978

[Dene 91] Denert, E.: Software-Engineering. Berlin: Springer-Verlag, 1991

[DeOb 96] Desel, J., Oberweis, A.: Petri-Netze in der Angewandten Informatik. Wirtschaftsinformatik 38 (1996), S. 359-366

[ElNa 94] Elmasri, R., Navathe, S.: Fundamentals of Database Systems. Second edition. Redwood City: Benjamin/Cummings, 1994

[ElWi 81] Elmasri, R., Wiederhold, G.: GORDAS: A Formal, High-Level Query Language for the Entity-Relationship Model. In [ERCo 81], S. 49-72

[ERCo 79] Chen, P. (ed.): Entity-Relationship Approach to Systems Analysis and Design. Proceedings of the First International Conference on Entity-Relationship Approach. Los Angeles, California, Dec. 1979. Amsterdam: North-Holland, 1980

[ERCo 81] Chen, P. (ed.): Entity-Relationship Approach to Information Modeling and Analysis. Proceedings of the Second International Conference on Entity-Relationship Approach. Washington, D.C., Oct 1981. Amsterdam: Elsevier Science, 1981

[ERCo 83] Davis, C., Jajodia, S., Ng. P., Yeh, R. (eds.): Entity-Relationship Approach to Software Engineering. Proceedings of the Third International Conference on Entity-Relationship Approach. Anaheim, California, Oct. 83. Amsterdam: North-Holland, 1983

[ERCo 85] Liu, J. (ed.): Proceedings of the Fourth International Conference on Entity-Relationship Approach. Chicago, Illinois, Oct 1985, Amsterdam: North-Holland, 1986

[ERCo 86] Spaccapietra, S. (ed.): Proceedings of the Fifth International Conference on Entity-Relationship Approach. Dijon, France, Nov. 1986, Amsterdam: North-Holland, 1987

[ERCo 87] March, S. (ed.): Proceedings of the Sixth International Conference on Entity-Relationship Approach. New York, Nov. 1987, Amsterdam: North-Holland, 1986

[ERCo 88] Batini, C. (ed.): Proceedings of the Seventh International Conference on Entity-Relationship Approach. Rome, Italy, Nov. 1988, Amsterdam: North-Holland, 1989

[ERCo 89] Lochovsky, F. (ed.): Proceedings of the Eighth International Conference on Entity-Relationship Approach. Toronto, Canada, Oct. 1989. Amsterdam: North-Holland, 1990

[ERCo 90] Kangassalo, H. (ed.): Proceedings of the Ninth International Conference on Entity-Relationship Approach. Lausanne, Switzerland, Sept 1990

[ERCo 91] Teory, T. (ed.): Proceedings of the Tenth International Conference on Entity-Relationship Approach. San Mateo, California, Oct 1991

[ERCo 92] Pernul, G., Tjoa, A. (eds.): Entity-Relationship Approach - ER '92. Proceedings of the 11th International Conference on the Entity-Relationship Approach. Karlsruhe, Germany, Oct 1992. Berlin: Springer-Verlag, 1992

[ERCo 93] Elmasri, R., Kouramajian, V., Thalheim, B. (eds.): Entity-Relationship Approach - ER '93. Proceedings of the 12th International Conference on the Entity-Relationship Approach. Arlington, Texas, Dec 1993. Berlin: Springer-Verlag, 1994

[ERCo 94] Loucopoulos, P. (ed.): Entity-Relationship Approach - ER '94. Business Modelling and Re-Engineering. Proceedings of the 13th International Conference on the Entity-Relationship Approach. Manchester, United Kingdom, Dec. 1994. Berlin: Springer-Verlag, 1994

[FaKN 91] Fankhauser, P., Kracker, M., Neuhold, E. J.: Semantic vs. Structural Resemblance of Classes. Sigmod Record 20, No. 4, 1991, S. 59-63

[FeMi 86] Feldman, P., Miller, D.: Entity Model Clustering: Structuring a Data Model by Abstraction. The Computer Journal 29, No. 4, 1986, S. 348-360

[FrPM 90] Frawley, I. F., Piatetsky-Shapiro, G., Matheus, C. I.: Knowledge Discovery in Databases: An Overview. AI Magazine 13, No. 3, 1990

[GaSa 79] Gane, C., Sarson, T.: Structured Systems Analysis. Englewood Cliffs, California: Prentice Hall, 1979

[Gemü 91] Gemünden, H., Schmitt, M.: Datenmanagement in deutschen Großunternehmen - Theoretischer Ansatz und empirische Untersuchung. Information Management 6, Nr. 4, 1991, S. 22-34

[Gera 93] Gerard, P.: Unternehmensdaten-Modelle haben Erwartungen nicht erfüllt. Computerwoche, Nr. 42., 15.10.93, S. 19ff

[Gill 90] Gillenson, M.: Physical Design Equivalencies in Database Conversion. Communications of the ACM 33, No. 8, 1990, S. 120-131

[GoHo 91] Gogolla, M., Hohenstein, U.: Towards a Semantic View of an Extended Entity-Relationship Model. ACM Trans. Database Syst. Vol. 16, No. 3, Sep 1991, S. 369-416

[GoLN 92] Gotthard, W., Lockemann, P., Neufeld, A.: System-Guided View Integration for Object-Oriented Databases. IEEE Transactions on Knowledge and Data Engineering, Vol. 4, No.1, Feb 1992, S. 1-22

[GoSt 90] Goldstein, R., Storey, V.: Some Findings on the Intuitiveness of Entity-Relationship Constructs. In [ERCo 90]

[Hain 90] Hainaut, J.-L.: Entity-Relationship Models: Formal Specification and Comparison. In [ERCo 90]

[HaML 81] Hammer, M., McLeod, D.: Database Description with SDM: A Semantic Database Model. ACM Trans. Database Syst. 6, No. 3, Sep 1981

[Hein 96] Heinrich, L.: Informationsmanagement. 5. Aufl., München: Oldenbourg, 1996

[Herb 96] Herbst, H.: Business Rules in Systems Analysis. Information Systems Vol 21, No. 2, 1996, S. 147-166

[HoEn 90] Hohenstein, U., Engels, G.: Formal Semantics of an Entity-Relationship-Based Query Language. In [ERCo 90]

[Hohe 89] Hohenstein, U.: Automatic Transformation of an Entity-Relationship Query Language into SQL. In [ERCo 89]

[HTJC 84] Hainaut, J.-L., Tonneau, C., Joris, M., Chandelon, M.: Transformation-Based Database Reverse Engineering. In [ERCo 93], S. 364-375

[HuRS 96] Hunstock, J., Rauh, O., Stickel, E.: Conceptual Support for Generating Interoperable Database Systems. In: Wrycza, S., Zupancic, J. (Eds.): Proc. of the Fifth International Conference on Information Systems Development. Danzig 1996, S. 177-192

[Jaco 92] Jacobson, I. Christerson, M. Jonsson, P., Övergaard, G.: Object-Oriented Software Engineering. A Use Case Driven Approach. Wokingham, England: Addison-Wesley, 1992

[JaOS 94] Jaeschke, P., Oberweis, A., Stucky, W.: Extending ER Model Clustering by Relationship Clustering. In [ERCo 93], S. 451-462

[Jaes 95] Jaeschke, P.: Realisierung von effizienten Geschäftsprozessen. In: Schweiggert, F., Stickel, E. (Hrsg.): Informationstechnik und Organisation. Berichte des German Chapter of the ACM 47, Stuttgart, 1995, S. 153-170

[JaNg 83] Jajodia, S., Ng, P.: The Problem of Equivalence for Entity-Relationship Diagrams. IEEE Transactions on Software Engineering 9 (1983), No. 5, pp. 617-630

[JaSt 93] Jaeschke, P., Stucky, W.: From Conceptual to Logical Database Design. University of Karlsruhe, AIFB, Report No. 282, November 1993

[KnMy 90] Knolmayer, G., Myrach, T.: Anforderungen an Tools zur Darstellung und Analyse von Datenmodellen. HMD 152/1990, 90-102

[KnHe 93] Knolmayer, G., Herbst, H.: Business Rules. Wirtschaftsinformatik 35, Heft 4, 1993, S. 386-390

[Koba 86] Kobayashi, I.: Losslessness and Semantic Correctness of Database Schema Transformations: Another Look of Schema Equivalence. Information Systems, Vol. 11, No. 1, 1986, S.41-59

[LaFl 93] Laender, A., Flynn, D.: A Semantic Comparison of the Modelling Capabilities of the ER and NIAM Models. In [ERCo 93], S. 242-256

[Lagr 90] Lagrange, J.-P.: A Knowledge-Based System and an ER Query Language for Accessing Relational Databases. In [ERCo 90]

[Lien 79] Lien, Y.: On the Semantics of the Entity-Relationship Data Model. In [ERCo 79]

[Ling 85] Ling, T.: A Normal Form for Entity-Relationship Diagrams. In [ERCo 85], S. 24-35

[Ling 85a] Ling, T.: An Analysis of Multivalued and Join Dependencies Based on the Entity-Relationship Approach. Data & Knowledge Engineering 1 (1985), S. 253-271

[MaCl 85] Martin, J., McClure, C.: Diagramm Techniques for Analysts and Programmers. Englewood Cliffs: Prentice-Hall, 1985

[Maie 83] Maier, D.: The Theory of Relational Databases. Rockville, MD: Computer Science Press, 1983

[MaMR 86] Makowsky, J., Markowitz, V., Rotics, N.: Entity-Relationship Consistency for Relational Schemas. In G. Ausiello and P. Atzeni (eds.), ICDT '86, International Conference on Database Theory. Rome, Italy, Sep 1986, Berlin: Springer-Verlag, 1986, S. 306-322

[MaSh 92] Markowitz, V.M., Shoshani, A.: Representing Extended Entity-Relationship Structures in Relational Databases: A Modular Approach. ACM Trans. Database Syst. Vol. 17, No. 3, Sep. 1992, S. 423-464

[McLe 96] McLeod, R.: Comparing Undergraduate Courses in Systems Analysis and Design. Comm. ACM Vol. 39, No. 5 (May 1996), S. 113-121

[Mert 91] Mertens, P.: Integrierte Informationsverarbeitung. Band 1, Administrations- und Dispositionssysteme in der Industrie. 8. Auflage. Wiesbaden: Gabler-Verlag, 1991

[Mert 91a] Mertens, P., Bodendorf, F., König, W., Picot, A., Schumann, M.: Grundzüge der Wirtschaftsinformatik. Berlin: Springer-Verlag 1991

[Mert 95] Mertens, P.: Wirtschaftsinformatik - Von den Moden zum Trend. In: König, W. (Hrsg.): Wirtschaftsinformatik '95, Wettbewerbsfähigkeit - Innovation - Wirtschaftlichkeit, Berlin, 1995, S. 25-64

[MeSi 93] Melton, J., Simon, A.: Understanding the new SQL: A Complete Guide. San Mateo, California: Morgan Kaufmann, 1993

[MGSy 92] McGregor, J., Sykes, D.: Object-Oriented Software Development: Engineering Software for Reuse. New York: Van Nostrand Reinhold, 1992

[Mist 91] Mistelbauer, H.: Datenmodellverdichtung: Vom Projektdatenmodell zum Unternehmensdatenmodell. Wirtschaftsinformatik 33, Heft 4, 1991, S. 289-299

[MMPa 84] McMenamin, S., Palmer, J.: Essential Systems Analysis. Englewood Cliffs, California: Prentice Hall, 1984

[OrSö 89] Ortner, E., Söllner, B.: Konzept und Einsatz eines Data Dictionaries bei DATEV. Informatik-Spektrum (1989) 12: 82-92

[Ortn 85] Ortner, E.: Semantische Modellierung - Datenbankentwurf auf der Ebene der Benutzer. Informatik-Spektrum (1985) 8: 20-28

[Ortn 95] Ortner, E.: Architektur betrieblicher Informationssysteme. In Zilahi-Szabo, M. (Hrsg.): Kleines Lexikon der Informatik, München: Oldenbourg, 1995

[Öste 94] Österle, H.: Von der Vision in die Illusion. Computerwoche - Focus, Nr. 3, 1.7.94, S. 16

[OtRa 92] Ott, H., Rausch, T.: Rechnet sich CASE für ein mittelständisches Unternehmen? In: Schweiggert, F.: Wirtschaftlichkeit von Software-Entwicklung und Einsatz. Berichte des German Chapter of the ACM 36, Stuttgart, 1992, S. 197-212

[PaSi 94] Pagel, B., Six, H.: Software Engineering. Band 1: Die Phasen der Softwareentwicklung. Bonn: Addison-Wesley, 1994

[PRYS 90] Parent, C., Rolin, H., Yetongnon, K., Spaccapietra, S.: An ER Calculus for the Entity-Relationship Complex Model. In [ERCo 89]

[Quin 86] Quinlan, J. R.: Induction of Decision Trees. Machine Learning 1, No. 1, 1986, S.81-91

[RaSt 92] Rauh, O., Stickel, E.: Entity Tree Clustering - A Method for Simplifying ER Designs. In [ERCo 92], S. 62-78

[RaSt 92a] Rauh, O., Stickel, E.: Beziehungsprobleme - Zur Quantifizierung von Beziehungsarten im Entity-Relationship-Modell. it, Dezember 1992, S. 345-351

[RaSt 93] Rauh, O., Stickel, E.: Searching for Compositions in ER Schemes. In [ERCo 93], S. 74-85

[RaSt 94] Rauh, O., Stickel, E.: Entity-Relationship Modelling of Information Systems with Deductive Capabilities. In J. Zupancic, Wrycza, S. (eds.): Proceedings of the Fourth International Conference on Information Systems Development - ISD '94, Kranj, Slovenia: Moderna Organizacija, 1994, S. 43-53

[RaSt 94a] Rauh, O., Stickel, E.: Modeling Deductive Information Systems Using ERM^{ded}. In De, P., Woo, C. (eds.): Proceedings of the Fourth Annual Workshop on Information Technologies and Systems (WITS '94). Vancouver, Canada, Dec 1994, S. 195-205

[RaSt 95] Rauh, O., Stickel, E.: Standard Transformations for the Normalization of ER Schemata. In J. Iivari, K. Lyytinen, M. Rossi (eds.): Advanced Information Systems Engineering, 7th International Conference, CAiSE '95. Jyväskylä, Finland, 1995, S. 313-326

[RaSt 95a] Rauh, O., Stickel, E.: Implementation of a Shortcircuit Detection System. In 7th International Conference on Computing and Information, ICCI '95. Jul 5-8, 1995, Trent University, Peterborough, Canada

[RaSt 96] Rauh, O., Stickel, E.: Standard Transformations for the Normalization of ER Schemata. Information Systems, Vol. 21, No. 2, 1996, S. 187-208

[Rauh 90] Rauh, O.: Informationsmanagement im Industriebetrieb, Herne und Berlin: Verlag Neue Wirtschafts-Briefe, 1990

[Rauh 91] Rauh, O.: Gütekriterien für die semantische Datenmodellierung. HMD Nr. 158, März 1991, S. 91-110

[Rauh 92] Rauh, O.: Some Rules for Handling Derivable Data in Conceptual Data Modeling. In Tjoa, A.M., Ramos, I. (eds.),

Database and Expert Systems Applications, Wien and New York: Springer-Verlag, 1992, S. 500-505

[Rauh 92a] Rauh, O.: Überlegungen zur Behandlung ableitbarer Daten im Entity-Relationship-Modell. Wirtschaftsinformatik, 34, Heft 3, Juni 1992, S. 294-306

[Rauh 95] Rauh, O.: ERM^{ded} - eine Erweiterung des Entity-Relationship-Modells zur Modellierung deduktiver Informationssysteme. Informatik Forschung und Entwicklung, Band 10, Heft 3, 1995, S. 128-138

[Rock 79] Rockart, J. F.: Chief Executives Define Their Own Data Needs. Harvard Business Review, March-April 1979, S. 81-93

[RoRe 87] Rosenthal, A., Reiner, D.: Theoretically Sound Transformations for Practical Database Design. In [ERCo 87]

[RoRe 94] Rosenthal, A., Reiner, D.: Tools and Transformations - Rigorous and Otherwise - for Practical Database Design, ACM Trans. Database Syst. June 1994, Vol. 19, No. 2, S. 167-211

[Rumb 93] Rumbaugh, J. et. al.: Objektorientiertes Modellieren und Entwerfen. München und Wien: Hanser, 1993

[Sche 88] Scheer, A.-W.: Wirtschaftsinformatik. Informationssysteme im Industriebetrieb. Berlin: Springer-Verlag, 1988

[Sche 92] Scheer, A.-W.: Architektur integrierter Informationssysteme - Grundlagen der Unternehmensmodellierung, 2. Auflage, Berlin: Springer-Verlag, 1992

[Sche 94] Scheer, A.-W.: Wirtschaftsinformatik. Referenzmodelle für industrielle Geschäftsprozesse. 5. Auflage, Berlin: Springer-Verlag, 1994

[ScSt 83] Schlageter, G., Stucky, W.: Datenbanksysteme: Konzepte und Modelle. 2. Auflage. Stuttgart: Teubner-Verlag, 1983

[ScSw 75] Schmid, H., Swenson, J.: On the Semantics of the Relational Data Base Model. In Proc. 1975 ACM SIGMOD International Conference on Management of Data, San Jose, California, May 1975

[SeSt 92] Seitz, J., Stickel, E.: Data Structures for Product Design in Financial Institutions. In SWIFT (Hrsg.): Proceedings of the

BANKAI Workshop on Intelligent Information Access, Brüssel 1991, Amsterdam: Elsevier, 1992, S. 47-59

[Seth 89] Sethi, R.: Programming Languages: Concepts and Constructs. Reading, Mass.: Addison-Wesley, 1989

[ShMe 92] Shlaer, S., Mellor, S.: Object Lifecycles: Modeling the World in States. Englewood Cliffs, New Jersey: Prentice Hall, 1992

[Sinz 88] Sinz, E.: Das Strukturierte Entity-Relationship-Modell (SER-Modell). Angewandte Informatik 5/1988, 191-202

[SmSm 77] Smith, J., Smith, D.: Database Abstractions: Aggregation and Generalization. ACM Trans. Database Syst. 2, No. 2, June 1977

[SpPa 94] Spaccapietra, S., Parent, C.: View Integration A Step Forward in Solving Structural Conflicts. IEEE Transactions on Knowledge and Data Engineering 6, No. 2, April 1994, S. 258-274

[SpTH 90] Spencer, R., Teory, T., Hevia, E.: ER Standards Proposal. In [ERCo 90], S. 405-412

[Stic 91] Stickel, E.: Datenbankdesign. Wiesbaden: Gabler-Verlag, 1991

[SHOO 94] Stickel, E., Hunstock, J., Ortmann, A., Ortmann, J.: Data Sharing Economics and Requirements for Integration Tool Design. Information Systems 19, No. 8, 1994, S. 33-54

[SHOO 95] Stickel, E., Hunstock, J., Ortmann, A., Ortmann, J.: Verfahren zur werkzeuggestützten Integration von Datenbankschemata. Wirtschaftsinformatik 1995, S. 205-222

[StRa 93] Stickel, E., Rauh, O.: Objektorientierte Anwendungsentwicklung und relationale Datenbanktechnologie: Eine Überbrückung zwischen Schichten von Informationssystemarchitekturen. In: Reichel, M. (Hrsg.), Informatik, Wirtschaft, Gesellschaft, Berlin: Springer, 1993, S. 93-98

[TWBK 89] Teorey, T. J., Wei, G., Bolten, D. L., Koenig, J. A.: ER Model Clustering as an Aid for User Communication and Documentation in Database Design. Comm. ACM 32, No. 8, 1989, S. 975-987

[Teor 90] Teory, T.: Database Modeling and Design: The Entity-Relationship Approach. San Mateo, Calif.: Morgan Kaufmann, 1990

[Thal 92] Thalheim, B.: Fundamentals of Cardinality Constraints. In [ERCo 92], S. 7-23

[TsMa 89] Tseng, V. P., Mannino, M.: Method for Database Requirements Definition. Journal of Management Information Systems, Winter 1989

[Tsic 82] Tsichritzis, D.: Form Management. Communications of the ACM 25, No. 7, 1982, S.453-478

[Ullm 88] Ullman, J.: Principles of Database and Knowledge-Base Systems, Volume I. Rockville, MD: Computer Science Press, 1988

[Ullm 89] Ullman, J.: Principles of Database and Knowledge-Base Systems, Vol. II: The New Technologies. Rockville, MD: Computer Science Press, 1989

[VeBe 82] Verheijen, G., van Bekkum, J.: NIAM: An Information Analysis Method. In T. Olle et. al. (eds.): Information Systems Design Methodologies: A Comparative Review. Amsterdam: North-Holland, 1982

[Verm 83] Vermeir, S.: Semantic Hierarchies and Abstractions in Conceptual Schemata. Information Systems 2, 1983, S. 117-124

[VeJT 92] Vessey, I., Jarvenpaa, S. L., Tractinsky, N.: Evaluation of Vendor Products: CASE-Tools a Methodology Companions. Comm. ACM 35, No. 4, 1992, S. 90-105

[Wede 81] Wedekind, H.: Datenbanksysteme 1. 2. Auflage. Mannheim: BI Wissenschaftsverlag, 1981

[WiDa 90] Winans J., Davis, K.: Software Reverse Engineering from Currently Existing IMS Databases to an ER-Model. In [ERCo 90], S. 345-360

[WoKa 79] Wong, E., Katz, R.: Logical Design and Schema Conversion for Relational and DBTG Databases. In [ERCo 79]

[Your 89] Yourdon, E.: Modern Structured Analysis. Englewood Cliffs, California: Prentice Hall, 1989

[Your 94] Yourdon, E.: Object-Oriented Systems Design. An Integrated Approach. Englewood Cliffs, New Jersey: Prentice Hall, 1994

[YJSD 91] Yu, C., Jia, B., Sun, W., Dao, S.: Determining Relationships among Names in Heterogeneous Databases. SIGMOD Record 20, No. 4, 1991, S. 79-80

[ZaLö 93] Zamperoni, A., Löhr-Richter, P.: Enhancing the Quality of Conceptual Database Specifications through Validation. In [ERCo 93], S. 85-98

[Zani 83] Zaniolo, C.: The Database Language GEM. In Proc. 1983 ACM-SIGMOD Conference on Management of Data. San Jose, California, May 1983

Anhang A: Lösungen zu ausgewählten Übungen

1-1 Küchen-Informationssystem

Bei einem Schema dieses Umfangs kann man noch alle Attribute in das ER-Diagramm aufnehmen. Beachten Sie bitte die beiden Attribute *Position* (in der Beziehungsart *Gang*) und *Menge* (in *Zutat*).

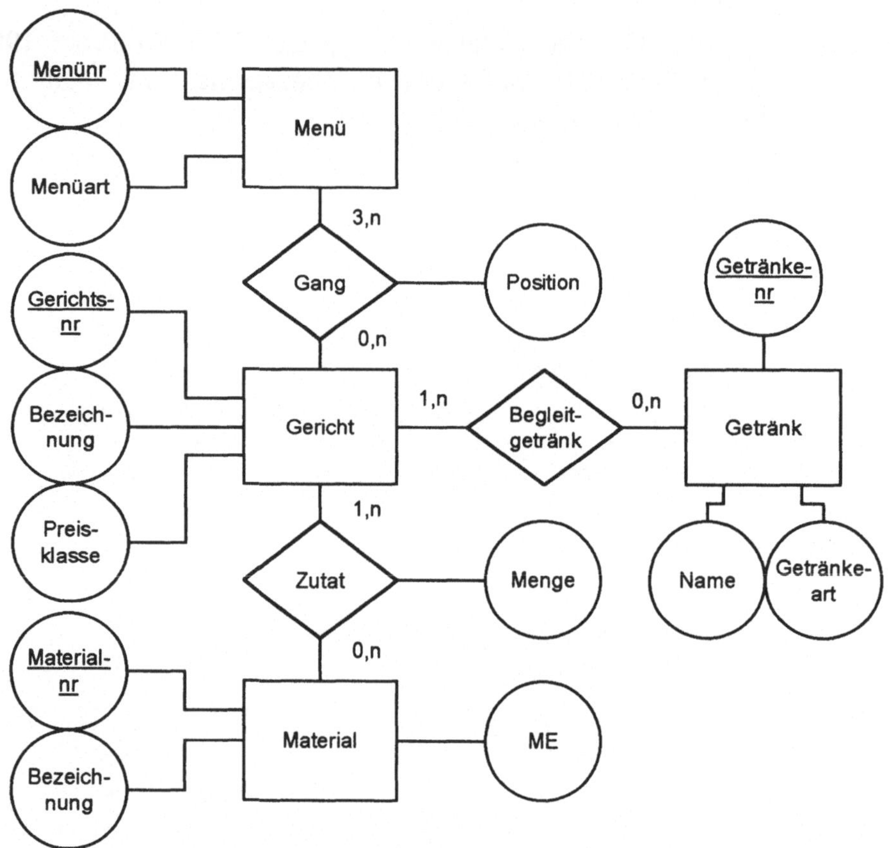

1-2 Variante

Wir ergänzen das Schema um eine attributlose Beziehungsart *Getränkematerial* zwischen *Getränk* und *Material*. Sie drückt eine mögliche Identität zwischen Objekten der beiden verbundenen Objektarten aus. Beachten Sie die Kardinalitäten.

1-4 Instanzendiagramme

In einer Beziehung der Art *Lieferung* sind jeweils drei Objekte miteinander verbunden. Zu beachten ist insbesondere, daß ein Lieferant (obere Menge im linken Bild) höchstens eine Beziehung eingehen kann. Im rechten Bild ist eine Menge von Teilen mit den Beziehungen zwischen ihnen abgebildet. Ein Pfeil weist stets von einem Unterteil zu einem Oberteil.

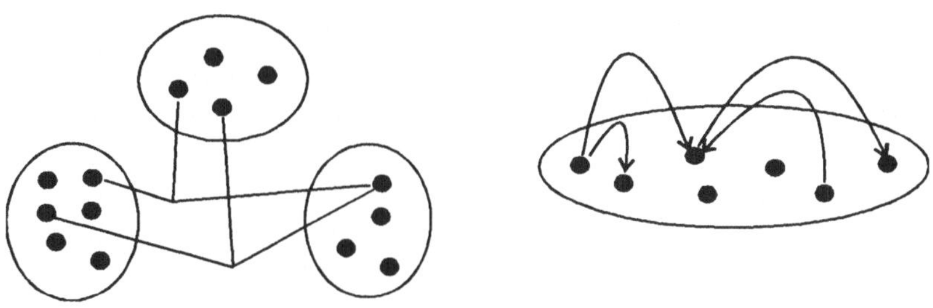

1-5 Tennis-Informationssystem

a) Jeder Spieler kann nur an einer Disziplin teilnehmen. In einem Match können nur zwei Spieler gegeneinander antreten, so daß keine Doppel ausgetragen werden können. Weiterhin kann einem Match nur ein Schiedsrichter zugeordnet werden. Es ist nicht möglich, Linienrichter und Ballkinder einzuteilen.

b)

Spieler:	*Meldenr*, *Name, Vorname, Straße, Plz, Ort, Verein, Geburtstag, Setzlistenposition, Rang*
Disziplin:	*Disziplinnr*, *Bezeichnung*
Match:	*Matchnr*, *Runde, Status, Platz, ErgebnisSatz1, ..., ErgebnisSatz5, Sieger, Vorkommnisse*
Schiedsrichter:	*Schirinr*, *Name, Vorname, Straße, Plz, Ort, Verein*

Teilnahme: *Teilnehmernr.*

Anmerkungen: *ErgebnisSatz1*, ..., *ErgebnisSatz5* in *Match* haben das Format *char*(3), so daß darin Werte wie '6:3' oder '0:6' untergebracht werden können. Die erste Zahl in einem solchen Ergebnis bezieht sich stets auf den Spieler, der in der Beziehung vom Typ *Teilnahme* zwischen ihm und dem betreffenden Match den Wert 1 bei dem Attribut *Teilnehmernr* hat. Das Attribut *Sieger* in *Match* enthält nach dem Spiel die Teilnehmernr des Siegers, also 1 oder 2.

c) Man kann hierzu zwei neue Objektarten *Linienrichter* und *Ballkind* in das Schema aufnehmen und mit *Match* verbinden. Möglich ist aber auch die unter d) gezeigte Lösung.

d) Das folgende Diagramm zeigt ein mögliches Schema (ohne Attribute). „Alle Arten von Tennisveranstaltungen" wurde hier so interpretiert, daß ein Spieler an mehr als einer Disziplin teilnehmen kann, insbesondere auch an Doppelkonkurrenzen und am Mixed.

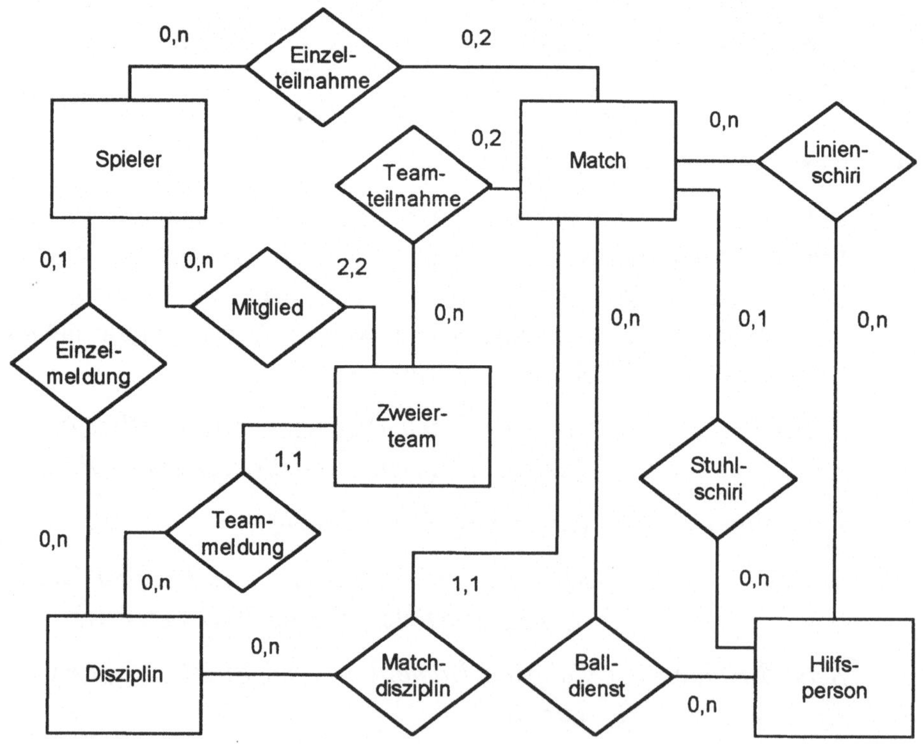

d) Ein Schema, mit dem die Daten mehrerer Veranstaltungen verwaltet werden können, zeigt das untenstehende Schema. Der Leser kann die Attribute leicht selbst ergänzen. Das Schema gestattet, die Daten der Spieler und Hilfspersonen, die bereits an einem Turnier beteiligt waren, für weitere Turniere wiederzuverwenden. In der Praxis ergibt sich damit allerdings das Problem, zu erkennen, ob es sich um dieselbe Person handelt. Für die Einteilung der verschiedenen Schiedsrichter und der Ballkinder wurde hier eine andere Lösung gewählt als oben. Die Beziehungsart *Einteilung* muß ein Attribut *Art* erhalten, aus dessen Wert hervorgeht, ob eine Beziehung die Einteilung eines Ballkinds, eines Stuhl- oder eines Linienschiedsrichters enthält.

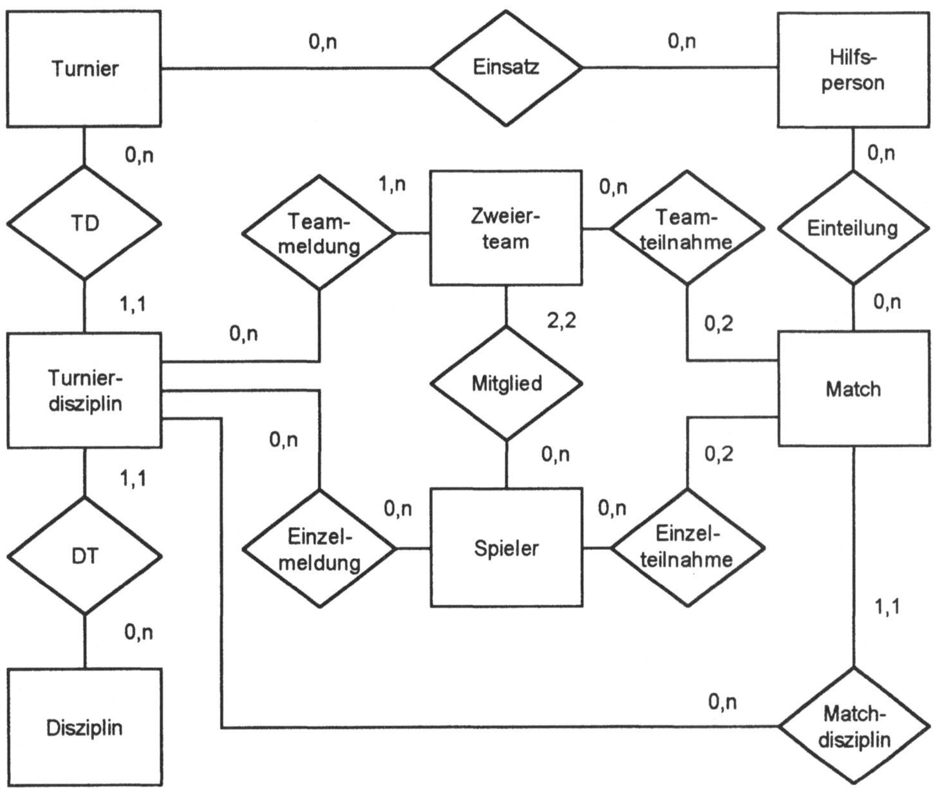

2-1 Tagungs-Informationssystem

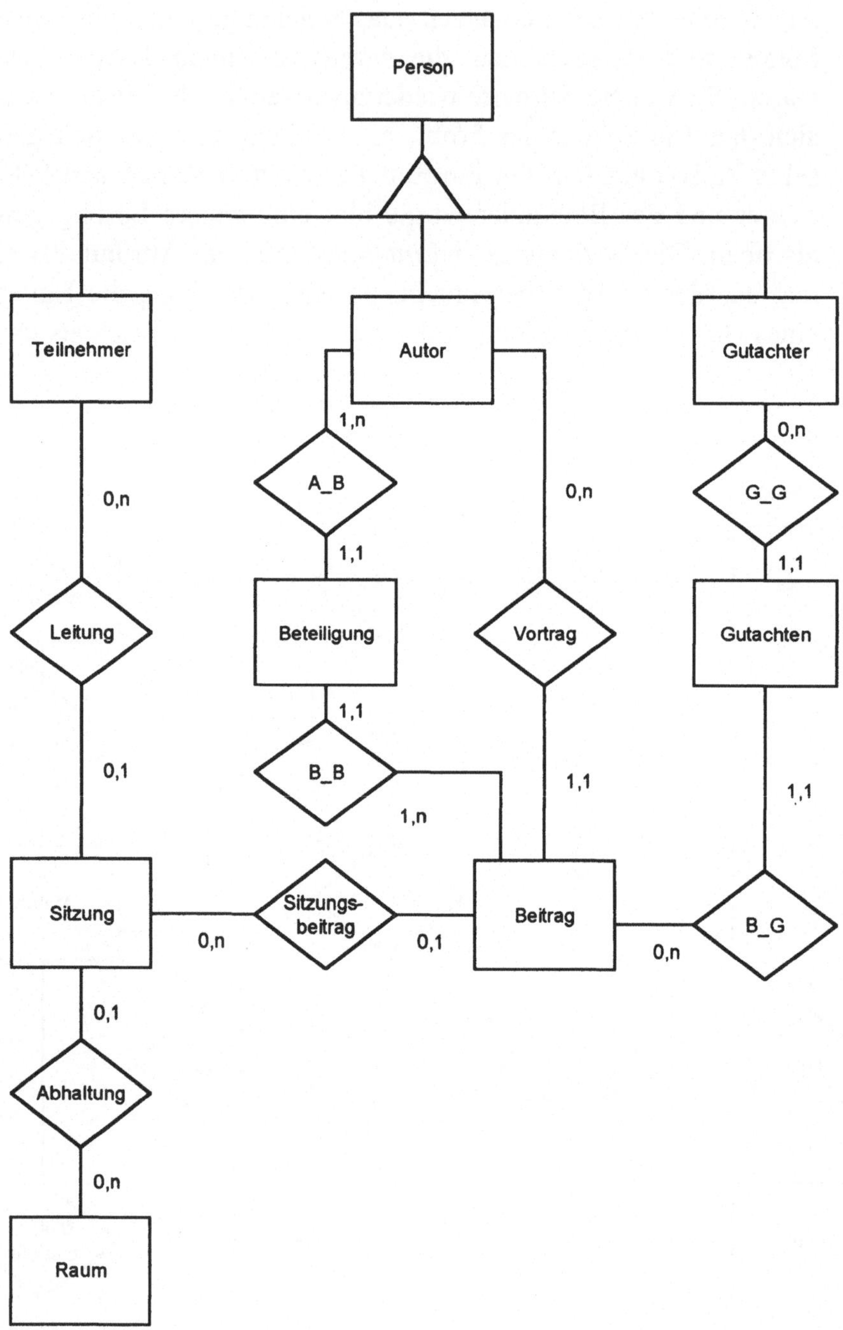

Der Modellierung liegt die Annahme zugrunde, daß der von den Autoren zu benennende Vortragende selbst einer der Autoren sein muß. Ob dieser dann bei der Tagung tatsächlich vorträgt, ist eine andere Sache. Die Textdarstellung des Schemas lautet:

```
schema Tagung;

entityset Person
    ( attributes:    PersonId            smallint,
                     Name                char(20),
                     Vorname             char(15),
                     Titel               char(15),
                     Institution         char(25),
                     Strasse             char(20),
                     Plz                 char(10),
                     Ort                 char(20),
                     Land                char(15);
      identifier:    PersonId );

entityset Teilnehmer
    ( subset of      Person;
      attributes:    Teilnehmerart       char(1),
                     Anmeldedatum        date,
                     Zahlungsdatum       date,
                     Teilnahmestatus     char(1));

entityset Autor
    ( subsetof       Person );

entityset Gutachter
    ( subsetof       Person;
      attributes:    MaxZahlBeitraege    smallint );

entityset Beitrag
    ( attributes:    BeitragsId          smallint,
                     Titel               char(100),
                     Beitragsstatus      char(1);
      identifier:    BeitragsId );

entityset Sitzung
    ( attributes:    SitzungsId          smallint,
```

```
                  Thema              char(50),
                  Beginntag          date,
                  Beginnzeit         time,
                  Endtag             date,
                  Endzeit            time;
   identifier:    SitzungsId );

entityset Raum
  ( attributes:   RaumId             char(15),
                  Plätze             smallint;
   identifier:    RaumId );

entityset Gutachten
  ( attributes:   PersonId           smallint,
                  BeitragsId         smallint,
                  Note1              smallint,
                  Note2              smallint,
                  Note3              smallint,
                  Note4              smallint,
                  Note5              smallint,
                  Gesamturteil       smallint;
   identifier     PersonId, BeitragsId );

entityset Beteiligung
  ( attributes:   PersonId           smallint,
                  BeitragsId         smallint,
                  Position           smallint;
   identifier:    PersonId, BeitragsId );

relationshipset G-G
  ( participants: (Gutachter, (0,n)),
                  (Gutachten, (1,1)));

relationshipset B-G
  ( participants: (Gutachten, (1,1)),
                  (Beitrag, (0,n)));

relationshipset A-B
  ( participants: (Autor, (1,n)),
                  (Beteiligung, (1,1)));
```

relationshipset B-B
(*participants*: (*Beteiligung*, (1,1)),
(*Beitrag*, (1,*n*)));

relationshipset Leitung
(*participants* (*Teilnehmer*, (0,*n*)),
(*Sitzung*, (0,*n*)));

relationshipset Vortrag
(*participants* (*Autor*, (0,*n*)),
(*Beitrag*, (1,1)));

relationshipset Abhaltung
(*participants* (*Sitzung*, (0,1)),
(*Raum*, (0,*n*)));

relationshipset Sitzungsbeitrag
(*participants* (*Sitzung*, (0,*n*)),
(*Beitrag*, (0,1))).

2-2 Bibliothek

Beachten Sie bitte bei dem folgenden Schema die Unterscheidung zwischen *Publikation* und *Publikationsexemplar*. Wenn man beides in einer Objektart zusammenlegte, würde in der Datenbank Redundanz entstehen, weil die publikationsspezifischen Daten für jedes Exemplar gehalten werden müßten. Zur Bildung des Identifikators von *Publikationsexemplar* haben wir die Technik der geborgten Attribute angewandt. Die Mahndaten haben wir beim *Leihvorgang* mit berücksichtigt; es ist aber möglich, eine eigene Objektart hierfür vorzusehen, die dann an *Leihvorgang* angehängt werden sollte. *Autor_Editor* ist eine schwache Objektart, deren Identifikator durch Borgen des Attributs *Publikationsnr* gebildet wurde. Der zweite Bestandteil des Identifikators, *Positionsnr*, gibt die Position des betreffenden Autors in der Liste der Autoren der Publikation an. Eine Konsequenz dieser Konstruktion ist, daß Autoren nicht „mehrfach verwendet“ werden. Ist ein Autor an mehreren Publikationen beteiligt, so werden seine Daten auch mehrfach gehalten. Es wäre grundsätzlich auch möglich gewesen, *Autor_Editor* mit einem unabhängigen Identifikator zu versehen und in der Beziehungsart *Pub_Aut* auf beiden Seiten die Maximalkardinalität *n* zu setzen. Ein Problem dieser Anordnung ist allerdings, daß häufig nicht zweifelsfrei erkannt werden kann, ob es sich bei zwei Nennungen desselben Autorennamens um denselben Autor handelt.

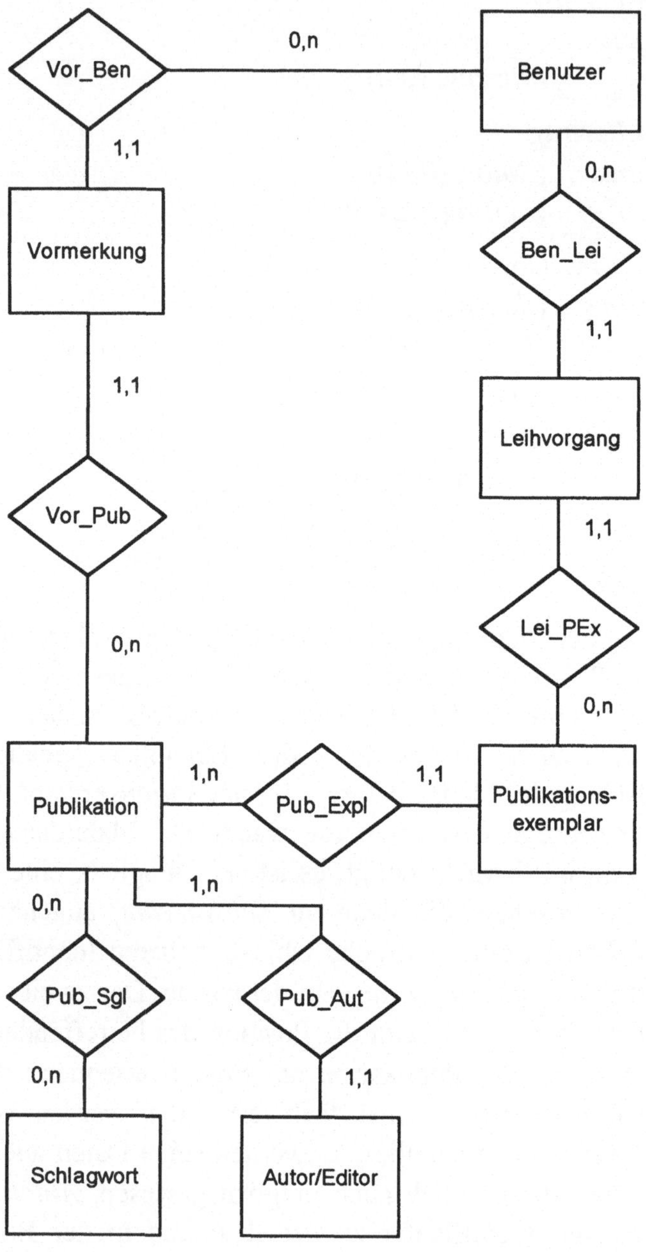

```
schema Bibliothek;

entityset Benutzer
    ( attributes:   Benutzernr          smallint,
                    Name                char(25),
                    Vorname             char(25),
                    GebDatum            date,
                    Matrnr              integer,
                    Strasse             char(30),
                    Plz                 char(10),
                    Ort                 char(20),
                    BenStatus           char(2),
                    Aufnahmedatum       date;
      identifier:   Benutzernr );

entityset Publikation
    ( attributes:   Publikationsnr      integer,
                    Titel               char(240),
                    Untertitel          char(240),
                    Erscheinungsort     char(30),
                    Jahr                smallint,
                    Verlag              char(30),
                    ISBN/ISSN           char(10);
      identifier:   Publikationsnr );

entityset Publikationsexemplar
    ( attributes:   Publikationsnr      integer,
                    Exemplarnr          smallint,
                    Erwerbsdatum        date,
                    PubExStatus         char(2),
                    Zustand             char(2);
      identifier:   Publikationsnr, Exemplarnr );

entityset Schlagwort
    ( attributes:   Schlagwort          char(25),
                    Gebiet              char(25);
      identifier:   Schlagwort );
```

```
entityset Autor_Editor
    ( attributes:   Publikationsnr        integer,
                    Position              smallint,
                    Name                  char(25),
                    Initialen             char(6),
                    Rolle                 char(1);
      identifier:   Publikationsnr, Position );

entityset Leihvorgang
    ( attributes:   Leihvorgangsnr        integer,
                    Ausgeliehen_am        date,
                    Zurueckzugeben_am     date,
                    Zurueckgegeben_am     date,
                    Mahndatum_1           date,
                    Mahndatum_2           date,
                    Mahndatum_3           date,
                    LeihvorgStatus        char(2);
      identifier:   Leihvorgangsnr );

entityset Vormerkung
    ( attributes:   Benutzernr            integer,
                    Publikationsnr        integer,
                    Vormerkdatum          date,
                    Benachrichtigungsdatum   date;
      identifier:   Benutzernr, Publikationsnr );

relationshipset Ben_Lei
    ( participants: (Benutzer, (0,n)),
                    (Leihvorgang, (1,1)));

relationshipset Lei_PEx
    ( participants: (Leihvorgang, (1,1)),
                    (Publikationsexemplar, (0,n)));

relationshipset Pub_Expl
    ( participants: (Publikationsexemplar, (1,1)),
                    (Publikation, (1,n)));
```

relationshipset Pub_Slg
(*participants*: (*Publikation*, (0,*n*)),
(*Schlagwort*, (0,*n*)));

relationshipset Pub_Aut
(*participants*: (*Publikation*, (1,*n*)),
(*Autor_Editor*, (1,1)));

relationshipset Vor_Pub
(*participants*: (*Publikation*, (0,*n*)),
(*Vormerkung*, (1,1)));

relationshipset Vor_Ben
(*participants*: (*Vormerkung*, (1,1)),
(*Benutzer*, (0,*n*))).

2-3 Seminarveranstalter

Der Einfachheit halber geben wir nur eine kompakte Textdarstellung. Beziehungsarten ohne Attribute sind darin nicht aufgeführt; die Wertebereiche der Attribute sind ebenfalls ausgespart. Der Leser kann die fehlenden Teile leicht selbst ergänzen.

entityset Seminar (*attributes: SemCode, Titel, Untertitel, Text, Dauer, Teilnehmerbeschreibung, Voraussetzungen, MaxTeiln, MinTeiln, Medienbedarf, Preis; identifier: SemCode*);

entityset Seminarabhaltung (*attributes: SemCode, LfdNr, Beginndatum, Beginnzeit, Endedatum, Endezeit, Status, AnzZimmerVor, AnzZimmerEnde, Raummiete, AbrechnStatus; identifier: SemCode, LfdNr*);

entityset Referent (*attributes: RefNr, Name, Vorname, Titel, Honorarsatz, Strasse, Plz, Ort, Geburtsdatum, Tel, Besonderheiten; identifier: RefNr*);

entityset Hotel (*attributes: Hotelnr, Hotelname, Strasse, Plz, Ort, Ansprechpartner, Tel, Besonderheiten; identifier: Hotelnr*);

entityset Kunde (*attributes: Kundennr, Name, Art, Strasse, Plz, Ort, Tel; identifier: Kundennr*);

entityset Ansprechpartner (attributes: Kundennr, LfdNr, Name, Vorname, Geburtstag, Funktion, Tel, Besonderheiten, Anrede; identifier: Kundennr, LfdNr);

entityset Verteiler (attributes: Verteilernr, Bezeichnung; identifier: Verteilernr);

entityset Teilnehmer (attributes: TeilnNr, Name, Vorname, Titel, Anrede, Tel, Abteilung; identifier: TeilnNr);

entityset Seminarbuchung (attributes: Buchungsnr, Datum, Preis, RechnDatum, Status; identifier: Buchungsnr);

entityset Zahlungseingang (attributes: ZahlEingNr, Datum, Betrag; identifier: ZahlEingNr);

entityset Mahnung (attributes: SemCode, LfdNr, MahnNr, Datum; identifier: SemCode, LfdNr);

relationshipset Sem-Zahl (participants: (Seminarbuchung, (0,*n*)), (*Zahlungseingang,* (0,*n*)); *attributes: Teilbetrag);*

relationshipset Durchführung (participants: (Seminarabhaltung, (0,*n*)), (*Referent,* (0,*n*)); *attributes: Beginntag, Beginnzeit, Endetag, Endezeit, Fahrtstrecke, OeffVerkMittel, Nebenkosten).*

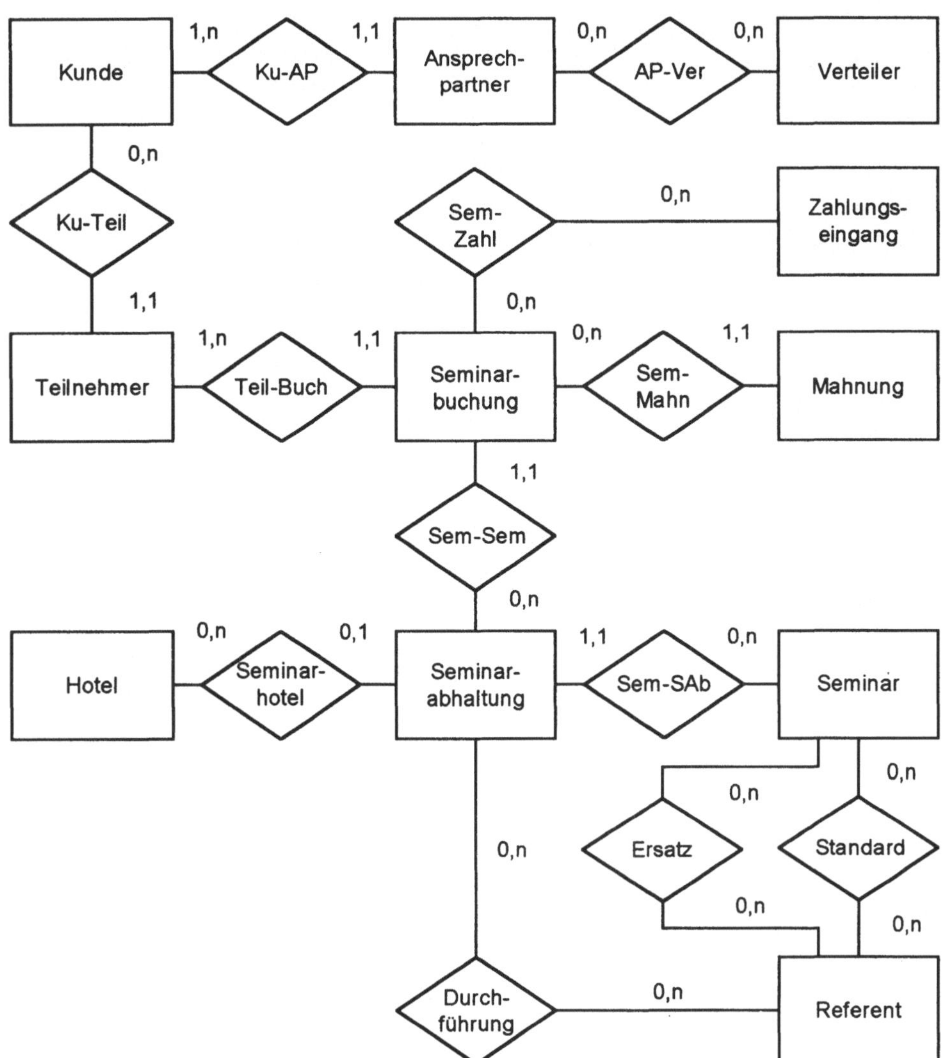

2-7 Wartungsinformationssystem

Der Einfachheit halber verzichten wir auf die Angabe der Wertebereiche. In der Textdarstellung sind nur die Beziehungsarten mit Attributen aufgeführt. Der Leser kann die fehlenden Teile leicht selbst ergänzen.

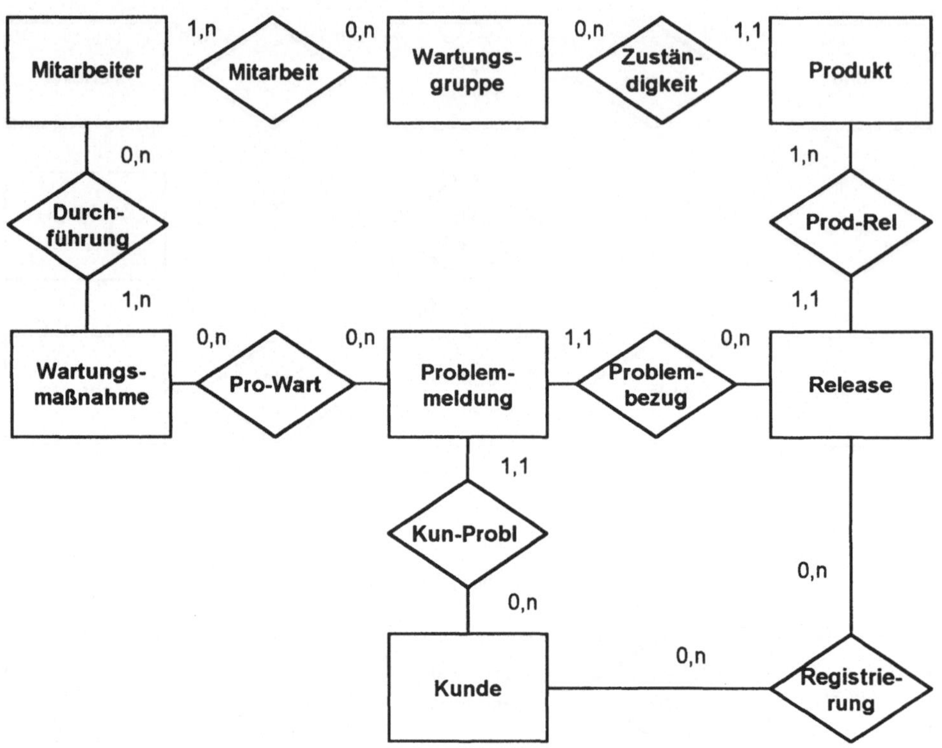

schema Wartung;

entityset Mitarbeiter (attributes: Persnr, Name, Vorname; identifier: Persnr);

entityset Wartungsgruppe (attributes: Gruppennr, Standort; identifier: Gruppennr);

entityset Produkt (attributes: Produktnr, Produktname; identifier: Produktnr);

entityset Release (attributes: Produktnr, Releasenr, Datum; identifier: Produktnr, Releasenr);

entityset Kunde (attributes: Kundennr, Name, Strasse, Plz, Ort; identifier: Kundennr);

entityset Wartungsmaßnahme (attributes: WaMaNr, Beginn, Abschluß, Status, Ergebnis; identifier: WaMaNr);

entityset Problemmeldung (attributes: Meldungsnr, Meldungsdatum,

ProblBeschreib, AnsprPartner; identifier: Meldungsnr);

relationshipset Mitarbeit (participants: (Mitarbeiter, (1,*n*)), (*Wartungsgruppe,* (0,*n*)); *attributes: Funktion, Beginn, Ende);*

relationshipset Durchführung (participants: (Mitarbeiter, (0,*n*)), (*Wartungsmaßnahme,* (1,*n*)); *attributes: Zeit);*

relationshipset Registrierung (participants: (Kunde, (0,*n*)), (*Release,* (0,*n*)); *attributes: RegDatum);*

2-8 Integritätsbedingungen

Legen wir das Schema von Uebung 2.1 zugrunde (s. oben), so können wir die beiden Bedingungen folgendermaßen formulieren:

1. $(\forall p)\ (Gutachter(p) \rightarrow \neg\ Autor\ (p));$
2. $(\forall g)\ (Gutachten(g) \wedge g[Note1] \leq 5 \wedge g[Note2] \leq 5 \wedge g[Note3] \leq 5 \wedge g[Note4] \leq 5 \wedge g[Note5] \leq 5 \rightarrow g[Gesamturteil] \leq 5)$

2-9 Ableitbare Daten

Der Eintrag in den Strukturteil der Schemadeklaration lautet:

entityset MöglicherVortrag
(subsetof Beitrag)

Nehmen wir an, daß der Beitragsstatus 'b' bedeutet, daß der Beitrag bereits begutachtet ist, läßt sich hierzu folgende Zuweisung formulieren:

$$MöglicherVortrag := \{b \mid Beitrag(b) \wedge b[Beitragsstatus] = \text{'b'} \wedge (\neg\exists g)\ (Gutachten(g) \wedge g[BeitragsId] = b[BeitragsId] \wedge g[Gesamturteil] < 7)\}.$$

3-3 Normalisierung einer relationalen Datenbank

Sie sollten mindestens folgende funktionalen Abhängigkeiten gefunden haben:

Prüfungsnr → Fach,
Prüfungsnr → Prüfer,
Matrikelnr → Name,
Matrikelnr → Geburtstag,
Matrikelnr → Fachbereichsnr,
Fachbereichsnr → Fachbereichsname,
Fachbereichsnr → Dekan,
Prüfungsnr, Matrikelnr → Note.

Vielleicht haben Sie zusätzlich die Abhängigkeit *Fachbereichsname → Fachbereichsnr* postuliert. Sie ist durchaus plausibel; wir wollen im folgenden jedoch annehmen, daß sie nicht gilt.

Normalisierungsalgorithmus:

1. Eliminierung ableitbarer Abhängigkeiten:
   In der obigen Auflistung sind keine ableitbaren Abhängigkeiten enthalten.

2. Zusammenfassung der Attribute zu Relationenschemata:
   R1 (*Prüfungsnr*, *Fach, Prüfer*),
   R2 (*Matrikelnr*, *Name, Geburtstag, Fachbereichsnr*),
   R3 (*Fachbereichsnr*, *Fachbereichsname, Dekan*),
   R4 (*Prüfungsnr*, *Matrikelnr*, *Note*).

3. kommt nicht zur Anwendung

4. Universalrelationenschlüssel:
   Ein Schlüssel der Ausgangsrelation ist {*Prüfungsnr, Matrikelnr*}. Da dieser Schlüssel in *R4* enthalten ist, braucht kein weiteres Relationenschema hinzugefügt zu werden.

3-5 Verkettungen - restriktionsorientierte Überprüfung von Zyklen

Grundsätzlich kommen alle vier Beziehungsarten in Frage, weil bei allen die Kardinalitäten mindestens so einschränkend sind wie die, die sich nach der Kardinalitäten-Limit-Regel ermitteln lassen. Die Wahrscheinlichkeit eines Kurzschlusses ist jedoch bei *AD* sehr viel größer als bei den übrigen Beziehungsarten, weil die Kardinalitäten von *AD* genau den nach der Regel ermittelten entsprechen.

3-7 Normalisierung von ER-Konstrukten: CRS

Der Einfachheit halber benennen wir die CRS genauso wie die zugrundeliegenden Objekt- und Beziehungsarten:

$A(\underline{D}, E)$,
$B(\underline{F}, G)$,
$C(\underline{H}, J)$,
$AC(\underline{D}, \underline{H}, K)$,
$ABC(\underline{D}, F, H)$.

3-8 Normalisierung von ER-Konstrukten

a)

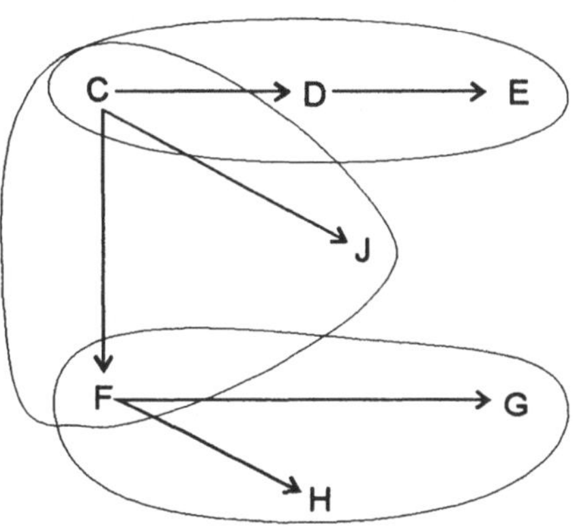

b) Objektart *A* ist nicht in ER-BCNF, denn die Determinante der FA $D \rightarrow E$ ist kein Schlüssel von *CRS*(*A*).

c) Man fügt eine Objektart hinzu, welche die Attribute *D* und *E* von *A* übernimmt; *D* wird darin Identifikator. *A* wird zu *A'*. Die neue Objektart und *A'* werden über eine neue Beziehungsart verbunden, welche auf der Seite von *A'* die Kardinalität (0,1), auf der anderen Seite die Kardinalität (0,*n*) bekommt.

4-1 Objektartentransformation

Aus dem Hypergraphen des Quellschemas ist ersichtlich, daß *Verkäufer* die ER-BCNF verletzt: die Determinante der FA *Bezirksnr* → *Hauptbezirksnr* ist kein Schlüssel von *CRS*(*Verkäufer*).

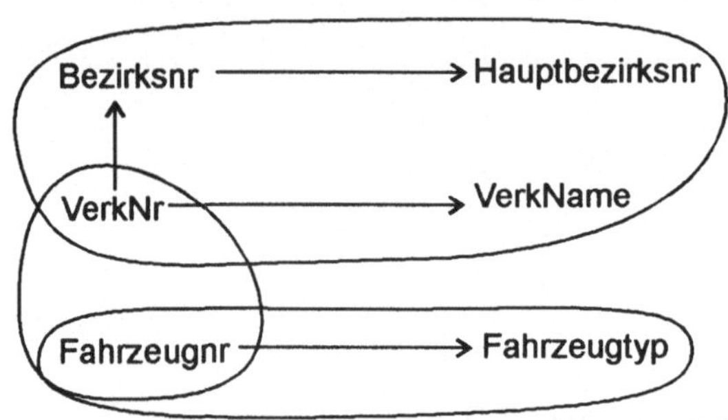

Transformation N1.2b behebt den Schaden. Aus *Verkäufer* werden die Attribute *Bezirksnr* und *Hauptbezirksnr* herausgelöst und in eine neue Objektart *Verkaufsbezirk* eingebracht. *Verkäufer* und *Verkaufsbezirk* werden über eine neue Beziehungsart *BezVer* miteinander verbunden. Das Zielschema hat damit die (verkürzte) Textdarstellung:

> *Schema Verkauf*;
> *EntitySet Verkäufer* (*Attributes*: *VerkNr*, *VerkName*; *Identifier*: *VerkNr*);
> *EntitySet Verkaufsbezirk* (*Attributes*: *Bezirksnr*, *Hauptbezirksnr*; *Identifier*: *Bezirksnr*);
> *EntitySet Fahrzeug* (*Attributes*: *Fahrzeugnr*, *Fahrzeugtyp*; *Identifier*: *Fahrzeugnr*);
> *RelationshipSet VerFahr* (*Participants*: (*Verkäufer*, (0,*n*)), (*Fahrzeug*, (0,*n*));
> *RelationshipSet BezVer* (*Participants*: (*Bezirk*, (0,*n*)), (*Verkäufer*, (0,1))).

und den Hypergraphen:

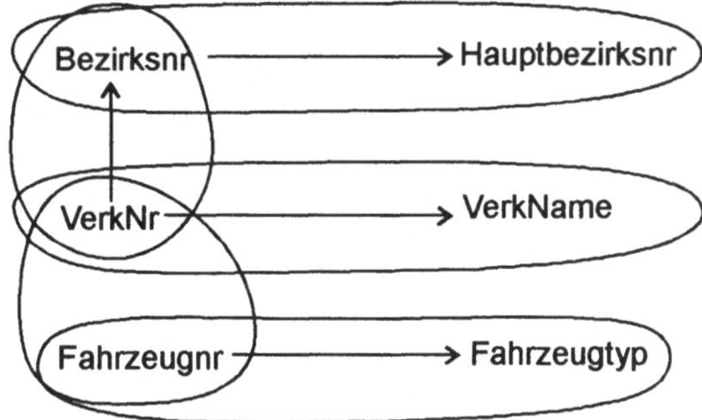

Eine geeignete Instanzenabbildung ist

Verkaufsbezirk := $\{v[Bezirksnr], v[Hauptbezirksnr] \mid Verkäufer(v) \wedge v[Bezirksnr] \neq null\}$;

Verkäufer:= $\{v[VerkNr], v[VerkName] \mid Verkäufer(v)\}$;

Fahrzeug:= $\{f \mid Fahrzeug(f)\}$;

VerFahr:= $\{Verkäufer(v[VerkNr]), f \mid Verkäufer(v) \wedge Fahrzeug(f) \wedge (\exists r)\, (VerFahr(r) \wedge r{:}Verkäufer == v \wedge r{:}Fahrzeug == f)\}$

BezVer:= $\{Bezirk(v[Bezirksnr]), Verkäufer(v[VerkNr]) \mid Verkäufer(v) \wedge v[Bezirksnr] \neq null\}$.

4-2 Komplexe Transformation

Der erste Hypergraph offenbart, daß die Objektart *Prüfungsgeschehen* mehrere FA enthält, deren Determinanten keine Schlüssel von *CRS*(*Prüfungsgeschehen*) sind. Im einzelnen sind dies:

$\{Fachbereichsnr\} \rightarrow \{Fachbereichsname, Dekan\}$,
$\{Matrikelnr\} \rightarrow \{Name, Geburtstag\}$,
$\{Prüfungsnr\} \rightarrow \{Fach, Prüfer\}$.

Wir können zunächst Transformation N1.1 anwenden, um die erste der schädlichen FA zu beseitigen. Hierbei werden die Attribute *Fachbereichsnr*, *Fachbereichsname* und *Dekan* aus *Prüfungsgeschehen* herausgelöst und in eine neue Objektart *Fachbereich* eingebracht. *Prüfungsgeschehen* wird hierdurch zu *Prüfungsgeschehen'*. Eine neue Beziehungsart *FP* stellt die Verbindung zwischen den beiden Objektarten her.

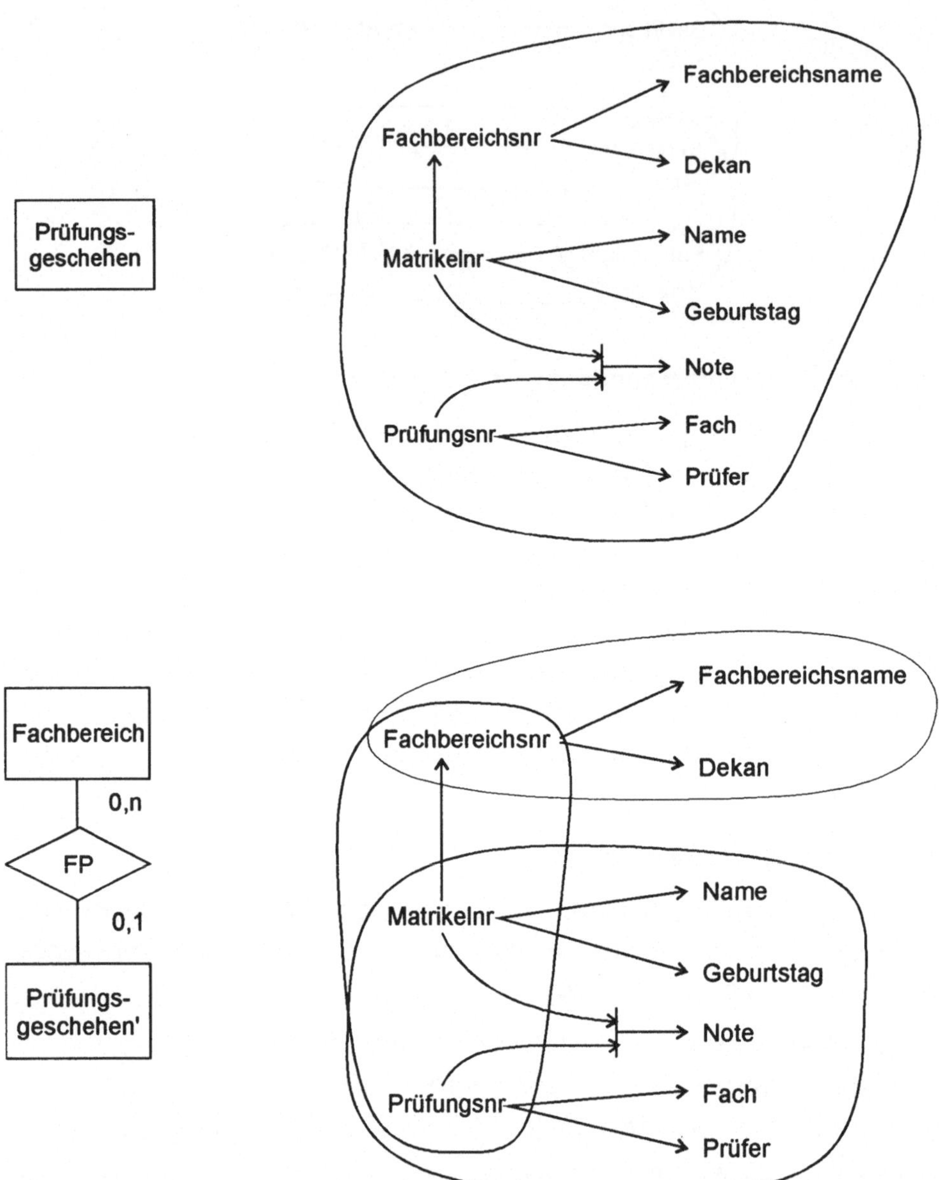

Im zweiten Schritt verwenden wir Transformation N1.2b, um die schädliche FA {*Prüfungsnr* → *Fach*, *Prüfer*} aus *Prüfungsgeschehen'* zu entfernen. Dabei werden die Attribute, welche an dieser FA beteiligt sind, in eine neue Objektart *Prüfung* ausgelagert. *Prüfungsgeschehen'* wird dadurch zu *Prü-*

fungsgeschehen''. Eine neue Beziehungsart *PP* stellt die Verbindung zwischen *Prüfung* und *Prüfungsgeschehen''* her.

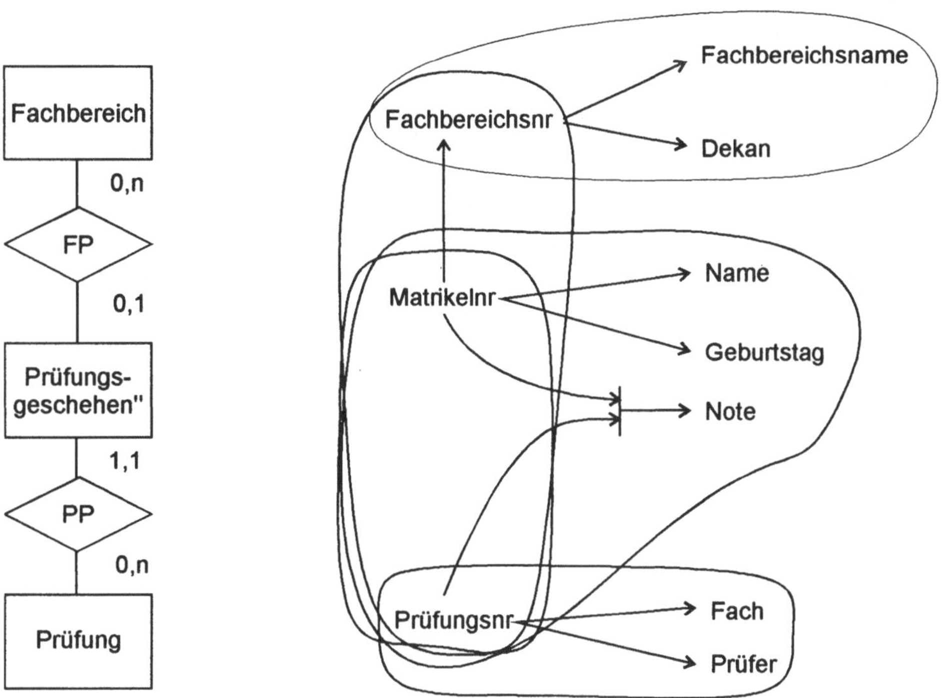

Im letzten Schritt verwenden wir die Transformation N1.2a, um die schädliche FA {*Matrikelnr* → *Name*, *Geburtstag*} aus *Prüfungsgeschehen''* zu entfernen. Wir bringen die beteiligten Attribute in eine neue Objektart *Student* ein. Aus *Prüfungsgeschehen''* werden sie entfernt, und wir sind nun in der Lage, für diese Objektart den sinnvolleren Namen *Prüfungsergebnis* zu vergeben. *Student* schiebt sich zwischen *Fachbereich* und *Prüfungsergebnis* und wird mit beiden Objektarten durch Beziehungsarten verbunden.

Den Hypergraphen des Endergebnisses haben wir etwas vereinfacht, indem wir von den beiden identischen Hyperkanten *CRS*(*SP*) und *CRS*(*PP*) eine weggelassen haben.

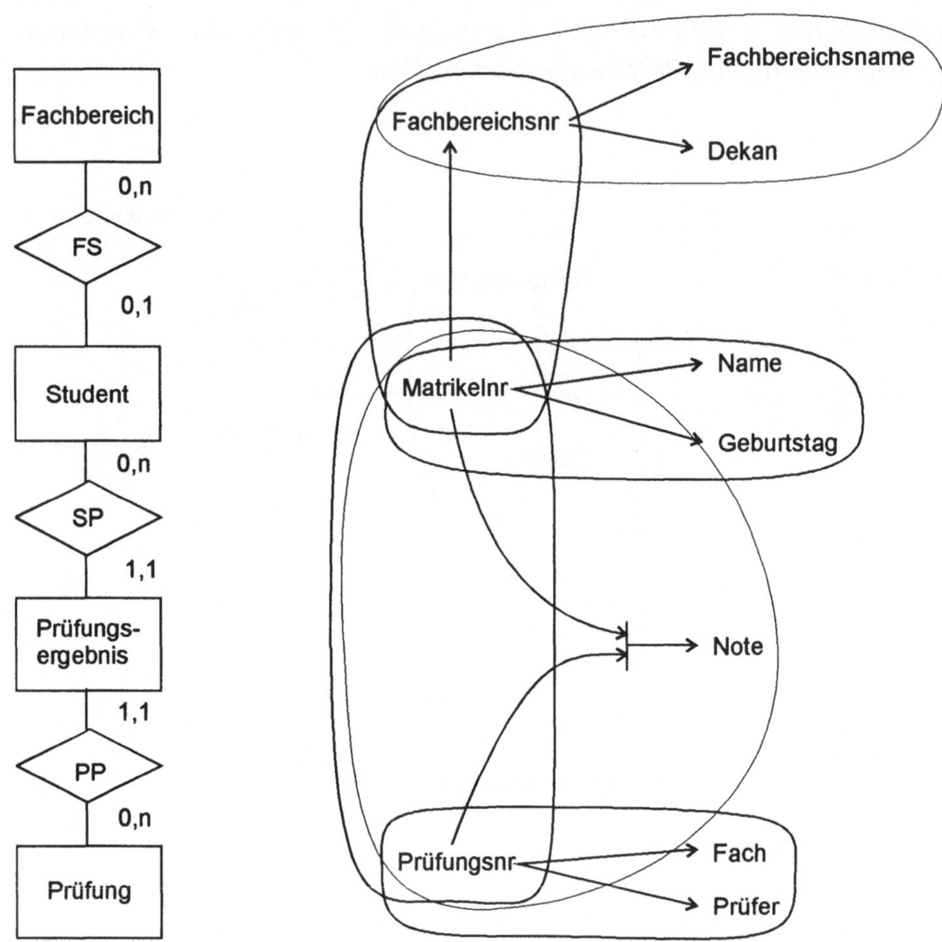

4-3 Allgemeine Beschreibung von Transformationen

Da S_1 nur ein Konstrukt enthält, nämlich die Objektart K, brauchen wir auch nur eine Zuweisung in der Instanzenabbildung:

$$K := \{k'[S], n[X \setminus S], n[Y \setminus S], k'[A \setminus (S \cup X \cup Y)] \mid K'(k') \wedge N(n) \wedge (\exists r)\,(K'N(r) \wedge r{:}K' == k' \wedge r{:}N == n)\}.$$

5-1 Graphische Darstellung eines relationalen Datenbankschemas

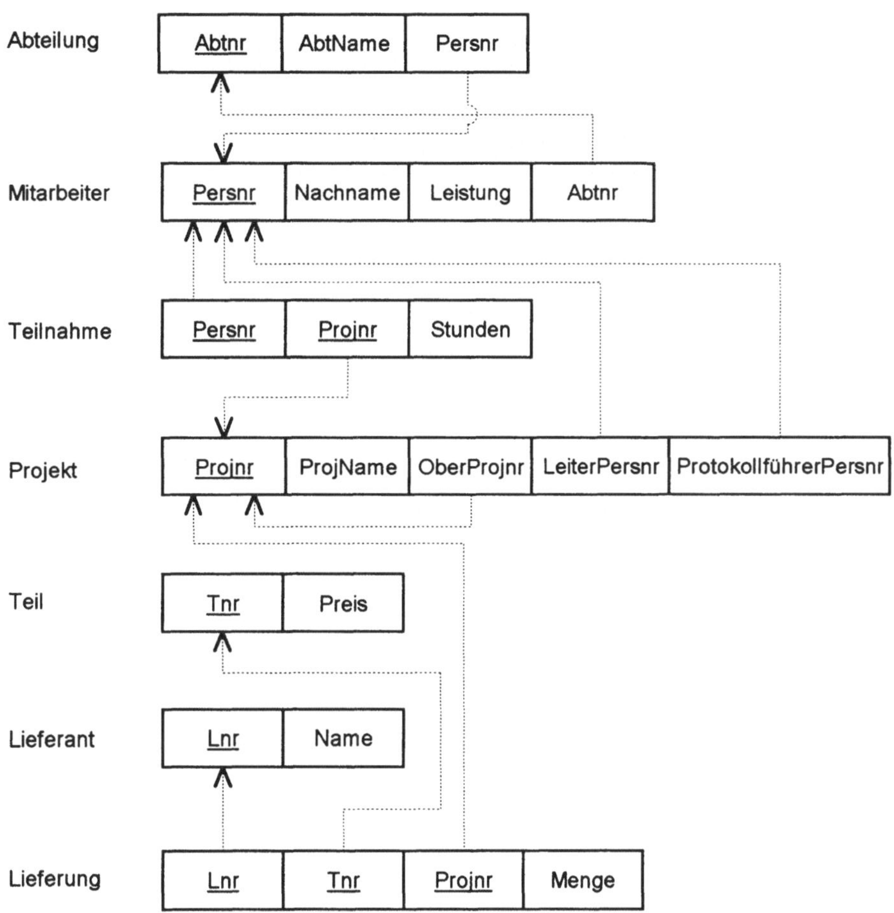

5-2 Umsetzung

a) Tagungsinformationssystem

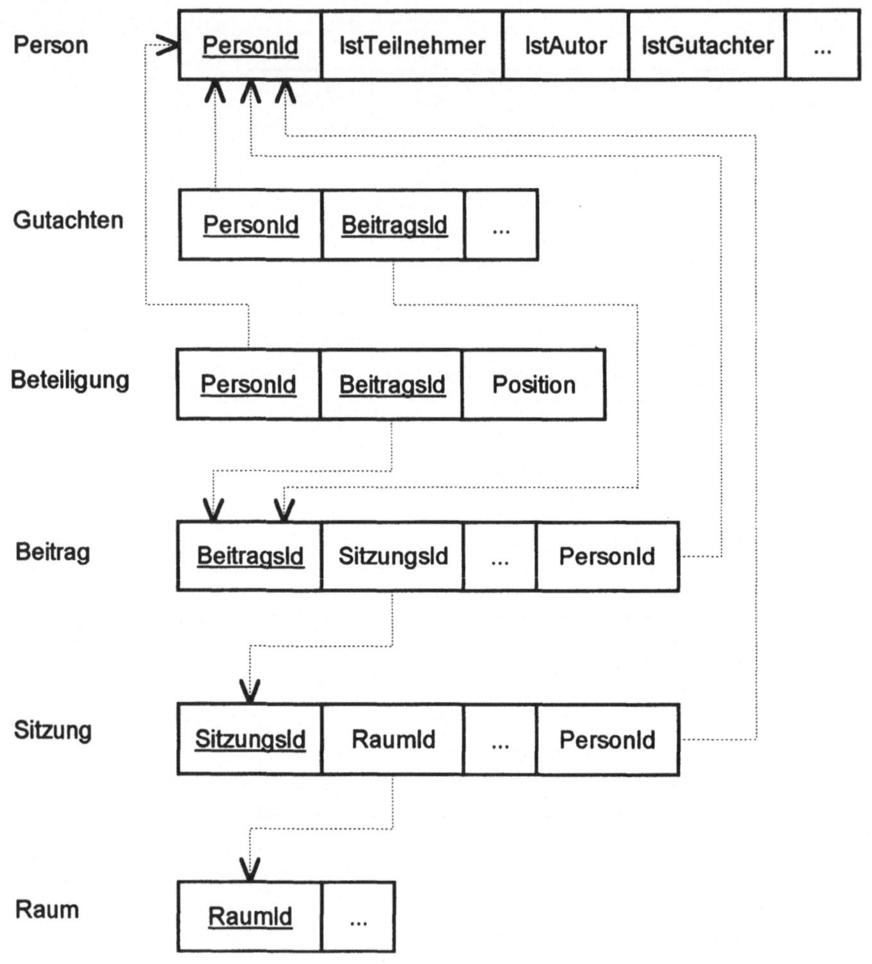

b) Bibliotheksinformationssystem

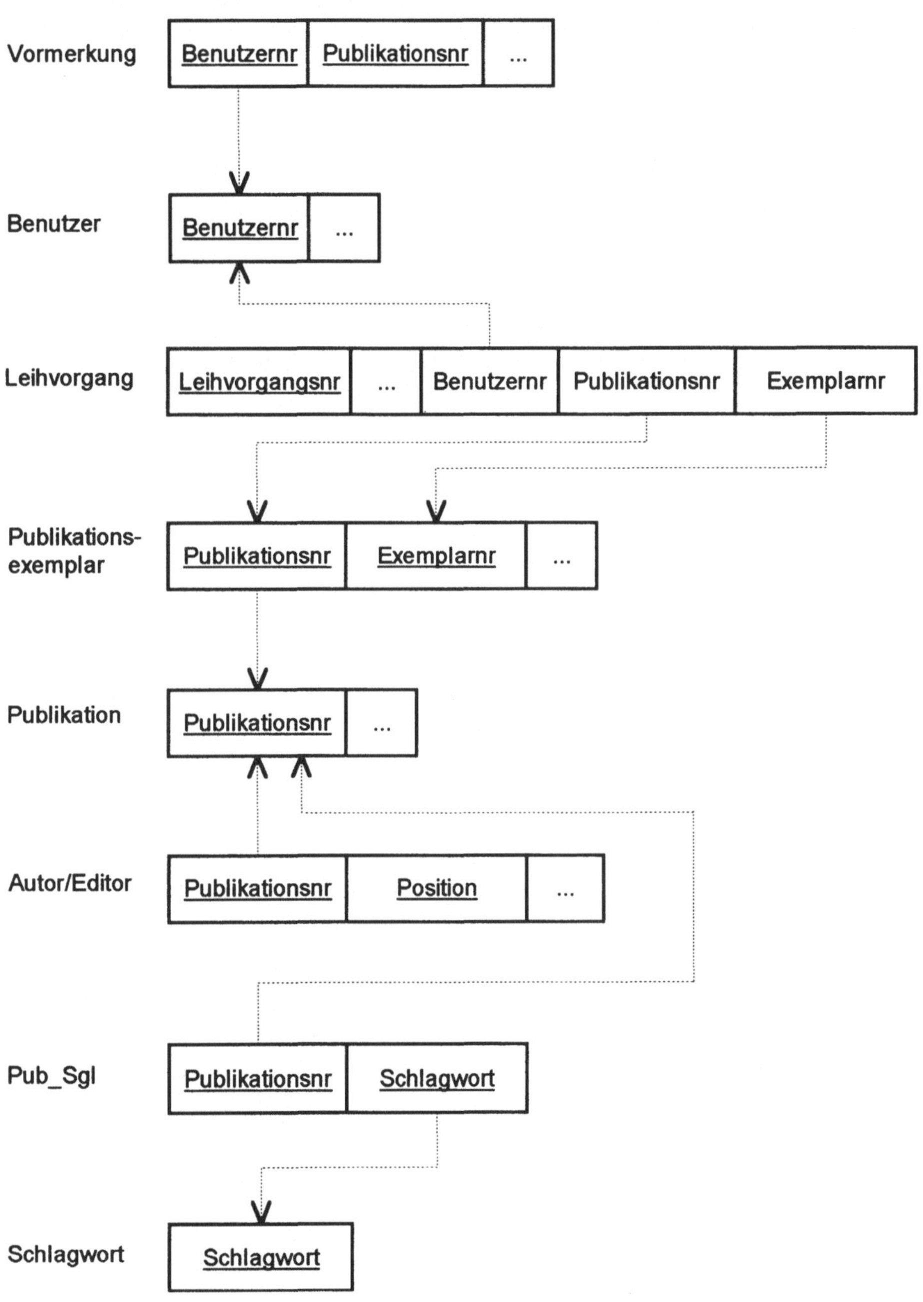

5-3 Umsetzung einer ableitbaren Objektart

Nehmen wir die Lösung der Aufgaben 2.9 und 5.2 als Basis, so können wir die Sicht folgendermaßen formulieren:

```
Create View MoeglicherVortrag
as   Select   b.*
     From     Beitrag as b
     Where    b.Beitragsstatus = 'b'
     and      not exists
              (Select   *
               From     Gutachten as g
               Where    g.BeitragsId = b.BeitragsId
               and      g.Gesamturteil < 7).
```

Anhang B: ERC-Grammatik

Abfragesprache

```
            < query >  ::=  < set query > ;
                        |   < list query > ;
                        |   < single value query > ;
        < set query >  ::=  '{' < value list > '|' < condition > '}'
        < list query>  ::=  '[' < value list > '|' < condition > ']'
< single value query > ::=  < value expression >
       < value list >  ::=  < value list > , < value list element >
                        |   < value list element >
< value list element >  |   < value >
                        |   < construct variable > '[' * ']'
            < value >  ::=  null
                        |   < text constant >
                        |   < attribute variable >
                        |   < value expression >
```

```
< attribute variable >          ::=  < construct variable >
                                     '[' < attribute name > ']'
< construct variable >          ::=  < entity variable >
                                |    < relationship variable >
< entity variable >             ::=  < name >
                                |    < relationship variable > :
                                     < entity set name >
                                |    < relationship variable > : < role >
< relationship variable >       ::=  < name >
< value expression >            ::=  < value expression > + < a1 >
                                |    < value expression > - < a1 >
                                |    < a1 >
< a1 >                          ::=  < a1 > * < a2 >
                                |    < a1 > / < a2 >
                                |    < a2 >
< a2 >                          ::=  ( < value expression > )
                                |    < attribute variable >
                                |    < numerical constant >
                                |    < function > ( < argument list > )
                                |    < aggr function expression >
< function >                    ::=  abs | div | mod | max | min
                                |    powerof | year | month | day
                                |    datediff
< argument list >               ::=  < argument list > , < value expression >
                                |    < value expression >
< aggr function expression >    ::=  < aggr function >  < set query >
                                |    < aggr function >  < list query >
< aggr function >               ::=  Min | Max | Avg | Count | Sum
< condition >                   ::=  < condition > ∨ < t3 >
                                |    < t3 >
< t3 >                          ::=  < t3 > ∧ < t4 >
                                |    < t4 >
< t4 >                          ::=  ¬ < t4 >
                                |    < t5 >
```

< t5 > ::= < quantification list > (< condition >)
| < comparison >
| < predicate >
| (< condition >)

< quantification list > ::= < quantification list > < quantification >
| < quantification >

< quantification > ::= (< quantifier > < variable list >)

< variable list > ::= < variable list > , < name >
| < name >

< quantifier > ::= ∃

< comparison > ::= < value > < op1 > < value >
| < entity variable > < op2 > < entity variable >
| < relationship variable > <op2 > < relationship variable >

< op1 > ::= '=' | '<' | '>' | ≤ | ≥ | ≠

< op2 > ::= '=='

< predicate > ::= < entity set name > (< entity variable >)
| < relationship set name > (< relationship variable >)

Anmerkungen: Aggregatsfunktionen wurden hier und im Text groß geschrieben, um sie von anderen Funktionen abzuheben. Zur Unterscheidung der Funktionen brauchen wir die Großschreibung allerdings nicht, wenn keine identischen Funktionsnamen vorkommen. Die Auswahl der Funktionen nennt nur einige Beispiele; es sind noch weitere Funktionen denkbar und nützlich. Alle Funktionen, welche unter dem Symbol < function > aufgeführt sind, werden in Präfix-Notation gebraucht. Der Einfachheit halber wird hier nicht zwischen Funktionen mit ein, zwei, drei oder mehr Argumenten unterschieden, so daß die Grammatik hier mißbräuchliche Formulierungen zuläßt. Eine solche Unterscheidung könnte jedoch leicht eingefügt werden.

Zeichen, die als terminale Symbole und als Metasymbole vorkommen, sind zur Unterscheidung zwischen Anführungszeichen gesetzt, wenn sie terminal sind. Dies betrifft die Zeichen [,], {, }, <, >, = , : und |.

Integritätsregeln

Zur Formulierung von Integritätsregeln benötigt man noch die zusätzlichen Regeln

```
< integrity rule >  ::=  < quantification list > ( < condition > )
      < function >  ::=  old | new
```

Um die Formulierung zu erleichtern, lassen wir außerdem den Allquantor ∀ und die logischen Verknüpfungen ↔ und → zu. Die Produktion

```
< condition >  ::=  < condition > ∨ < t3 >
                 |  < t3 >
```

wird daher durch die Produktionen

```
< condition >  ::=  < condition > ↔ < t1 >
                 |  < t1 >
       < t1 >  ::=  < t1 > → < t2 >
                 |  < t2 >
       < t2 >  ::=  < t2 > ∨ < t3 >
                 |  < t3 >
```

ersetzt.

Zuweisungen an ableitbare Schemakomponenten

Zusatzlich zu den bisher aufgeführten Regeln werden noch folgende benötigt:

```
       < assignment >  ::=  < entity assignment >
                         |  < relationship assignment >
                         |  < attribute assignment >
< entity assignment >  ::=  < entity set name > ':=' < set query >
                         |  < entity set name > ':='
                            '{' < entity variable > '|'
                            < condition > '}'
                         |  < entity set name > ':='
```

		'{' < entity variable > ; < value list > '|' < condition > '}'
< relationship assignment >	::=	< relationship set name > ':=' '{' < participant list > '|' < condition > '}' < relationship set name > ':=' '{' < participant list > ; < value list > '|' < condition > '}'
< participant list >	::=	< participant list > , < entity variable >
	|	< entity variable >
< attribute assignment >	::=	< construct variable > '[' < attribute name > ']' ':=' < value > '|' < condition >

Index